普通高等院校“新工科”创新教育精品课程系列教材
教育部高等学校机械类专业教学指导委员会推荐教材

现代工程机械设计基础

主　编　樊百林　蒋克铸　杨光辉
参　编　曹　彤　李晓武　杨　皓　许　倩
陈　平　陈　华　张苏华
主　审　窦忠强　杨东拜

华中科技大学出版社
中国·武汉

内 容 简 介

本书分 6 篇讲述了现代工程的实践性，工程设计中的传动性、支撑性、连接性、机动性，以及课程设计指导等内容；选材贴近生活，适应性广，实践性强。

本书可作为高等院校机械工程、车辆工程、能源工程、冶金工程、材料工程、土木与环境工程、自动化工程等专业技术基础课程的教材，也可供相关技术人员参考。

图书在版编目(CIP)数据

现代工程机械设计基础/樊百林，蒋克铸，杨光辉主编. —武汉：华中科技大学出版社，2020.7
普通高等院校"新工科"创新教育精品课程系列教材
ISBN 978-7-5680-6215-2

Ⅰ. ①现… Ⅱ. ①樊… ②蒋… ③杨… Ⅲ. ①工程机械-机械设计-高等学校-教材 Ⅳ. ①TU602

中国版本图书馆 CIP 数据核字(2020)第 118757 号

现代工程机械设计基础　　　　樊百林　蒋克铸　杨光辉　主编
Xiandai Gongcheng Jixie Sheji Jichu

策划编辑：张少奇
责任编辑：戢凤平
封面设计：杨玉凡　廖亚萍
责任监印：周治超
出版发行：华中科技大学出版社(中国·武汉)　　电话：(027)81321913
　　　　　武汉市东湖新技术开发区华工科技园　　邮编：430223
录　　排：华中科技大学惠友文印中心
印　　刷：湖北大合印务有限公司
开　　本：787mm×1092mm　1/16
印　　张：18.5
字　　数：480 千字
版　　次：2020 年 7 月第 1 版第 1 次印刷
定　　价：49.80 元

第3篇　工程设计中的支撑性

第4篇　工程设计中的连接性

第5篇　工程设计中的机动性

第6篇　课程设计指导

绪　论

0.1　工程教育的意义

伴随中国制造2025、工业4.0等战略实施的国内国际经济发展形势，高校的教学改革和课程建设的发展也将被推向更高一层。为建设创新型国家，教育部提出了“新工科”工程教育。“新工科”工程教育贯彻落实《国家中长期人才发展规划纲要》的重大改革项目，促进我国由工程教育大国迈向工程教育强国。为培养造就一大批创新能力强、适应经济社会发展需要的高质量各类型工程技术人才，为国家走新型工业化发展道路、建设创新型国家和人才强国战略服务，“新工科”工程教育开启了针对采矿、钢铁冶金、材料成型与控制、冶金机械、自动化、热能与动力工程等专业工程型人才培养的多项改革举措，促进了高等教育面向社会需求人才服务。

“现代”可以用时代顺序来划分，例如古代、近代、现代、后现代；也可以用事业发展的性质顺序来划分，例如工业化事业有机械化、电气化、自动化和智能化时代；又可以用器件变化的顺序来划分，例如计算机有电子管、晶体管、集成电路和大规模集成电路时代；等等。本书用设计对象的复杂性划分。

“工程”的概念已经从传统的土木、建筑、水利工程，扩展和应用到各个领域里，例如冶金工程、航天工程、核电工程、基因工程、“菜篮子”工程、“211”工程等。本书用技术过程、技术功能和技术系统“三位一体”的复杂性来区分工程。

“机械”原来的含义是机器和机构的统称，现把一切运用不同机理实现预定功能的人工实体都列入机器或器械的范畴来称呼，例如电视机、计算机、手机、箭（嫦娥四号火箭）、器（月球登陆器）、车（月球巡视车）、船（太空飞船）、舰（航空母舰）、艇（深海潜水艇）等。本书把带有机械特征的人工实体都作为研究的经典内容。

“设计”已经从选型、仿制、组装等惯性思维中脱颖而出，进入自主创新的思维领域。本书将现代工程的设计理论与方法的初步概念融入现代工程设计之中。

“基础”的形象比喻是由若干桩柱和承台组成的整体。本书将机构和零、部件隐喻为桩柱，将现代工程及其设计理论与方法隐喻为承台，这两部分构成完整的知识基础。

根据上述名词的解释，可以给出定义：

“现代工程”是具有复杂技术过程、复杂技术功能和复杂技术系统的人工实体及其运作程序。

“机械设计基础”是工程的总体规划和整机设计的技术知识基础。

机械设计是机械学科的重要组成部分，是根据使用要求对机械的工作原理、结构、运动方式、力和能量的传递方式、各个零件的材料和形状尺寸、润滑方法等进行构思、分析和计算并将其转化为具体的描述以作为制造依据的工作过程。随着机械工程基础理论和价值工程、系统分析等新学科的发展，制造和使用的技术数据、经济数据资料的积累，以及计算机的推广应用，机械设计的技术手段和科学方法更为先进。

0.2　本课程的性质任务

本课程属于专业基础课程，其任务在于培养跻身于社会和国际工程设计行列的高素质人才，培养具有“三工程”素养的研究型、设计型、创新型高素质工程人才，服务于学生，服务于社会。

本课程拟达到如下目标。

知识目标：

掌握通用机械零件的设计原理、方法和机械设计的一般知识。

能力目标：

(1) 培养运用设计资料、国家标准设计手册的能力。

(2) 初步培养设计机器零件和部件的能力。

(3) 培养从工程实践中获取知识的能力和团队协作能力。

(4) 培养获取新知识、新政策、新技术的能力。

素质目标：

(1) 培养工程系统素养。

(2) 培养创新设计思想。

(3) 培养“三工程”设计素养。

0.3　课程体系与特点

1. 课程体系

以“新工科”工程教育为背景，综合实践教学为前提，以培养研究型、设计型、创新型人才的工程教育为目标，以通用设计理论为切入点，将工程应用案例与传统的设计理论等相融合，阐述工程中的实践性、传动性、连接性、支撑性，形成以工程应用和实践教学为基础的新教材体系。

2. 课程特点

(1) 提出了现代工程“科技工程、绿色工程、人文工程”的三工程教学新理念。

(2) 以“新工科”工程教育为背景，综合实践教学为前提，突出了课程的实践性、设计性、研究性、创新性等特点。

(3) 为贯彻以人为本的素质教育理念，在课程教材的编写上注重学生综合素质的培养。

(4) 以工程应用案例为出发点，引出各个章节所涉及的设计系统的经典设计理论、方法和内容，注重培养设计人员发现问题、分析问题、解决工程设计问题的能力。

(5) 通过典型零件设计、机器设计、工程机械设计，形成了三个不同层面的机械设计指导思想体系。

(6) 完成了传统设计与创新设计的有机结合，可实现现代工程机械设计思想的系统培养。

以人为本　高度和谐

高度和谐的三元桥整体置换工程

水轮机转子吊装

电炉工程应用

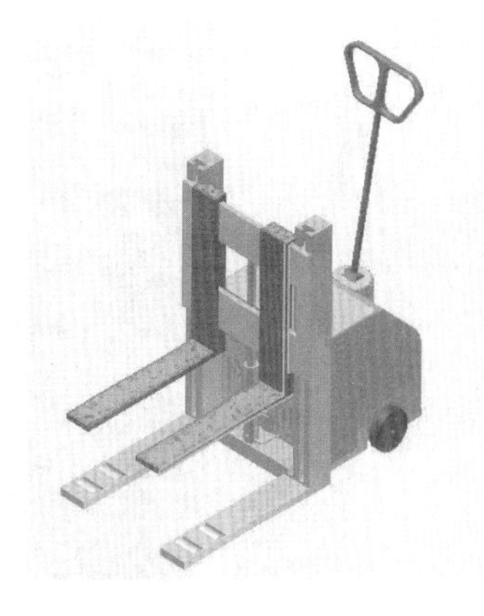

电动搬运车作品展示

高铁车轮

车轮制造

崇尚实践　求实鼎新

国家级优秀教学团队
机械设计制图教学团队

丁增噶松(机械):纸上的知识再丰富,也不及一次动手实践学的多。
王兆元:这是一种任何其他课堂都无法比拟的课堂。
吴晓旭(热能 1304):发动机实践教学教会我们不一样的学习思路和思想观念。
王慧:这是一堂无比重要的课,知识量是普通课堂的十倍百倍。

发动机的离合——安全接合的天使

安全专家金龙哲教授(左一)给大学生讲授工程设计的严谨性与安全性

安全责任意识的传递　生命工程质量的呵护

出版说明

为深化工程教育改革，推进“新工科”建设与发展，教育部于 2017 年发布了《教育部高等教育司关于开展新工科研究与实践的通知》，其中指出“新工科”要体现五个“新”，即工程教育的新理念、学科专业的新结构、人才培养的新模式、教育教学的新质量、分类发展的新体系。教育部高等学校机械类专业教学指导委员会也发出了将“新”落实在教材和教学方法上的呼吁。

我社积极响应号召，组织策划了本套“普通高等院校‘新工科’创新教育精品课程系列教材”，本套教材均由全国各高校处于“新工科”教育一线的专家和老师编写，是全国各高校探索“新工科”建设的最新成果，反映了国内“新工科”教育改革的前沿动向。同时，本套教材也是“教育部高等学校机械类专业教学指导委员会推荐教材”。我社成立了以李培根院士、段宝岩院士、杨华勇院士、赵继教授、顾佩华教授为顾问，奚立峰教授、刘宏教授、吴波教授、陈雪峰教授为主任的“‘新工科’视域下的课程与教材建设小组”，为本套教材构建了阵容强大的编审委员会，编审委员会对教材进行审核认定，使得本套教材从形式到内容上保证了高质量。

本套教材包含了机械类专业传统课程的新编教材，以及培养学生大工程观和创新思维的新课程教材等，并且紧贴专业教学改革的新要求，着眼于专业和课程的边界再设计、课程重构及多学科的交叉融合，同时配套了精品数字化教学资源，综合利用各种资源灵活地为教学服务，打造工程教育的新模式。希望借由本套教材，能将“新工科”的“新”落地在教材和教学方法上，为培养适应和引领未来工程需求的人才提供助力。

感谢积极参与本套教材编写的老师们，感谢关心、支持和帮助本套教材编写与出版的单位和同志们，也欢迎更多对“新工科”建设有热情、有想法的专家和老师加入到本套教材的编写中来。

华中科技大学出版社
2018 年 7 月

第 1 篇　现代工程的实践性

第1章　现代工程设计概论

本章学习目标

(1) 培养对工程设计实践的认知能力。

(2) 初步培养从实践中获取知识的能力。

本章知识要点

(1) 现代工程的特征。

(2) 工程设备设计的过程。

实践教学研究

对射电望远镜FAST工程进行分析,总结其工程中采用了哪些先进技术,并说明工程中的思政元素。

关键词

磁悬浮工程　高铁工程　工程设计　工程设备

1.1　现代工程概述

1.1.1　工程

工程是将自然科学原理应用到工农业生产部门中去而形成各学科的总称。

根据工程服务对象不同,将工程分为人力工程、资金工程、能源工程、材料工程、机械工程、“菜篮子”工程和“211”工程等。

现代工程定义为具有复杂技术系统、复杂技术功能、复杂技术过程的人工实体及其运作,包括设计操作等过程或程序等。

1.1.2　现代工程案例

1. 三元桥整体置换工程

在连续43小时内,北京三元桥实现了整体置换(见插页)。GPS定位、激光定位、机器人焊接钢梁、驮运架一体机整体置换等,实践了国内大城市重要交通节点桥梁维修的创新方法。箱梁钢材采用数控切割、机器人焊接,提高了制造质量和尺寸精度。

2. FAST观天巨眼工程

中国科技创新的“天眼”位于贵州省平塘县,是个口径为500 m的球面射电望远镜,如图

1-1(a)所示。该射电望远镜命名为 FAST,是由 4450 块反射面面板安装而成的。这一个个小的反射单元可以进行对焦。因此,FAST 的灵敏度可达 Arecibo 望远镜的 2 倍,巡天速度是 Arecibo 望远镜的 10 倍,是目前世界上规模最大的射电望远镜。FAST 的反射面总面积约 25 万平方米,用于汇聚无线电波供馈源接收机接收。FAST 创新设计方案如图 1-1(b)所示。

(a) 射电望远镜FAST

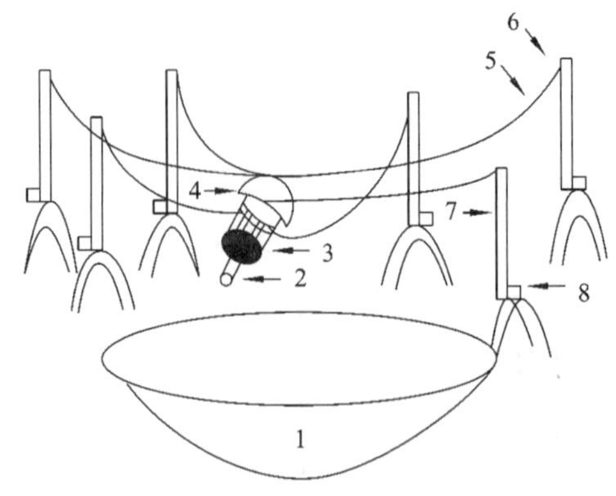

(b) FAST创新设计方案示意图

图 1-1　射电望远镜及其创新设计方案示意图

1—主反射面;2—馈源;3—Stewart 平台;4—馈源舱;5—悬索;6—滑轮;7—支承塔;8—缠绕轮及伺服系统

主动反射面是由上万根钢索和数千个反射单元组成的球冠型索膜结构,口径约 500 m,球冠张角为 110°～120°,变形抛物面的均方差为 5 mm。馈源支撑系统是千米尺度的钢索支撑体系,在馈源舱内安装有并联机器人用于二级调整,最终调整定位精度达 10 mm。

图 1-2　南仁东照片

1994 年起,南仁东(见图 1-2)一直负责 FAST 的选址、预研究、立项、可行性研究及初步设计。作为项目首席科学家、总工程师,负责编订 FAST 科学目标,全面指导 FAST 工程建设,并主持攻克了索疲劳、动光缆等一系列技术难题。2016 年 9 月 25 日,其主持的 FAST 工程落成启用。

3. 高科技产业密集的高铁工程

不同于普通铁路,高速铁路线路常常要飞架空中,属于高科技产业密集工程。高铁要求高平顺、高稳定,列车速度上升到 350 km/h 时,车厢内水杯里的水几乎纹丝不动!对于铁路上的落物,控制系统能提前觉察,自动发出信号,相应轨道信号就变成红色,以作警示。列车在距离障碍物 6 km 外就可接到故障信号,自动停车。钢轨出现裂纹,信号根据自动检测结果会变成红色以作警示,列车据此自动停车。

车、路、信号这个庞大的高铁体系技术平台,就这样奇迹般地被中国人搭建起来。动车组是尖端技术的高度集成,涉及动车组总成、车体、转向架、牵引变压器、牵引变流器等 9 大关键技术以及 10 项配套技术,包含约 5 万个零部件。

在高铁建设中,使用了大量的车轮(见图 1-3)、车轴、轴承、齿轮、链条等关键核心零部件,这些零部件的材料性能、加工质量、加工工艺技术量远高于通用连接件、支承件、传动件、结构件、标准件及非标准件的。

图 1-3　高铁车轮

高铁车轮用钢 HS7，采用超纯净高均质电渣重熔精炼技术和工艺，材料性能达到国际领先水平，并且车轮钢生产工艺国际领先。

无论是高效的三元桥整体置换工程，还是复杂的射电望远镜工程，或是高科技产业密集的高铁工程，都是设计、制图、制造、运输、管理、安全施工等各个环节工程人员责任到位、效率至上的高度体现。设计者的周密设计与制图，制造工程人员的严格精确制造，施工管理人员的严格测控等才使得这些伟大工程得以呈现在我们面前，服务于我们的生活。

1.1.3　现代工程技术特征

现代工程技术具有如下特征。

1）工程技术的先进性

采用现代设计手段，优化设计方法，改进工艺设施，达到设计方案的先进性和技术的先进性。

2）工程技术的节能性

采用现代新型技术（如光伏技术、热源泵技术等）达到工程的节能性。

3）工程技术的环保性

采用现代技术手段、先进材料和制造工艺，达到工程对工程环境的环保性要求。

4）工程技术的安全性

在整个工程的施工和设备的制造、安装等过程中，体现技术和管理的安全性。

5）工程质量的严谨性

对工程质量检测、记录等落实到位，体现工程质量的严谨性。

6）工程建设的高效性

工程管理的人性化、合理化、有序化，使工程建设速度快、效率高，体现了工程人员的高度责任性。

7）工程过程人文关怀的现实性

在整个工程过程中，不仅体现对外部环境中人们的人文关怀，而且体现对工程人员的以人为本的人文关怀。

8）工程管理的科学性

在各个环节体现管理的有序化、协调化、人文化、服务化，做到放心生产、安心生产，体现了工程管理者对各个层面工程人员的关心和爱心。

1.2　工程设计

工程设计实践重在培养综合应用所学的理论方法和知识去分析、解决工程实际问题。在各类工程设计中都始终伴随着工程技术人员的设计、工程图样绘制以及设备的制造、施工、安装等工作。

1.2.1　地铁建造工程设计过程

地铁建造工程大体可分为四个阶段：规划、设计、施工、运营。

1. 规划

一座城市要建造地铁需要获得有关部门的批准。规划包括：①必要性研究；②线网规模研究；③线网结构研究；④线路规划；⑤联络线规划；⑥车辆段和其他基底规划以及线网建设顺序等。

技术评估包括编制项目建议书，对项目建设的必要性、拟建地点、规模、投资估算进行评估。工程的主要内容包括：该线路的功能定位及总体规模、建设的必要性和紧迫性、线路方案和运营方案、土建工程、设备系统方案、车辆段与综合基地、工程筹划与招投标、工程投资与经济分析等。

2. 设计

设计阶段包括初步设计和施工图设计，如果项目复杂，还包括技术设计。

初步设计主要是根据线路规划，完成对线路的设计原则、技术标准等的确定，基本上确定线路的平面位置、车站位置及右线纵断面设计。初步设计完成后再进行施工图设计。

施工图设计要求画出来的图样能直接给施工单位进行施工。

3. 施工

施工分为区间施工和车站施工。

4. 运营

在正式运营之前，还有试运行和试运营两个阶段。

试运行是指系统联调后的非载客运行，列车在轨道上空载试跑，不对外售票载客。在此期间将对地铁各设备系统和整体系统进行可用性、安全性和可靠性测试及考核，对运营作业人员培训、故障模拟和应急演练等情况进行检验。地铁试运行应不少于三个月。

试运营是指试运行合格后，经过政府部门的相关验收及审批，在完成竣工初验之后、工程竣工验收之前进行的载客运营活动。在此期间乘客可以购票乘坐地铁。正式运营是指地铁试运营结束，并通过竣工验收后所从事的载客运营活动。

1.2.2　电炉设计

在钢铁冶金材料制造工程中，设备的开发研制同样离不开工程技术人员的设计与制图。

如图1-4所示的电炉，其主体结构由炉盖、炉体、电极及摇架组成，配有炉盖启闭机构、炉体进出机构、电极升降机构和电炉倾动机构以及其各自的传动系统，分别适应装料、熔化、冶炼、排渣、精炼和出钢的工艺操作要求；另配有电力系统、压缩空气系统、循环冷却水系统和排烟除尘系统，用于向电炉供电、供气、供冷却水和排烟除尘；还配有起重运输设备，用于吊运炉料、渣罐、盛钢桶和更换电极等工艺操作。

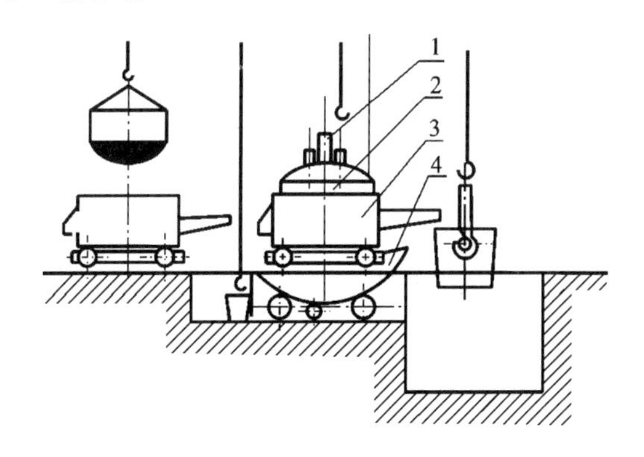

图1-4　电炉

1—电极；2—炉盖；3—炉体；4—摇架

1.2.3　工程设备设计过程

工程设备的一般设计过程分为下面几个阶段。

1）提出任务计划

在市场调查基础上，提出任务计划方案，写出计划任务书。

2）方案设计

根据任务书，综合考虑技术的可行性，提出技术最终设计方案，进行设备的设计。

3）产品生产

根据提出的最终技术方案，对机器的零部件进行制造，并进行质量检测。

4）装配调试

对制造的零部件进行组装和装配调试。

5）施工调试

根据机器产品安装规格进行土建施工，对机器产品进行安装、运行和调试。

6）产品市场运营

对产品进行销售、售后服务和市场运营。

1.3　实践教学

实践教学是一种新的教学理念，不同于过去的实验和实习。实践教学是工程实践与设计最有效的“新工科”实践教育方式，伴随实践教学的实践环节有测绘实践、勘测实践、拆装实践和构思实践，从而达到不同的实践教学目的。

1.3.1 实践教学的特点

实践教学是介于理论课堂与实验课堂之间的一门新型学科。实践教学的过程渗透了基础知识和专业知识等内容，实践教学过程呈现出知识量大、知识互溶性大、知识涉及面广、现实直观性强等特点。

实践教学过程充分体现了综合工程意识和综合工程知识的传递。实践教学与实验教学的区别在于：实践教学的客体是真实的工程生产或生活中正在使用的先进设备；实验教学的客体并非真实的生产或生活中使用的设备，仅能够表达原理，但不具备工程设备的功用。

1.3.2 实践教学的定义和目的

实践教学是主体人类对社会、自然界正存在的事件进行去伪存真，全方位研究、分析、学习的一个过程；同时，也是主体人类对生活、生产中使用的客观实体机器、客观事物及其规律直接进行全方位分析、研究、学习的一个过程。实践教学的目的如下：

(1) 提升人文素养，实现人类社会与自然的和谐共处，实现对宇宙的正确认识。

(2) 提高主体人类自身综合工程意识和工程实践能力。

1.3.3 实践教学的客体

实践教学的客体来自于客观社会、自然界客观存在的自然现象、客观存在的事实、真实发生的事件等。

实践教学的客体也可以是现实中真实的工程设计以及现实生产、生活中正在使用的机器设备等实体。

1.3.4 实践教学的主体

实践教学的主体是客观存在的人类(单体或群体)。通过实践教学可以了解现实社会和现实生产，通过实践教学可以获取产品真实的知识点、真实的结构复杂性、真实的配合和装配关系，也可以直接获得直观真实的技术基础知识、专业基础知识和专业知识，还可以直接获得工程意识、成本意识、价值意识。

1.3.5 工程实践教学客体设备与实验教学客体设备的区别

以汽车发动机为例来说明实践教学客体设备和实验教学客体设备的区别。实践教学客体设备如图 1-5 所示，为生产中使用的发动机；实验教学客体设备如图 1-6 所示，为非生产使用的发动机教学模型。区别如下：

(1) 学习研究的艰苦程度相差很大。现实生产使用的发动机、减速器等实践教学设备中含有润滑油，很重、很脏、很大(微型结构除外)；而非现实生产使用的发动机、减速器等实验教学模型，很干净、很轻，没有放置润滑油。

图 1-5　发动机实践教学客体设备

图 1-6　发动机实验教学客体设备

(2) 复杂程度不一样。从外观上看它们的复杂程度不一样,内部结构复杂程度和零件的结构复杂程度不一样。

车辆工程中使用的发动机实践教学实体与发动机模型结构有天壤之别,重量相差甚远,结构也不一样。可想而知,从实践教学实体和从实验教学模型实体获得的工程知识必然有极大的差别。

(3) 局部细小结构不一致。很多关键性的结构在非现实生产使用的实验模型中体现不出来,而这些细小的局部结构却是机器性能好坏的关键所在,也是机器设计时必不可少的考虑因素。现实生产中使用的实践教学实体设备,零件的细小部位的结构体现得淋漓尽致。

(4) 零件之间的配合精度不一致。现实生产使用的减速器和发动机,零件之间的配合严格按照设计要求和工作要求进行设计、加工制造、装配、验收。而实验教学模型是非现实生产使用的教学测绘减速器模型和发动机教学模型,零件之间的配合关系不是完全按照机器各种不同工作要求设计加工制造的。

(5) 零件数量相差很大。生产使用的减速器、发动机与教学测绘减速器实验模型和发动机教学模型所使用的零件数量相差很大。

(6) 材质完全不同。生产使用的减速器、发动机与教学测绘减速器实验模型和发动机教学模型所使用的材质完全不同。

(7) 拆装、测绘的时间不一样。由于配合严格程度不一致,结构复杂程度不一致,操作艰苦程度不同,零件数量也不同,所以,单纯拆装现实生产使用的发动机、减速器实践教学实体,所花的时间比拆装非现实生产使用的发动机、减速器实验模型的时间要长 4～16 倍。可想而知,测绘所花的时间更是相差甚远。

(8) 工程知识获取量不同。观看、拆装、测绘一台非现实生产使用的发动机实验模型和观看、拆装、测绘一台现实生产使用的发动机实践教学实体,主体人对工程意识、工程能力的心理体悟有天壤之别。

工程意识的培养就在于对现实生产设备的直接接触,直接体验设备结构的真实性、结构的复杂性、功能的真实性、零件数量的真实性和作业的艰苦性等。

1.3.6　发动机实践收获

一切设计来自于解决物体功用性、展示艺术美学性、诠释文化内涵性三大思想领域。现代工程实践教学是一个从知识到产品,从产品到创新知识的创新体验过程。

发动机不仅涉及机械工程方面的基础知识,也涉及车辆工程、材料工程、电气工程、制造工程等方面的基础知识，而且发动机的原理同样涉及节能与环保工程方面的基础和专业知识。作为机械制图、机械设计实践教学研究的设备，其实践教学内涵非常广泛。

发动机是将热能转变为机械能的动力装置，其零件数量以百计，结构复杂，包含两大机构和五大系统。发动机制造使用的材料有钢铁金属材料、非钢铁金属材料，同时也涉及非金属材料，其制造过程涉及制造业的传统工艺与现代工艺。

现代工程发动机实践教学，使学生从亲自实践的机会中不仅能学习工程中常用的多种传动件、连接件、支承件，而且能学习上百种零件共同作用构成奇妙运动的部件，认识机器、部件、零件的特点和作用，从而激发学生对机械的兴趣和对劳动人民的敬意，逐步体会设计的严谨性、制图的艰难性、制造的复杂性，并看到自己的不足。这对学生今后进行科学创新将起到不可估量的作用。

通过实践教学，学生可以了解现实社会和现实生产，也可以获取产品真实的知识点、真实的结构、真实的配合和装配关系，还可以获得直观真实的技术基础知识、专业基础知识和专业知识，有助于培养他们的工程意识、成本意识和价值意识。发动机实践教学现场如图 1-7 所示。发动机零件测绘与造型如图 1-8 所示。

图 1-7　发动机实践教学现场

图 1-8　发动机零件测绘与造型

下面是部分参加实践教学的学生的体会。

廖凌江：

一堂课上最宝贵的就是拆装，拆装对每个学生来说只有一次，因此，一堂课应当这样度过：当一个人进行拆装时，不因装错螺钉而后悔，也不因装错部件而惭愧，这样在他不理解的时候，能够说，我把整个课堂和全部时间献给了课上最宝贵的事情——为拆发动机而奋斗！

严政：

樊老师给我们演示了一遍拆发动机的过程和步骤，让我们体会到自己在课堂上学到的东西都是来源于生活的，其中最重要的还是老师利用发动机给我们上了一节生动的机器设计课。所有的零件都是在先想到应有的功能后再来进行构形设计的，这让很多问题得以解决。比如，什么样的地方应用什么样的形状，怎样安装固定，其中还要注意的就是保证其可靠性、准确性和应用性……

史静雯(物流1301班)：

发动机实践教学使我系统地了解了发动机的构造和原理，使我对发动机内部的相互关联及工作原理有了清晰的认识。对系统的分解拆装，使我认识了各系统的工作原理和供给特点，认识了各个部件、零件的样子、相互位置，以及它们之间的装配和运动情况。通过亲手拆装发动机，我感触颇深：

(1) 安全生产。无论是汽车发动机的生产，还是我们进行的发动机拆装实践，安全永远是第一位的。还好实践中我们没有出任何安全事故。

(2) 人性化问题。摩托车本身是为人服务的，故而设计上，包括发动机设计自然应是人性化的。螺栓位置、零件设计都要考虑人性化！

(3) 对工作的严谨态度。我们严格按照步骤进行拆装，想必不严格按照步骤拆装，结果一定是失败的。

(4) 不仅学习了专业知识，还增强了团体合作精神。

谭锐研(物流1502班)：

机械设计不仅仅涉及核心原理，还需要很多其他东西去支撑和优化，这样才能更好地融入实际，为广大人群所用。通过拆装实践，我深深感受到机械设计是一个很大的课题，很值得研究。这门课(发动机实践课程)把一个个理论组装起来，形成产品，然后通过优化设计，降低成本，提高性能。这门课重要而值得研究。

1.4　现代三工程实践教学新理念

1.4.1　三工程教学新体系

以人为本的“科技工程、绿色工程、人文工程”共同构成三工程实践教学新体系。该体系着眼于培养德才兼备的优秀人才，优秀人才创作出卓越的工程设计产品，而具有高度责任意识的优秀人才和工程设计产品服务于人类自身，共同保护人类和其他生命体共有的地球生态环境家园。

1.4.2　质量与检测

质量是企业的灵魂，成本是企业的生命。万分之一的失误，对受害者来说，就是100%的损失。

工作质量是指与质量有关的各项工作对产品质量、服务质量的保证程度。工作质量的五大控制过程包括设计质量、制造质量、使用质量、控制质量、服务质量。在每一个质量过程要素中，责任要素起到至关重要的作用。

1. 设计中的质量

设计在古代已渗透到日常生活的方方面面，如每个家庭必用的锁，不仅美观，而且结构奇特，技术精湛。为了保证质量，古代会在锁上“勒名”，即在锁体上刻上锁匠的名号。这也是古代手工业为保证质量采取的常规而又重要的措施之一。

2. 辛亥革命蜡像馆质量检测

南京辛亥革命蜡像馆所在的无量殿建成于明初，又因整个建筑没有一根梁柱，也不用寸木寸钉，自基至顶全用巨砖垒砌成拱券穹隆顶，故又名无梁殿。无梁殿内现为阵亡将士公墓祭堂。

无梁殿修建时砖与砖之间未用任何水泥，全部是用米等食物和植物原料作为黏结剂垒结而成。砖烧成后，由检验人员检测砖的质量，检验人员双手用力对击两块砖，如果砖碎裂，全部工钱扣下不发放，限期三个月时间重烧；检验人员第二次检验质量时，如果对击砖仍然碎裂，烧砖人将被满门抄斩。每块砖上刻着烧砖人的名字。在这样的法律面前，谁还敢冒着满门抄斩的危险不顾质量问题呢！600 多年过去了，无梁殿几经战火，历经沧桑，但凭借它一身坚固的石砖结构，竟得以完好地保存至今。

1.4.3　工程中的环保责任

1. 35 年前已知的核环境

核电站缺陷在福岛核泄漏事件发生前 35 年就为人所知，曾参与福岛反应堆建设的美国专家称，35 年前已经察觉到核电站缺陷，但并无应对重大事故配套措施。福岛第一核电站 6 座反应堆由日本东芝和美国通用电气建造，当年通用公司和日方拒绝关闭核电站，所以通用公司退休工程师布里登博因为预见到核辐射的隐患而离开了设计团队。

2. 福岛核电站辐射事故

2011 年 3 月 11 日，日本地震、海啸引发福岛核电站安全事故。放射性污水约 6 万吨，海水超标 750 万倍，福岛核电站辐射量为常态的 6600 倍。这一事件告诉我们，放射性的碘对住在核电站附近的人有危害。1986 年切尔诺贝利核灾难之后有一些甲状腺癌病患即与此有关。放射性铯、铀和钚都是对人体有害的，并且不以某个特定器官为靶标。放射性的氮几秒钟后就很快会衰变，而放射性氩也对身体有害。

3. 磁悬浮列车

磁悬浮列车主要由悬浮系统、推进系统和导向系统三大部分组成。长沙磁悬浮快线采用我国具有完全自主知识产权的中低速磁浮交通系统。该交通系统历时一年半建成，全长 18.55 km，最高速度达 100 km/h。其 2898 根桥梁桩基、696 个承台、942 片轨道梁几乎全部建在高架上。在高科技理念下，安全问题已经提到首要地位。中低速磁悬浮列车的运行依靠电磁铁与轨道产生的电磁吸力使列车浮起大约 1 cm，车身与轨道之间保持一定的气隙而不直接接触，从而没有了轮轨激烈摩擦的噪声。为加强个人安全意识，在磁悬浮施工现场的安全体验基地人们可以进行高空坠落、触电等风险体验。对于磁悬浮轨道线，也有百姓担心是否有磁辐射，对此，中科院电工研究所在一份专业检测报告中提出，磁悬浮列车直流磁场强度影响小于人们正常看电视时磁场对人体的影响，交流磁场强度的影响小于使用电动剃须刀时磁场对人体的影响,电磁辐射强度也低于世界卫生组织推荐的国际非电离辐射防护委员会制定的标准。

1.4.4　人文责任

1. 科技设计者的人文关怀——安全责任

其实很多安全事故都是可以预见和预防的,人们赖以生存的衣食住行科技工程、环境工程、安全工程乃至其他任何工程,只要工程的设计者遵守职业道德,注意责任规范,增强安全意识、环保意识,我们就可以避免很多不必要的麻烦和事故。

习近平总书记说:“我们既要绿水青山,也要金山银山。宁要绿水青山,不要金山银山,而且绿水青山就是金山银山。我们绝不能以牺牲生态环境为代价换取经济的一时发展。我们提出了建设生态文明、建设美丽中国的战略任务,给子孙留下天蓝、地绿、水净的美好家园。

在生态环境保护上一定要算大账、算长远账、算整体账、算综合账,不能因小失大、顾此失彼、寅吃卯粮、急功近利。

要着力推进人与自然和谐共生。生态环境没有替代品,用之不觉,失之难存。要树立大局观、长远观、整体观,坚持节约资源和保护环境的基本国策,像保护眼睛一样保护生态环境,像对待生命一样对待生态环境,推动形成绿色发展方式和生活方式,协同推进人民富裕、国家强盛、中国美丽。”

2. 社会公德

一个国家在发展的过程中应该尤其重视企业道德、职业道德、社会公德。提起让人民放心的工程,使整个中国制造成为中国人放心、世界人放心的有信誉的产品,国家安全体系注册审核员黄钢汉说:“企业道德,跟企业家的道德水平及道德观念分不开。”人类赖以生存的衣食住行工程涉及我们每个人的生存和生存环境,科技工作者的技术走向哪里,值得每一位科学技术人员深思和明以心戒。物质文明、精神文明、社会文明、生态文明是科技工作者应该努力营造的目标。

思考与练习

第 2 章　机械设计基础知识

本章学习目标

1. 初步培养学生对机器及机械的认知能力。
2. 培养学生对工程机械传动系统基本知识的认知能力。
3. 培养学生对机械零件设计准则的认知能力。

本章知识要点

1. 机器的组成。
2. 工程机械传动系统的基本知识。
3. 机械零件失效的基本知识和设计准则。

实践教学研究

观察摩托车发动机的结构特点,分析其工作原理。

关键词

机器　应力　可靠性

2.1　工程机械概述

2.1.1　传动系统的功用

工程机械的动力装置和驱动轮之间的所有传动部件总称为传动系统。传动系统的主要功用是将动力装置的动力按需要传给驱动轮、其他机构或其他系统。

传动系统的主要功用有:

(1) 改变转速,增大转矩;

(2) 实现变速;

(3) 改变转动方向;

(4) 必要时切断动力传递;

(5) 实现左右驱动轮的不同转速。

从广义上说,由于机械动力装置的性能不同和所采用的传动系统的类型不同,传动系统的组成和具体功能也有所差别。

2.1.2　传动系统的类型

目前，工程机械的传动系统主要采用机械传动、液力传动、液压传动和电传动四种类型。图 2-1 所示为轮式装载机的机械传动系统简图。

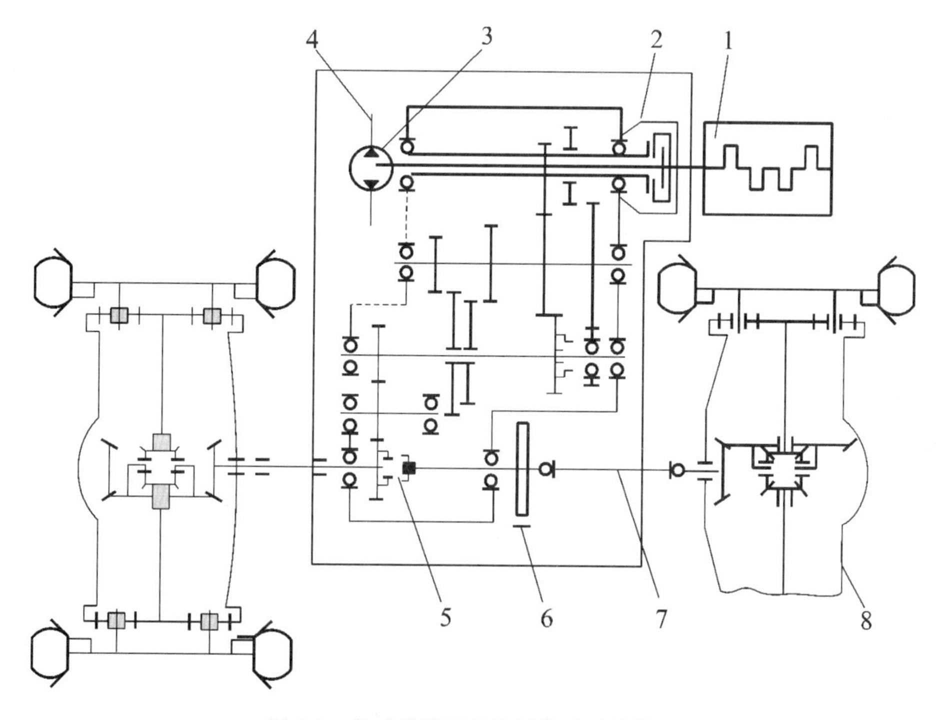

图 2-1　轮式装载机的机械传动系统简图

1—发动机；2—离合器；3—液压泵；4—变速器；5—拖桥装置；6—停车制动器；7—传动轴；8—驱动桥

机械传动系统可由内燃机驱动，也可由电动机驱动。内燃机驱动的机械传动系统由离合器、变速箱、万向传动装置、驱动桥等机件组成。

机械传动系统的主要缺点是：在工作阻力急剧变化的工况下，内燃机容易过载熄火；采用人力换挡时，动力中断的时间较长：当外载急剧变化时，不仅传动系统零件受到的冲击载荷大，还会通过传动系统影响动力装置，缩短动力装置和传动系统中机械零件的使用寿命。

机械传动具有结构简单、工作可靠、价格低廉、传动效率高，以及可以利用发动机运动零件的惯性进行作业等优点，因此在中小功率的工程机械上得到广泛应用。

2.2　机　　器

机器是人们通过智慧研究设计出的由各种金属和非金属部件组装成的装置，装置内部的零件、部件间具有确定的相对运动，用来代替人的劳动，完成有用功、能量变换、信息处理等。

2.2.1　机器的特征

机器一般具有如下特征：①机器是人为的实体组合；②这些实体之间具有确定的相对运

动；③可代替人的劳动完成有用功或进行能量的转化。具有前两个特征的机器我们称之为机构。机构是人们设计制造的组合装置，装置内部零件实体之间具有确定的相对运动。机器和机构习惯上统称为机械。

2.2.2　机器的组成

从结构制造角度来分析，机器由部件和单独作为装配单元的零件组成。其中部件是机器的装配单元，它由若干个零件按照一定的方式装配而成。

从功能的角度来看，机器由原动部分、传动部分和工作部分以及控制部分组成。

从机构角度分析，机器由具有确定运动的机构组成，构件是组成机构的最小单元体。图2-2(a)所示的冲压设备是由曲柄滑块机构、皮带传动机构等组成的。

以摩托车为例，摩托车由发动机、电气部分、传动部分、行走部分、操纵部分五大系统组成。发动机提供整车动力，电气部分由磁电机、电瓶、点火系统、照明系统、信号系统等组成；传动部分由离合器、变速器、传动链等组成；行走部分由车架、前叉、前后减震、车轮等组成；操纵部分由车把、刹车、各类开关等组成。发动机是摩托车的一个重要的部件，其机构如图2-2(b)所示，发动机也是由数百个零件组成的比较复杂的部件，如图2-3和图2-4所示。

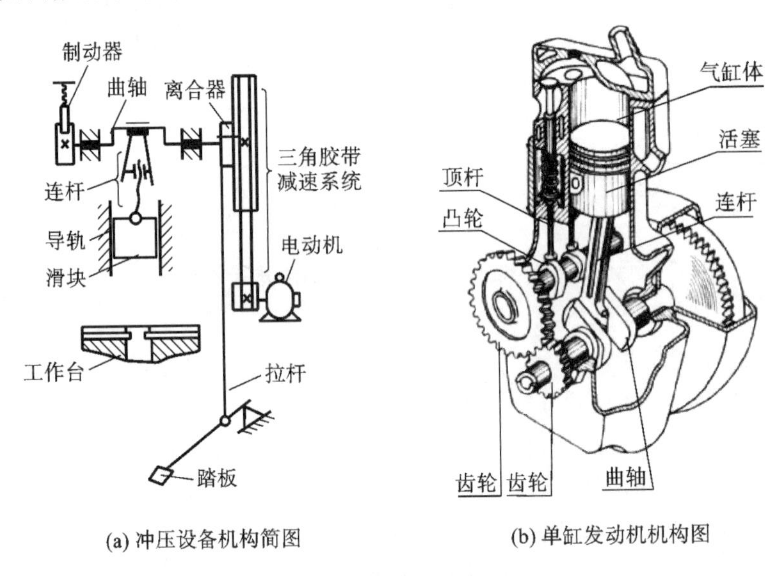

(a) 冲压设备机构简图　(b) 单缸发动机机构图

图 2-2　机器机构简图

(a) 摩托车　(b) 发动机

图 2-3　机器及部件　　图 2-4　连杆零件

从外形分析，摩托车发动机由气缸盖、气缸体、曲轴箱组成。从结构制造角度分析，发动机由两大机构(曲柄连杆机构、配气机构)和六大系统组成。对于连杆零件,除通过图样表达其内外结构特征外,还需要对零件的强度和寿命进行设计计算,以保证零件的工作强度,使发动机安全正常运转。

2.3　工程设备设计准则

任何工程设备的设计目的都是实现其功能,降低其成本,提高其寿命。工程设备设计时应考虑下列几个原则:

1) 满足功能性

以满足用户的使用要求为前提进行技术设计。

2) 提高工程设备的寿命

在满足设备功能要求,满足强度、刚度等技术要求的前提下,最大限度提高工程设备的寿命。

3) 节能减排

在设计技术方案时,优先考虑节能减排的方案设计。

4) 降低工艺难度

尽可能地降低工艺难度,节约能源、资源和成本。

5) 最优的性价比

在满足设备功能、强度的条件下,设计最优性价比方案。

6) 设备的环保性

对设备的设计要满足国家有关环保的各项标准,降低设备对周围环境的危害性,如噪声、烟气、辐射等污染。

7) 设备的人文性

设计要考虑到设备的可操作性,操作人员的舒适性、安全性等。

2.4　机械零件设计判据

合理的设计结构,正确的材料选择,适宜的制造工艺,对任何设备的结构设计和制造都是十分重要的。任何一位工程设计人员,质量责任意识都要放在首位。

2.4.1　机械零件的设计步骤

设计的机器应满足使用、经济、安全和环保等要求。设计机器分为以下几个阶段:计划阶段、方案设计阶段、技术设计阶段、施工设计阶段和样机试车阶段。

当机器的总体布置和传动方案确定后,就要进行零件设计。零件设计应满足工作可靠、结构工艺性好和经济性好等要求。

机械零件的设计一般可按下列步骤进行:

(1) 选择零件类型。根据使用条件、载荷性质及尺寸大小选择零件的类型。

(2) 受力分析。通过受力分析求出作用在零件上载荷的方向、大小及性质,以便进行设计计算。

(3) 选择材料。根据零件工作条件及受力情况,选择合适的材料及热处理方式,并确定其许用应力。

(4) 确定计算准则。根据失效分析,确定零件的设计计算准则。

(5) 结构设计。结构设计是将零件的功能转化为具体结构的设计过程。设计中应考虑零件的强度、刚度、加工及装配工艺性等要求,符合尺寸小、重量轻和结构简单等原则。结构设计是零件设计中的重要内容之一。

(6) 理论设计计算。由设计准则得到设计或校核计算公式,确定零件的主要几何尺寸及参数,如螺栓的直径、齿轮的齿数与模数等。

(7) 绘制零件工作图。工作图必须符合制图国家标准,尺寸要齐全并标注必要的尺寸公差、形位公差、表面粗糙度及技术条件。

(8) 编写设计计算说明书。将设计计算资料整理成简明的设计计算说明书,作为一种技术文件备查。

2.4.2 机械零件设计准则

机械零件由于某些原因不能正常工作,称为失效。零件失效形式多种多样,包括疲劳断裂、过大的弹性变形或塑性变形、表面破坏、连接的疲劳松弛、打滑、共振、失性等。应根据机械零件的失效形式,对其进行有针对性的计算、试验、校核,选定能同时保证各种失效都不会发生的设计方案。

根据零件的失效分析,为满足零件工作要求并防止出现失效而制定的基本原则称为设计准则。机械零件常用的设计准则有以下六个。

1) 强度准则

强度是保证机械零件能正常工作的基本要求。零件的强度不够,就会出现整体断裂、表面接触疲劳破坏或塑性变形等,从而丧失其工作能力,甚至导致安全事故。强度的设计准则用应力公式表达为

$$\sigma \leqslant [\sigma] \tag{2-1}$$

$$\tau \leqslant [\tau] \tag{2-2}$$

式中:σ、τ ——零件的正应力和切应力(MPa);

$[\sigma]$、$[\tau]$ ——材料的许用正应力和许用切应力(MPa)。

2) 刚度准则

刚度是指零件在一定载荷作用下抵抗弹性变形的能力。当零件刚度不够时,弯曲挠度或扭转角可能超过允许限度,将影响机械的正常工作。刚度的设计准则为

$$y \leqslant [y] \tag{2-3}$$

式中:y——零件工作时的挠度;

$[y]$ ——零件的许用挠度。

3) 耐磨性准则

耐磨性是指做相对运动的零件的工作表面抵抗磨损的能力。零件磨损后,将改变其尺寸与形状,削弱其强度,降低机械的精度。因此,机械设计中,总是力求提高零件的耐磨性,减少磨损量。一般机械中,由磨损而导致失效的零件约占全部报废零件的 80%。

关于磨损的计算,目前尚无可靠、定量的计算方法,常采用条件性计算,如限制比压 p 和

限制比压 p 与速度 v 的乘积 pv 值，以保证零件表面有一层强度较高的边界膜，使零件表面不产生过量磨损。

4）振动稳定性准则

当机械或零件的固有频率 f 等于或趋近于受激振源作用引起的强迫振动频率 f_p 时，将产生共振，共振不仅影响机械正常工作，而且会造成破坏性事故。而振动又是产生噪声的主要原因，因此，对于高速机械或对噪声有严格限制的机械，应进行振动分析与计算，并采取措施，降低振动与噪声。当 $f<f_p$ 时，要求满足条件 $2.15f<f_p$；当 $f>f_p$ 时，要求满足条件 $0.85f>f_p$。

5）热平衡准则

工作时发生剧烈摩擦的零件，其摩擦部位将产生很大的热量。若散热不良，则零件的温升过高，将破坏零件的正常润滑条件，改变零件间的接触性质，使零件发生胶合甚至咬死而无法正常工作。因此，对于摩擦发热大的零件，应进行热平衡计算，其表达式为

$$H_1 \leqslant H_2 \tag{2-4}$$

式中：H_1——摩擦所产生的热量总和；

H_2——散逸的热量总和。

6）可靠性准则

一批满足强度要求的完全相同的零件，由于零件的工作应力和极限应力都是随机变量，因此在规定的工作条件和使用期限内，并非所有零件都能完成规定的功能，必有一定数量的零件会丧失工作能力而失效。

机械或零件在规定的工作条件下和规定的使用时间内完成规定功能的概率，称为它们的可靠度。可靠度是衡量机械或零件可靠性的一个特征量。

设有 N_r 个零件在预定的使用条件下进行试验，在规定的使用时间 t 内，有 N_f 个零件随机失效，剩下 N_s 个零件仍能继续工作，则可靠度

$$R=\frac{N_s}{N_r}=\frac{N_r-N_f}{N_r}=1-\frac{N_f}{N_r} \tag{2-5}$$

式中：N_f——在时间 t 内失效的零件数，$N_r=N_f+N_s$。

2.4.3　机械零件的载荷和应力

载荷及其引起的应力是机械零件失效的主要原因。因此，在设计零件时，首先要分析载荷情况和应力情况。为了保证零件的工作安全而又不造成浪费，还必须适当地确定许用应力值。

1）载荷

作用在零件上的外力称为载荷，这些外力包括力、弯矩或转矩。载荷分为静载荷和变载荷两类。大小和方向不随时间变化而变化或变化缓慢的载荷称为静载荷。大小或方向随时间变化而变化的载荷称为变载荷。其中变化无规律者称为随机变载荷，按一定规律变化者称为循环变载荷。例如：零件的重力是静载荷，汽车零件承受的是随机变载荷，这是因为汽车行驶时工作阻力和速度呈不规则变化。

机械零件上的载荷还可以分为名义载荷和计算载荷。

（1）名义载荷。在理想的平稳条件下，作用在零件上的载荷称为名义载荷。其值可按力学公式进行计算。例如零件传递的功率为 P（单位为 kW）、转速为 n（r/min）．则该零件所承受

的转矩 T(单位为 N·m)为

$$T=9550\frac{P}{n} \tag{2-6}$$

(2)计算载荷。理想的平稳载荷实际上是几乎不存在的，载荷经常是随时间变化的，再考虑到机械起动、制动时产生的附加惯性动载荷以及载荷在零件上分布不均匀等因素，为了安全可靠，计算时引入载荷系数 K，将上述因素的影响予以概略地估计。将名义载荷乘以载荷系数，则为计算载荷。对于转矩有

$$T_c=KT \tag{2-7}$$

式中：T_c——计算转矩(N·m)；

T——名义转矩(N·m)；

K——载荷系数。

2）应力

在载荷作用下，机械零件的断面(或表面)上将产生应力。不随时间变化而变化的应力称为静应力，大小或方向随时间变化而变化的应力称为变应力。

工程中以变应力为多，而最常见的为按一定规律变化的循环变应力。图 2-5 所示为一般循环变应力，图 2-6 所示为对称循环变应力，图 2-7 所示为脉动循环变应力。

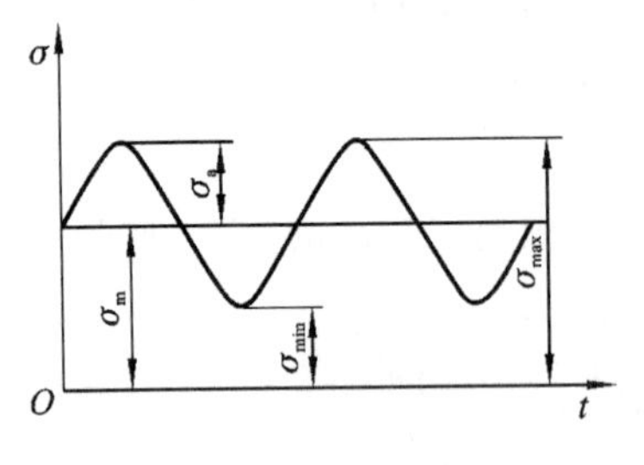

图 2-5　一般循环变应力

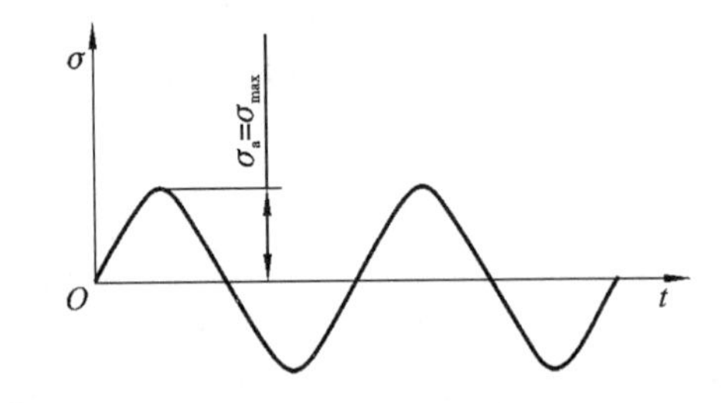

图 2-6　对称循环变应力

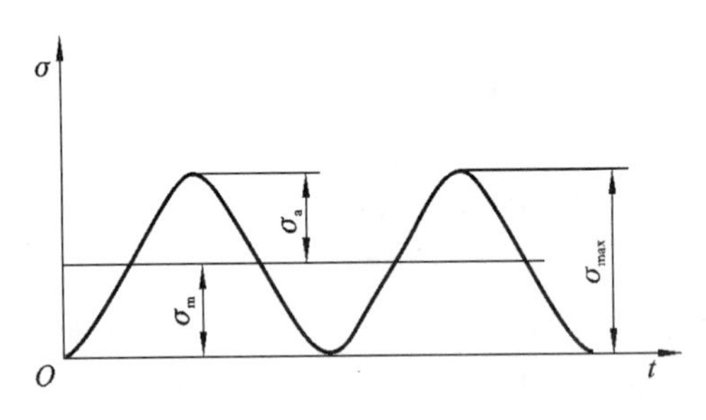

图 2-7　脉动循环变应力

变应力的主要参数有：最大应力 σ_{max}、最小应力 σ_{min}、平均应力 σ_m、应力幅 σ_a 和循环特征 r。任一种循环变应力均可看成是由一个不变的平均应力 σ_m 和一个变化的应力幅 σ_a 叠加而成的。横坐标以上的应力为正(拉应力)，横坐标以下的应力为负(压应力)。

对于一般循环变应力

$$\sigma_m=\frac{\sigma_{max}+\sigma_{min}}{2}$$

$$\sigma_a=\frac{\sigma_{max}-\sigma_{min}}{2}$$

对于对称循环变应力

$$\sigma_m = 0$$

$$\sigma_a = \sigma_{max}$$

对于脉动循环变应力

$$\sigma_m = \sigma_a = \frac{\sigma_{max}}{2}$$

$$\sigma_{min} = 0$$

最小应力与最大应力之比称为变应力的循环特性 r，即

$$r = \frac{\sigma_{min}}{\sigma_{max}} \tag{2-8}$$

对称循环变应力的 $r=-1$；脉动循环变应力的 $r=0$，静应力的 $r=+1$。

2.4.4　静应力作用下的机械零件强度计算

判断零件强度就是判断危险截面处的最大应力（σ,τ）是否小于许用应力，即

$$\sigma \leqslant [\sigma] = \frac{\sigma_{lim}}{S} \tag{2-9}$$

$$\tau \leqslant [\tau] = \frac{\tau_{lim}}{S} \tag{2-10}$$

式中：$[\sigma]$、$[\tau]$——许用正应力和许用切应力（MPa）；

σ_{lim}、τ_{lim}——极限正应力和极限切应力（MPa），对塑性材料为屈服极限 σ_s 和 τ_s，对脆性材料为强度极限 σ_b 和 τ_b。

S——安全系数。

在不同的机器制造部门，常制定有自己的安全系数规范。

合理选择安全系数是强度计算中的一项重要工作。其值取得过大，会使机器笨重；取得过小，又不安全。合理选择的原则是：在保证安全可靠的原则下，尽可能减小安全系数。影响安全系数的因素很多，主要有载荷确定的正确性、零件的重要性、材料性能数据的可靠性和计算方法的合理性等。

在复合应力状态下工作的塑性材料零件，可根据第三（或第四）强度理论来确定其强度条件。对于弯扭复合应力，若按第三强度理论，则其强度条件为

$$\sqrt{\sigma^2 + 4\tau^2} \leqslant [\sigma] \tag{2-11}$$

2.4.5　变应力作用下的机械零件强度计算

1）变应力作用下零件的失效形式

无论作用在零件上的是静载荷还是变载荷，均可能产生变应力。

变应力作用下零件的强度条件也可以写成危险截面处的最大应力小于许用应力的形式，但变应力作用下零件的失效与静应力作用下零件的失效有本质的区别。静应力作用下零件的失效，是由于在危险截面处产生了过大的塑性变形或断裂。而变应力作用下的零件，疲劳破坏是其主要的失效形式。

金属材料在变应力作用下，在材料组织的微观缺陷处或应力集中处，产生局部金属滑移并

逐渐形成疲劳裂纹。随着变应力的继续作用,疲劳裂纹逐渐扩展,使承载面积逐渐减小,最后使剩余承载面积上的应力超过材料的强度极限而导致突然断裂。这种现象称为疲劳断裂。

2）疲劳极限

变应力的应力幅 σ_a、循环特性 r 和应力循环次数 N 对金属零件疲劳都有影响。当变应力的应力水平(指 σ_{max})相同时,应力幅 σ_a 越大(或循环特性 r 越小),零件达到疲劳破坏所需的应力循环次数 N 越少,即零件容易疲劳。对于同一零件来说,当应力水平相同时,最危险的是对称循环变应力,其次是非对称循环变应力,最安全的是静应力。

用一组标准试件按规定试验方法进行疲劳试验,应力循环特性为 r 时,试件受“无数”次应力循环作用而不发生疲劳断裂的最大应力值,即为变应力时的极限应力,称为材料的疲劳极限,用 σ_r 表示,σ_{-1} 为对称循环变应力下的疲劳极限($r=-1$),σ_0 为脉动循环变应力下的疲劳极限($r=0$)。不同材料的 σ_{-1} 和 σ_0 可从有关手册中查得。

2.4.6 机械产品噪声标准

随着噪声控制工作的全面进行,机械产品的噪声标准已经作为机械产品的一项质量标准提出来。我国除少数产品外,大多数产品的噪声标准正在研制之中。表 2-1 所示为我国已经公布的常见机械产品的噪声标准。

表 2-1 我国部分机械产品和家用电器的噪声标准

名称		噪声标准/dB	测量条件
一般机床		≤85 中低频	根据《金属切削机床噪声测量》测定
精密机床		≤75 中频	
通风机		≤90 中频	根据《通风机噪声测量方法》测定
发动机	功率<147 kW	≤78 中低频	在半自由场下测量,测点高 2.2 m,距本机体中心线 7.5 m
	功率>147 kW	≤80 中低频	

思考与练习

第3章　机械设计综述

本章学习目标

1. 掌握机械设计的一般规律。
2. 初步建立正确的设计思想，培养分析和解决实际问题的能力。
3. 学会正确运用标准、规范、手册等技术资料。

本章知识要点

1. 机械设计的基本要求、步骤及内容。
2. 机械传动总体方案设计阶段的设计内容和要求。

实践教学研究

1. 参观发动机生产厂，注意观察自动生产线的机械运动。
2. 参观啤酒生产线，注意观察自动生产线的机械运动。

关键词

传动方案　传动比　参数　电机

3.1　机械设计的基本要求和步骤

3.1.1　机械设计的基本要求

设计各类机械时应满足的基本要求主要有以下几个方面。

1. 功能要求

机械应能够有效地执行预期的全部职能。这主要靠正确选择工作原理，正确设计或选用能够全面实现功能要求的执行机构、传动机构和原动机，以及合理地配置必要的辅助系统来实现。

2. 经济性要求

经济性要求是一个综合性指标，它表现在设计、制造和使用的整个过程中。例如在设计上要求结构合理、技术指标先进、符合标准化要求等，在制造上要求工艺合理，降低材料消耗等。

3. 劳动保护和环境保护要求

在设计机械时必须考虑便于操作、环境适宜（有足够的工作空间，防止粉尘，降低噪声），同时还必须严格遵守技术安全规范，防止发生人身和设备事故等。

4. 可靠性要求

要求所设计的机械必须保证在预定的寿命期间内可靠地工作。因此，设计时应从整机系统出发，对可能发生的故障和失效进行预测和分析，采取相应的预防措施，对关键部位进行可靠性分析和设计。

5. 其他特殊要求

这是针对机械使用的具体工作条件而提出的，如防火要求、防爆要求及防辐射要求等。

3.1.2 机械设计的一般步骤和内容

下面从整机的角度来阐述设计的一般步骤。

1. 明确设计任务

在着手设计之前必须详细研究设计任务，明确设计要求、条件和内容，收集有关资料、图样，从性能、技术参数及发展趋势等方面进行综合分析比较。这样既可减少重复工作，又可提高设计质量。最后落实工作计划，确定完成日期。

2. 总体方案设计阶段

在调查研究的基础上，根据设计任务书的要求拟订几种执行机构和传动方案，进行分析比较和技术论证，选出最佳方案；选择原动机；对机械进行运动学和动力学计算，确定诸如位移、速度、加速度以及力、转矩、功率等参数；确定主要结构参数，如减速器，其主要结构参数是中心距和轴径。

3. 装配图设计阶段

装配图设计就是通过装配图的绘制，确定零件的结构形状、相互关系（连接关系、配合关系等）和主要尺寸；选定标准件的规格；确定运动件的运动范围，判断其在运动过程中是否与其他零件干涉等。该阶段是在方案设计的基础上，使设计工作更加具体和完善的一个环节。它主要包括草图设计、参数计算、装配图绘制等几个方面。装配图设计阶段也称技术设计阶段。

4. 零件图设计阶段

零件图设计可在装配草图或装配图初步完成后进行，该阶段也称施工图设计阶段。

应该指出的是设计工作的各个阶段都是互相联系和有机结合的，各阶段的设计不可能截然分开，往往相互影响并在设计过程中反复交叉地进行。

5. 制造、鉴定、投产

当完成全套设计技术文件，并按一定的管理程序审核批准后，即可进入加工制造阶段。这时设计人员还要配合制造人员工作，直到安装、调试、鉴定、投产。

3.2 机械传动总体方案设计

总体方案设计是机械设计过程中具有决策性的一个设计阶段，主要考虑组成机械的三大部分——工作部分、传动部分、原动部分的结构形式、互相联系、空间配置等问题。

总体方案设计的基础是充分查阅和研究现有资料，资料包括有关的图样、手册、专著等以及设计者对已使用的同类或类似机械的调查、测定等，力求做到减少失误，避免重复别人的劳动，力求有所创新。

总体方案设计的关键是拟订几个方案并进行详尽的评估比较。首先要精心地拟订各种可能的方案，其次是对各方案进行科学的评估，主要包括制造是否简单、经济，使用是否可靠、方便、安全，精度和寿命选择是否满足要求和是否适当。常常还要结合具体条件，增加必要的评估标准，例如标准件和原材料的供应情况等。

总体方案设计的内容是执行机构和构件的选择与设计、原动机的选择、传动装置的设计及主要参数（工艺参数和结构参数）的确定、机械设备的总体布置（部件间的联系和空间配置）等。

总体方案设计的最终成果是一张尽可能详尽的方案草图，它既是部件和零件设计的依据，又是最后由部件图和零件图绘制总图时的参考。

3.2.1　执行机构和构件的选择与设计

对于执行机构和构件，迄今还没有严格公认的定义，为了和传动机构区分，这里约定：直接实现功能动作的机构称为执行机构，组成执行机构的构件称为执行构件，它们一般处于整个系统的末端。

执行机构和构件的选择和设计一般随机械的用途、工艺动作和方法的不同而异。一般工艺动作只具有两种基本形式，即回转运动和直线往复运动。其他复杂的运动也只是这两种运动的合成。所以，实现这些运动的工作机构，均可由各机构单独完成或组合完成，在方案设计时，需根据具体情况加以选定。由于电子技术的发展，以前只有用复杂的空间机构才能实现或很难实现的工艺运动，现在也能用计算机控制下的多驱动器（如电动机）分别驱动简单的平面机构来完成，工业机器人就是最突出的代表。它标志着一个新技术领域的诞生。

3.2.2　原动机的选择

原动机主要有电动机、内燃机等。这里只讲电动机的选择。

选择电动机时应根据工作载荷、工作特性和环境条件选择其类型、结构形式、容量（功率）和转速，最后确定出具体型号。

1. 选择电动机的类型和结构形式

目前，工业上广泛采用三相交流电源及交流电动机。其中以三相鼠笼式异步电动机用得最多，其常用的为Y系列。在频繁起动、制动和反转的场合（如起重机），要求电动机转动惯量小和过载能力大，因此应选用起重及冶金用三相异步电动机YZ型（鼠笼式）或YZR型（绕线式）。电动机结构有开启式、防护式、封闭式和防爆式等，可根据对防护的要求选择。电动机额定电压一般为380 V。

2. 选择电动机的容量

电动机的容量（功率）选得合适与否，对电动机的工作和经济性都有很大影响。容量小于工作要求，就不能保证工作机的正常工作，或使电动机长期过载而烧毁；容量过大则电动机价格高，能力又不能充分利用，在不满载的情况下运行，效率和功率因数都较低，造成很大浪费。

电动机的容量主要依据电动机运行时的发热条件决定。变载下长期运行的电动机、短时运行的电动机（工作时间短、停歇时间较长）和重复短时运行的电动机（工作时间和停歇时间都不长），其容量选择要按等效功率法计算，并校验过载能力和起动力矩，这将在有关电工学课程中详细研究。设计在恒定的或变化很小的负载下长期连续运行的机械时，要求所选电动机额

定功率稍大于所需电动机功率，即 $P_{ed}>P_d$，不必校验发热和起动力矩。所需电动机功率为

$$P_d=\frac{P_w}{\eta_a} \tag{3-1}$$

式中：P_w——工作机所需功率(kW)；

η_a——由电动机至工作机的总效率。

工作机所需功率 P_w 应由机器工作阻力和工作速度计算求得，不同专业的机械有不同的计算方法。一般若已知工作阻力 F(单位为 N)及工作速度 v(单位为 m/s)，则

$$P_w=\frac{Fv}{1000\eta_a} \tag{3-2}$$

若已知工作阻力矩 T(单位为 N·m)及工作构件角速度 ω(单位为 rad/s)或转速 n(单位为 r/min)，则

$$P_w=\frac{T\omega}{1000\eta_a}=\frac{Tn}{9550\eta_a}$$

总效率按下式计算：

$$\eta_a=\eta_1\eta_2\cdot\cdots\cdot\eta_n$$

式中 η_1、η_2、…、η_n 分别为传动装置中每一传动环节(齿轮、蜗轮、V 带或链)、每对轴承或每个联轴器的效率。机械传动效率的概略数值参阅有关手册。一般可取其效率数值范围的中间值，如工作条件差、加工精度低、维护不良，则应取低值；反之可取高值。

3. 确定电动机的转速

容量相同、同类型的电动机，可以有不同的转速。如三相异步电动机常用的有四种同步转速，即 3000 r/min、1500 r/min、1000 r/min、750 r/min。低转速电动机的极数多，外廓尺寸及重量较大，价格高，但可使传动装置的总传动比及尺寸减小；高转速电动机则相反。因此，确定电动机转速时应和传动装置加以综合比较。

对于通用机械设备和部件，传动装置多以电动机的额定功率作为名义功率；对于专用机械设备和部件，通常多以工作机构的有效功率作为名义功率。而转速都按电动机额定功率时的转速计算。

3.2.3 机械传动装置的选择和设计

拟订机械设计方案时，特别是对工作构件或机构比较简单的机械，很重要的一个方面是传动方案的选择和设计。此时，除应考虑具体工作条件及各种传动装置的运动特性外，还应考虑各种传动装置的效率、功率、速度、传动比、尺寸和成本等。因此要通过分析比较多种方案，来选择能保证主要要求的较好的传动方案。

图 3-1 所示为卷扬机的四种传动方案。图 3-1(a)所示的方案采用三级圆柱齿轮减速器，使用维护方便，结构紧凑，但三级减速器价格昂贵，且卷筒轴为转轴，轴径尺寸较大。图 3-1(b)所示的方案采用带传动和两对开式齿轮传动，成本较低，带传动平稳，能缓冲、吸振，但结构尺寸较大，且开式齿轮使用寿命较短。图 3-1(c)所示的方案采用两级减速器和一对开式齿轮传动，结构紧凑，传动可靠，但开式齿轮易磨损。图 3-1(d)所示的方案采用蜗轮蜗杆和一对开式齿轮传动，结构紧凑，但传动效率较低。后三个方案中，卷筒轴均为心轴，轴径尺寸相对要小。可见这四种方案都能满足卷扬机的功能要求，但结构、性能和经济性不同，应根据工作条件的要求，确定较好的方案。

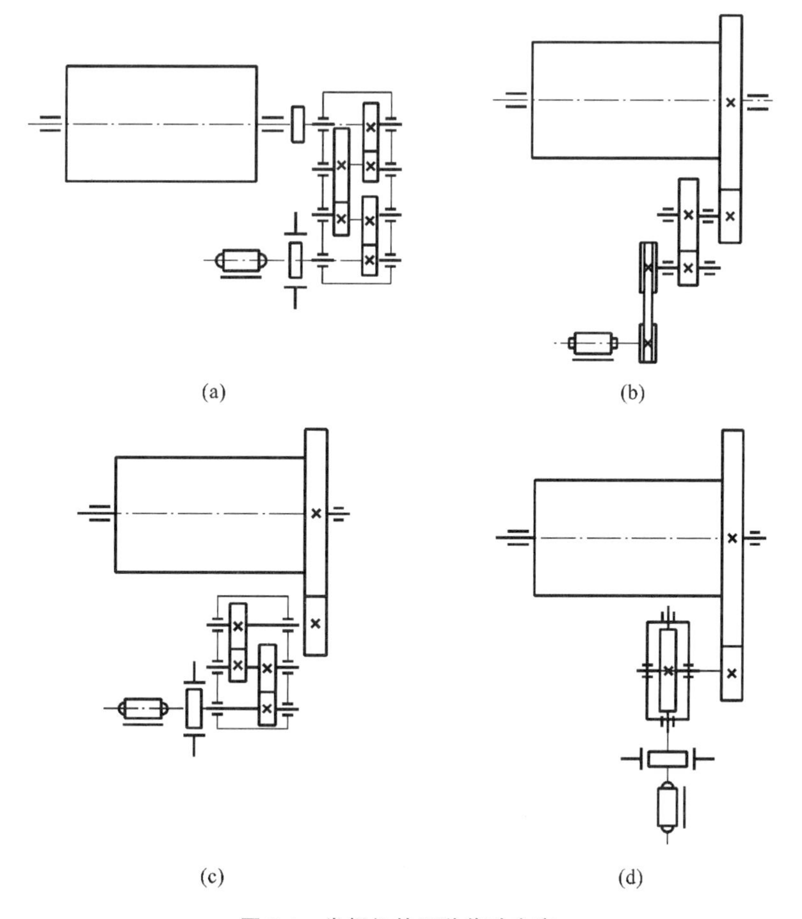

图 3-1　卷扬机的四种传动方案

选择和设计机械传动装置时，还应注意如下几点。

1. 尽量简化和缩短机械传动系统

在满足机械使用要求的前提下，机械传动系统(即传动链)应尽量简短。传动零件和其他零件的数量越少越简单，制造费用就越低，同时由于传动环节的减少，降低了能量损耗及制造和安装的累积误差，因而也有利于提高机械的传动效率和运动精度。为了缩短传动系统，常采用传动比大的传动形式(如蜗杆传动、行星轮系传动及螺旋传动等)，但是传动比大的传动形式往往效率低，价格高。因此在设计过程中，需要拟订多种传动方案，从技术效果及经济性等多方面进行综合比较，择其优者。

2. 多级传动时要合理布置其传动顺序

(1) 在机械传动中，一般带传动(或摩擦传动)承载能力较小，传递相同转矩时，结构尺寸较其他传动形式的大。但带传动平稳，能缓冲、吸振，因此要尽量放在高速级。

(2) 链传动因从动轮转速不均匀，有冲击，故不适于高速传动，应布置在低速级。

(3) 蜗杆传动可以有较大的传动比，传动平稳但效率低，适用于中、小功率或间歇工作的场合。当与齿轮传动同时应用时，最好布置在高速级，如将蜗杆放在低速级，就会由于转矩增大而要求有更大的尺寸。这样不仅增加了制造困难，浪费了有色金属(蜗轮齿冠常用青铜制造)，而且使润滑条件恶化，传动效率降低，发热严重，以致失去应用这种机构的意义。

(4) 锥齿轮的加工比较困难，特别是大模数锥齿轮，因此只在需要改变轴的方向时才采用，且尽量放在高速级并限制其传动比，以减小其直径和模数。

（5）开式齿轮传动的工作环境一般较差，润滑条件不良，寿命较短，应布置在低速级。

（6）斜齿轮传动的平稳性较直齿轮传动的好，常用在高速级或要求传动平稳的场合。

3. 合理分配传动比

（1）各级传动比宜在其常用范围内选取，以适合各种传动形式的工作特点，并使结构紧凑。

（2）当一级传动的传动比过大时，为了减小尺寸并改善传动性能，宜分成多级传动。图3-2所示为当传动比不同时单级齿轮减速器与两级齿轮减速器外廓尺寸的对比。

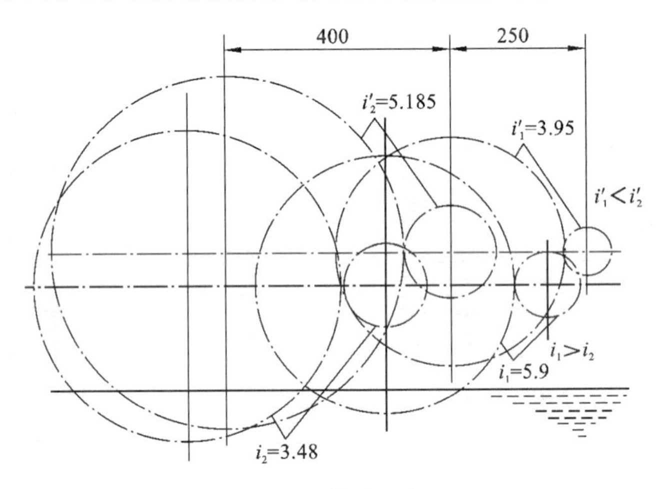

图 3-2　浸油深度

（3）当减速传动时，传动比分配按前小后大的原则较为有利。当总传动比 $i=i_1 \cdot i_2 \cdot i_3 \cdot \cdots \cdot i_k$ 时，取 $i_1<i_2<\cdots<i_k$ 且应使相邻两级传动比的差值不要太大，这样可使中间轴有较高的转速及较小的转矩，使轴及轴上传动件具有较小的尺寸，从而获得较为紧凑的结构。

（4）当设计齿轮减速传动时，为了润滑方便，应使各级传动中的大齿轮浸油深度大致相等（低速级可以稍深一点，如图 3-2 所示），以便各级齿轮得到充分浸油润滑而又不致因浸油过深增加搅油损失。根据这一原则分配传动比时，高速级传动比又应大于低速级传动比。但高速级传动比加大时又需防止高速级大齿轮过大而与低速轴发生干涉（相碰撞）。由上述可见，分配传动比时应根据不同条件进行具体分析，当考虑问题的角度不同时，就有不同的传动比分配方案。

（5）下述数据可供分配传动比时参考：

①对于展开式二级齿轮减速器，考虑润滑条件，应使两个大齿轮直径相近，低速级大齿轮略大些，推荐高速级传动比取（1.2～1.4）i_2；对同轴式则取 $i_1 \approx i_2=\sqrt{i}$（i 为减速器的总传动比）。

②对于圆锥-圆柱齿轮减速器，可取锥齿轮传动比 $i_1 \approx 0.25i$，并应使 $i_1 \leqslant 3$；最大允许 $i_1<4$。

③对于蜗杆-齿轮减速器，可取齿轮传动比 $i_2 \approx (0.03 \sim 0.06)i$，其中 i 为减速器的总传动比。必须特别指出，目前已生产出了各种各样的减速器，设计时应优先选用，不需自行设计。

3.2.4　机械设计的总体布置

1. 总体布置原则

一般说来在进行总体布置时，应遵守如下原则。

（1）部件、零件之间不发生干涉。零、部件之间，运动件之间，运动件和固定件之间，以及在拆装过程中各零、部件之间决不允许存在干涉。这是总体布置应首先考虑并要绝对遵守的一个重要原则。这可在画运动图（画运动构件的极限位置、路径）和拆装图（如旋出螺栓并取走的最小空间示意图）时在图上加以解决。有时还需同时在几个视图中进行考虑。

（2）受力合理，结构紧凑。图 3-3 给出了齿轮-卷筒轴系的两种布置方案，显然图 3-3(b)所示方案比图 3-3(a)所示方案更符合这一原则。

（3）便于操作，易于安装维护。机械装置便于使用者操作，易于维修者拆装和维护，是设计必须考虑的重要问题。一般可画出操作者的操作示意图来检查操作空间。

（4）整机造型美观。这就需要选用和设计造型美观的零、部件，而且它们组合之后的造型也应是美观的。有时加装设计美观的机罩，既能防尘防护，又能增加美感。

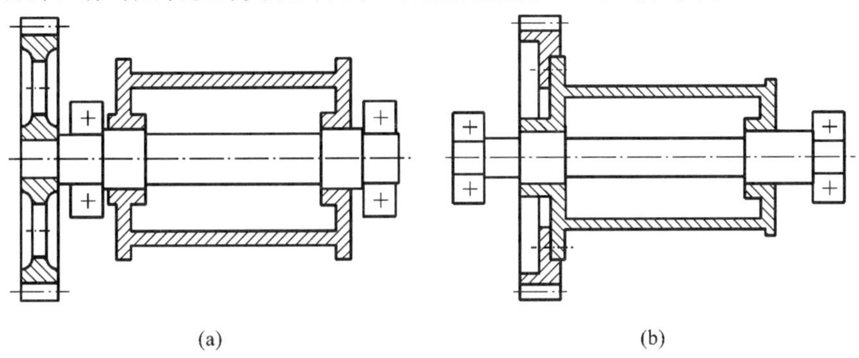

(a)　　(b)

图 3-3　齿轮-卷筒轴系的两种布置方案

2. 主要参数的确定

主要参数是指由设计任务书规定的工艺参数（如卷扬机的起重量和起重速度）和结构参数、原动机的力能参数（功率和转速）和结构参数（尺寸大小）、传动装置的主要参数（如齿轮机构的中心距、齿数、速比等）。这些都要在绘出简图的基础上逐一确定。

3. 总体布置简图的绘制

总体布置简图分三阶段绘制：

首先，在总体方案确定之后，画出布置简图，这里只有各部件的线框，为计算主要参数提供条件。其次，在上述简图的基础上确定各主要参数后，绘出尽可能详尽的草图。最后，待主要部件和零件设计完成后，再绘制正规的总图图样。

思考与练习

第 2 篇　工程设计中的传动性

第4章　工程中的带传动

本章学习目标

1. 熟悉带传动系统的设计思想和设计方法。

2. 观察工程实例中带传动打滑的弊与利，培养分析工程问题的能力。

3. 培养学生较熟练地应用标准、规范、手册等技术资料的能力。

4. 观察工程实例，培养学生对带传动系统的设计能力，以及对带传动系统的使用和维护能力。

本章知识要点

1. 带传动的类型、工作原理、特点及应用。

2. 带传动的受力分析、应力分析与应力分布图、弹性滑动和打滑的基本理论。

3. 带传动的失效形式、设计准则、普通V带传动的设计方法和参数选择原则。

4. 带标记与V带轮的基本结构。

实践教学研究

1. 观察汽车发动机上所使用的带传动，了解其类型。

2. 了解发动机上带张紧的布置方式。

关键词

皮带　带轮　V带　带速

4.1　概　　述

4.1.1　带传动的应用

带传动是工程中常用的一种传动方式，主要用于传递运动和动力。它是机械传动中重要的传动形式，传动带也是机电设备中传动用零、部件之一，种类多，用途广，如图4-1所示。

4.1.2　带传动的类型

带传动从不同角度，一般分为两类：

(1) 按照传动带的横截面形状，带传动分为平带传动、V带传动和圆带传动，如图4-2所示。V带传动又分为普通V带传动、窄V带传动、多楔带传动、联组V带传动和齿形V带传

图 4-1　带传动及其应用

动。圆带的牵引能力小，常用于仪器和家用器械中。

(2) 根据传动带工作原理不同，带传动分为摩擦型带传动和啮合型带传动(又称同步带传动，见图 4-2(e))。啮合型带传动广泛应用于空间小散热要求高的汽车发动机辅助传动装置。

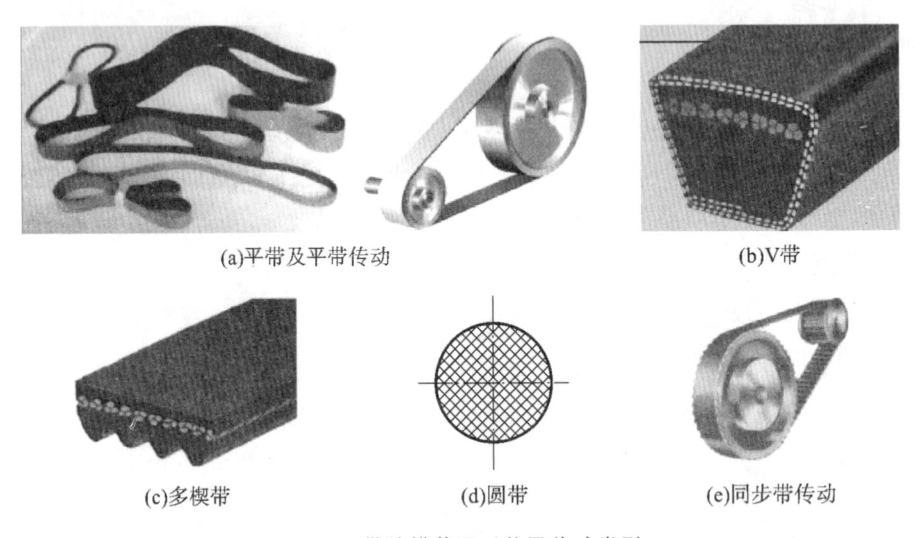

(a)平带及平带传动　(b)V带

(c)多楔带　(d)圆带　(e)同步带传动

图 4-2　带的横截面形状及传动类型

4.1.3　带传动的特点

1. 带传动的优点

(1) 带具有良好的弹性，可缓和冲击，吸收振动；

(2) 过载时，带在轮面间打滑，可以防止其他零件损坏，起安全保护作用；

(3) 适用于中心距较大的传动；

(4) 结构简单，成本低廉。

2. 带传动的缺点

(1) 由于带工作时有弹性滑动，因此带传动的传动比不准确，不能用于要求传动比精确的场合；

(2) 外廓尺寸较大，不紧凑；

(3) 效率低,V 带传动的效率 $\eta=0.94\sim0.96$;

(4) 带的寿命较短,作用在轴上的力较大;

(5) 带与带轮间的摩擦可能产生火花,不宜用于易燃易爆的地方。

4.2　摩擦型带传动的理论分析

4.2.1　带传动的工作原理

带传动装置通常由主动轮 1、从动轮 2 和张紧在两轮上的环形带 3 所组成,如图 4-3 所示。安装后,带被张紧,带中产生张紧力 F_0,于是在带与带轮的接触面间产生了正压力(见图 4-3(a))。当主动轮转动时,靠带与带轮之间产生的摩擦力 $\sum F_i$ (见图 4-3(b))带动从动轮回转,从而传递运动和转矩。可见,这种带传动是靠摩擦力进行工作的。

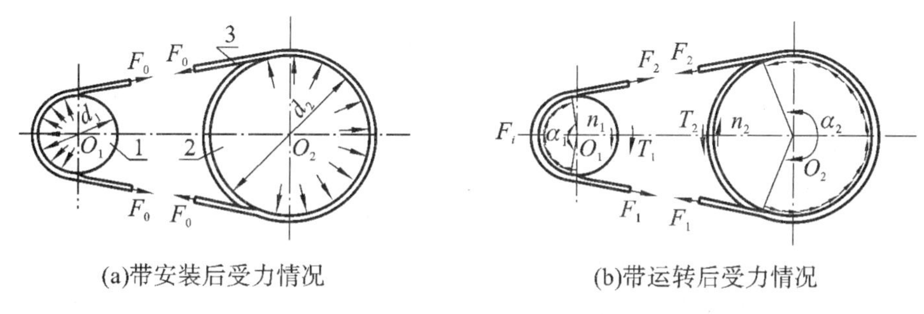

图 4-3　带传动的组成及工作原理分析

平带的横截面为扁平矩形,工作时带的环形内表面与轮缘相接触(见图 4-4(a))。V 带的横截面为梯形,工作时其两侧面与轮槽的侧面相接触,而 V 带与轮槽槽底不接触(见图 4-4(b))。由于轮槽的楔形效应,初拉力相同时,V 带传动较平带传动能产生更大的摩擦力,故具有较大的牵引能力。多楔带以其扁平部分为基体,下面有几条等距纵向槽,其工作面为楔形纵向槽的侧面(见图 4-4(c)),这种带兼有平带的弯曲应力小和 V 带的摩擦力大的优点,常用于传递动力较大而又要求结构紧凑的场合。圆带的牵引能力小,常用于仪器和家用器械中。

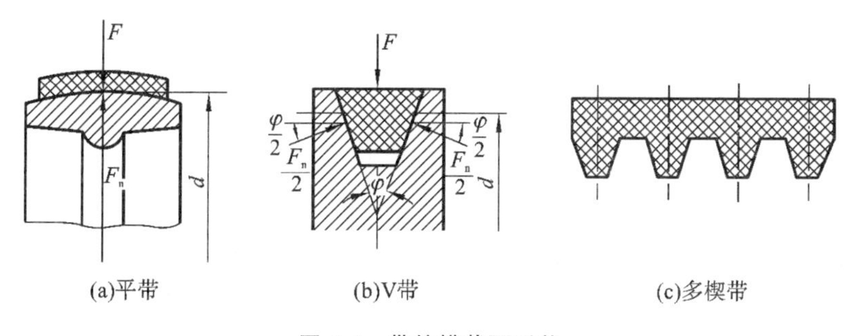

图 4-4　带的横截面形状

通常,带传动应用于对传动比无严格要求、中心距较大的中小功率传动中,如工业机械、农业机械、建筑机械、汽车和自动化设备等。目前,V 带传动应用最广,一般带速为 $v=5\sim25$ m/s,传动比 $i\leqslant7$。近年来,平带传动的应用已大为减少,但在多轴传动或高速情况下,平带传动仍然是很有效的。

4.2.2 V带的结构和型号

V带已标准化，它的横截面如图4-5所示，由顶胶、抗拉体（承载层）、底胶和包布四部分组成。

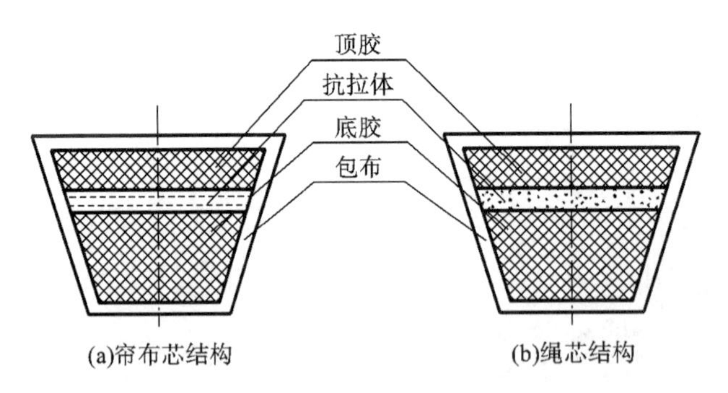

图4-5 V带的结构

抗拉体是承受负载拉力的主体，顶胶和底胶分别承受弯曲时的拉力和压力，外层由橡胶帆布包围成形。抗拉体由帘布或线绳组成，绳芯结构柔软易弯有利于提高寿命。抗拉体的材料可采用化学纤维或棉织物，前者的承载能力较强。

根据GB/T 11544—2012的规定，我国生产的普通V带采用基准宽度制。V带型号有Y、Z、A、B、C、D、E七种，其截面尺寸见表4-1。当带受纵向弯曲时，在带中保持原长度不变的周线称为节线。由全部节线构成的面称为节面，带的节面宽度称为节宽（b_p），节面的周长称为带的基准长度（L_d）。

表4-1 V带截面尺寸

带型	节宽 b_p/mm	顶宽 b/mm	高度 h/mm	楔角 α	单位长度质量 m/(kg/m)
Y	5.3	2.0	4.0	40°	0.04
Z	8.5	10.0	2.0		0.06
A	11.0	12.0	8.0		0.10
B	14.0	17.0	11.0		0.17
C	19.0	22.0	14.0		0.30
D	27.0	32.0	19.0		0.60
E	32.0	38.0	22.0		0.87

注：窄V带的相对高度 $h/b_p \approx 0.9$。

4.2.3 带传动的工作情况分析

1. 带传动的受力分析

如前所述，带必须以一定的初拉力张紧在带轮上。静止时，带两边的拉力都等于初拉力

F_0(见图 4-3(a))。传动时,由于带与轮面间摩擦力的作用,带两边的拉力不再相等,绕进主动轮的一边,拉力由 F_0 增加到 F_1,称为紧边,F_1 为紧边拉力;而另一边带的拉力由 F_0 减为 F_2,称为松边,F_2 为松边拉力(见图 4-3(b))。带传动的有效拉力 F(单位为 N)为

$$F = F_1 - F_2 = \frac{1000P}{v} \tag{4-1}$$

式中:P——主动轮传递的功率(kW);

v——带速(m/s)。

不考虑传动过程中带的离心惯性力,F_1、F_2 与包角 α 之间的关系式为

$$F_1 = F_2 e^{f'\alpha} \tag{4-2}$$

式中:e——自然对数的底(e=2.718…);

f'——带与带轮之间的当量摩擦系数;

α——带在带轮上的包角(rad)。

联立式(4-1)和式(4-2),得

$$\left.\begin{aligned} F_1 &= F\frac{e^{f'\alpha}}{e^{f'\alpha}-1} \\ F_2 &= F\frac{1}{e^{f'\alpha}-1} \end{aligned}\right\} \tag{4-3}$$

设环形带的总长度不变,则带工作时紧边增加的长度与松边减少的长度相等,由此得

$$F_1 - F_0 = F_0 - F_2$$

即

$$F_1 + F_2 = 2F_0 \tag{4-4}$$

将式(4-3)代入式(4-4),经整理得带传动最大有效拉力为

$$F = 2F_0\left(1-\frac{2}{e^{f'\alpha}+1}\right) \tag{4-5}$$

由式(4-5)可见,影响带传动承载能力的主要因素有初拉力 F_0、包角 α、当量摩擦系数 f' 等。

2. 初拉力 F_0

增加初拉力 F_0 可提高传动能力,但 F_0 过大,则带的张紧应力过大,胶带寿命短,轴和轴承受力大;F_0 过小,则摩擦力小,容易打滑。单根 V 带最合适的初拉力 F_0(单位为 N)用下式求得:

$$F_0 = 500\frac{P_c}{vz}\left(\frac{2.5-K_\alpha}{K_\alpha}\right) + mv^2 \tag{4-6}$$

式中:z——V 带根数;

m——V 带单位长度的质量(kg/m),见表 4-1;

K_α——包角修正系数,见表 4-2;

v——V 带速度(m/s);

P_c——计算功率(kW),为

$$P_c = K_A P \tag{4-7}$$

其中,K_A 为工作情况系数,见表 4-3。

表 4-2　包角修正系数 K_α

包角 α/(°)	180	170	160	150	140	130	120	110	100	90
K_α	1.00	0.98	0.95	0.92	0.89	0.86	0.82	0.78	0.74	0.69

表 4-3　工作情况系数 K_A

载荷性质	工作机	原动机					
		电动机(交流起动、三角起动、直流并励)、四缸以上的内燃机			电动机(联机交流起动、直流复励或串励)、四缸以下的内燃机		
		每天工时数/h					
		<10	10～16	>16	<10	10～16	>16
载荷变动很小	液体搅拌机、通风机和鼓风机(≤7.5 kW)、离心式水泵和压缩机、轻负荷输送机	1.0	1.1	1.2	1.1	1.2	1.3
载荷变动小	带式输送机(不均匀负荷)、通风机(>7.5 kW)、旋转式水泵和压缩机(非离心式)、发电机、金属切削机床、印刷机、旋转筛、锯木机和木工机械	1.1	1.2	1.3	1.2	1.3	1.4
载荷变动较大	制砖机、斗式提升机、往复式水泵和压缩机、起重机、磨粉机、冲剪机床、橡胶机械、振动筛、纺织机械、重载输送机	1.2	1.3	1.4	1.4	1.5	1.6
载荷变动很大	破碎机(旋转式、颚式等)、磨碎机(球磨、棒磨、管磨)	1.3	1.4	1.5	1.5	1.6	1.8

3. 包角 α

包角 α 愈大,带传动的有效拉力 F 愈大。由于大轮包角 α_2 大于等于小轮包角 α_1,故摩擦力的最大值 $\sum F_{max}$ 取决于 α_1。因此,为了保证带传动的承载能力,α_1 不能太小。对于 V 带传动,一般 $\alpha_1 \geqslant 120°$(特殊情况下允许 $\alpha_1 \geqslant 90°$)。对于两轴连心线呈水平或接近水平位置的带传动,应使松边在上,以增大包角。

4. 当量摩擦系数 f'

当量摩擦系数 f' 越大,传递的有效拉力 F 就越大。f' 与带、带轮材料和表面粗糙度及 V 带轮槽楔角等有关。若平带传动的摩擦系数 $f=0.3$,则 V 带传动的当量摩擦系数 $f' \approx 0.9$。

5. 带速 v

由式(4-1)和式(4-5)得带的传动功率(单位为 kW)为

$$P=\frac{F_0 v}{500}\left(1-\frac{2}{e^{f'\alpha}+1}\right)$$

由此式可见:传动功率 P 随带速 v 的增大而增大,但当 v 过大时,带与带轮间的正压力减小,摩擦力减小,所能传递的功率 P 也减小;当 v 过小时,传递的功率也减小,不能充分发挥带的工作能力。所以,带速 v 一般为 5～25 m/s。

4.2.4　带的应力分析

传动时,带中应力由以下三部分组成。

1. 紧边和松边拉力产生的拉应力

紧边拉应力：
$$\sigma_1 = \frac{F_1}{A}$$

松边拉应力：
$$\sigma_2 = \frac{F_2}{A}$$

式中:A——带的横截面积(mm^2)。

2. 离心力产生的拉应力

当带以线速度 v 沿带轮轮缘做圆周运动时,带本身的质量将引起离心力。由于离心力的作用,带中产生的离心拉力在带的横截面上就会产生离心应力 σ_c。这个应力可用下式计算：

$$\sigma_c = \frac{mv^2}{A} = \rho v^2$$

离心应力与带的单位长度质量 m 或密度 ρ 成正比,与速度 v 的平方成正比,故高速时宜采用轻质带,以减小离心应力。

3. 弯曲应力

带绕在带轮的部分发生弯曲变形,因带在小带轮上的弯曲变形比在大带轮上的大,所以带在小带轮上的弯曲应力 σ_{b1} 大于大带轮上的弯曲应力 σ_{b2}。

图 4-6 所示为带的应力分布情况,传动时,带的应力是变化的。当应力循环次数达到一定值后,将使带产生疲劳破坏。最大应力 σ_{max} 发生在紧边进入小带轮处。

$$\sigma_{max} = \sigma_1 + \sigma_{b1} + \sigma_c$$

一般情况下,弯曲应力 σ_{b1} 最大,为了减小 σ_{max},小带轮的基准直径不宜太小。

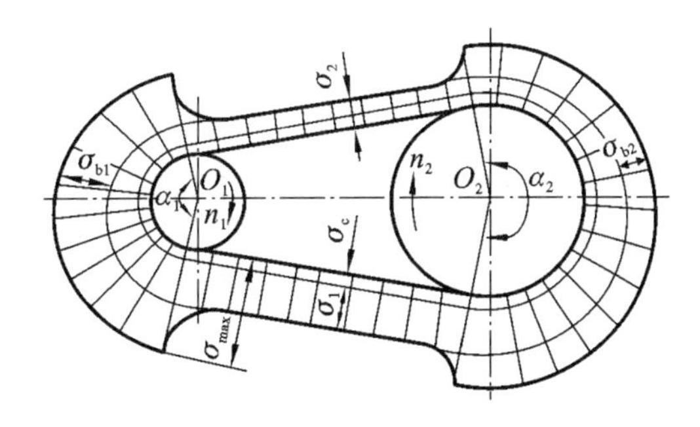

图 4-6　带的应力分布

4.2.5　带传动的弹性滑动

由于带的弹性变形而引起的带与带轮间的滑动,称为弹性滑动。

弹性滑动将引起下列后果：

(1) 从动轮的圆周速度低于主动轮的圆周速度；

(2) 降低传动效率；

(3) 引起带的磨损和带的温升，降低带的寿命。

带受拉后会产生弹性变形。由于带在工作时紧边与松边的拉力不同，因此弹性变形的程度也不同。在主动轮上，带由紧边运动到松边时，带所受拉力由 F_1 逐渐减小到 F_2，带的弹性变形相应地逐渐减小，即带在主动轮上的运动一面随着带轮前进，一面又在向后收缩。带在绕过主动轮的过程中，其速度就落后于带轮的速度 v_1。这就说明，在带与带轮之间发生了相对滑动。相对滑动也在从动轮处发生，情况正好相反，带速 v 超前于从动轮的速度 v_2，即带与从动轮间也发生了相对滑动。

4.2.6 带传动的打滑

打滑和弹性滑动是两个截然不同的概念。打滑是指由过载引起的全面滑动，应当避免。弹性滑动是由拉力差引起的，只要传递圆周力，出现紧边和松边，就一定会发生弹性滑动，所以弹性滑动是不可避免的，是带传动正常工作时固有的特性。

设 d_1、d_2 分别为主、从动轮的直径，单位为 mm；n_1、n_2 分别为主、从动轮的转速，单位为 r/min，则两轮的圆周速度分别为

$$v_1 = \frac{\pi d_1 n_1}{60 \times 1000}, v_2 = \frac{\pi d_2 n_2}{60 \times 1000} \tag{4-8}$$

由于弹性滑动是不可避免的，所以 v_2 总是低于 v_1。传动中由带的滑动引起的从动轮圆周速度降低率称为滑动率 ε，即

$$\varepsilon = \frac{v_1 - v_2}{v_1} = \frac{d_1 n_1 - d_2 n_2}{d_1 n_1}$$

由此得带传动的传动比为

$$i = \frac{n_1}{n_2} = \frac{d_2}{d_1(1-\varepsilon)} \tag{4-9}$$

或从动轮的转速为

$$n_2 = \frac{n_1 d_1 (1-\varepsilon)}{d_2}$$

V 带传动的滑动率 $\varepsilon = 0.01 \sim 0.02$，其值比较小，故在一般设计中可不予考虑。

4.3 V 带传动的设计计算

4.3.1 V 带传动的工作能力

V 带传动的主要失效形式为传动的打滑和带的疲劳破坏。因此，其设计准则是在保证带传动不打滑的条件下具有一定的疲劳强度和寿命。

由式(4-1)和式(4-3)可导出即将打滑时单根普通 V 带能传递的功率为

$$P = \frac{Fv}{1000} = F_1\left(1 - \frac{1}{e^{f'\alpha}}\right)\frac{v}{1000} = \sigma_1 A\left(1 - \frac{1}{e^{f'\alpha}}\right)\frac{v}{1000} \tag{4-10}$$

为了使带具有一定的疲劳寿命，应使 $\sigma_{max} = \sigma_1 + \sigma_{b1} + \sigma_c \leqslant [\sigma]$，即

$$\sigma_1 \leqslant [\sigma] - \sigma_{b1} - \sigma_c \tag{4-11}$$

式中：$[\sigma]$——在带长确定且 $i=1$ 等特定条件下带的许用应力。

结合式(4-10)得带传动在既不打滑又有一定寿命时，单根 V 带能传递的功率 P_1 为

$$P_1 = ([\sigma] - \sigma_{b1} - \sigma_c)\left(1 - \frac{1}{e^{f'\alpha}}\right)\frac{Av}{1000} \tag{4-12}$$

P_1 称为单根 V 带的基本额定功率。在载荷平稳、包角 $\alpha=\pi$（即 $i=1$）、带长 L_d 为特定长度、抗拉体为化学纤维绳芯结构的条件下，由式(4-12)可求得单根普通 V 带所能传递的功率 P_1，见表 4-4（摘自 GB/T 13575.1—2008）。表 4-5 为单根普通 V 带 $i \neq 1$ 时额定功率的增量 ΔP_1。因 $i>1$ 时，从动轮直径比主动轮的大，V 带绕过大轮时的弯曲应力较绕过小轮时小，故其传动能力有所提高。

表 4-4　单根普通 V 带的基本额定功率 P_1（包角 $\alpha=\pi$、特定基准长度、载荷平稳）　(kW)

型号	小带轮基准直径 d_1/mm	小带轮转速 n_1/(r/min)									
		400	700	800	950	1200	1450	1600	2000	2400	2800
Z	50	0.06	0.09	0.10	0.12	0.14	0.16	0.17	0.20	0.22	0.26
	56	0.06	0.11	0.12	0.14	0.17	0.19	0.20	0.25	0.30	0.33
	63	0.08	0.13	0.15	0.18	0.22	0.25	0.27	0.32	0.37	0.41
	71	0.09	0.17	0.20	0.23	0.27	0.30	0.33	0.39	0.46	0.50
	80	0.14	0.20	0.22	0.26	0.30	0.35	0.39	0.44	0.50	0.56
	90	0.14	0.22	0.24	0.28	0.33	0.36	0.40	0.48	0.54	0.60
A	75	0.26	0.40	0.45	0.51	0.60	0.68	0.73	0.84	0.92	1.00
	90	0.39	0.61	0.68	0.77	0.93	1.07	1.15	1.34	1.50	1.64
	100	0.47	0.74	0.83	0.95	1.14	1.32	1.42	1.66	1.87	2.05
	112	0.56	0.90	1.00	1.15	1.39	1.61	1.74	2.04	2.30	2.51
	125	0.67	1.07	1.19	1.37	1.66	1.92	2.07	2.44	2.74	2.98
	140	0.78	1.26	1.41	1.62	1.96	2.28	2.45	2.87	3.22	3.48
	160	0.94	1.51	1.69	1.95	2.36	2.73	2.94	3.42	3.80	4.06
	180	1.09	1.76	1.97	2.27	2.74	3.16	3.40	3.93	4.32	4.54
B	125	0.84	1.30	1.44	1.64	1.93	2.19	2.33	2.64	2.85	2.96
	140	1.05	1.64	1.82	2.08	2.47	2.82	3.00	3.42	3.70	3.85
	160	1.32	2.09	2.32	2.66	3.17	3.62	3.86	4.40	4.75	4.89
	180	1.59	2.53	2.81	3.22	3.85	4.39	4.68	5.30	5.67	5.76
	200	1.85	2.96	3.30	3.77	4.50	5.13	5.46	6.13	6.47	6.43
	224	2.17	3.47	3.86	4.42	5.26	5.97	6.33	7.02	7.25	6.95
	250	2.50	4.00	4.46	5.10	6.04	6.82	7.20	7.87	7.89	7.14
	280	2.89	4.61	5.13	5.85	6.90	7.76	8.13	8.60	8.22	6.80

注：本表摘自 GB/T 13575.1—2008，并做了精简。

表 4-5 单根普通 V 带 $i\neq 1$ 时额定功率的增量 ΔP_1 (kW)

型号	i 或 $1/i$	小带轮转速 n_1/(r/min)									
		400	700	800	950	1200	1450	1600	2000	2400	2800
Z	1.35～1.50	0.00	0.01	0.01	0.02	0.02	0.02	0.02	0.03	0.03	0.04
	1.51～1.99	0.01	0.01	0.02	0.02	0.02	0.02	0.03	0.03	0.04	0.04
	≥2.00	0.01	0.02	0.02	0.02	0.03	0.03	0.03	0.04	0.04	0.04
A	1.35～1.51	0.04	0.07	0.08	0.08	0.11	0.13	0.15	0.19	0.23	0.26
	1.52～1.99	0.04	0.08	0.09	0.10	0.13	0.15	0.17	0.22	0.26	0.30
	≥2.00	0.05	0.09	0.10	0.11	0.15	0.17	0.19	0.24	0.29	0.34
B	1.35～1.51	0.10	0.17	0.20	0.23	0.30	0.36	0.39	0.49	0.59	0.69
	1.52～1.99	0.11	0.20	0.23	0.26	0.34	0.40	0.45	0.56	0.68	0.79
	≥2.00	0.13	0.22	0.25	0.30	0.38	0.46	0.51	0.63	0.76	0.89

注：本表摘自 GB/T 13575.1—2008。

4.3.2 V 带型号选择

根据小带轮转速 n_1 和计算功率 P_c 查图 4-7，可确定 V 带的型号。图中还给出了小带轮基准直径 d_1 的荐用范围。在两种型号相邻的区域，取截面尺寸小的带型，则带的根数较多，带的弯曲应力较小。如果认为带的根数太多，则可取大一型号的带，这时传动的尺寸（中心距、带轮直径）会增加，但带的根数减少。

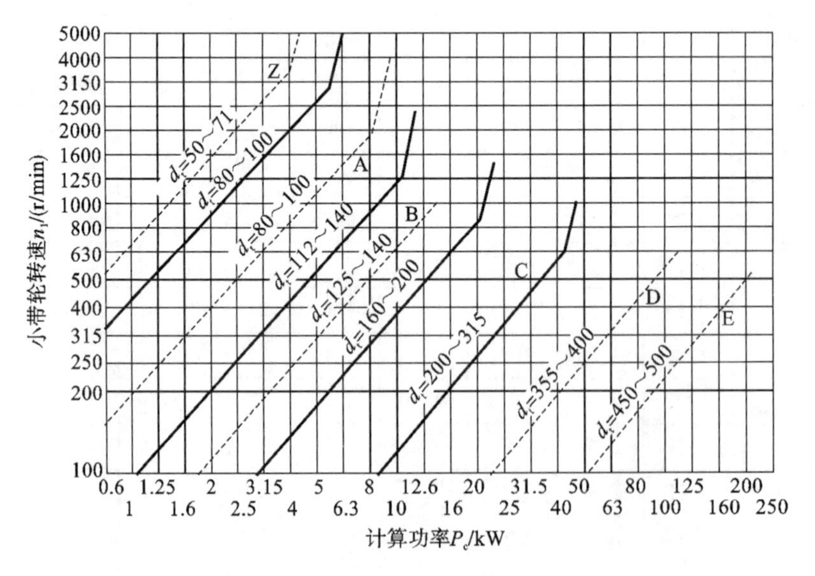

图 4-7 普通 V 带选型图

4.3.3 V 带根数的确定

当实际工作情况与试验条件不同时，需对额定功率加以修正。因此，V 带根数 z 可由下式确定：

$$z=\frac{P_{c}}{(P_{1}+\Delta P_{1})K_{\alpha}K_{L}} \tag{4-13}$$

式中：K_{α}——包角修正系数，见表 4-2；

K_{L}——带长修正系数，见表 4-7。

带的根数 z 不应过多，否则会使带受力不均匀，因此 z 不应超过各种型号 V 带推荐的最多使用根数 z_{max}，见表 4-6。

表 4-6　V 带最多使用根数 z_{max}

V 带型号	Y	Z	A	B	C	D	E
z_{max}/根	1	1	5	6	8	8	9

4.3.4　几何计算

1. 包角 α_1

由图 4-8 可算得小带轮包角 α_1，为

$$\alpha_{1}=180^{\circ}-\frac{d_{2}-d_{1}}{a}\times 57.3^{\circ} \tag{4-14}$$

式中：a——中心距(mm)。

一般应使 $\alpha_1 \geqslant 120^{\circ}$，否则可加大中心距或增设张紧轮。

2. 带的基准长度 L_d

由图 4-8 可得带的基准长度 L_d 的计算公式为

$$L_{d}\approx 2a+\frac{\pi}{2}(d_{1}+d_{2})+\frac{(d_{2}-d_{1})^{2}}{4a} \tag{4-15}$$

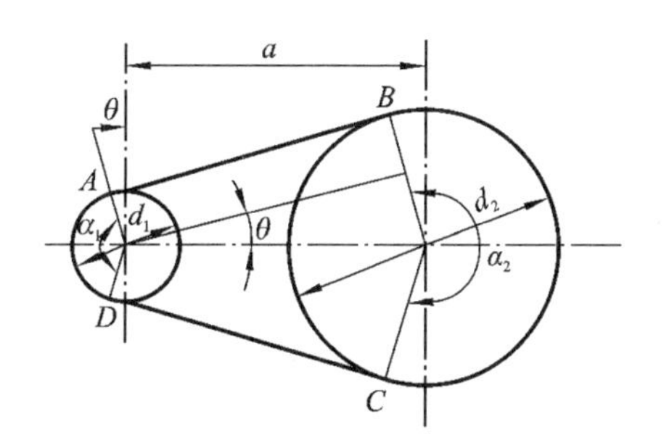

图 4-8　普通 V 带几何尺寸计算

3. 带的中心距 a

中心距小，结构紧凑，但包角 α_1 也小，会降低传动工作能力。同时，当 v 一定时，单位时间内带的屈伸次数增加，带的寿命会缩短。中心距大，带运行时易发生颤动，使传动不平稳。设计时一般需根据具体布局由下式初定中心距 a_0：

$$0.7(d_{1}+d_{2})<a_{0}<2(d_{1}+d_{2}) \tag{4-16}$$

以 a_0 代替式(4-15)中的 a，求出带长 L_{d_0}，查表 4-7 取相近的基准长度 L_d。

实际中心距 a 可按下式确定：

$$a \approx a_0 + \frac{L_d - L_{d_0}}{2} \tag{4-17}$$

中心距的调节范围为$(a-0.015L_d)\sim(a+0.03L_d)$。

表 4-7　V 带基准长度 L_d 和带长修正系数 K_L

基准长度 L_d/mm	K_L					基准长度 L_d/mm	K_L				
	Y	Z	A	B	C		A	B	C	D	E
200	0.81					2000	1.03	0.98	0.88		
224	0.82					2240	1.06	1.00	0.91		
250	0.84					2500	1.09	1.03	0.93		
280	0.87					2800	1.11	1.05	0.95	0.83	
315	0.89					3150	1.13	1.07	0.97	0.86	
355	0.92					3550	1.17	1.10	0.98	0.89	
400	0.96	0.87				4000	1.19	1.13	1.02	0.91	
450	1.00	0.89				4500		1.15	1.04	0.93	0.90
500	1.02	0.91				5000		1.18	1.07	0.96	0.92
560		0.94				5600			1.09	0.98	0.95
630		0.96	0.81			6300			1.12	1.00	0.97
710		0.99	0.83			7100			1.15	1.03	1.00
800		1.00	0.85			8000			1.18	1.06	1.02
900		1.03	0.87	0.81		9000			1.21	1.08	1.05
1000		1.06	0.89	0.84		10000			1.23	1.11	1.07
1120		1.08	0.91	0.86		11200				1.14	1.10
1250		1.11	0.93	0.88		12500				1.17	1.12
1400		1.14	0.96	0.90		14000				1.20	1.15
1600		1.16	0.99	0.92	0.84	16000				1.22	1.18
1800		1.18	1.01	0.95	0.85						

普通 V 带标记：

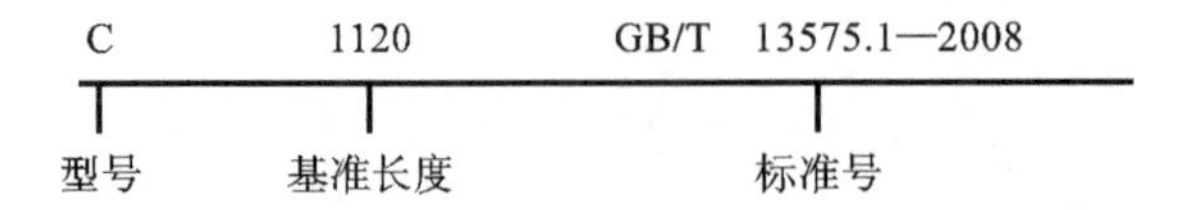

4.3.5　作用在轴上的载荷 F_Q

为了设计带轮的轴和轴承，需先计算带传动作用在轴上的载荷 F_Q。如图 4-9 所示，F_Q可近似地由下式确定：

$$F_Q = 2zF_0\sin\frac{\alpha_1}{2} \tag{4-18}$$

式中：F_0——单根带的初拉力，按式(4-6)计算；

z——带的根数；

α_1——小带轮包角。

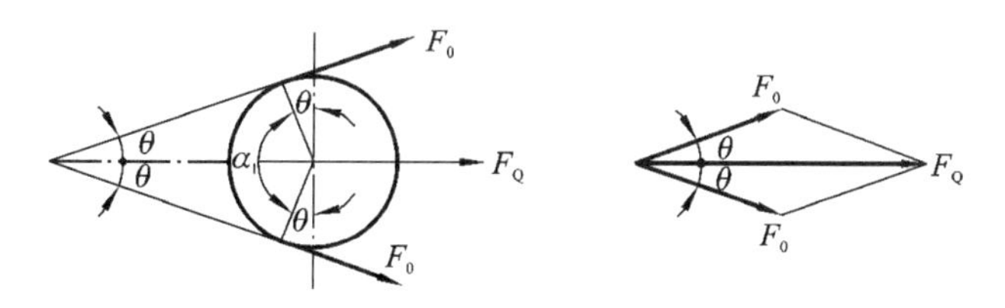

图 4-9　作用在轴上的力

4.3.6　V 带传动的设计计算步骤

V 带传动设计计算的主要内容是确定 V 带的型号、长度和根数，带轮的材料、结构和尺寸，传动中心距 a，作用在轴上的力 F_Q。

设计前，一般已知的条件是传动的用途和工作情况、原动机的种类和功率、主动轮和从动轮的转速或传动比、外廓尺寸方面的要求等。

设计计算步骤如下：

(1) 确定计算功率 P_c。

(2) 选择带的型号。

(3) 选取小带轮与大带轮的基准直径 d_1 和 d_2。

(4) 验算带速。

(5) 确定中心距 a 和带长 L_d。

(6) 验算包角 α_1。

(7) 计算带的根数。

(8) 计算作用在轴上的作用力 F_Q。

4.4　V 带轮结构和图样

4.4.1　V 带轮的结构

V 带轮由三个部分组成，即轮缘 1(用以安装传动带)、轮毂 3(用以将轮安装在轴上)及轮辐 2(连接轮缘与轮毂)，如图 4-10 所示。

轮缘是带轮外圈的环形部分。V 带轮轮缘部分制有轮槽，其尺寸见表 4-8(GB/T 10412—2002)。为了减少带的磨损，槽侧面的表面粗糙度值 Ra 不应大于 2.2 μm。为使带轮自身惯性力尽可能平衡，高速带轮的轮缘内表面也应加工。

轮毂部分是带轮与轴配合的位置，其孔径必须与支承轴径相同，而外径和长度可依经验公式计算。

轮辐是连接轮毂与轮缘的中间部分，其形式有腹板式和轮辐式两种。直径很小的带轮其轮缘和轮毂做成一体，称为实心式带轮，如图 4-11 所示。

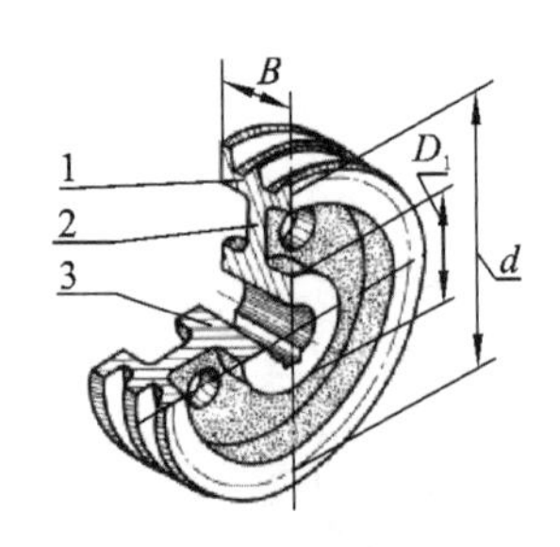

图 4-10　V 带轮的结构

1—轮缘；2—轮辐；3—轮毂

图 4-11　实心式带轮

表 4-8　V 带轮的轮缘尺寸

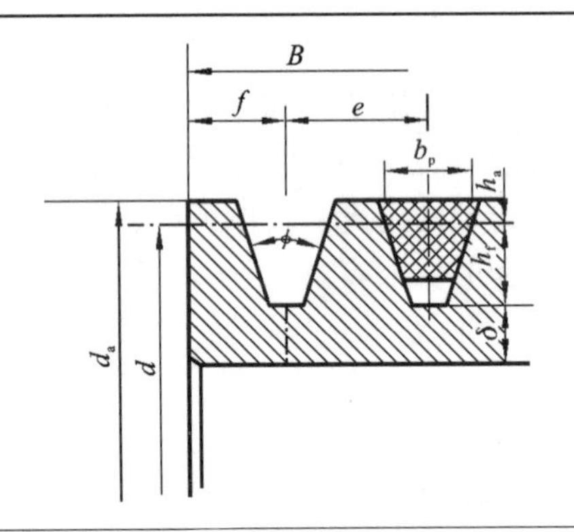

尺寸/mm	槽型						
	Y	Z	A	B	C	D	E
b_p	5.3	8.5	11.0	14.0	19.0	27.0	32.0
h_{amin}	1.6	2.0	2.75	2.5	4.8	8.1	9.6
h_{fmin}	4.7	7.0	8.7	10.8	14.3	19.9	22.4
e	8±0.3	12±0.3	15±0.3	19±0.4	25.5±0.5	37±0.6	44.5±0.7
f_{min}	6	7	9	11.5	16	23	28
δ_{min}	5	5.5	6	7.5	10	12	15
B	$B=(z-1)e+2f$，z 为轮槽数						
d_a	$d_a=d+2h_a$						
ϕ	相应的 d						
32°	≤60						
34°	—	≤80	≤118	≤190	≤315	—	—
36°	>60	—	—	—	—	≤475	≤600
38°	—	>80	>118	>190	>315	>475	>600
偏差	±1°				±0.5°		

注：δ_{min}是轮缘最小壁厚推荐值。

V 带轮的典型结构及图样见表 4-9。

表 4-9　V 带轮的典型结构及图样

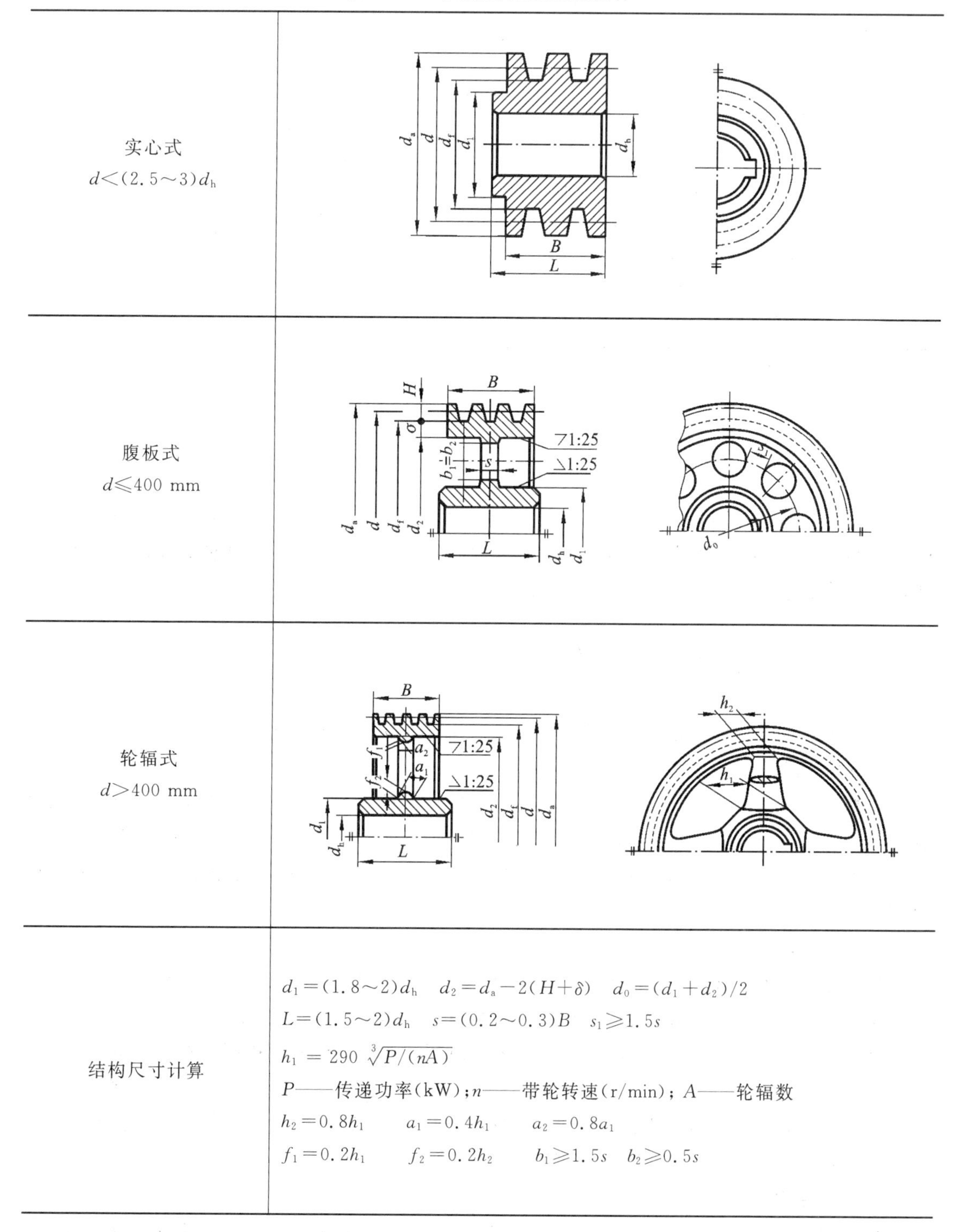

实心式 $d<(2.5\sim3)d_h$	（图）
腹板式 $d\leqslant400$ mm	（图）
轮辐式 $d>400$ mm	（图）
结构尺寸计算	$d_1=(1.8\sim2)d_h$　$d_2=d_a-2(H+\delta)$　$d_0=(d_1+d_2)/2$ $L=(1.5\sim2)d_h$　$s=(0.2\sim0.3)B$　$s_1\geqslant1.5s$ $h_1=290\sqrt[3]{P/(nA)}$ P——传递功率(kW)；n——带轮转速(r/min)；A——轮辐数 $h_2=0.8h_1$　$a_1=0.4h_1$　$a_2=0.8a_1$ $f_1=0.2h_1$　$f_2=0.2h_2$　$b_1\geqslant1.5s$　$b_2\geqslant0.5s$

不同槽型的 V 带轮的最小基准直径及直径系列见表 4-10。

表 4-10　V 带轮的最小基准直径

型号	Y	Z		A		B		C		D	E
			SPZ		SPA		SPB		SPC		
d_{min}/mm	20	50		75		125		200		355	500
			63		90		140		224		
d 系列	20　22.4　25　28　31.5　35.5　40　45　50　56　63　71　75　80　(85)　90　(95)　100　(106)　112　(118)　125　132　140　150　160　(170)　180　200　(212)　224　(236)　250　(265)　280　300　315　355　(375)　400　(425)　450　(475)　500　(530)　560　600　630　670　710　750　800　(900)　1000　1120　1250　1400　1500　1600　1800　2000　2240　2500										

注：括号内的直径尽量不用，各种型号带适合的直径详细资料查有关手册。

4.4.2　V 带轮的材料

带轮的材料常用灰铸铁，有时也采用钢或非金属材料（塑料、木材）。铸铁（HT150、HT200）带轮允许的最大圆周速度为 25 m/s。速度更高时，可采用铸钢或钢板冲压后焊接。塑料带轮的质量轻，摩擦系数大，常用于机床中。

4.4.3　V 带轮零件图样

绘制带轮零件图要注意视图选择、尺寸标注及技术要求等三方面问题。

1. 视图选择

选择主视图的原则：为了使其展示加工位置并反映形体特征，通常以零件的轴线水平放置的非圆的剖视图作为主视图。为了表示轮缘、轮辐、轮毂三个组成部分的相对位置及轮毂内腔的形状，主视图通常采用全剖视图，左视图用来表示腹板孔或轮辐的数目、分布以及键槽尺寸。

2. 尺寸标注

带轮主要在车床上加工，因此直径方向尺寸应以轴线为基准。而轴向尺寸的基准一般可选其某一端面（见表 4-9 中的 B 和 L）或对称中心线（见表 4-9 中的 B、L、s、a_1 和 a_2）。

标注尺寸时应注意尽量标注在反映特征的视图上，如键槽的宽和深应标注在左视图上。均布在同一圆周上的几个相同的孔，可按“$x\times\phi d_0$”的形式标注，x 表示孔数，d_0 为孔的直径。

轮辐式的带轮，其轮辐和轮缘、轮辐和轮毂间均有过渡圆角，注尺寸时必须用细实线将轮廓线延长，在其交点处引出标注，见表 4-9。

3. 技术要求

在视图中无法标注的制造要求，如热处理要求，不允许的制造缺陷，静、动平衡要求等，都可在技术要求中注出。具体可参阅有关资料。

4.5　V带传动的使用和维护

4.5.1　张紧装置

带工作一定时间后会产生永久变形，导致张紧力逐渐减小，引起打滑。为使带传动能维持正常运转，需要有张紧装置重新将带张紧。

1. 自动张紧装置

将装有带轮的电动机安装在浮动的摆架上（见图4-12），利用电动机的自重，使带轮随同电动机绕固定轴摆动，以自动保持张紧力。

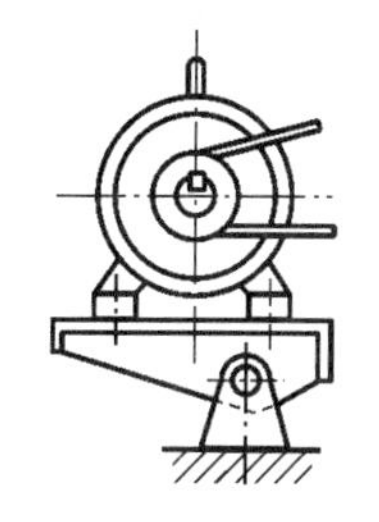

图4-12　带的自动张紧装置

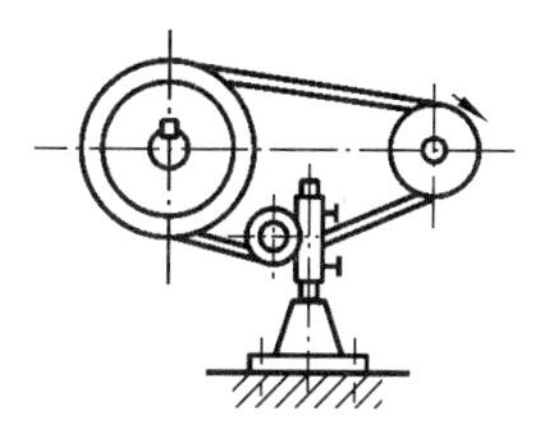

图4-13　张紧轮装置

2. 采用张紧轮的张紧装置

当中心距不能调节时，可用张紧轮将带张紧（见图4-13、图4-14）。张紧轮一般应放在松边的内侧，使带只受单向弯曲应力。同时，张紧轮还应尽量靠近大带轮，以免过分影响带在小带轮上的包角。张紧轮的轮槽尺寸与带轮的相同，且直径小于小带轮的直径。

图4-14　张紧轮应用

3. 定期张紧装置

定期张紧装置采用定期改变中心距的方法来调节带的张紧力，使带重新张紧。在水平或倾斜不大的传动中，可用图4-15(a)所示的方法，用调节螺钉2使装有带轮的电动机沿滑轨1移动。在垂直或接近垂直的传动中，可用图4-15(b)所示的方法，将装有带轮的电动机1安装在可调的摆架2上。

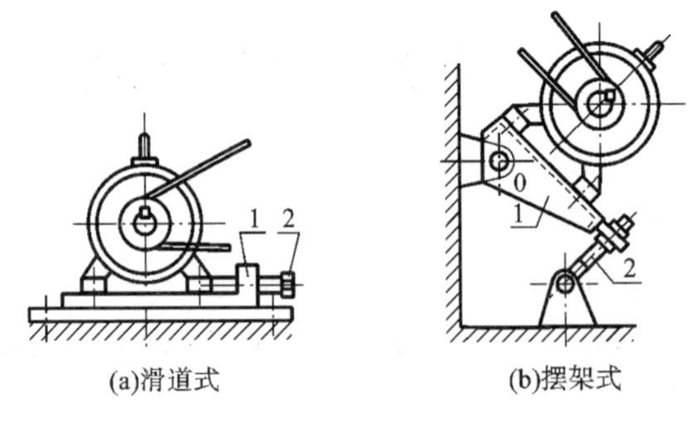

(a)滑道式　　(b)摆架式

图 4-15　带的定期张紧装置

4.5.2　安装、使用和维护

为了延长带的寿命，保证带传动的正常运转，对带传动的安装、使用和维护必须给予重视。具体要求主要有以下几点：

(1) 安装带时应先缩小中心距，然后套上带，再张紧，不应硬撬，以免损坏带，降低使用寿命；

(2) 严防带与矿物油、酸、碱等介质接触，带也不宜在阳光下暴晒；

(3) 更换带时必须全部同时更换；

(4) 为保证安全生产，需设防护装置；

(5) 应考虑张紧方式。

例 4-1　设计液体搅拌机用 V 带传动。动力机为 Y 系列电动机，传递的功率 $P=7.5$ kW，小带轮转速 $n_1=1440$ r/min，传动比 $i=2.6$，三班制工作，要求中心距 a 不小于 400 mm。

解　设计过程如下：

计算项目	计算与根据	计算结果
一、定 V 带型号和带轮直径		
1. 工作情况系数	查表 4-3	$K_A=1.2$
2. 计算功率	由式(4-7)得 $P_c=K_AP=1.2\times 7.5$ kW	$P_c=9$ kW
3. 带型	图 4-7	A 型
4. 小带轮直径	图 4-7 和表 4-10	取 $d_1=125$ mm
5. 大带轮直径	由式(4-9)，$d_2\approx id_1=2.6\times 125=325$(mm) 查表 4-10	选 $d_2=315$ mm
二、计算带长		
1. 初定带长	初定 $a_0=450$ mm，符合式(4-16)的要求 由式(4-15)计算得 $L_{d_0}=2a_0+\frac{\pi}{2}(d_1+d_2)+\frac{(d_2-d_1)^2}{4a_0}$ $=2\times 450+\frac{\pi}{2}(125+315)+\frac{(315-125)^2}{4\times 450}$ $=1611.2$(mm)	

续表

计算项目	计算与根据	计算结果
2. 带的基准长度	查表 4-7	选 $L_d=1600$ mm
三、中心距和包角 1. 中心距	由式(4-17)得 $a=a_0+\frac{L_d-L_{d_0}}{2}=450+\frac{1600-1611.2}{2}$ (mm) a 的调节范围为444.4^{+48}_{-24} mm	$a=444.4$ mm >400 mm
2. 小带轮包角	由式(4-14)得 $\alpha_1=180°-\frac{d_2-d_1}{a}\times57.3°=180°-\frac{315-125}{444.4}\times57.3°$	$\alpha_1=155.5°$ $>120°$
四、V 带根数		
1. 基本额定功率	查表 4-4	$P_1=1.91$ kW
2. 功率增量	查表 4-5	$\Delta P_1=0.17$ kW
3. 包角修正系数	查表 4-2	$K_\alpha=0.94$
4. 带长修正系数	查表 4-7	$K_L=0.99$
5. V 带根数	由式(4-13)得 $z=\frac{P_c}{(P_1+\Delta P_1)K_\alpha K_L}=\frac{9}{(1.91+0.17)\times0.94\times0.99}$ $=4.6$ 符合表 4-6 的要求	取 $z=5$
五、轴上载荷		
1. 带速	由式(4-8)得 $v=\frac{\pi d_1 n_1}{60\times1000}=\frac{\pi\times125\times1440}{60\times1000}$ (m/s)	$v=9.4$ m/s>5 m/s
2. V 带单位长度质量	查表 4-1	$m=0.10$ kg/m
3. 初拉力	由式(4-6)得 $F_0=500\frac{P_c}{vz}\cdot\frac{2.5-K_\alpha}{K_\alpha}+mv^2$ $=500\times\frac{9}{9.4\times5}\times\frac{2.5-0.94}{0.94}+0.10\times9.4^2$ (N)	$F_0=167.7$ N
4. 轴上载荷	由式(4-18)得 $F_Q=2zF_0\sin\frac{\alpha_1}{2}=2\times5\times167.7\times\sin\frac{155.5°}{2}$ (N)	$F_Q=1638.8$ N
六、带轮工作图 1. 小带轮 2. 大带轮	略	见图 4-16

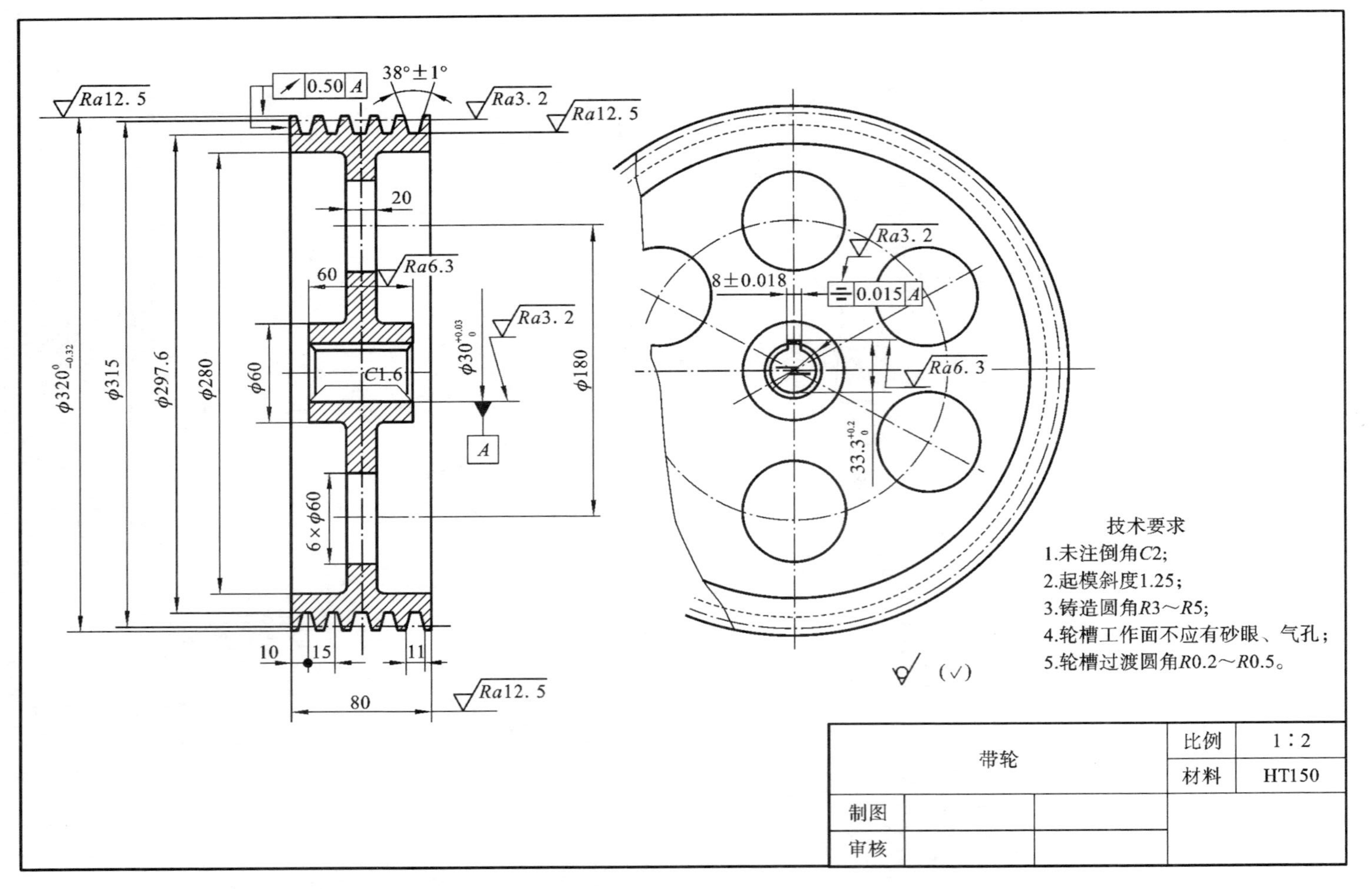
0.50 A
38°±1°
Ra12.5
Ra3.2
Ra12.5
20
60
Ra6.3
Ra3.2
φ30
A
φ320
φ315
φ297.6
φ280
φ60
C1.6
φ180
6×φ60
10
15
11
80
Ra12.5
Ra3.2
8±0.018
0.015 A
Ra6.3
33.3
技术要求
1.未注倒角C2;
2.起模斜度1.25;
3.铸造圆角R3～R5;
4.轮槽工作面不应有砂眼、气孔;
5.轮槽过渡圆角R0.2～R0.5。
(✓)
带轮
比例
1∶2
材料
HT150
制图
审核

图 4-16 V带轮零件图

4.6　其他带传动简介

4.6.1　同步带传动

与 V 带传动不同，同步带传动属于啮合传动，靠带与带轮上齿槽的啮合来传递运动和动力，在传动过程中，散热好，因此兼有普通带传动与啮合传动的优点。图 4-17 为同步带传动示意图。

同步带的抗拉体为多股绕制的钢丝或玻璃纤维绳，基体为橡胶或聚氨酯。因带在承载后变形很小，仍能保持带齿的节距不变，故同步带与带轮间没有相对滑动，能获得准确的传动比。这种带薄而轻，可用于高速传动。传动时，线速度可达 50 m/s，传动比可达 10，效率可达 98%，功率可达 100 kW。与齿轮传动及链传动相比，噪声小，能吸振，不必润滑。同步带的缺点是对制造和安装的精度要求较高，中心距要求较严格，制造成本也较高。

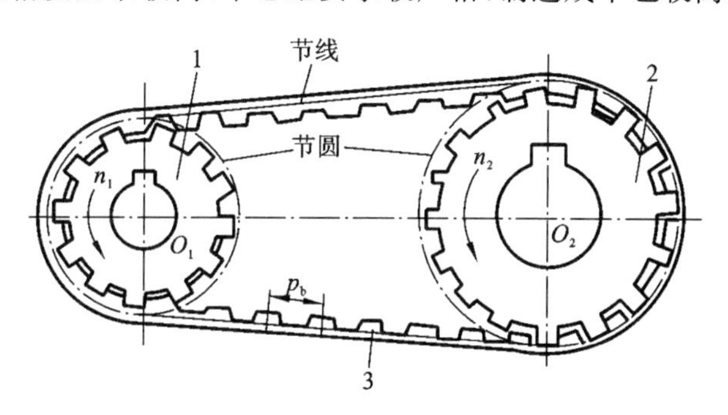

图 4-17　同步带传动示意图

1—主动带轮；2—从动带轮；3—同步带

4.6.2　高速带传动

带速 $v>30$ m/s，高速轴转速 $n_1=10000\sim50000$ r/min 的带传动属于高速带传动。

高速带传动要求运行平稳、传动可靠并有一定的寿命。由于高速带的离心应力和挠曲次数增加，带都采用重量轻、薄而均匀、挠曲性好的环形平带，如麻织带、丝织带、绵纶编织带、薄型绵纶片复合平带及高速环形胶带等。

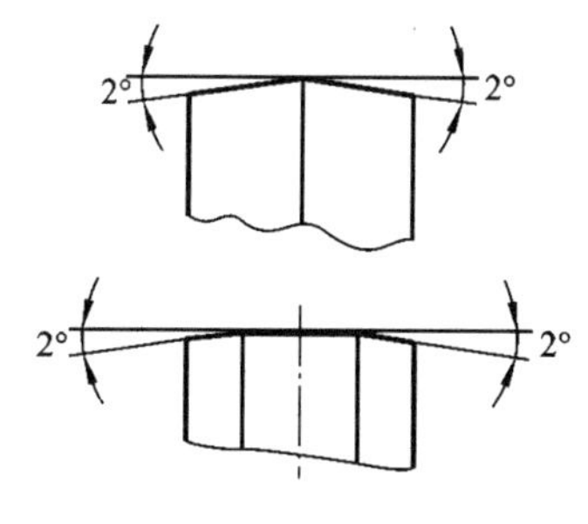

图 4-18　高速带轮缘

高速带轮要求重量轻、强度高、质量均匀、运转时空气阻力小等，通常采用钢或铝合金制造，带轮的各面均应进行精加工，并进行动平衡校正。

为防止掉带，大、小带轮轮缘表面应有凸度，制成鼓面或双锥面。轮缘表面还要加工出环形槽，以防止带与轮缘表面形成空气层而降低摩擦系数，影响正常传动。图 4-18 所示为高速带轮缘。

思考与练习

第5章　工程中的齿轮传动

本章学习目标

1. 培养选择齿轮传动系统的能力，解决实际工程设计问题的能力。
2. 培养在工程设计中根据实际工况设计齿轮传动的能力。

本章知识要点

1. 齿轮传动的特点和分类。
2. 渐开线齿轮齿廓的形成和特点。
3. 渐开线标准直齿圆柱齿轮的基本参数、正确啮合条件及常用检验项目。
4. 齿轮的精度、渐开线齿廓的加工特点。
5. 标准直齿圆柱齿轮的基本参数和齿轮的强度计算及齿轮设计。
6. 齿轮齿条的基本参数。
7. 齿轮的画法。

实践教学研究

1. 拆装摩托车发动机，分析传动系统的传动路线和传动比。
2. 拆装齿轮泵，分析齿轮传动的结构布置特点。

关键词

齿轮　分度圆　模数

5.1 概　　述

5.1.1 齿轮传动的应用

齿轮传动用于传递两轴间的运动和动力。与带传动和链传动相比，它具有传动比准确等特点，广泛应用在现代工程设备的机械传动中，如齿轮传动造型的倒计时钟表和冶金设备传动系统，如图5-1所示。

本章主要介绍直齿圆柱齿轮传动的工作原理、几何参数、切齿方法以及强度计算等内容，简要介绍标准圆柱齿轮传动的原理、几何参数计算以及强度计算，叙述齿轮的结构和图样绘制。

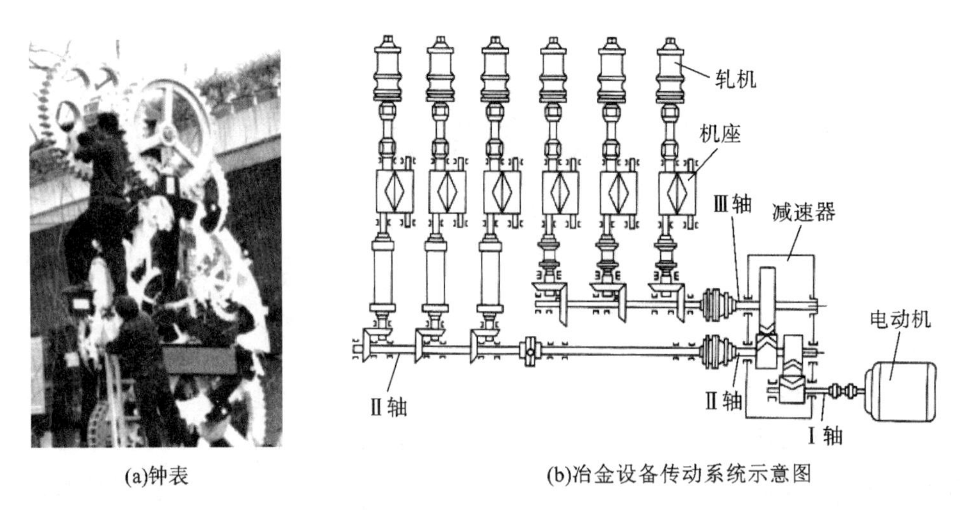

(a)钟表　(b)冶金设备传动系统示意图

图 5-1　广泛应用的齿轮传动

5.1.2　齿轮传动的特点

齿轮传动(见图 5-2)具有传动比准确、结构紧凑、工作可靠、效率高、寿命长、适用范围广等优点,但其制造精度要求严格、成本较高,且不适用于较大中心距的传动。

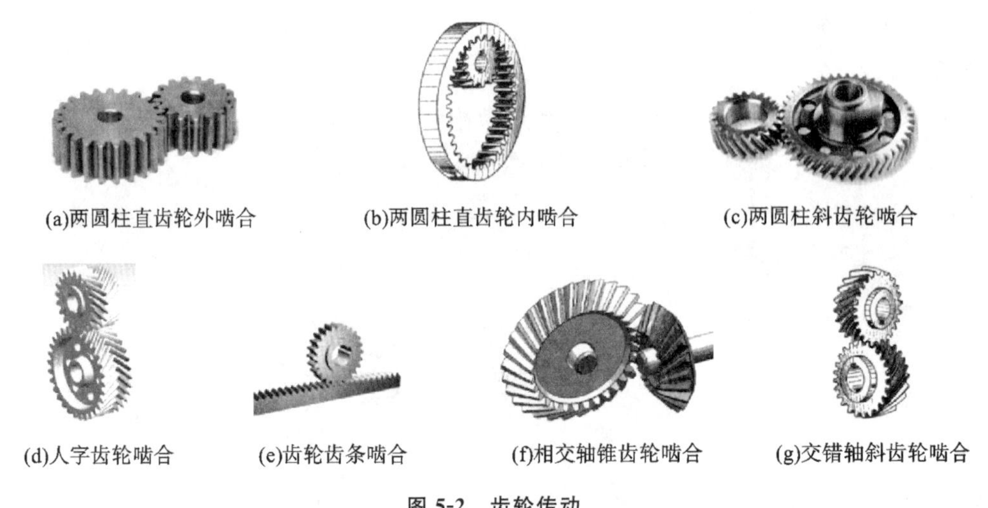

(a)两圆柱直齿轮外啮合　(b)两圆柱直齿轮内啮合　(c)两圆柱斜齿轮啮合

(d)人字齿轮啮合　(e)齿轮齿条啮合　(f)相交轴锥齿轮啮合　(g)交错轴斜齿轮啮合

图 5-2　齿轮传动

5.1.3　齿轮失效形式

齿轮和皮带相比,具有寿命长等优点,但是在工程设备使用过程中,由于各种工况,齿轮传动一定时间后存在失效情况。齿轮传动的失效主要表现为轮齿的破坏。

因传动装置有开式、闭式的不同,以及载荷、速度、齿面硬度的不同,齿轮失效形式也不同,主要有轮齿折断、齿面点蚀、齿面胶合和齿面磨损等。

1. 轮齿折断

最常见的是弯曲疲劳折断,如图 5-3(a)所示。轮齿就像一个悬臂梁,受载后齿根处产生的弯曲应力最大，而且有应力集中，轮齿在啮合时受力，脱开时不受力，故轮齿受变应力的反复作用，齿根处先产生疲劳裂纹，并逐步扩大，最终导致轮齿疲劳折断。在过载或受到冲击时，轮齿也会突然折断。

2. 齿面点蚀

润滑条件良好的闭式齿轮传动中，齿面会在节线附近靠向齿根处出现疲劳点蚀，如图 5-3(b)所示。产生疲劳点蚀的原因是：轮齿工作齿面产生近于脉动循环变化的表面接触应力，当接触应力超过表层材料的接触疲劳极限时，齿的表层就会产生微小的疲劳裂纹，并逐渐扩展，使金属的微粒剥落下来形成斑点，即疲劳点蚀。齿面点蚀后，齿廓形状被破坏而引起动载和产生噪声，同时也加剧齿面磨损，以致报废。

开式齿轮传动一般不出现点蚀现象，因其磨损快，当表层尚未出现点蚀时已被磨去。

3. 齿面胶合

重载齿轮传动中，由于齿面间压力很大，润滑油膜不容易建立或容易破裂，造成齿面金属直接接触，出现黏焊现象。随着齿面间的相对滑动，较软的齿面被撕出与滑动方向一致的沟痕，称为胶合，如图 5-3(c)所示。胶合处产生局部瞬时高温，加剧黏焊程度，引起齿廓齿形的破坏，进而引起动载和产生噪声，以致齿面损坏报废。

4. 齿面磨损

当齿轮传动中落入灰砂、金属屑等磨粒性物质时，啮合齿面因相对滑动而逐渐磨损。磨损使轮齿失去正确齿形，运转中将产生冲击和噪声，或使轮齿磨薄导致折断而报废。齿面磨损是开式齿轮传动的主要破坏形式。应注意环境清洁，防止磨粒侵入以减缓磨损的进程。

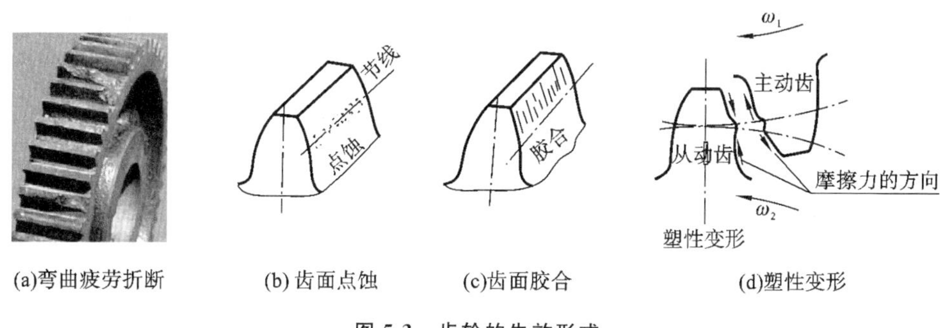

(a)弯曲疲劳折断　(b)齿面点蚀　(c)齿面胶合　(d)塑性变形

图 5-3　齿轮的失效形式

5. 齿面塑性变形

当轮齿材料较软，载荷及摩擦力又很大时，轮齿在啮合过程中齿面表层的材料就会沿着摩擦力方向产生塑性变形。由于主动齿上所受的摩擦力是背节线分别朝向齿顶及齿根作用的，故产生塑性变形后，齿面沿节线处形成凹沟。从动齿上所受的摩擦力方向则相反，产生塑性变形后，齿面沿节线处形成凸棱，如图 5-3(d)所示。

研究齿轮的失效形式，分析其失效原因，目的在于从中找出齿轮设计的准则，寻求防止或减缓失效的措施。

5.1.4　齿轮传动的分类

齿轮传动的类型很多，常见的有以下几种分类方式。

1. 按两啮合齿轮轴线的相对位置分类

按两啮合齿轮轴线的相对位置分类，齿轮传动分为两轴平行的圆柱齿轮传动、两轴相交的圆锥齿轮传动、两轴交错的齿轮传动。

2. 按传动的工作条件分类

按传动的工作条件分类，齿轮传动可分为开式齿轮传动和闭式齿轮传动。

开式齿轮传动中齿轮是外露的，结构简单，但由于易落入灰砂和不能保证良好的润滑，轮齿极易磨损。为克服此缺点，常加设简单的护罩。闭式齿轮传动中齿轮密闭于刚性大的箱壳内，润滑条件好，安装精确，可保证良好的工作效果，应用较广。

3. 按齿面硬度分类

按齿面硬度分类，齿轮传动可分为软齿面（≤350 HBS）齿轮传动与硬齿面（>350 HBS）齿轮传动两类。

5.2 齿廓啮合基本定律

5.2.1 齿轮传动的基本要求

对齿轮传动的基本要求是：

(1) 传动比恒定。两轮瞬时角速度之比（传动比）必须保持不变。

(2) 承载能力高。既要求齿轮尺寸小、质量轻，又要求其强度高，有足够的寿命。

为使齿轮传动满足以上要求，齿轮齿廓必须具有特定的形状，而且需要合理地选用材料及热处理方法，确定适当的结构尺寸。

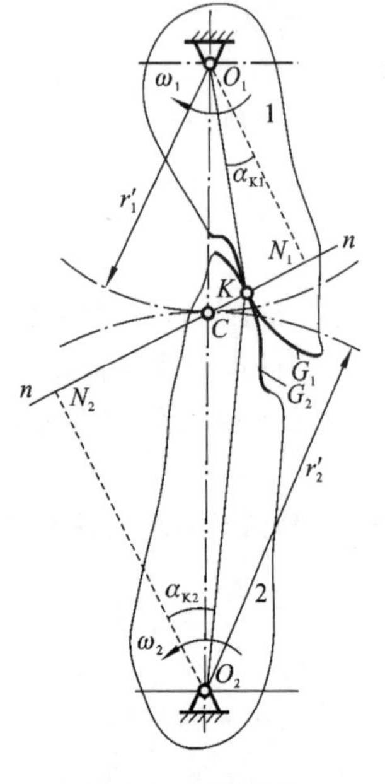

图 5-4 齿廓啮合

5.2.2 齿廓啮合基本定律

齿轮传动要使两轮的传动比恒定（为常数），轮齿齿廓形状需要满足一定要求。以 O_1、O_2 为两轮的回转轴心，G_1、G_2 为两轮互相啮合的一对齿廓，如图 5-4 所示。设齿轮 1 以角速度 ω_1 绕轴心 O_1 顺时针旋转，推动齿轮 2 以角速度 ω_2 绕轴心 O_2 逆时针旋转。某一瞬时，它们在 K 点接触。

两轮的传动比与齿廓接触点处公法线分割中心线所得两线段的长度成反比，这一关系称为齿廓啮合基本定律，即

$$i_{12}=\frac{\omega_1}{\omega_2}=\frac{\overline{O_2N_2}}{\overline{O_1N_1}}=\frac{\overline{O_2C}}{\overline{O_1C}} \tag{5-1}$$

连心线 O_1O_2 与两齿廓在接触点的公法线 nn 的交点 C 称为该对齿轮传动的节点。

由式(5-1)可知，若要求两轮传动比为常数，则必须使 O_2C/O_1C＝常数，即 C 应为连心线 O_1O_2 上的定点。所以，保持传动比恒定的条件是：无论两齿廓在何处接触，过接触点

所作两齿廓的公法线都必须通过两轮中心线上的一个固定点 C。

凡满足齿廓啮合基本定律的一对相互啮合的齿廓，称为共轭齿廓。能满足传动比恒定的共轭齿廓曲线有许多种，但在生产中必须综合考虑制造、安装、强度等各方面的因素，选择适当的曲线作为齿廓曲线。目前最常用的齿廓曲线为渐开线，也有采用摆线和圆弧的。本章只讨论渐开线齿轮传动。

5.3　渐开线齿廓的形成及特点

5.3.1　渐开线的形成与性质

当直线 NK 沿半径为 r_b 的圆做纯滚动时，直线上任一点 K 的轨迹 AKB 为该圆的渐开线，这个圆称为基圆，直线 NK 称为渐开线的发生线，如图 5-5 所示。

由渐开线的形成可得如下性质：

(1) 发生线在基圆上滚过的线段长 $\overline{NK}$ 等于基圆上被滚过的一段弧长 $\widehat{NA}$，即 $\overline{NK}=\widehat{NA}$。

(2) 渐开线上任意一点的法线必与基圆相切。当发生线 NK 沿基圆做纯滚动时，N 点是它的瞬时转动中心，因此线段 NK 为渐开线上 K 点的曲率半径，N 点为其曲率中心，而直线 NK 为渐开线上 K 点的法线。又因发生线始终切于基圆，故渐开线上任意一点的法线必与基圆相切。

(3) 渐开线上各点曲率半径不同，离基圆愈远，曲率半径愈大；离基圆愈近，曲率半径愈小。

(4) 渐开线的形状仅与基圆的大小有关，如图 5-6 所示。基圆半径愈小，渐开线曲率半径愈小，基圆半径为无穷大时，渐开线变为一直线。

(5) 基圆内无渐开线。

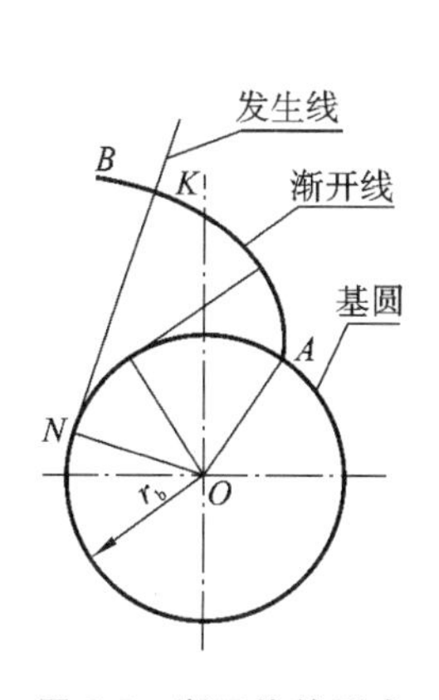

图 5-5　渐开线的形成

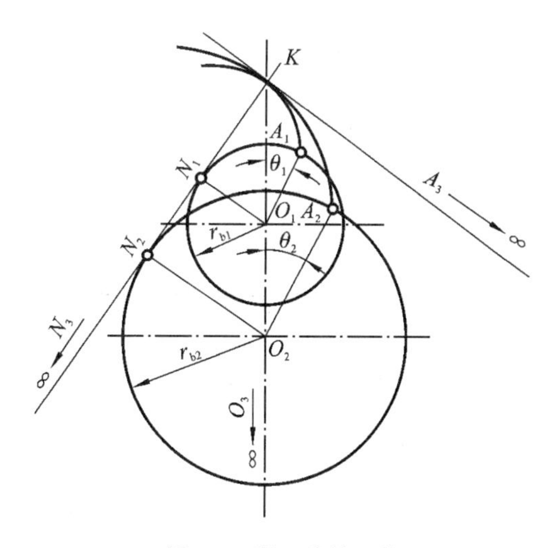

图 5-6　渐开线的形状

5.3.2　渐开线齿廓能满足传动比恒定的条件

设渐开线齿廓 E_1 和 E_2 在任意点 K 接触，过 K 点作两齿廓的公法线 nn 交两轮中心线 O_1O_2 于 C 点。因渐开线的公法线与基圆相切，故 nn 必与两轮基圆公切，切点分别为 N_1、N_2（见图 5-7）。因两轮基圆已定（r_{b1}、r_{b2} 为定值），啮合过程中中心距 O_1O_2 不变，而作为两基圆某一方向的内公切线只有一条（N_1N_2），也就是说在啮合的任一瞬间，过啮合点的齿廓公法线 nn 都与 N_1N_2 重合，故与 O_1O_2 的交点必为定点。可见，渐开线齿廓满足传动比恒定条件。

过节点 C，分别以 O_1、O_2 为圆心，以 CO_1 和 CO_2 为半径所作的圆，称为两齿轮的节圆，其半径分别以 r_1'、r_2' 表示。由图 5-7 可知

$$\triangle O_2N_2C \sim \triangle O_1N_1C$$

$$i_{12}=\frac{\omega_1}{\omega_2}=\frac{\overline{O_2C}}{\overline{O_1C}}=\frac{r_2'}{r_1'}=\frac{r_{b2}}{r_{b1}} \tag{5-2}$$

式(5-2)说明渐开线齿轮的传动比等于两轮节圆半径的反比，也等于两轮基圆半径的反比。此式还说明一对齿轮传动时，它的一对节圆做纯滚动。

节圆是一对齿轮传动时出现了节点以后才定义的圆，所以单个齿轮没有节圆。

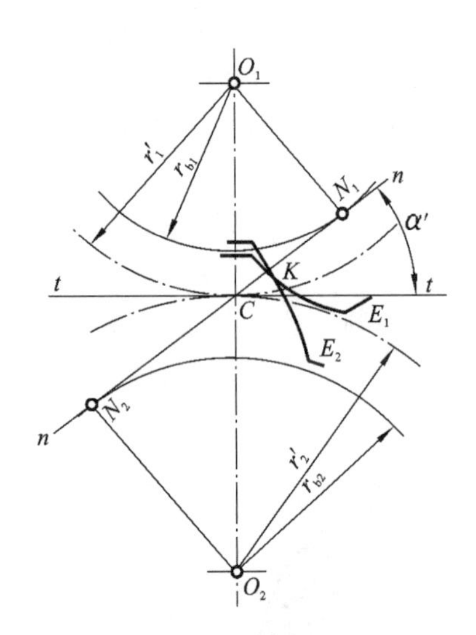

图 5-7　渐开线齿廓啮合

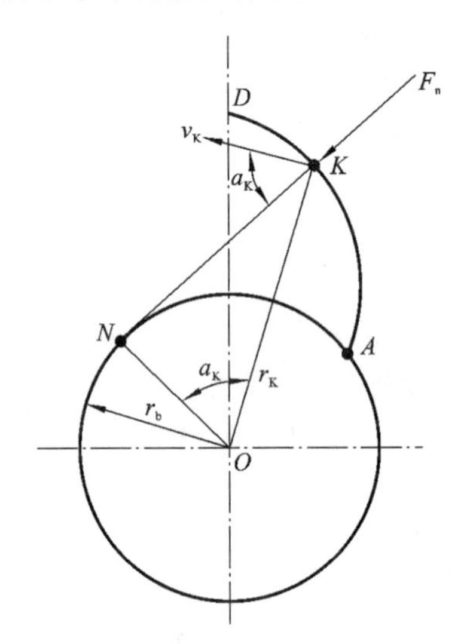

图 5-8　齿廓压力角

5.3.3　渐开线齿廓的压力角

在一对齿廓的啮合过程中，齿廓上任一点 K 的法线（压力方向线）与该点速度方向线所夹的锐角 α_K，称为齿廓在 K 点的压力角，如图 5-8 所示。由图可以看出：压力角 α_K 愈小，法向压力 F_n 沿接触点的速度 v_K 方向的分力愈大，沿径向（KO 方向）的分力就愈小。所以在 OK 和传递转矩 T 一定（也即沿 v_K 方向分力一定）的条件下，α_K 愈小则 F_n 愈小，α_K 愈大则 F_n 愈大。因此，压力角的大小直接影响齿轮传动时轮齿的受力情况。

渐开线齿廓上 K 点的压力角 α_K 等于 $\angle KON$，因此

$$\cos\alpha_K = \frac{\overline{ON}}{\overline{OK}} = \frac{r_b}{r_K}$$

或

$$r_b = r_K\cos\alpha_K \tag{5-3}$$

式(5-3)说明渐开线齿廓上各点的压力角 α_K 是不相等的，它随着 r_K 的增大而增大。在基圆处，压力角等于零。

根据渐开线的性质，一对渐开线齿廓在任何位置啮合时，接触点的公法线都是两基圆的同一条内公切线 N_1N_2。也就是说，在一对渐开线齿轮的啮合过程中，啮合点都在 N_1N_2 直线上，N_1N_2 称为啮合线。

啮合线与过节点 C 所作两节圆的公切线 tt 的夹角称为啮合角，用 α' 表示，如图 5-7 所示。啮合角也即齿廓在节圆处的压力角。

5.3.4　渐开线齿轮传动的可分性

当一对渐开线圆柱齿轮制成后，其基圆半径已经确定，由式(5-2)可知，其传动比 i 也就确定了，即使因为制造、安装的误差或轴承磨损导致中心距变更时，其传动比仍将保持不变(两轮的节圆半径虽发生变化，但其比值不变)。渐开线齿轮的这一特性称为渐开线齿轮传动的可分性，它给齿轮的制造与安装带来了很大的方便。

5.4　渐开线标准直齿圆柱齿轮各部分的名称及基本参数

5.4.1　齿轮各部分的名称

直齿圆柱齿轮各部分的名称及参数代号参见图 5-9。

(1) 齿顶圆　齿轮轮齿顶端所在的圆柱面与端面的交线称为齿顶圆，其直径以 d_a 表示。

(2) 齿根圆　齿轮轮齿齿根所在的圆柱面与端面的交线称为齿根圆，其直径以 d_f 表示。

(3) 齿宽　沿齿轮轴线方向量得的轮齿宽度称为齿宽，以 b 表示。

(4) 齿厚与齿槽宽　在齿轮的任意圆周上，一个轮齿两侧间的弧长称为该圆上的齿厚，用 s_K 表示；相邻两齿之间的空间称为齿槽，一个齿槽两侧齿廓在该圆上所截取的弧长称为齿槽宽，以 e_K 表示。

(5) 分度圆　为了便于设计和制造，在齿顶圆和齿根圆之间，取一个直径为 d(半径为 r)的圆作为基准圆，称之为分度圆(分度圆的严格定义见下文)。分度圆上的齿厚、齿槽宽分别用 s、e 表示，对于标准齿轮，其分度圆上的齿厚与齿槽宽相等，即 $s=e$。

(6) 齿距　沿任意圆周所量得的相邻两齿同侧齿廓之间的弧长，称为该圆上的齿距，用 p_K 表示。显然，在同一圆周上的齿距就等于该圆上齿厚与齿槽宽之和，即 $p_K=s_K+e_K$。齿轮分度圆上的齿距，通常简称为齿距，用 p 表示，$p=s+e$。对标准齿轮，则有

$$e = s = \frac{p}{2} \tag{5-4}$$

(7) 全齿高、齿顶高与齿根高　从分度圆到齿顶圆的径向齿高称为齿顶高，以 h_a 表示；从分度圆到齿根圆的径向齿高称为齿根高，以 h_f 表示；从齿根圆到齿顶圆的径向齿高称为全齿

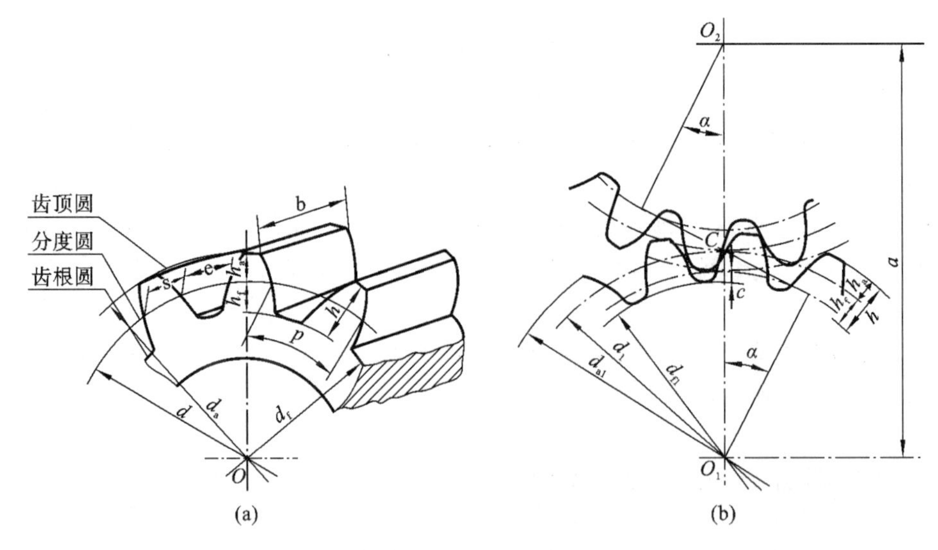

图 5-9　圆柱直齿轮

高，以 h 表示。

$$h=h_a+h_f \tag{5-5}$$

（8）顶隙　为了防止互相啮合的一对齿轮的齿顶与齿根相碰，并便于储存润滑油，应使齿顶高略小于齿根高，在一轮齿顶到另一轮齿根间留有径向间隙（见图 5-9(b)），称为顶隙，以 c 表示。

5.4.2　直齿圆柱齿轮的基本参数

1. 齿数 z

齿数是指在齿轮整个圆周上轮齿的总数。

2. 模数 m

分度圆的周长为 πd，分度圆的周长也为 pz，则有

$$d=\frac{p}{\pi}z$$

π 是无理数，给齿轮的设计、制造及检测带来不便。为此，将比值 p/π 取为一些简单的有理数，并称该比值为模数，用 m 表示，单位是 mm。因此，分度圆直径 $d=mz$，分度圆齿距 $p=\pi m$。

显然，m 愈大（即 p 愈大），则轮齿愈大，轮齿的抗弯能力也愈强。齿轮的许多几何尺寸都规定为 m 的函数，所以它是轮齿几何尺寸计算的基本参数。

齿顶圆相同时，不同模数齿轮的齿形如图 5-10(a)所示。加工齿轮的刀具的模数也应与被加工齿轮的模数相同，为了限制刀具的数量，实现刀具和量具的标准化，我国已规定了标准的模数系列，见表 5-1。

表 5-1　标准模数(GB/T 1357—2008)　　(mm)

第一系列											
1	1.25	1.5	2	2.5	3	4	5	6	8	10	12
16	20	25	32	40	50						

续表

第二系列	1.125	1.375	1.75	2.25	2.75	3.5	4.5	5.5		
	(6.5)	7	9	11	14	18	22	28	35	45

注：(1)本标准适用于渐开线圆柱齿轮，对于斜齿轮是指其法面模数。
(2)选用模数时，应优先采用第一系列；括号内的模数尽可能不用。

3. 压力角 α

如前所述，渐开线齿廓上各点的压力角 α_K 是不相等的，如图 5-10(b)所示。齿廓在分度圆上的压力角称为分度圆压力角，通常也把它称为齿轮的压力角，以 α 表示，它也是加工轮齿时所用刀具的刀具角。为了便于设计制造，分度圆压力角已标准化，我国规定的标准压力角为 $\alpha=20°$。

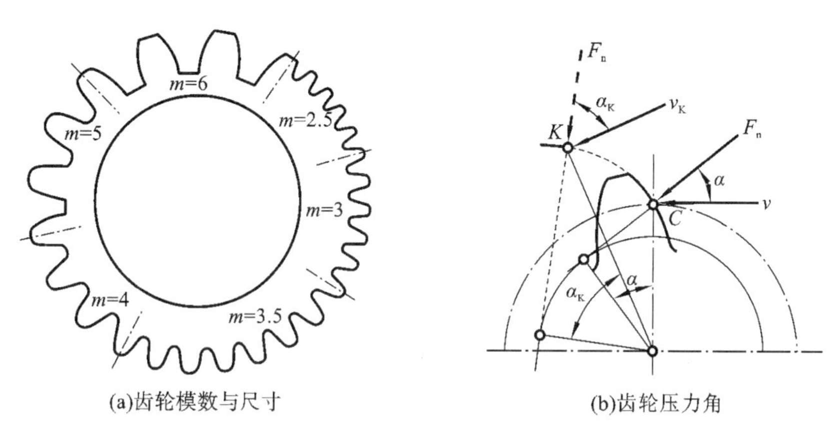

(a)齿轮模数与尺寸　　(b)齿轮压力角

图 5-10　齿轮模数与压力角

分度圆定义：分度圆就是齿轮上具有标准模数和标准压力角的圆。对于给定的齿轮，分度圆是唯一的。

4. 齿高系数和顶隙系数

轮齿的各部分高度都取为模数的倍数，对于标准圆柱齿轮，取

$$\left.\begin{aligned}&\text{齿顶高}\quad h_a = h_a^* m\\&\text{齿根高}\quad h_f = h_a + c = h_a^* m + c^* m = (h_a^* + c^*)m\end{aligned}\right\}\tag{5-6}$$

式中：h_a^*——齿顶高系数，标准规定正常齿 $h_a^*=1$，短齿 $h_a^*=0.8$；

c^*——顶隙系数，对于圆柱齿轮，标准规定正常齿 $c^*=0.25$，短齿 $c^*=0.3$。

5.4.3　几何尺寸计算公式

当齿轮的模数 m、压力角 α、齿顶高系数 h_a^*、顶隙系数 c^* 都是标准值，同时分度圆上齿厚 s 和齿槽宽 e 相等时，这样的齿轮称为标准齿轮。

一对标准齿轮正确安装时，两轮的分度圆相切，所以它也就是啮合时的节圆，节圆直径以 d' 表示，即 $d=d'$。对于多数非标准齿轮传动，则 $d\neq d'$。

标准直齿圆柱齿轮的几何尺寸计算公式见表 5-2。

表 5-2　渐开线标准直齿圆柱齿轮几何尺寸计算公式

名称	符号	计算公式
分度圆直径	d	$d=mz$
齿顶高	h_a	$h_a=h_a^* m=m, h_a^*=1$
齿根高	h_f	$h_f=(h_a^*+c^*)m=1.25m, c^*=0.25$
全齿高	h	$h=h_a+h_f=2.25m$
齿顶圆直径	d_a	$d_a=d+2h_a=m(z+2)$
齿根圆直径	d_f	$d_f=d-2h_f=m(z-2.5)$
中心距	a	$a=\frac{d_1+d_2}{2}=\frac{m}{2}(z_1+z_2)$

一些采用英制的国家（如英、美），齿轮几何尺寸计算的基本参数不是用模数 m，而是用径节 ρ。径节 ρ 是 π 与齿距的比值，也是齿数 z 与分度圆直径的比，其单位为 1/in，即

$$\rho=\frac{\pi}{p}=\frac{z}{d} \tag{5-7}$$

由式(5-7)可以看出，径节 ρ 为模数 m 的倒数，因 1 in=25.4 mm，故其换算关系为

$$m=\frac{25.4}{\rho} \tag{5-8}$$

5.4.4　齿条的齿形特点

当齿轮的齿数趋于无穷大时，其基圆和其他圆的半径也就趋于无穷大，此时各圆均变成一些相互平行的直线，渐开线齿廓也就变成了相互平行的直线齿廓，这就形成了齿条。

如图 5-11 所示，齿条具有如下特点：

(1) 由于齿条齿廓为直线，所以齿廓线上各点的压力角均为标准值，且等于齿廓的倾斜角（也称为齿形角），对于标准齿条其值为 $\alpha=20°$。

(2) 齿条两侧齿廓是由对称的斜直线组成的，因此，在平行于齿顶线的各条直线上具有相同的齿距，且有 $p=\pi m$。对于标准齿条而言，齿厚和齿槽宽相同的直线称为分度线，即 $s=\frac{\pi m}{2}$。

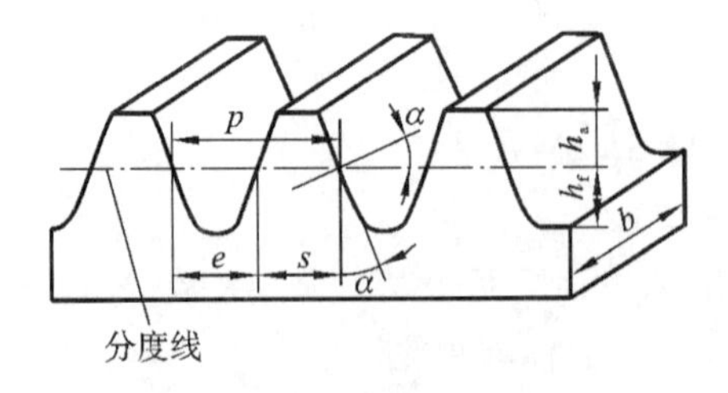

图 5-11　齿条的基本参数

例 5-1　已知：一标准直齿圆柱外齿轮 $m=2.5$ mm，$z=24$，求齿轮的几何尺寸。

解　由于为标准齿轮，故 $h_a^*=1.0$，$c^*=0.25$，$\alpha=20°$。

主要几何尺寸计算如下：

分度圆直径　$d=mz=2.5\ \text{mm}\times 24=60\ \text{mm}$

基圆直径　$d_b=mz\cos\alpha=2.5\ \text{mm}\times 24\cos 20°=56.38\ \text{mm}$

齿顶高　$h_a=h_a^* m=1\times 2.5\ \text{mm}=2.5\ \text{mm}$

齿根高　$h_f=(h_a^*+c^*)m=(1+0.25)\times 2.5\ \text{mm}=3.125\ \text{mm}$

全齿高　$h=h_a+h_f=(2h_a^*+c^*)m=(2+0.25)\times 2.5\ \text{mm}=5.625\ \text{mm}$

5.5　正确啮合条件及重合度

5.5.1　渐开线齿轮正确啮合的条件

一对齿轮在正常工作过程中，当前一对齿在啮合线上的 K 点接触时，后一对齿在啮合线上 B_2 点接触，如图 5-12(a)所示。故两齿轮正确啮合的条件是：两个齿轮相邻齿的同侧齿廓在啮合线上的距离都应等于$\overline{B_2K}$。由渐开线的性质可知：齿轮相邻两齿同侧齿廓在法线上的距离等于其基圆齿距(基节)，以 p_b表示。故渐开线齿轮正确啮合的条件可写为

$$p_{b1}=p_{b2}$$

由于

$$p_{b1}=\frac{\pi d_{b1}}{z_1}=\frac{\pi d_1\cos\alpha_1}{z_1}=p_1\cos\alpha_1=\pi m_1\cos\alpha_1$$

$$p_{b2}=\frac{\pi d_{b2}}{z_2}=\frac{\pi d_2\cos\alpha_2}{z_2}=p_2\cos\alpha_2=\pi m_2\cos\alpha_2$$

因此两轮正确啮合条件又可写为

$$m_1\cos\alpha_1=m_2\cos\alpha_2$$

由于 m 和 α 都是标准值，故满足上式的正确啮合条件为

$$\left.\begin{aligned}m_1=m_2=m\\ \alpha_1=\alpha_2=\alpha\end{aligned}\right\}\tag{5-9}$$

式(5-9)表明：只有两齿轮的模数和压力角都相等时，才能正确啮合。

5.5.2　渐开线齿轮连续传动的条件

图 5-12 所示为一对相互啮合的齿轮，设轮 1 为主动轮，齿廓的啮合由主动轮 1 的齿根与从动轮的齿顶接触开始，显然从动轮齿顶圆与啮合线的交点 B_2 是一对齿进入啮合的起始点。随着轮 1 推动轮 2 转动，两齿廓的啮合点沿着啮合线移动，当移动到主动轮齿顶圆与啮合线的交点 B_1 时(图中虚线位置)，这对齿廓即将分离，故 B_1 为这一对齿廓啮合的终止点。啮合线 N_1N_2 上的线段 B_1B_2 为齿廓啮合点的实际轨迹，称为实际啮合线。如果两轮顶圆增大，则啮合的起始点与终止点将向两端延伸，但因基圆内无渐开线，不能超过 N_1、N_2 点，故 N_1N_2 是理论上可能的最大啮合线段，称为理论啮合线。

当前一对轮齿啮合于 K 点，而后一对轮齿已达到啮合的起始点 B_2 时，传动能够连续进行，如图 5-12 所示。若前一对齿超过 B_1 点，脱离啮合，而后一对轮齿尚未到达啮合的起始点 B_2，即未能进入啮合，这时传动发生中断，将引起冲击。所以，保证传动连续的条件是实际啮

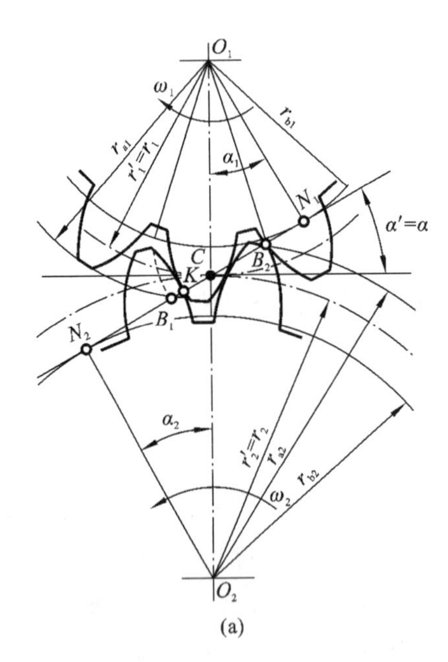

(a)

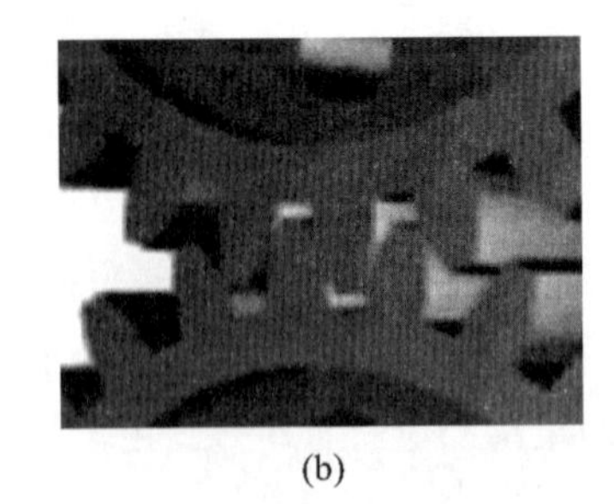
(b)

图 5-12　正确啮合

合线长度大于或至少等于相邻两齿同侧齿廓在啮合线上的距离 $\overline{KB_2}$。因 $\overline{KB_2}$ 等于基圆齿距 p_b，故连续传动条件可写为

$$\overline{B_1B_2} \geqslant p_b \text{ 或 } \frac{\overline{B_1B_2}}{p_b} \geqslant 1$$

通常将实际啮合线长与基圆齿距的比值称为齿轮的重合度，用 ε 表示，即连续传动的条件为

$$\varepsilon = \frac{\overline{B_1B_2}}{p_b} \geqslant 1 \tag{5-10}$$

理论上当 $\varepsilon=1$ 时就能保证齿轮连续传动，但由于齿轮的制造、安装误差和啮合时齿的变形等，实际上应使 $\varepsilon>1$。机械制造中 ε 常取为 1.1～1.4。汽车、拖拉机的齿轮取低值，一般机械中的齿轮取高值。

5.6　公法线长度及固定弦齿厚

公法线长度和固定弦齿厚是对加工过程中或加工后的齿轮进行检验的两个项目。

5.6.1　公法线长度

发生线 A_1B_1 在基圆上做纯滚动，其两端点 A_1、B_1 的轨迹为对应的两条渐开线 E_A 与 E_B，如图 5-13(a)所示。根据渐开线特性，A_1B_1 和 A_2B_2 都是 E_A 和 E_B 的公法线，其长度

$$W = \overline{A_1B_1} = \overline{A_2B_2} = \overset{\frown}{AB}\text{（常数）} \tag{5-11}$$

显然，渐开线 E_A 和 E_B 在任意位置的公法线的长度均相等。如图 5-13(b)所示，当用卡尺的两个脚跨过 k 个轮齿（图中跨 3 齿），卡脚与相应齿廓相切时，两卡脚之间的距离为被测的公法线长度 W。由图可知 $W=(k-1)p_b+s_b$，其中 p_b 为基圆齿距，s_b 为基圆的齿厚。可见，通过

测量公法线长的方法来检验基圆齿距或基圆齿厚，测量精度在一定条件下不受卡尺脚与齿廓接触点的位置所影响，且易于换算为分度圆上的齿距或齿厚。所以在齿轮加工中，对于模数较小的齿轮，广泛采用测量公法线平均长度偏差（即公法线长度的平均值与公称值之差）ΔW 来控制齿轮的侧隙（齿轮传动中两啮合齿非工作齿面间的间隙），并在零件图中标出公法线平均长度及其上、下极限偏差。

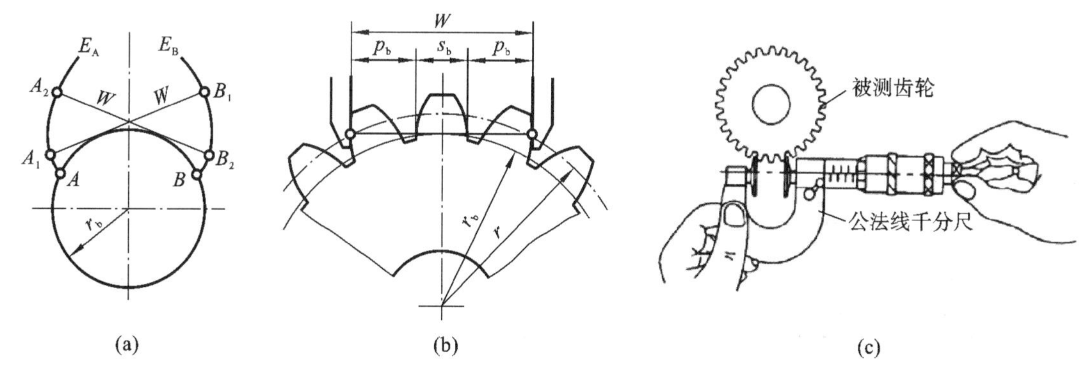

图 5-13　公法线长度和固定弦齿厚

在测量时，卡尺的尺口最好分别与两对应的渐开线齿廓在分度圆附近相切，如图 5-13(c) 所示。这就要求测量时跨齿数要适当。

表 5-3 给出了模数等于 1 mm 的标准齿轮跨齿数推荐值及其公法线长度 W'，当模数为 m 时，其公法线长度应为

$$W = mW' \tag{5-12}$$

表 5-3　公法线长度（$m=1$ mm，$\alpha=20^\circ$，$x=0$）（摘录）

齿数 z	跨齿数 k	公法线长度 W' /mm	齿数 z	跨齿数 k	公法线长度 W' /mm
14	2	4.6243	29	4	10.7386
15	2	4.6383	30	4	10.7526
16	2	4.6523	33	4	10.7946
17	3	7.6184	34	4	10.8086
18	3	7.6324	35	5	13.7748
19	3	7.6464	36	5	13.7888
20	3	7.6605	37	5	13.8028
21	3	7.6745	38	5	13.8168
22	3	7.6885	39	5	13.8308
23	3	7.7025	40	5	13.8448
24	3	7.7165	41	5	13.8588
25	3	7.7305	42	5	13.8728
26	4	10.6966	43	5	13.8868
27	4	10.7106	44	6	16.853
28	4	10.7246	45	6	16.8669

续表

齿数 z	跨齿数 k	公法线长度 W' /mm	齿数 z	跨齿数 k	公法线长度 W' /mm
46	6	16.881	48	6	16.909
47	6	16.895	49	6	16.923

注：$z>50$ 时，可查阅《机械零件设计手册》。

例 5-2　已知一渐开线标准直齿圆柱齿轮，$\alpha=20°$，$z=23$，$m=2.5$ mm，求其跨齿数及公法线长度。

解　计算过程如表 5-4 所示。

表 5-4　计算过程

计算与说明	主要结果
由表 5-3 查得 $m=1$ mm，$z=23$ 时，跨齿数 $k=3$， 公法线长度 $W'=7.7025$ mm $W=mW'=2.5\times7.7025=19.2563$(mm)	$k=3$ $W=19.2563$ mm

5.6.2　固定弦齿厚

固定弦齿厚是指标准齿条的齿廓与齿轮齿廓对称相切时两切点之间的距离$\bar{s}_c$，如图 5-14 中的 AB，而固定弦至齿顶的距离，称为固定弦齿高，以$\bar{h}_c$ 表示。

对模数相同、齿数不同的标准齿轮，它们的固定弦齿厚$\bar{s}_c$ 及固定弦齿高$\bar{h}_c$ 为一常数。模数相同的齿轮具有相同的固定弦，这一特性对齿轮的生产和检验是很有利的。

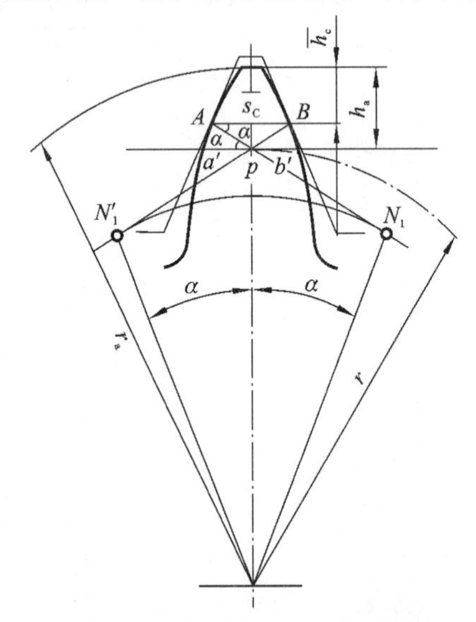

图 5-14　固定弦齿厚和固定弦齿高

5.6.3　分度圆弦齿厚

1. 分度圆弦齿厚的计算

GB/Z 18620.2—2008《圆柱齿轮 检验实施规范 第 2 部分：径向综合偏差、径向跳动、齿厚和侧隙的检验》中规定，齿厚偏差 ΔE_s 是指分度圆柱面上齿厚实际值与公称值之差。对于斜齿轮，指其法向齿厚。ΔE_s 是保证齿轮副侧隙的误差指标。由于分度圆弧齿厚不便于测量，所以实际上以分度圆弦齿厚来评定 ΔE_s。

如图 5-15(a)所示，同一轮齿左、右齿廓与分度圆的交点的距离为分度圆弦齿厚 $\bar{s}$，由齿顶至分度圆弦的距离为分度圆弦齿高 $\bar{h}_a$，表 5-5 给出了当 $m=1$ mm、$x=0$ 时不同齿数的 $\bar{s}$ 与 $\bar{h}_a$ 的数值。

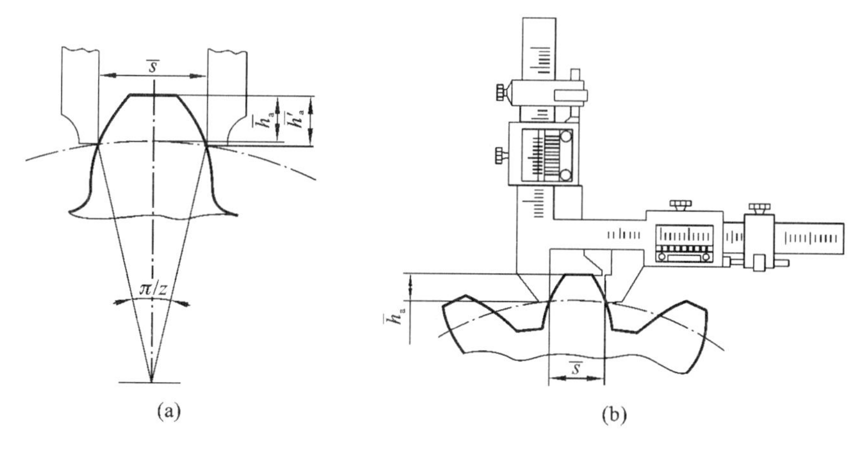

图 5-15　齿厚测量

2. 分度圆弦齿厚的测量

分度圆弦齿厚常用齿厚游标卡尺测量，如图 5-15(b)所示。齿厚游标卡尺与普通游标卡尺的区别是多了一个垂直游标尺。测量时，考虑齿顶圆误差 Δr_a 对齿厚测量的影响，应按实际分度圆弦齿高 $\overline{h'_a}$($\overline{h'_a}=\bar{h}_a+\Delta r_a$) 来调整垂直刻尺的位置，则水平刻尺的示值 $\overline{s'}$ 与公称值 $\bar{s}$ 之差，即为齿厚偏差 ΔE_s：

$$\Delta E_s=\overline{s'}-\bar{s}$$

齿厚极限偏差参考值请查阅《机械零件设计手册》。

表 5-5　分度圆弦齿厚和分度圆弦齿高(摘录)　(mm)

齿数 z	分度圆弦齿厚 $\bar{s}$	分度圆弦齿高 $\bar{h}_a$	齿数 z	分度圆弦齿厚 $\bar{s}$	分度圆弦齿高 $\bar{h}_a$
20	1.5692	1.0308	36	1.5703	1.0171
21	1.5694	1.0294	37	1.5703	1.0167
22	1.5695	1.0281	38	1.5703	1.0162
23	1.5696	1.0268	39	1.5704	1.0158
24	1.5697	1.0257	40	1.5704	1.0154

5.7　齿轮的精度

齿轮主要用于减速器、机床、汽车、轧钢机及仪器、仪表中的齿轮传动，其使用功能不同，工作条件有差异。齿轮的使用要求可归纳为以下四个方面：

(1) 传递运动的准确性，即运动精度要求，指齿轮在一转范围内的速比变化不超过一定限度，以保证齿轮传动的速比恒定。

(2) 传递运动的平稳性，即工作平稳性精度要求。指工作时运转平稳，噪声、振动与冲击小。

(3) 承受载荷的均匀性，即接触精度要求。为避免齿轮传动装置工作时载荷集中，减少齿面磨损，提高齿轮的使用寿命，要求齿轮承受的载荷分布均匀，从而使齿轮有较高的承载能力。

(4) 齿轮副的侧隙要求。齿轮副的侧隙是指齿轮副在工作状态时非工作面间存在的空隙。齿轮副侧隙用来保证齿轮传动中啮合齿面间形成油膜润滑，补偿齿轮副的加工误差和安装误差，补偿受力变形和热变形。

5.7.1 齿轮的精度等级选择

渐开线圆柱齿轮精度标准(GB/T 10095.1—2008)规定齿轮共有 13 个精度等级，用数字 0～12 由高到低依次排列。0～2 级是有待发展的精度等级，齿轮各项偏差的允许值很小。通常，将 3～5 级称为高精度，6～8 级称为中等精度，9～12 级称为低精度。

齿轮精度等级选择应根据传动用途、使用条件、圆周速度、传动功率及性能指标等要求确定。圆柱齿轮常用的精度等级范围如表 5-6 所示。

表 5-6　圆柱齿轮常用精度等级范围

<table>
<tr><td colspan="2" rowspan="2">要素</td><td colspan="6">精度等级</td></tr>
<tr><td>4</td><td>5</td><td>6</td><td>7</td><td>8</td><td>9</td></tr>
<tr><td rowspan="2">圆周速度/(m/s)</td><td>直齿</td><td>＞30</td><td>＞15～30</td><td>＞10～15</td><td>＞6～10</td><td>≤6</td><td>≤4</td></tr>
<tr><td>斜齿</td><td>＞50</td><td>＞30～50</td><td>＞15～30</td><td>＞8～15</td><td>≤8</td><td>≤6</td></tr>
<tr><td colspan="2">应用范围</td><td>用于高速且对运动平稳性、噪声有很高要求的齿轮，如高速汽轮机、航空发动机的齿轮；用于精密分度机构的末端齿轮</td><td>用于高速且对运动平稳性、噪声有高要求的齿轮，如高速汽轮机、航空及船用齿轮；用于精密分度机构的中间齿轮</td><td>用于高速且对运动平稳性、噪声有较高要求的齿轮，如机床、机车、汽车、船舶及工业设备的重要齿轮，高速、中速减速器齿轮</td><td>用于有平稳性、噪声要求的齿轮，如机床、机车、汽车、船舶及工业设备有可靠性要求的一般齿轮，中速减速器齿轮</td><td>用于一般机械中要求较平稳传动的齿轮，如冶金、矿山、石油、林业、农业、工程机械及普通减速齿轮</td><td>用于速度较低、噪声要求不高的一般性工作齿轮</td></tr>
<tr><td colspan="2">切齿方法</td><td>在高精密度机床上展成加工</td><td>在精密机床上展成加工</td><td>在高精度机床上展成加工</td><td>在较高精度机床上展成加工</td><td>在普通齿轮机床上展成加工</td><td>一般展成或仿形法加工</td></tr>
<tr><td colspan="2">齿面终加工</td><td colspan="2">精密磨齿；精密滚齿后研齿或剃齿</td><td>磨齿、精密滚齿或剃齿</td><td>高精度切齿，对渗碳淬火齿轮要经磨齿、精刮、珩齿等</td><td>不磨齿，必要时剃齿、刮齿或珩齿</td><td>一般滚、插或铣齿加工</td></tr>
</table>

续表

要素	精度等级											
	4		5		6		7		8		9	
表面粗糙度	硬化	调质	硬化	调质	硬化	调质	硬化	调质	硬化	调质	硬化	调质
$Ra/\mu m$	≤0.4	≤0.4		≤1.6	≤0.8	≤1.6		≤3.2		≤6.3	≤3.2	≤6.3
单级传动效率	0.99 以上						0.98 以上		0.97 以上		0.96 以上	

注：圆周速度指齿轮节圆的圆周速度。

标准将单个齿轮的有关精度分为三个公差组。第Ⅰ公差组包括主要影响齿轮传递运动准确性的有关公差项目，第Ⅱ公差组包括影响传动平稳性的有关公差项目，第Ⅲ公差组包括影响载荷分布均匀性的有关公差项目。齿轮副齿侧间隙的确定应根据齿轮传动装置所需要的最小和最大侧隙计算足够的齿厚减薄量，并以齿厚极限偏差或公法线平均长度极限偏差形式表示。以上各组公差所需检查的项目以及它们的定义及性质，请参阅《机械零件设计手册》。

5.7.2　图样注写

标准规定在齿轮零件图上应标注齿轮精度等级和齿厚极限偏差的字母代号或数值。例如，齿轮的三个公差组精度皆为 7 级，其齿厚上偏差代号为 F，下偏差代号为 L，标注为

7 FL　GB/T 10095.1

例 5-3　齿轮第Ⅰ公差组精度为 7 级，第Ⅱ公差组与第Ⅲ公差组精度皆为 6 级，齿厚上偏差代号为 G，下偏差代号为 M，应标注为

7-6-6 GM　GB/T 10095.1

5.7.3　齿轮轮齿的加工方法

轮齿的加工方法主要有铸造法、模锻法、粉末冶金和切削加工法，其中以切削加工法使用最广泛。最常用的切削加工方法可分为成形法和展成法两大类。

1. 成形法

所谓成形法，是用具有渐开线齿形的成形铣刀在铣床上直接切出轮齿，如图 5-16 所示。这类加工方法简单，不需要专用机床，但生产效率低，精度差，故仅适用于单件或小批生产的低精度（9 级以下）齿轮，主要用于生产人字齿轮。

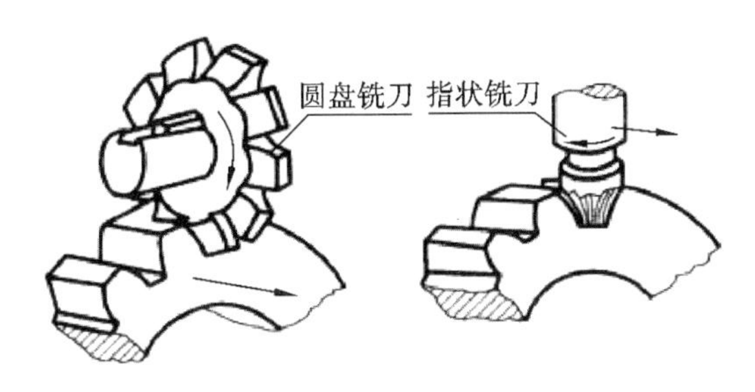

图 5-16　成形法加工齿轮

2. 展成法

展成法,也称范成法,是利用一对齿轮(或齿轮与齿条)在啮合传动时,其齿廓互为包络的原理来加工的。如将其中的一个齿轮(或齿条)做成刀具,则可切出与之啮合的另一齿轮的齿廓。因此,对同一模数 m 和压力角 α 而齿数不同的齿轮就可用同一把刀具进行加工。展成法种类很多,常用的有插齿与滚齿。

1) 插齿

图 5-17 所示为用齿轮插刀加工齿轮的情况。在机床传动系统控制下,齿轮插刀和齿轮毛坯间以一对齿轮相互啮合的关系按恒定的速比做旋转运动,同时插刀做上下往复的切削运动以及其他进、退刀等辅助运动,直至切出全部轮齿为止。刀具的齿顶比正常齿轮的高出 $c^* m$ 的距离,以便切出具有标准齿根高的齿轮,保证该齿轮工作时获得顶隙。用这种加工方法不仅可以加工外啮合齿轮,还可以加工内啮合齿轮。

图 5-18 所示为用齿条插刀加工齿轮的情况。与齿轮插刀加工齿轮的原理相同,加工时轮坯回转,齿条刀水平移动,而且齿条刀水平移动速度与轮坯分度圆处的圆周速度相等。与此同时,齿条刀沿轮坯轴线方向做上下往复的切削运动。其齿形的展成过程见图 5-19。齿条插刀两齿廓间的夹角为 $2\alpha_0$,α_0 称为刀具角,其大小与齿轮分度圆上的压力角相等。

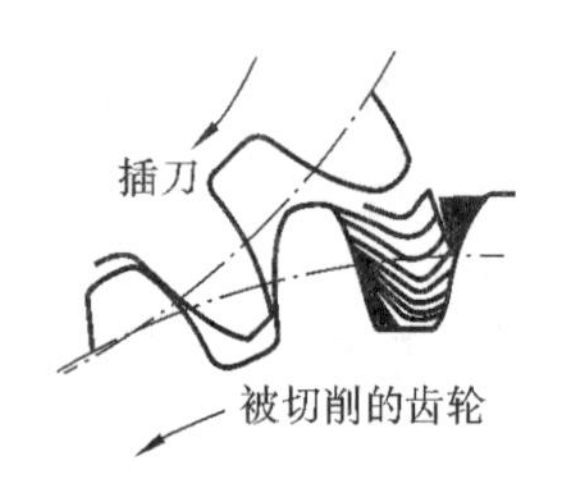

图 5-17　齿轮插刀加工齿轮

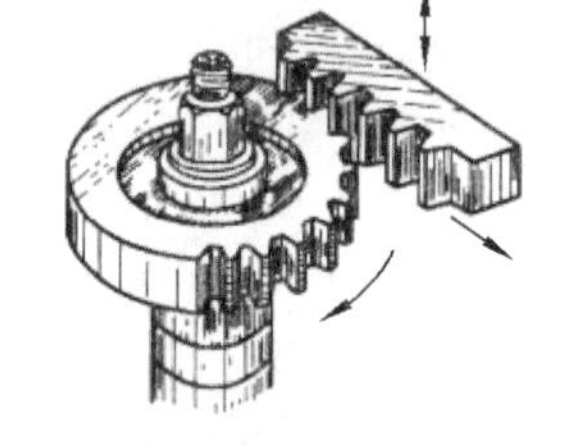

图 5-18　齿条插刀加工齿轮

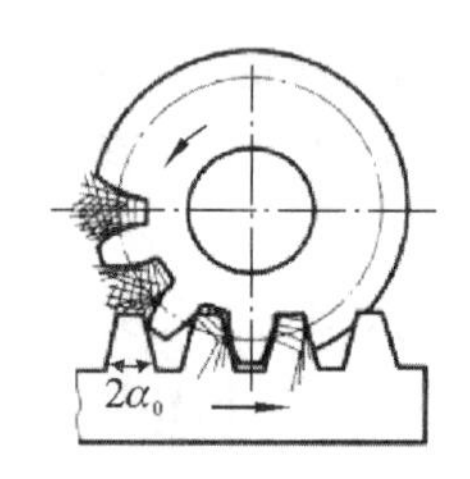

图 5-19　齿形的展成过程

在切制标准齿轮时,应令轮坯径向进给直至刀具中线与轮坯分度圆相切并保持纯滚动。这样切成的齿轮,分度圆齿厚与齿槽宽相等,即 $s = e = \frac{\pi m}{2}$,且模数和压力角与刀具的模数和压力角分别相等。

2) 滚齿

图 5-20 所示为用滚刀加工齿轮的情况。当滚刀转动时,在图示的水平剖面内相当于一直刃齿条与齿轮啮合,故和齿条插刀插齿一样,按展成原理切出齿轮轮齿的渐开线齿廓。

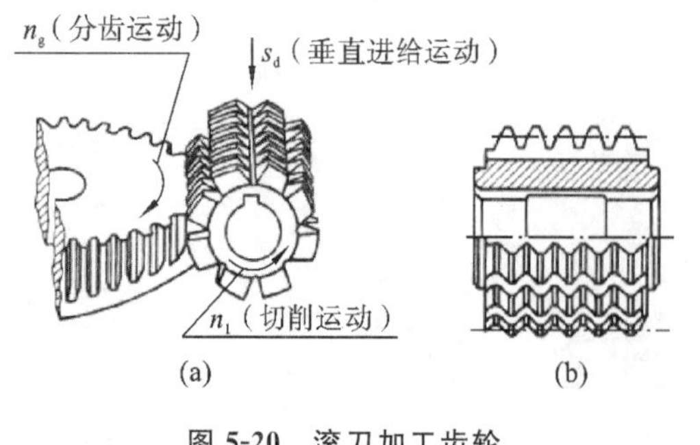

图 5-20　滚刀加工齿轮

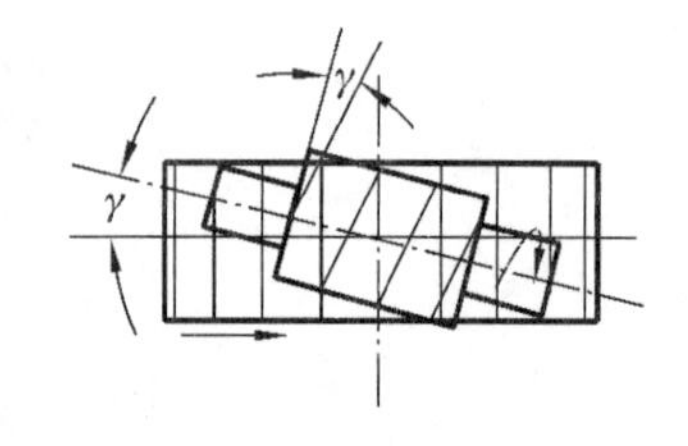

图 5-21　滚刀的安装

当滚切圆柱齿轮时,为使滚刀的螺旋线方向与被加工轮齿方向一致,在安装滚刀时,需使其轴线与轮坯端面成一角度。在加工直齿轮时,此角度即为滚刀的螺旋导程角,如图 5-21 所示。此导程角虽小，但会再次产生误差。因而其加工精度不如齿条插刀。此外，滚齿只能加工外啮合齿轮。

在模数和传动比给定的情况下，小齿轮的齿数越少，大齿轮齿数以及齿数和 z_1+z_2 也越少，齿轮机构的中心距、尺寸和重量也减小，因此设计时希望把 z_1 取得尽可能小。但是对于渐开线标准齿轮，其最少齿数是有限制的。对于标准齿轮，当 $\alpha=20°$，$h_a^*=1$ 时，为避免根切的最少齿数 $z_{min}=17$。

5.8　标准直齿圆柱齿轮的强度计算

5.8.1　齿轮传动的设计准则

为使设计的齿轮传动具有足够的工作能力，应针对不同的工作情况及失效形式分别确立相应的设计准则。通常以按齿根弯曲疲劳强度和齿面接触疲劳强度为主的两个准则进行设计计算。

对闭式齿轮传动，齿面为软齿面（≤350 HBS）时，先按接触疲劳强度进行设计，确定主要尺寸，然后验算弯曲疲劳强度；当一对齿轮均为硬齿面（>350 HBS）时，先按弯曲疲劳强度进行设计，确定模数及主要尺寸，然后验算接触疲劳强度。对开式齿轮传动，则只按弯曲疲劳强度进行设计，用将模数增大 10%的办法，来考虑磨粒磨损对轮齿强度削弱的影响。

5.8.2　轮齿的受力分析

图 5-22 所示为一对标准直齿圆柱齿轮在节点处接触时的受力情况。若略去摩擦力，则轮齿之间总压力 F_n 将沿啮合线作用。为了计算方便，将法向力 F_n 分解为互相垂直的两个分力：

$$\left.\begin{aligned}&\text{切向力}\quad F_t=\frac{2T_1}{d_1}\\&\text{径向力}\quad F_r=F_t\tan\alpha\end{aligned}\right\}\tag{5-13}$$

$$\text{法向力}\quad F_n=\frac{F_t}{\cos\alpha}=\frac{2T_1}{d_1\cos\alpha}\tag{5-14}$$

式中：T_1——小齿轮上的转矩（N · mm）；

d_1——小齿轮分度圆直径（mm）；

α——啮合角。

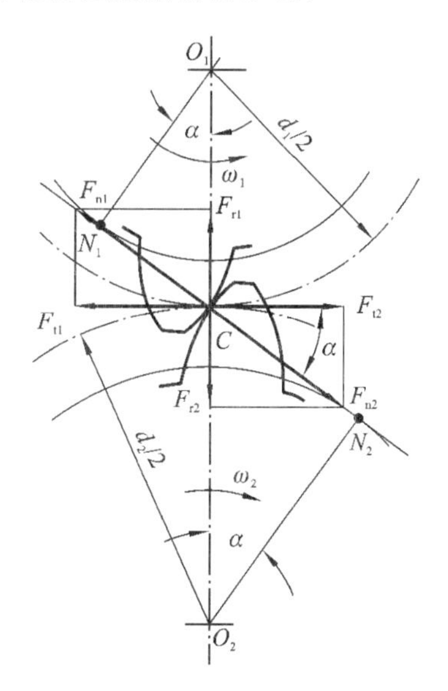

图 5-22　节点处的受力情况

各力的单位均为 N，切向力 F_t 的方向在主动轮上与其转向相反，在从动轮上与其转向一致。而径向力 F_r 的方向均指向轮心。

5.8.3　齿轮接触强度计算

限制齿面接触应力可以防止齿面点蚀破坏。轮齿在啮合过程中，齿廓接触点是不断变化的，但由于圆柱直齿轮在节点附近往往是单对齿啮合，轮齿受力较大，故点蚀首先出现在节点附近。因此，通常都会计算节点处的接触疲劳强度。为了计算齿面接触应力的大小，首先研究两个圆柱体接触应力计算。

如图 5-23 所示，在载荷 F_n的作用下，接触区产生的最大接触应力可以根据弹性力学中的赫兹公式进行计算：

$$\sigma_H = \sqrt{\frac{F_n\left(\frac{1}{\rho_1} \pm \frac{1}{\rho_2}\right)}{\pi L\left(\frac{1-\mu_1^2}{E_1} + \frac{1-\mu_2^2}{E_2}\right)}} \tag{5-15}$$

式中：F_n——作用在两个圆柱体上的压力(N)；

L——两圆柱体的长度；

ρ_1、ρ_2——两圆柱体的半径；

E_1、E_2——两圆柱体材料的弹性模量；

μ_1、μ_2——两圆柱体材料的泊松比。

式(5-15)中分子里的正号用于两凸圆柱体接触，负号用于一凸圆柱体与一凹圆柱体接触。

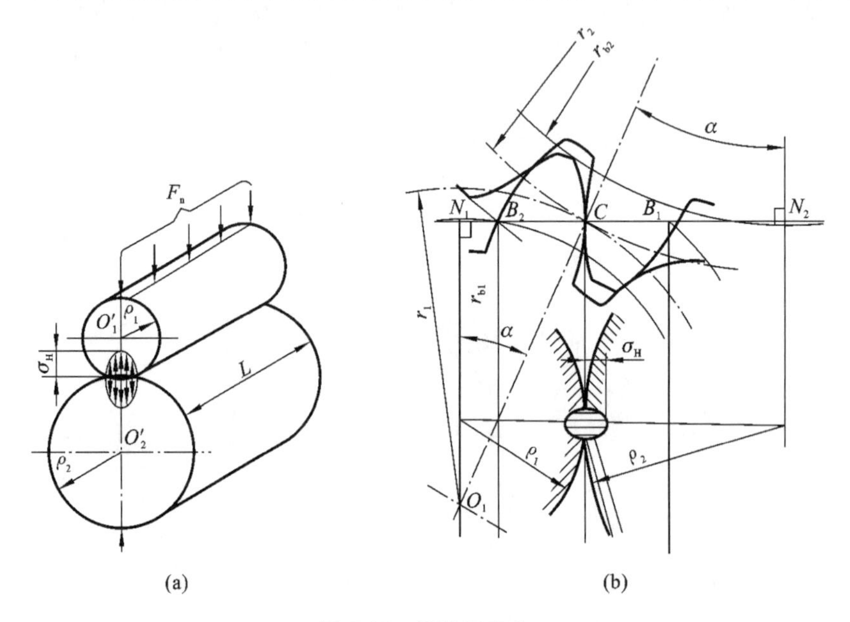

图 5-23　接触区应力

两轮齿啮合时，可以近似地看作两圆柱体的接触，该圆柱体的半径即为接触点齿廓的曲率半径。由于齿轮点蚀发生在节点附近的齿根表面，为了简化计算，就按两轮齿在节点接触时计算其接触应力。

两轮齿在节点 C 处(见图 5-22)的曲率半径为

$$\rho_1 = \overline{N_1C} = \frac{d_1}{2}\sin\alpha$$

$$\rho_2 = \overline{N_2C} = \frac{d_2}{2}\sin\alpha$$

又 $u=\frac{z_2}{z_1}=\frac{d_2}{d_1}$，则

$$\frac{1}{\rho_1} \pm \frac{1}{\rho_2} = \frac{\rho_2 \pm \rho_1}{\rho_1\rho_2} = \frac{2(d_2 \pm d_1)}{d_1 d_2 \sin\alpha} = \frac{u \pm 1}{u}\,\frac{2}{d_1 \sin\alpha}$$

式中，正号用于外啮合，负号用于内啮合。

将 $\frac{1}{\rho_1}\pm\frac{1}{\rho_2}$ 代入式(5-15)，并引入载荷系数 K 得

$$\sigma_H=\sqrt{\frac{1}{\pi\left(\frac{1-\mu_1^2}{E_1}+\frac{1-\mu_2^2}{E_2}\right)}\cdot\frac{2}{\cos\alpha\sin\alpha}\cdot\frac{2KT_1}{d_1^2 b}\cdot\frac{(u\pm1)}{u}}$$

令

$$z_E=\sqrt{\frac{1}{\pi\left(\frac{1-\mu_1^2}{E_1}+\frac{1-\mu_2^2}{E_2}\right)}}$$

$$z_H=\sqrt{\frac{2}{\cos\alpha\sin\alpha}}$$

代入上式经整理，得齿面接触强度验算公式：

$$\sigma_H=z_E z_H\sqrt{\frac{2KT_1}{d_1^2 b}\cdot\frac{(u\pm1)}{u}}\leqslant[\sigma_H] \tag{5-16}$$

将 $b=\psi_d d_1$ 代入式(5-16)，可得直齿圆柱齿轮按齿面接触强度的设计公式：

$$d_1=\sqrt[3]{\frac{2KT_1(u\pm1)}{\psi_d u}\left(\frac{z_E z_H}{[\sigma_H]}\right)^2} \tag{5-17}$$

式中：z_E——弹性系数，考虑材料弹性模量 E 和泊松比 μ 对赫兹应力的影响，可由表 5-7 查得；

z_H——节点区域系数，考虑节点处齿廓曲率半径的影响，对于标准直齿圆柱齿轮 $z_H=2.5$，对于标准斜齿圆柱齿轮 $\beta=8°\sim15°$时，$z_H=2.42\sim2.46$，β 小时取大值；

$[\sigma_H]$——许用接触应力(MPa)；

T_1——小齿轮的转矩(N · mm)；

b——齿轮轮齿宽度(mm)；

K——载荷系数，$K=K_A\cdot K_v\cdot K_\beta$；

K_A——使用系数，用以考虑齿轮系统外部原因(齿轮箱的使用场合、原动机和工作机的工作特性等)引起的动力过载的影响，其值可由表 5-8 选取；

K_v——动载系数，考虑由齿轮副的啮合振动引起的内部动力过载的影响，对于速度不太高的中等精度(7～9 级)齿轮，可取 $K_v=1.1\sim1.2$，直齿轮取大值，斜齿轮取小值；

K_β——齿向载荷分布系数，考虑载荷沿齿宽方向分布不均匀的影响，可由图 5-24 查得；

u——齿数比，$u>1$；

ψ_d——齿宽系数，按表 5-9 查取。

表 5-7　弹性系数 z_E　　($\sqrt{\text{MPa}}$)

配对材料	钢对钢	钢对铸钢	钢对铸铁	钢对球墨铸铁	铸铁对铸铁
z_E	189.8	183.9	165.4	181.4	146.0

表 5-8　减速齿轮装置的使用系数 K_A

原动机工作特性及其实例	工作机械工作特性及其实例		
	均匀平稳(如发电机、带式输送机、板式输送机、螺旋输送机、轻型升降机、电葫芦、机床进给机构、通风机、透平鼓风机、透平压缩机、均匀密度材料搅拌机)	中等振动(如机床主传动、重型升降机、起重机回转机构、矿山通风机、非均匀密度材料搅拌机、多缸柱塞泵、进料泵)	严重冲击(如冲床、剪床、橡胶压榨机、轧机、挖掘机、重型离心机、重型进料泵、旋转钻机、压坯机、挖泥机)

续表

均匀平稳(如电动机、蒸汽轮机)	1	1.25	1.75 或更大
轻微振动(如多缸内燃机)	1.25	1.5	2.00 或更大
中等振动(如单缸内燃机)	1.5	1.75	2.25 或更大

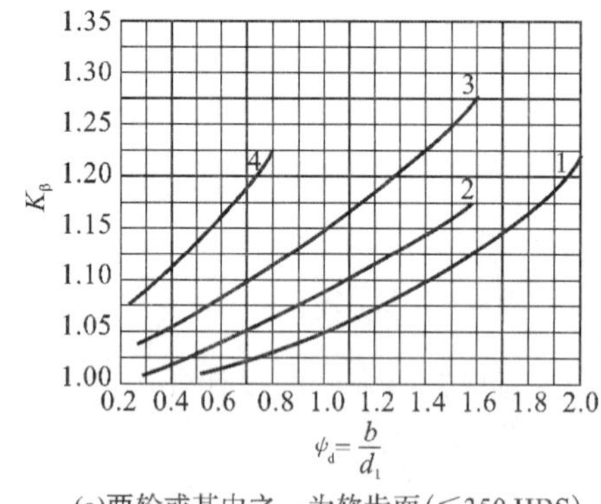

(a)两轮或其中之一为软齿面(≤350 HBS)

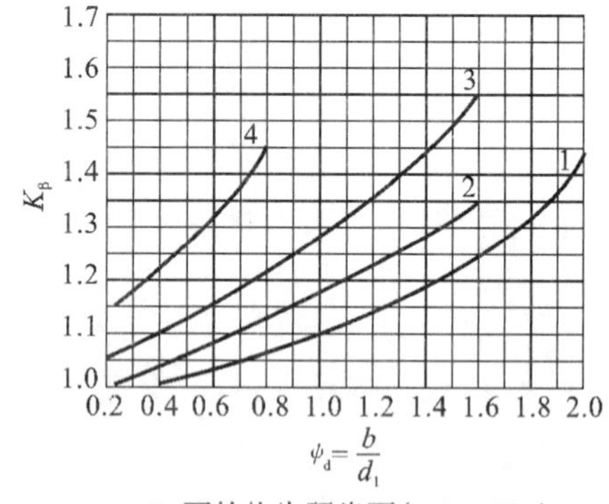

(b)两轮均为硬齿面(>350 HBS)

图 5-24 K_β 参数

1—齿轮对称布置于两轴承之间;2—齿轮非对称布置于两轴承间,且轴刚性较大;
3—齿轮非对称布置于两轴承间,且轴刚性较小;4—齿轮悬臂布置

表 5-9 齿宽系数 $\psi_d = b/d_1$

齿轮相对于轴承位置	软齿面	硬齿面
	齿面硬度≤350 HBS	齿面硬度>350 HBS
对称布置	0.8～1.4	0.4～0.9
非对称布置	0.6～1.2	0.6
悬臂布置	0.3～0.4	0.2～0.25

5.8.4 轮齿弯曲强度计算

为防止轮齿的折断必须限制轮齿根部的弯曲应力。一对齿轮啮合时,通常重合度 ε 在1～2之间。故在齿根或齿顶接触时应有两对齿受力,在节点附近只有一对齿受力,危险加载点为单齿对啮合区上界点。然而,对于制造精度不高的齿轮(如 7、8、9 级),由于基节误差,最危险的情况是在齿顶啮合时只有一对轮齿受力,所以在齿根弯曲强度计算时,假定全部载荷作用在一个齿的齿顶上,并把轮齿看成悬臂梁,在法向力 F_n 的作用下齿根处产生的弯曲应力最大。其危险截面按 30°切线法确定,即作和齿廓中线成 30°夹角的两条直线与齿根过渡曲线相切,如图 5-25(b)所示,两切点之间的距离 s_F 为齿根危险截面宽度。法向力 F_n 与齿廓中线的交点 M 至危险截面的距离 h_F 为弯曲力臂。按材料力学方法将 F_n 的作用点移到 M 点上,并分解为互相垂直的两个分力:$F_n\cos\alpha_F$(使轮齿受弯曲)、$F_n\sin\alpha_F$(使轮齿受压)。由于 $F_n\sin\alpha_F$ 产生的压应力较小,简化计算时一般忽略不计,只按 $F_n\cos\alpha_F$ 进行弯曲强度计算,并对齿根部分应力集中的影响用应力修正系数 Y_{Sa} 进行修正。根据图 5-25(b),齿根危险截面的弯曲应力为

$$\sigma_F = \frac{M}{W} = \frac{F_n \cos \alpha_F h_F}{\frac{bs_F^2}{6}} = \frac{2KT_1 6(h_F/m)\cos \alpha_F}{bd_1 m (s_F/m)^2 \cos \alpha}$$

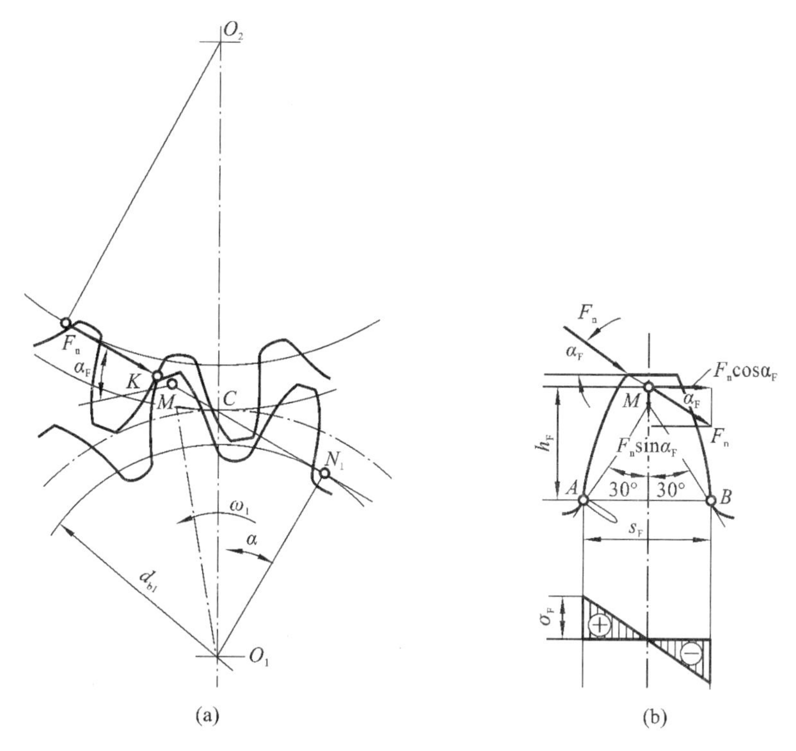

图 5-25　齿轮受力图

令 $Y_{Fa} = \frac{6(h_F/m)\cos \alpha_F}{(s_F/m)^2 \cos \alpha}$，称为齿形系数；考虑应力集中和危险截面上的压应力和剪应力的影响，引入应力修正系数 Y_{Sa}，则弯曲强度的计算公式为

$$\sigma_F = \frac{2KT_1}{bd_1 m} Y_{Fa} Y_{Sa} \leqslant [\sigma_F] \tag{5-18}$$

引入齿宽系数 $\psi_d = b/d_1$，可得轮齿弯曲强度的设计公式为

$$m \geqslant \sqrt[3]{\frac{2KT_1 Y_{FS}}{\psi_d z_1^2 [\sigma_F]}} \tag{5-19}$$

式中：Y_{FS}——复合齿形系数，$Y_{FS} = Y_{Fa} Y_{Sa}$ 是与齿形有关的系数，与模数无关，只与齿数有关，可按表5-10查得；

$[\sigma_F]$——许用弯曲应力(MPa)；

K、T_1、b、ψ_d——意义同前。

一般说来，一对啮合齿轮的齿数和材料不同，为使两轮的弯曲强度都能满足，需将 $Y_{FS1}/[\sigma_{F1}]$ 与 $Y_{FS2}/[\sigma_{F2}]$ 中较大值代入式中计算，求得模数 m 之后，应参照表5-1取成标准值。动力传动齿轮的模数不得小于2。对于开式齿轮传动，为补偿齿面磨损，应将计算所得模数增大10%～15%。

表 5-10　复合齿形系数 Y_{FS}

$z(z_v)$	17	18	19	20	21	22	23	24	25	26	27
Y_{FS}	4.51	4.45	4.41	4.36	4.33	4.30	4.27	4.24	4.21	4.19	4.17
$z(z_v)$	28	30	35	40	50	60	70	80	90	100	150
Y_{FS}	4.15	4.12	4.06	4.04	4.01	4	3.99	3.98	3.97	3.96	4

5.9　齿轮的常用材料和许用应力

5.9.1　齿轮的常用材料

设计齿轮时应使轮齿的齿面有较高的抗磨损、点蚀、胶合及塑性变形的能力，齿根要有较高的抗折断能力。所以，对材料的要求主要是齿面要硬，齿心要韧。

齿轮最常用的材料是钢，其次是铸铁，某些情况下也有采用尼龙、塑料和有色金属的。

1. 钢

因锻钢的质量比铸钢的好，一般采用锻钢，当齿轮尺寸较大($d_a \geqslant 500$ mm)不宜锻造时，采用铸钢齿轮。

齿轮按齿面硬度分为软齿面齿轮和硬齿面齿轮两类。

(1) 齿面硬度≤350 HBS 为软齿面齿轮，这类齿轮是先进行热处理(调质或正火)后切齿，常用的钢材有 45、40Cr、42SiMn、ZG35SiMn。

(2) 齿面硬度>350 HBS 为硬齿面齿轮，这类齿轮在切齿后进行最终热处理(淬火、渗碳、氮化)，必要时再进行磨削，消除因最终热处理产生的变形。所采用的钢材分为两类：一类是调质钢(中碳钢和中碳合金钢)，另一类是渗碳钢(低碳钢和低碳合金钢，如 20、20Cr、20CrMnTi 等)。这类齿轮由于齿面硬度高，而齿心部又具有较好的韧性，因此齿面不仅耐磨，而且整个轮齿的抗冲击能力强，适用于要求尺寸较小的机械中。

2. 铸铁

铸铁性质较脆，所以抗弯强度和抗冲击性能差，一般用于工作平稳、速度较低、功率不大的开式传动。而球墨铸铁力学性能较好，有时可代替铸钢，常用的材料有 HT200、HT300 及 QT500-5。

常用的齿轮材料及热处理后的硬度等力学性能列于表 5-11。

表 5-11　几种常用的齿轮材料及热处理后的力学性能

材料	热处理方法	齿面硬度	σ_{Hlim}	σ_{Flim}
45	正火	162～17 HBS	0.87 HBS+380 MPa	0.7 HBS+275 MPa
	调质	217～286 HBS		
	表面淬火	40～50 HRC	10 HRC+670 MPa	<52 HRC 时，10.5 HRC+195 MPa；>52 HRC 时，740 MPa
40Cr、40MnB	调质	240～285 HBS	1.4 HBS+350 MPa	0.8 HBS+380 MPa

续表

材料	热处理方法	齿面硬度	σ_{Hlim}	σ_{Flim}
40Cr、42SiMn	表面淬火	48～55 HRC	10 HRC+670 MPa	<52 HRC 时，10.5 HRC+195 MPa；>52 HRC 时，740 MPa
20Cr	渗碳淬火	56～62 HRC	1500 MPa	860 MPa
ZG310-570	正火	163～207 HBS	0.75 HBS+320 MPa	0.6 HBS+220 MPa
HT300	—	187～255 HBS	1 HBS+135 MPa	0.5 HBS+220 MPa
QT500-5	—	147～241 HBS	1.3 HBS+240 MPa	0.8 HBS+220 MPa

注：应力计算式中 HBS 和 HRC 分别表示材料的布氏和洛氏硬度值。

σ_{Hlim}、σ_{Flim} 的数值由不同材料试验而得，齿面接触疲劳极限应力 σ_{Hlim} 和齿根弯曲疲劳极限应力 σ_{Flim} 可以查图 5-26 和图 5-27。

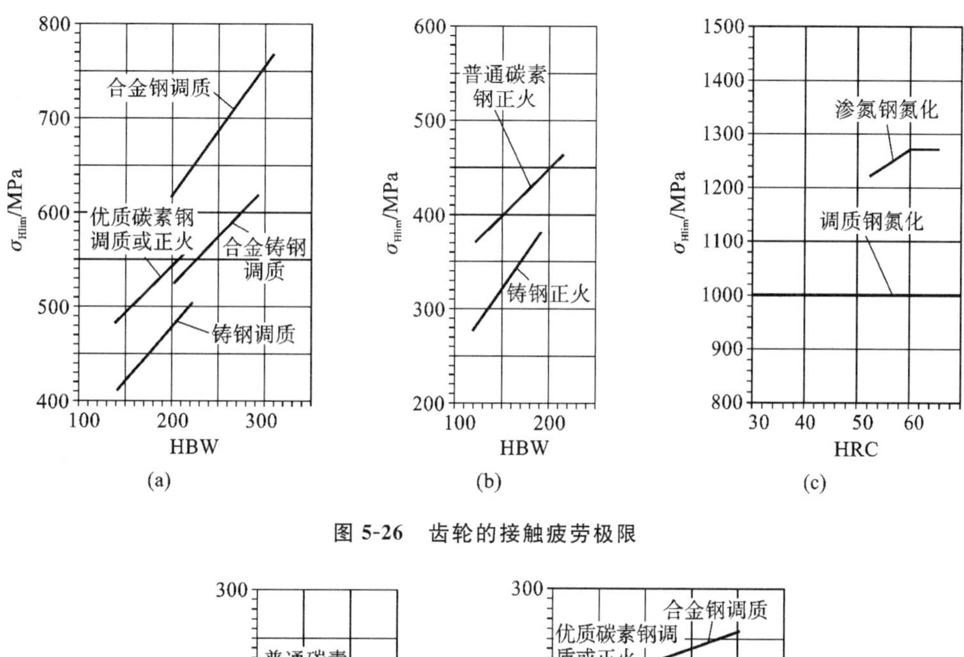

图 5-26　齿轮的接触疲劳极限

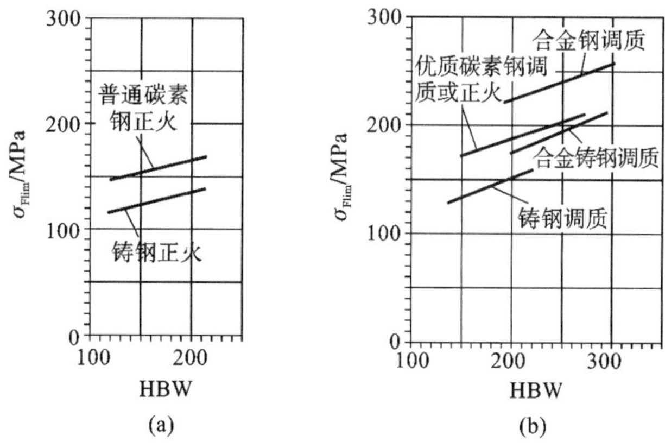

图 5-27　齿轮的弯曲疲劳极限

由于小齿轮所受应力循环次数较多，为使大、小齿轮寿命相接近，对于软齿面齿轮，通常应使配对的小齿轮齿面硬度比大齿轮的稍高一些，两齿轮齿面硬度差应保持在 30～50 HBS 或更多。

5.9.2　齿轮的许用应力

1. 许用接触应力$[\sigma_H]$

$$[\sigma_H]=\frac{\sigma_{Hlim}}{S_{Hmin}} \tag{5-20}$$

式中：σ_{Hlim}——试验齿轮的接触疲劳极限应力，由表5-11选取；

S_{Hmin}——接触疲劳强度的最小安全系数，可由表5-12选取。

2. 许用弯曲应力$[\sigma_F]$

$$[\sigma_F]=\frac{\sigma_{Flim}}{S_{Fmin}} \tag{5-21}$$

式中：σ_{Flim}——试验齿轮的弯曲疲劳极限应力，由表5-11选取；

S_{Fmin}——弯曲疲劳强度的最小安全系数，可由表5-12选取。

表5-12　最小安全系数S_{Hmin}及S_{Fmin}

可靠程度	S_{Hmin}	S_{Fmin}
较高可靠性	1.25	1.5
一般可靠性	1.0	1.0

5.9.3　齿轮齿数z的选择

若保持齿轮传动的中心距a不变，增加齿数，除能增大重合度，改善传动的平稳性外，还可减小模数，降低齿高，从而减少金属切削量，节省制造费用。另外，降低齿高还能减小滑动速度，减少磨损及胶合。但模数小了，齿厚随之减薄，则会降低轮齿的弯曲强度。

在一定的齿数范围内，尤其是当承载能力主要取决于齿面接触强度时，以齿数多一些为好。

闭式齿轮传动一般转速较高，为了提高传动的平稳性，减小冲击振动，以齿数多一些为好，小齿轮的齿数可取为$z_1=20\sim40$。开式（半开式）齿轮传动，由于轮齿主要为磨损失效，为使轮齿不致过小，小齿轮不宜选用过多的齿数，一般可取$z_1=17\sim20$。

为使轮齿免于根切，对于$\alpha=20°$的标准直齿圆柱齿轮，应取$z_1\geqslant17$。

小齿轮齿数确定后，按齿数比$u=\frac{z_2}{z_1}$可确定大齿轮齿数z_2。为了使各个啮合齿对磨损均匀，传动平稳，z_2与z_1一般应互为质数。

例5-4　设计一电动机驱动的带式运输机的两级减速器的高速级齿轮传动。已知传递的功率$P_1=5.5$ kW，小齿轮转速$n_1=960$ r/min，齿数比$u=4.45$，单向运转，载荷平稳。

解　减速器可采用软齿面齿轮传动。小齿轮选用45钢调质，齿面平均硬度240 HBS；大齿轮选用45钢正火，齿面平均硬度200 HBS。

这是闭式软齿面齿轮传动，故先按接触疲劳强度设计，再校验其弯曲疲劳强度。设计步骤如下：

计算与说明	主要结果
一、按齿面接触强度设计 1. 许用接触应力 由表5-11查得极限应力 $\sigma_{Hlim}=0.87\ HBS+380\ MPa$ 由表5-12查得安全系数 S_{Hmin} 许用接触应力 $[\sigma_H]=\frac{\sigma_{Hlim}}{S_{Hmin}}$ 2. 计算小齿轮分度圆直径 小齿轮转矩 $T_1=9550\times10^3\frac{P}{n_1}$ $=9.55\times10^6\times\frac{5.5}{960}=5.47\times10^4(N\cdot mm)$ 由表5-9查取齿宽系数 ψ_d 载荷系数 $K=K_AK_vK_\beta$ 由表5-7查取弹性系数 z_E 取节点区域系数 z_H 小齿轮计算直径 $d_1=\sqrt[3]{\frac{2KT_1(u+1)}{\psi_d u}\left(\frac{z_E z_H}{[\sigma_H]}\right)^2}$ $=\sqrt[3]{\frac{2\times1.25\times5.47\times10^4\times(4.45+1)}{1\times4.45}\left(\frac{189.8\times2.5}{504}\right)^2}$ $=54.57(mm)$	$\sigma_{Hlim1}=589\ MPa$ $\sigma_{Hlim2}=554\ MPa$ $S_{Hmin}=1.0$ $[\sigma_{H1}]=589\ MPa$ $[\sigma_{H2}]=504\ MPa$ $T_1=5.47\times10^4\ N\cdot mm$ $\psi_d=1$ $K_A=1$ $K_v=1.15$ $K_\beta=1.09$ $K=1.25$ $z_E=189.8\sqrt{MPa}$ $z_H=2.5$
二、确定几何尺寸 齿数 $z_2=iz_1$ 传动比变动量 $\Delta i=\frac{i-\frac{z_2}{z_1}}{i}$ 模数 $m=\frac{d_1}{z_1}=\frac{54.57}{27}=2.02(mm)$，查表5-1取标准值 分度圆直径 $d=mz$ 中心距 $a=\frac{1}{2}(d_1+d_2)=\frac{1}{2}(54+236)\ mm$ 齿宽　$b_2=\psi_d d_1=1\times54\ mm$ $b_1=b_2+(5\sim10)\ mm$	$z_1=27$ $z_2=118$，z_1、z_2互为质数 $\Delta i=1.8\%<5\%$ $m=2\ mm$ $d_1=54\ mm$ $d_2=236\ mm$ $a=145\ mm$ $b_2=54\ mm$ $b_1=60\ mm$
三、验算弯曲强度 1. 许用弯曲应力 由表5-11，得极限应力 $\sigma_{Flim}=0.7\ HBS+275\ MPa$ 由表5-12，查安全系数 S_{Fmin} 许用弯曲应力 $[\sigma_F]=\sigma_{Flim}/S_{Fmin}$ 2. 验算弯曲应力 复合齿形系数由表5-10查取 $\sigma_{F1}=\frac{2KT_1}{bd_1m}Y_{FS1}=\frac{2\times1.25\times5.47\times10^4\times4.17}{54\times54\times2}(MPa)$ $\sigma_{F2}=\sigma_{F1}\cdot\frac{Y_{FS2}}{Y_{FS1}}=97.8\times\frac{3.97}{4.17}(MPa)$ $\sigma_{F1}<[\sigma_{F1}]$，$\sigma_{F2}<[\sigma_{F2}]$	$\sigma_{Flim1}=443\ MPa$ $\sigma_{Flim2}=415\ MPa$ $S_{Fmin}=1.4$ $[\sigma_{F1}]=316\ MPa$ $[\sigma_{F2}]=296\ MPa$ $Y_{FS1}=4.17$ $Y_{FS2}=3.97$ $\sigma_{F1}=97.8\ MPa$ $\sigma_{F2}=93.1\ MPa$ 弯曲强度足够

5.10 齿轮图样

5.10.1 规定画法

为使绘图简便,国家标准 GB/T 4459.2—2003 对齿轮的画法作了如下规定。

1. 单个圆柱齿轮的规定画法

单个齿轮一般用两个视图表示,其规定画法如图 5-28 所示。

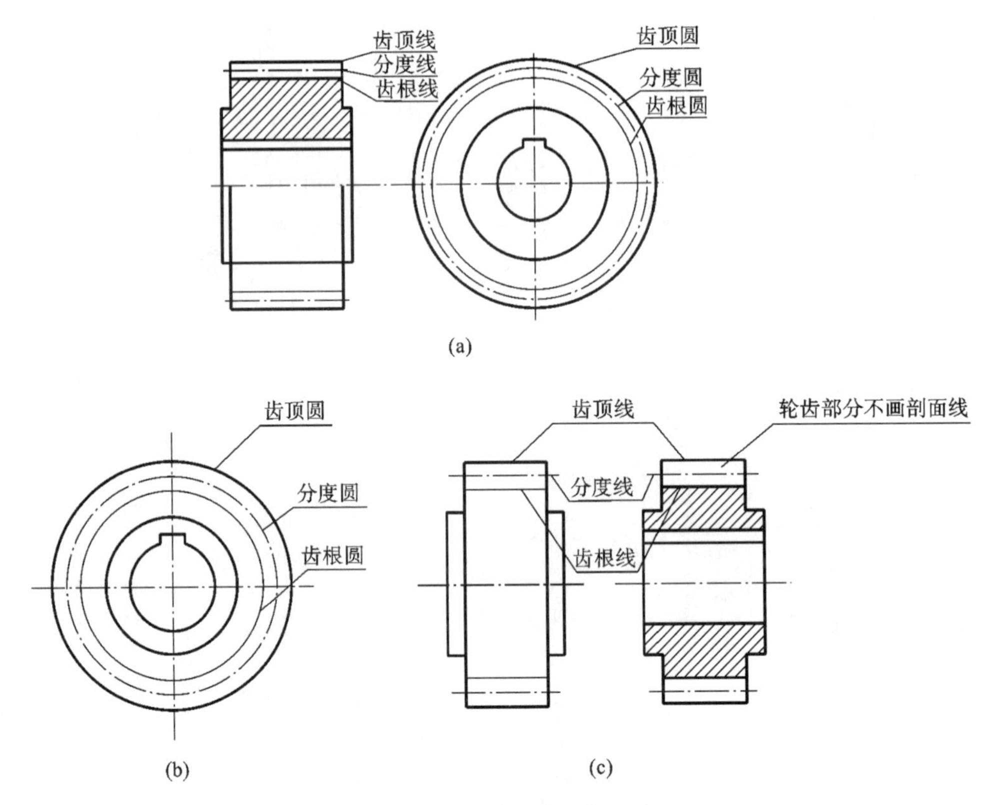

图 5-28 单个齿轮的规定画法

(1) 在绘制不剖视图时,分度圆用细点画线绘制,齿顶圆用粗实线、齿根圆用细实线绘制(也可省略不画),如图 5-28(a)(b)所示。

(2) 若画成剖视图,轮齿部分按不剖处理,将齿根线画成粗实线,如图 5-28(a)(c)所示。

2. 两圆柱齿轮啮合的画法

两标准齿轮啮合时,两轮的分度圆处于相切的位置。除啮合区外,其余部分均按单个齿轮绘制,如图 5-29 所示。啮合区的规定画法如下:

(1) 在非圆的外形图中,啮合区只在节线位置画一条粗实线,如图 5-29(b)所示;在圆形的视图中,啮合区内的两齿轮的齿顶圆均用粗实线绘制,用细点画线画出相切的两个节圆,如图 5-29(c)所示,也可省略不画,如图 5-29(d)所示。

(2) 在剖视图中,规定将啮合区一个齿轮的轮齿用粗实线画出,另一个齿轮的轮齿被遮挡部分用虚线画出，也可省略不画，如图 5-29(e)和图 5-30 所示。

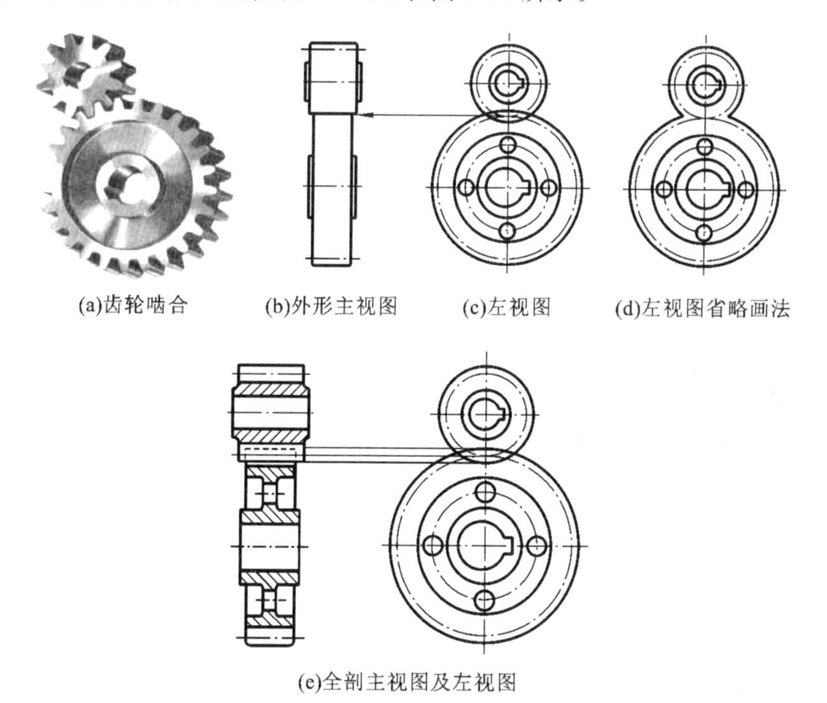

图 5-29　啮合齿轮画法

5.10.2　齿轮图样

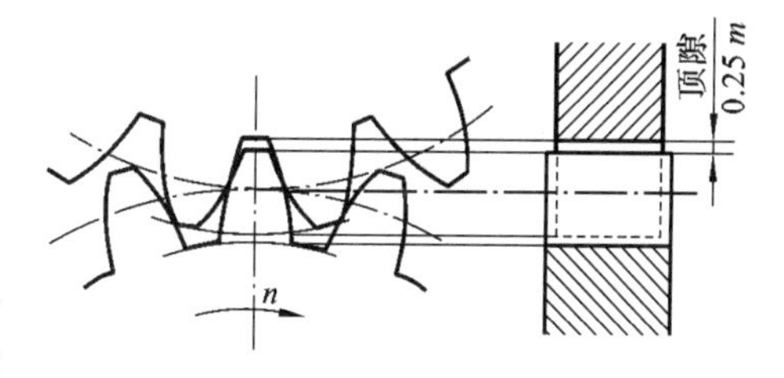

图 5-30　啮合齿轮画法

1. 齿轮结构

一个齿轮通常由三部分(工作部分、支承部分和连接部分)组成，如图 5-31 所示，通过强度计算只能确定其工作部分——轮缘上轮齿的主要尺寸，而轮辐(连接部分)和轮毂(支承部分)等的结构形式和尺寸，则要根据工艺要求和经验资料来确定。

按毛坯制造方法的不同，齿轮可分为锻造齿轮、铸造齿轮、组合齿轮和焊接齿轮几种，它们的结构特点和确定各部分尺寸的原则也各不相同。当齿顶圆直径 $d_a \leqslant 400$ mm 时，一般采用锻造。

(1) $d_a < 2d_h$，即当 d_a 与轴的直径 d_h 相差不大，或齿根与键槽的距离 $x < 2.5m$(m 为模数)时，如图 5-32 所示，一般将齿轮与轴做成一体，称为齿轮轴，如图 5-33 所示。当齿轮的直径比轴的直径大得较多时，应将齿轮与轴分开。

(2) 当 $d_a \leqslant 200$ mm 时，可做成圆盘式结构，如图 5-34 所示。

(3) 当 200 mm$< d_a \leqslant 500$ mm 时，可做成腹板式结构，如图 5-35 所示。

图 5-35 为 $d_a \leqslant 500$ mm 时锻造和铸造腹板式齿轮的结构。轮辐式齿轮的结构尺寸以及锥齿轮的结构尺寸，可参考《机械零件设计手册》有关部分所给出的经验数据确定。

(4) 若齿顶圆直径 $d_a > 600$ mm，常用铸造齿轮，其结构有腹板式和轮辐式两种。

图 5-31　齿轮

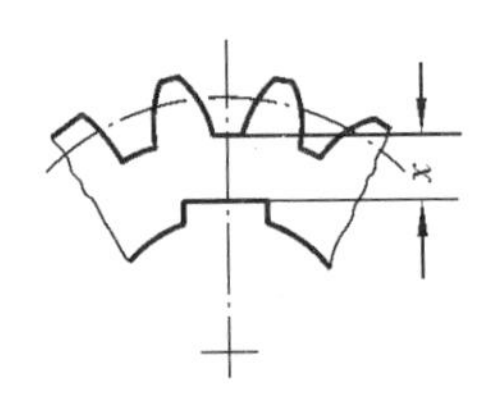

图 5-32　$d_a < 2d_h$时的结构

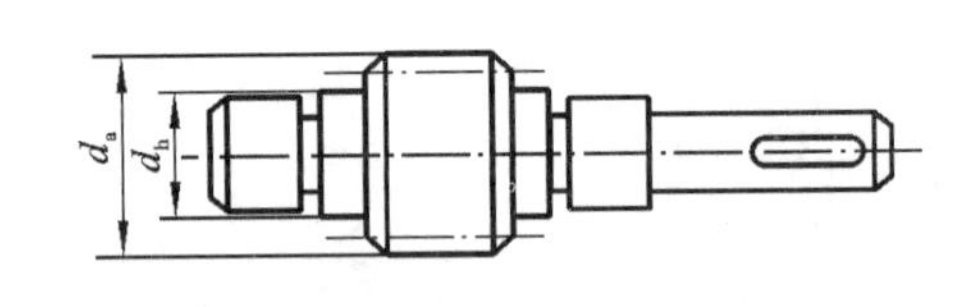

图 5-33　齿轮轴

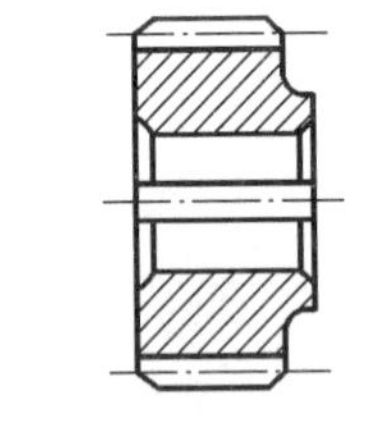

图 5-34　圆盘式结构

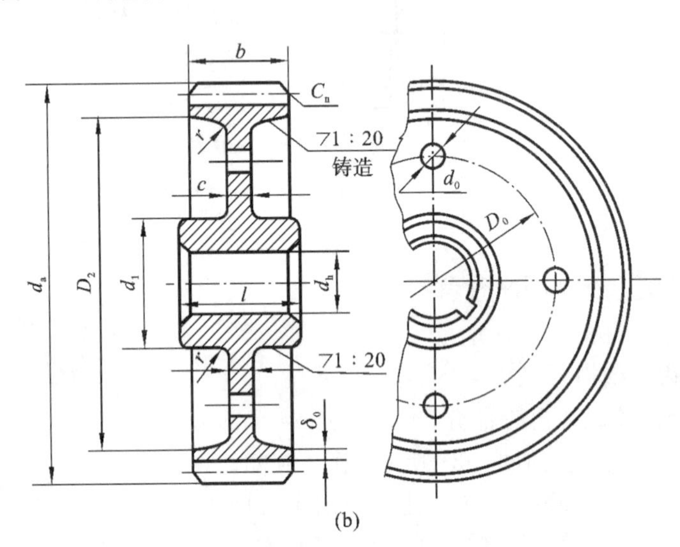

(a)　　(b)

图 5-35　腹板式结构

$d_1=1.6d_h$(钢)；$d_1=1.8\ d_h$(铸铁)；$D_2=d_a-10m_n$；$l=(1.2\sim1.5)d_h$，$l\geqslant b$；$\delta_0=(2.5\sim4)m_n$ 但不小于 8 mm；$n=0.5m_n$；$D_0=0.5(d_1+D_2)$；$d_0=0.25(D_2-d_1)$；$c=(0.2\sim0.3)b$，铸造取小值，自由锻取大值，但不小于 10 mm；$r\approx0.5c$

2. 齿轮图样

1）正确处理几何尺寸的数据

齿轮传动的几何尺寸数据应分情况标准化、圆整或求出精确数值。例如，模数必须标准化，中心距、齿宽应圆整，啮合几何尺寸（节圆、分度圆、齿顶圆等）必须求出精确值，一般应精确到小数点后两位。中心距与大小齿轮节圆半径之和应相符。

2）齿轮图样

齿轮工作图是制造齿轮的依据，它除了按一般零件图给出齿轮的图形、尺寸、表面结构、几何公差以及技术要求外，还需给出啮合特性表。在表中给出确定齿轮轮齿的主要参数（如齿数 z、模数 m、分度圆上的螺旋角 β、压力角 α、齿顶高系数 h_a^* 等）以及齿轮的精度等级和检测项目、数据等，如图 5-36 所示。

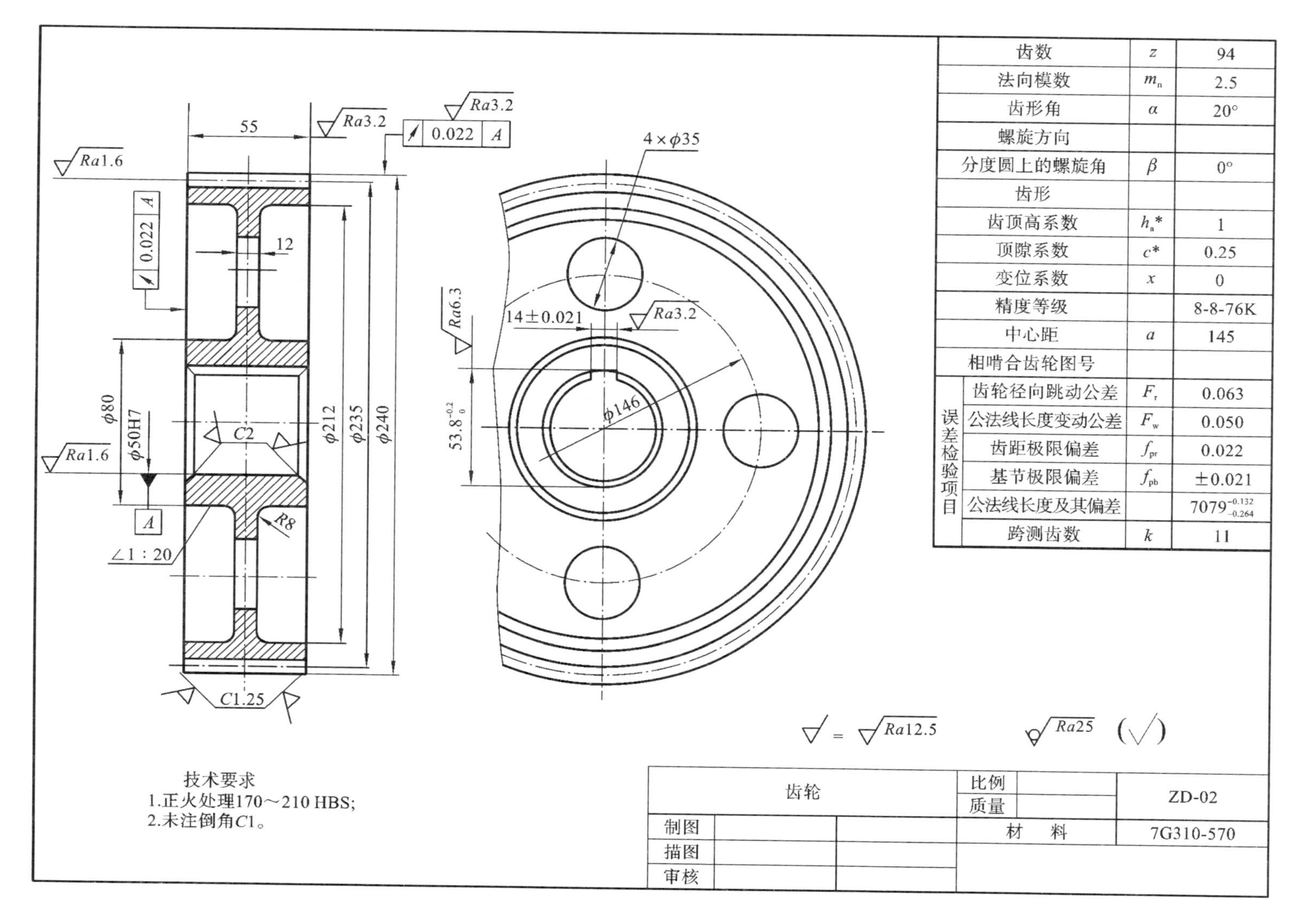
齿数 | z | 94
法向模数 | m_n | 2.5
齿形角 | α | 20°
螺旋方向
分度圆上的螺旋角 | β | 0°
齿形
齿顶高系数 | h_a^* | 1
顶隙系数 | c^* | 0.25
变位系数 | x | 0
精度等级 | 8-8-76K
中心距 | a | 145
相啮合齿轮图号
误差检验项目
齿轮径向跳动公差 | F_r | 0.063
公法线长度变动公差 | F_w | 0.050
齿距极限偏差 | f_{pr} | 0.022
基节极限偏差 | f_{pb} | ±0.021
公法线长度及其偏差 | $7079^{-0.132}_{-0.264}$
跨测齿数 | k | 11
55
Ra3.2
0.022 A
Ra1.6
12
4×φ35
Ra6.3
14±0.021
Ra3.2
φ80
φ50H7
C2
φ212
φ235
φ240
53.8⁰₋₀.₂
φ146
A
R8
∠1:20
C1.25
= Ra12.5
Ra25 (√)
技术要求
1.正火处理170~210 HBS;
2.未注倒角C1。
齿轮
比例
质量
ZD-02
材　料
7G310-570
制图
描图
审核

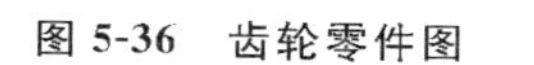
图 5-36　齿轮零件图

思考与练习

第 6 章　工程中的斜齿轮传动

本章学习目标

培养在实际工程设计中选择和设计斜齿轮传动的能力，解决实际工程问题的能力。

本章知识要点

1. 斜齿轮传动的特点。
2. 斜齿圆柱齿轮传动的基本理论。
3. 斜齿轮的画法。

实践教学研究

观察汽车后桥传动齿轮的特点，分析传动系统的传动路线。

关键词

斜齿轮　法面模数　螺旋角

6.1 概　　述

6.1.1　斜齿轮传动的特点及应用

斜齿圆柱齿轮传动的特点是：斜齿轮同时参加啮合的轮齿对数比直齿轮的多，重合度比直齿轮大，与直齿轮相比传动更平稳，承载能力较强，适用于高速重载场合。

斜齿轮应用如图 6-1 所示，其中 1～5 处应用的为斜齿轮传动。斜齿轮传动具有体积小、重量轻、传递转矩大、起动平稳、传动比分级精细的特点，可根据用户要求进行任意连接和多种安装位置的选择。

6.1.2　斜齿圆柱齿轮齿面的形成及啮合特点

对于直齿圆柱齿轮，其齿廓曲面实际是由发生面 S 绕基圆柱做纯滚动时，发生面上一条与基圆柱轴线平行的直线 KK 在空间运动的轨迹，如图 6-2(a)所示。

当一对直齿圆柱齿轮相啮合时，两轮齿廓沿着与轴线平行的直线接触，所以啮合齿廓是沿整个齿宽同时进入啮合或退出啮合，因而轮齿上的作用力是突然加上或突然卸去的，故容易引起冲击振动和噪声，传动平稳性差，对于高速传动则上述情况更为严重。为克服直齿轮传动的缺点，可采用斜齿轮。

(a)

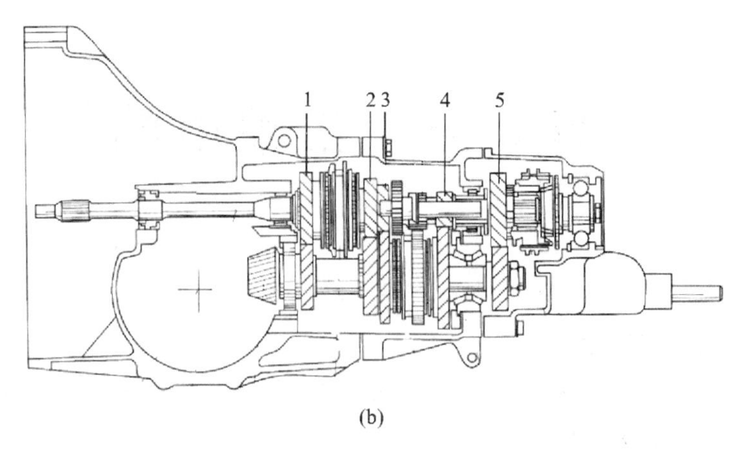

(b)

图 6-1　斜齿轮传动应用

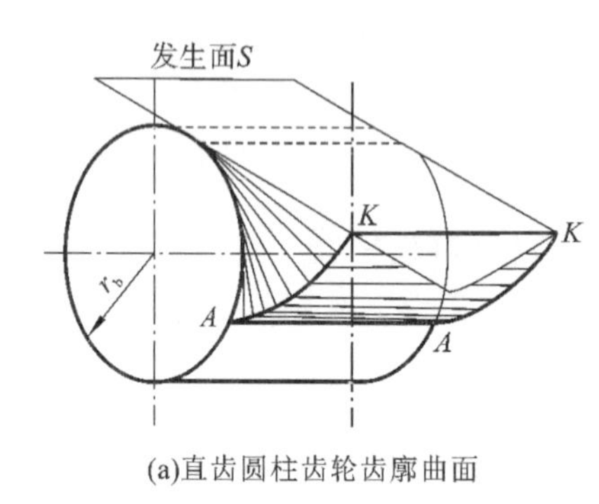

(a)直齿圆柱齿轮齿廓曲面

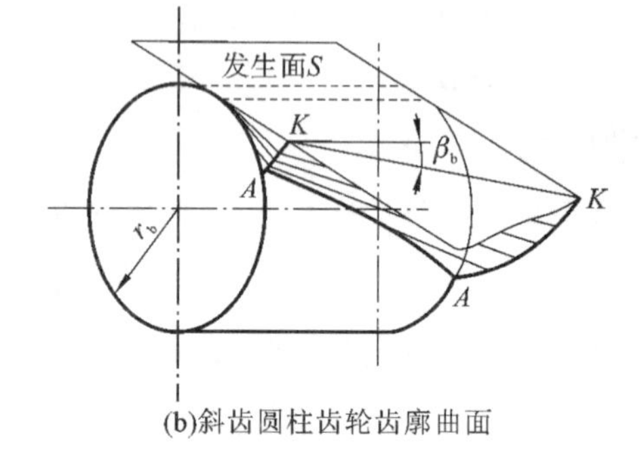

(b)斜齿圆柱齿轮齿廓曲面

图 6-2　齿轮齿廓曲面

斜齿轮齿廓曲面的形成原理与直齿轮相似，不同之处就是形成渐开线齿廓曲面的直线 KK 不是与基圆柱轴线平行，而是与它偏斜了一个角度 β_b，如图 6-2(b)所示。当发生面沿基圆柱做纯滚动时，斜直线 KK 运动的轨迹为一渐开螺旋面，以此构成斜齿轮的齿廓曲面。用垂直于轴线的截面截渐开螺旋面时，交线为渐开线。斜直线 KK 与轴线的偏角 β_b 称为在基圆柱上的螺旋角。

图 6-3(a)所示为一对斜齿轮齿廓啮合的情况。当发生面沿两基圆柱滚动时，发生面上斜直线 KK 分别形成两轮的两个齿面(渐开螺旋面)，两齿面沿此斜线 KK 接触。在其他接触位置，其接触线也都是平行于斜直线 KK 的直线，而且接触线始终在两基圆柱的内公切面上。因齿高有限，如图 6-3(c)所示，啮合过程中齿廓接触线长度从 A 端面的一点啮合开始由短变长，又由长变短，直到 B 端面的一点啮合然后脱离，图 6-3(c)中 1、2、3、4 斜线表示接触线长度在齿面上的变化。因为轮齿是斜的，所以两轮轮齿是沿齿向依次接触和离开的。当一端齿廓，如图 6-3(b)中 A 端，到达啮合终点而离开时，齿的另一端，如图 6-3(b)中 B 端，并未离开，甚至可能尚未进入啮合，因此同时啮合的齿数较直齿轮的多，重合度比直齿轮的大。与直齿圆柱齿轮相比，斜齿轮传动较平稳，承载能力较强，适用于高速重载的传动。

斜齿轮的主要缺点是传动时会产生轴向力 F_x，如图 6-4(a)所示，为消除其影响，可采用图 6-4(b)所示的人字齿轮。人字齿轮可以看作两个尺寸相等而轮齿倾斜方向相反的斜齿轮的组合，因而它们的轴向力可以互相抵消。人字齿轮常用于矿山、冶金工业的大功率减速器中，其缺点是加工困难。

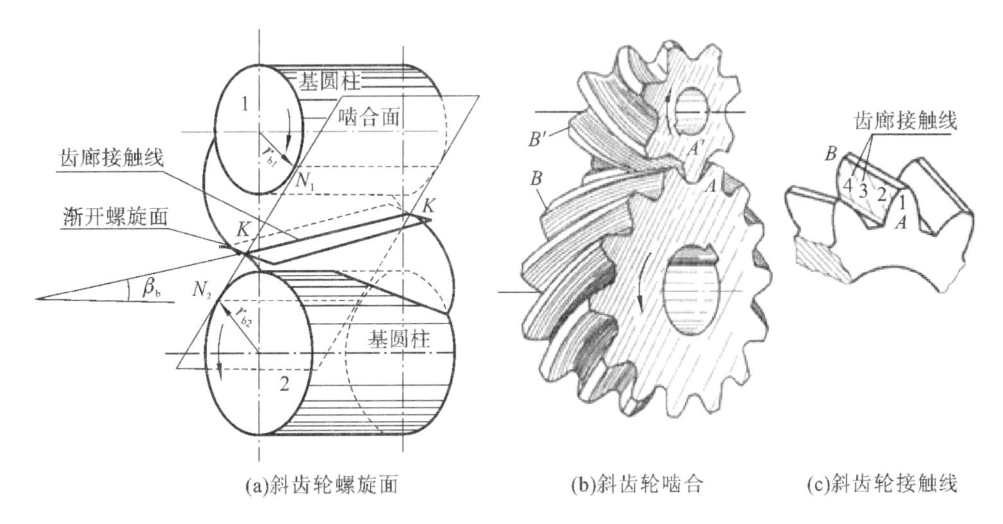

(a)斜齿轮螺旋面　　(b)斜齿轮啮合　　(c)斜齿轮接触线

图 6-3　斜齿轮啮合与接触线

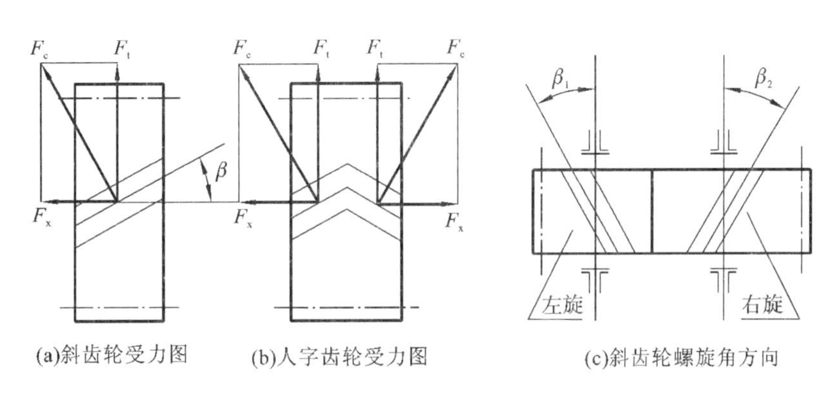

(a)斜齿轮受力图　　(b)人字齿轮受力图　　(c)斜齿轮螺旋角方向

图 6-4　斜齿轮受力与螺旋角

一对斜齿圆柱齿轮的正确啮合条件是两轮分度圆上压力角相等，模数相同，而且两轮分度圆上的螺旋角大小相等，方向相反，即 $\beta_1=-\beta_2$，如图 6-4(c)所示。图 6-5 所示为铣斜齿轮。

图 6-5　铣斜齿轮

6.2　斜齿圆柱齿轮几何尺寸计算

因垂直齿轮轴线的截面轮廓(为该截面与渐开螺旋面的截交线)仍为渐开线，所以斜齿轮的端面齿廓曲线就是一个渐开线直齿圆柱齿轮的齿廓曲线，但斜齿轮的端面(垂直于齿轮轴线的平面)与法面(垂直于轮齿斜向的平面)齿廓曲线不同，而且加工斜齿轮轮齿时是沿齿斜方向走刀，故法面齿廓尺寸取决于标准刀具，定为标准值。所以，斜齿轮几何尺寸计算的关键在于掌握其端面与法面间参数的换算关系。

6.2.1 端面齿距与法面齿距

图 6-6 为斜齿圆柱齿轮分度圆柱面的展开图，由图可以看出端面齿距 p_t 和法面齿距 p_n 的关系为

$$p_t = \frac{p_n}{\cos\beta} \tag{6-1}$$

将式(6-1)两端各除以 π，即得端面模数 m_t 和法面模数 m_n 间的关系

$$m_t = \frac{m_n}{\cos\beta} \tag{6-2}$$

因为法面尺寸与刀具一致，所以法面模数 m_n 和法面压力角 α_n 规定为标准值，$\alpha_n = 20°$，m_n 按表 6-1 选取标准模数。

6.2.2 斜齿圆柱齿轮的几何尺寸

齿高与齿斜方向无关，故法面齿高与端面齿高相等，均为

$$h_a = h_a^* m_n$$

$$h_f = (h_a^* + c^*) m_n$$

如不加说明，斜齿轮的分度圆是指端面的分度圆，其直径表示为

$$d = m_t z = \frac{m_n}{\cos\beta} z \tag{6-3}$$

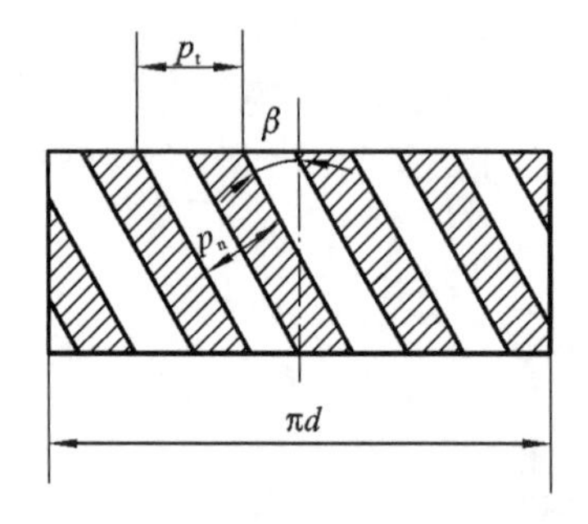

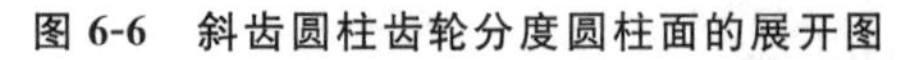

图 6-6 斜齿圆柱齿轮分度圆柱面的展开图

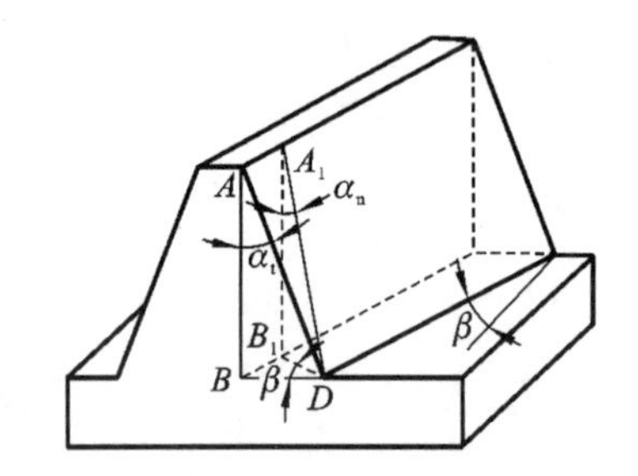

图 6-7 斜齿条的齿

图 6-7 所示为一斜齿条的一个齿，由图可以看出其法面 A_1B_1D 上压力角 α_n 与端面压力角 α_t 的关系为

$$\tan\alpha_t = \frac{\overline{BD}}{\overline{AB}} \tag{6-4}$$

$$\tan\alpha_n = \frac{\overline{B_1D}}{\overline{A_1B_1}} \tag{6-5}$$

而

$$\overline{B_1D} = \overline{BD}\cos\beta, \overline{A_1B_1} = \overline{AB}$$

故

$$\tan\alpha_t = \frac{\tan\alpha_n}{\cos\beta} \tag{6-6}$$

根据以上关系可以导出斜齿圆柱齿轮的全部几何尺寸计算公式，见表 6-1。

表 6-1　斜齿圆柱齿轮的全部几何尺寸计算公式

名称	代号	公式
法面模数	m_n	由齿轮传动承载能力确定，并按表 5-1 取标准值
端面模数	m_t	$m_t=\dfrac{m_n}{\cos\beta}$
法面压力角	α_n	$\alpha_n=20^\circ$
端面压力角	α_t	$\tan\alpha_t=\dfrac{\tan\alpha_n}{\cos\beta}$
分度圆直径	d	$d=zm_t=\dfrac{zm_n}{\cos\beta}$
齿顶高	h_a	$h_a=h_a^* m_n$
齿根高	h_f	$h_f=(h_a^*+c^*)m_n$
全齿高	h	$h=h_a+h_f$
齿顶圆直径	d_a	$d_a=d+2h_a$
齿根圆直径	d_f	$d_f=d-2h_f$
中心距	a	$a=\dfrac{1}{2}(d_1+d_2)=\dfrac{m_n(z_1+z_2)}{2\cos\beta}$

注：z_1、z_2 为斜齿轮的实际齿数，可见斜齿轮不发生根切的最少齿数比直齿轮的少。例如当 $\alpha_n=20^\circ$、$\beta=15^\circ$时，$z_{min}=15$；当 $\alpha_n=20^\circ$、$\beta=30^\circ$时，$z_{min}=11$。

6.3　标准斜齿圆柱齿轮的强度计算

6.3.1　轮齿受力分析

如图 6-8 所示，作法向剖面，用换面法求出该剖面齿形。略去摩擦力，只计算作用在斜齿轮轮齿上的法向力 F_n，它可分解为径向力 F_r 和法面周向力 F' 。由俯视图可以看出此法面周向力 F' 又可分解为轴向力 F_x 和切向力 F_t，当已求出转矩 T_1 时，

$$F_t=\frac{2T_1}{d_1} \tag{6-7}$$

式中：T_1——作用在轮 1 上的转矩（N · mm）；

d_1——齿轮分度圆直径（mm）。

由此得

$$\left.\begin{aligned}F_x&=F_t\tan\beta\\F_r&=F'\tan\alpha_n=\frac{F_t\tan\alpha_n}{\cos\beta}\end{aligned}\right\} \tag{6-8}$$

$$F_n=\frac{F'}{\cos\alpha_n}=\frac{F_t}{\cos\alpha_n\cos\beta} \tag{6-9}$$

为不使轴向力过大，常用斜齿轮的齿斜角 $\beta=8^\circ\sim25^\circ$。

斜齿圆柱齿轮切向力 F_t 和径向力 F_r 作用方向的判定方法与直齿圆柱齿轮相同，其轴向力 F_x 的方向可用左、右手法则判定，即对于左旋主动齿轮用左手四指的自然弯曲方向表示其转

向，而拇指方向即为该主动轮所受轴向力的方向；对于右旋主动齿轮用右手四指的自然弯曲方向表示其转向，其拇指方向即为该主动轮所受轴向力的方向。从动轮的各个分力方向与主动轮相反，而大小相等。

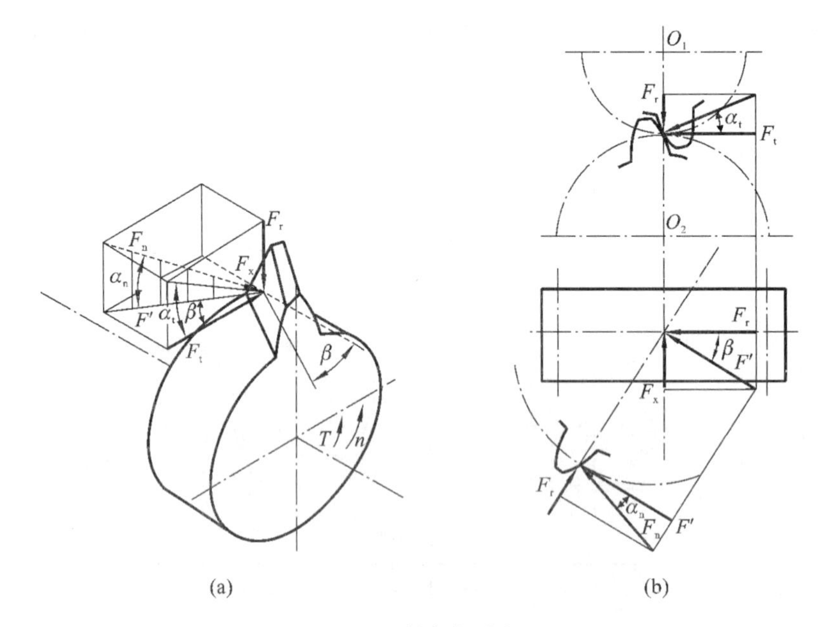

图 6-8 斜齿轮受力

6.3.2 强度计算

一对斜齿圆柱齿轮传动的强度与其当量直齿圆柱齿轮传动的强度相近。因此，斜齿圆柱齿轮传动的齿面接触疲劳强度计算、齿根弯曲疲劳强度计算的计算公式应与直齿圆柱齿轮强度计算公式相近。

接触强度验算公式：

$$\sigma_H = z_E z_H z_\varepsilon \sqrt{\frac{2KT_1}{d_1^2 b} \cdot \frac{u \pm 1}{u}} \leqslant [\sigma_H] \tag{6-10}$$

接触强度设计公式：

$$d_1 \geqslant \sqrt[3]{\frac{2KT_1(u \pm 1)}{\psi_d u} \left(\frac{z_E z_H z_\varepsilon}{[\sigma_H]}\right)^2} \tag{6-11}$$

弯曲强度验算公式：

$$\sigma_F = \frac{2KT_1}{bd_1 m_n} Y_{FS} Y_\beta \leqslant [\sigma_F] \tag{6-12}$$

弯曲强度设计公式：

$$m_n \geqslant \sqrt[3]{\frac{2KT_1 \cos^2\beta Y_{FS} Y_\beta}{\psi_d z_1^2 [\sigma_F]}} \tag{6-13}$$

式中：z_ε——重合度影响系数，当 $\beta=8°\sim25°$ 时可近似取值 0.78～0.92，β 角大时取小值；

Y_β——螺旋角系数，由图 6-9 查得；

Y_{FS}——复合齿形系数，按当量齿数 $z_v = z/\cos^3\beta$，由表 5-10 查得。

其他符号与直齿轮相同。

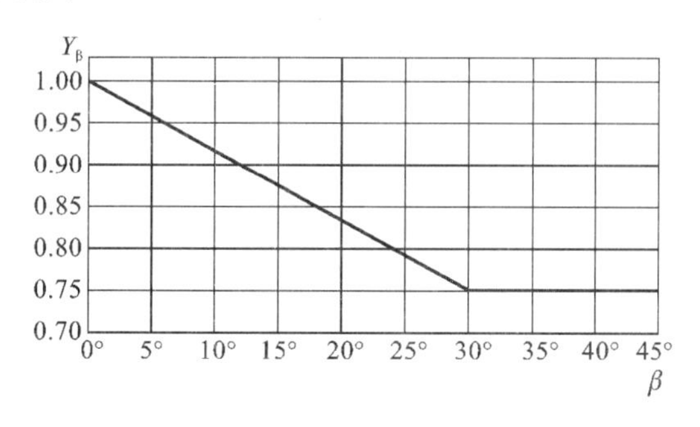

图 6-9　Y_β参数

6.4　斜齿轮的规定画法

为使绘图简便，国家标准 GB/T 4459.2—2003 对齿轮的画法作了如下规定。

斜齿或人字齿一般多画成半剖视或局部剖视图，在不剖的部分画出三条与齿斜方向一致且与轴线夹角为 β 的细实线，表示轮齿的倾斜方向与分度圆上的螺旋角 β，如图 6-10 所示。斜齿轮的啮合画法如图 6-11 所示。

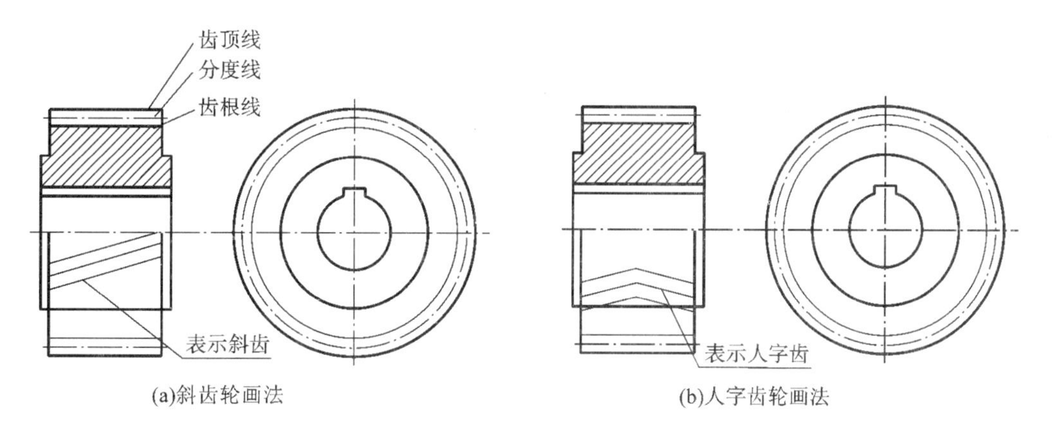

(a)斜齿轮画法　(b)人字齿轮画法

图 6-10　单个斜齿轮的画法

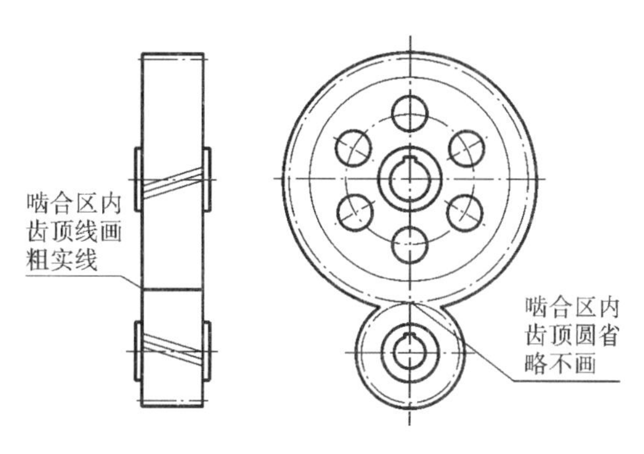

图 6-11　斜齿轮的啮合画法

思考与练习

第7章　工程中的锥齿轮传动

本章学习目标

1. 培养选择齿轮传动系统的能力,培养解决实际工程设计问题的能力。
2. 培养根据工程设备的实际工况进行锥齿轮传动设计的能力。

本章知识要点

1. 介绍锥齿轮传动的特点。
2. 锥齿轮传动的基本理论。
3. 锥齿轮的画法。

实践教学研究

分析汽车后桥齿轮传动机构,分析传动系统的传动路线和传动比。

关键词

锥齿轮　分度圆　模数

7.1　概　　述

圆锥齿轮传动主要用来传递两相交轴之间的运动和动力,通常两轴交角 $\Sigma = 90^\circ$,如图7-1所示。特点是传动时产生轴向力,齿廓面为球面渐开线。

(a)直齿圆锥齿轮

(b)圆锥齿轮转向器

(c)斜齿圆锥齿轮

(d)曲齿圆锥齿轮

图7-1　圆锥齿轮传动

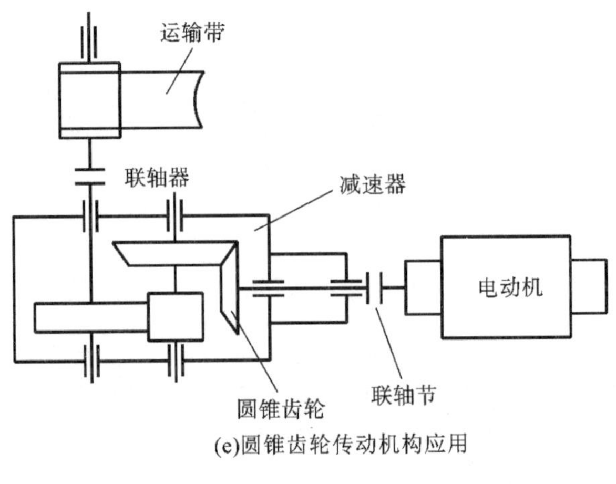

(e)圆锥齿轮传动机构应用

续图 7-1

圆锥齿轮有直齿、斜齿和曲齿等几种类型。直齿圆锥齿轮的加工、测量和安装比较简便，生产成本低，故应用最广。曲齿圆锥齿轮传动平稳，承载能力较强，常用于高速重载工况下的传动。

7.2 锥齿轮传动比与几何尺寸

7.2.1 传动比

一对锥齿轮的啮合运动相当于一对节圆锥的纯滚动，显然，与圆柱齿轮上的分度圆柱、齿顶圆柱、齿根圆柱、基圆柱等有相同作用的部分，在锥齿轮上相应为分度圆锥、齿顶圆锥、齿根圆锥、基圆锥。因此，轮齿尺寸朝锥顶方向逐渐缩小。齿廓曲面是以锥顶 O 为球心的球面渐开线曲面，即构成该曲面的渐开线分布在以 O 为球心的球面上。

如果两轮的节锥角(对于标准锥齿轮即为分度圆锥锥顶半角)分别为 δ_1 和 δ_2，则 $\delta_1+\delta_2=\Sigma$。如图 7-2(a)所示，两节圆锥相切于 OC，OC 为两节圆锥的母线长，称为节锥距，以 R 表示。由图可知 $d_1=2R\sin\delta_1$，$d_2=2R\sin\delta_2$；根据两节圆锥在接触点 C 的速度相等，可求得其传动比。

因为
$$v_C=\frac{d_1}{2}\omega_1=\frac{d_2}{2}\omega_2$$

所以
$$i_{12}=\frac{\omega_1}{\omega_2}=\frac{d_2}{d_1}=\frac{z_2}{z_1}=\frac{\sin\delta_2}{\sin\delta_1} \tag{7-1}$$

当两轴交角 $\Sigma=\delta_1+\delta_2=90^\circ$ 时(见图 7-2(b))，
$$i_{12}=\frac{\omega_1}{\omega_2}=\frac{d_2}{d_1}=\frac{z_2}{z_1}=\tan\delta_2=\cot\delta_1 \tag{7-2}$$

7.2.2 背锥与当量齿轮

在图 7-3 中，OAC、Obb、Oee 分别为分度圆锥、顶圆锥及根圆锥的投影。过 C 点作 OC 的

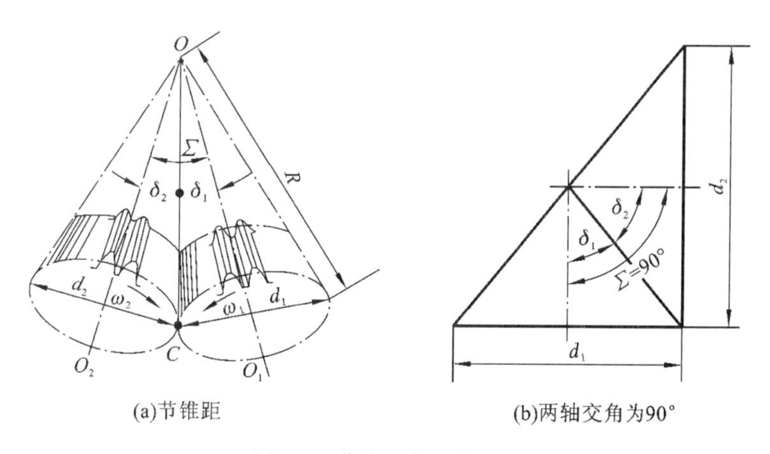

(a)节锥距　　(b)两轴交角为90°

图 7-2　节锥距与两轴交角

垂线交圆锥轴线于 O'，则以 OO' 为轴，以 $O'C$ 为母线所作的一个圆锥称为背锥，其投影是 $O'AC$，背锥距为 $O'C=\dfrac{d}{2\cos\delta}$。

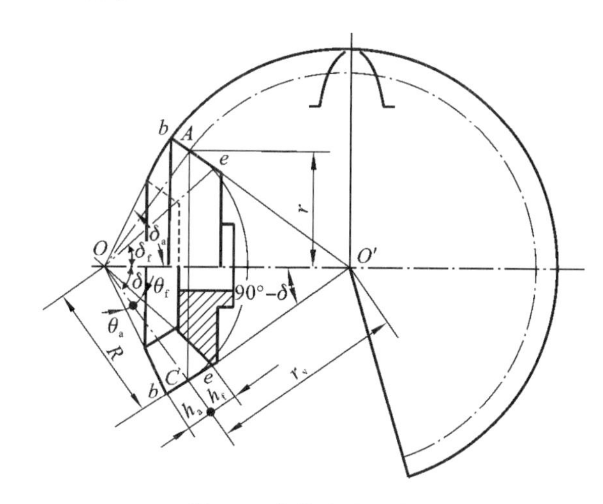

图 7-3　背锥和当量齿轮

以 OC 为半径，O 为球心作球面，则锥齿轮的齿廓曲面与该球面的交线是球面渐开线。如果以 O 为投射中心，将球面渐开线(实际上是球面渐开齿面)投射到背锥面上，则该投影和球面渐开线极为近似，再将背锥展开，以背锥展开后的齿形近似地作为锥齿轮大端的球面渐开线齿形。背锥展开后的齿形就是以背锥距 $O'C$ 为分度圆半径，具有大端模数和压力角的圆柱齿轮的齿形。此展开后的齿轮称为锥齿轮的当量齿轮，它的齿数称为当量齿数，用 z_v 表示。由图 7-3 可得

$$r_v=\frac{r}{\cos\delta}=\frac{mz}{2\cos\delta}$$

而

$$r_v=\frac{mz_v}{2}$$

故

$$z_v=\frac{z}{\cos\delta} \tag{7-3}$$

7.2.3 锥齿轮传动的几何尺寸

直齿锥齿轮传动的几何尺寸计算以大端尺寸为准，以大端模数为标准模数。因为大端尺寸大，并且容易测量，同时也便于估计传动的外廓尺寸。图 7-3 给出了标准直齿锥齿轮的主要几何尺寸，它们的计算公式列于表 7-1。

表 7-1　锥齿轮几何计算公式

名称	代号	公式及数据
大端模数	m	根据强度计算或结构要求确定，并按表 5-1 取标准值
压力角	α	$\alpha=20°$
分锥角	δ	$\tan\delta_1=\dfrac{z_1}{z_2}=\dfrac{1}{i}$，$\tan\delta_2=i$
分度圆直径	d	$d=zm$
分锥距	R	$R=\sqrt{\left(\dfrac{d_1}{2}\right)^2+\left(\dfrac{d_2}{2}\right)^2}=\dfrac{m}{2}\sqrt{z_1^2+z_2^2}$
齿宽	b	$b=\psi_R R$（齿宽系数 $\psi_R=0.25\sim0.33$，常用 $\psi_R=0.3$）
齿顶高	h_a	$h_a=h_a^* m(h_a^*=1)$
齿根高	h_f	$h_f=(h_a^*+c^*)m=1.2m(c^*=0.2)$
全齿高	h	$h=h_a+h_f=2.2m$
齿顶圆直径	d_a	$d_a=d+2m\cos\delta$
齿根圆直径	d_f	$d_f=d-2.4m\cos\delta$
齿顶角	θ_a	$\tan\theta_a=\dfrac{h_a}{R}$
齿根角	θ_f	$\tan\theta_f=\dfrac{h_f}{R}$
顶锥角	δ_a	$\delta_a=\delta+\theta_a$
根锥角	δ_f	$\delta_f=\delta-\theta_f$

7.2.4 锥齿轮的强度计算

1. 轮齿受力分析

为简化计算，通常假定载荷集中作用在锥齿轮齿宽中间的节点上，其方向位于该节点处法向平面内的齿轮齿廓的公法线方向上，如图 7-4 所示。由图可知，F_n 可分解为圆周方向的切向力 F_{t1}、垂直于轴向的径向力 F_{r1} 和平行于轴向的轴向力 F_{x1}。

$$\left.\begin{aligned} F_{t1}&=\frac{2T_1}{d_{m1}}\\ F_{r1}&=F_{t1}\tan\alpha\cos\delta_1\\ F_{x1}&=F_{t1}\tan\alpha\sin\delta_1\\ F_n&=\frac{F_{t1}}{\cos\alpha}=\frac{2T_1}{d_{m1}\cos\alpha}\end{aligned}\right\}\tag{7-4}$$

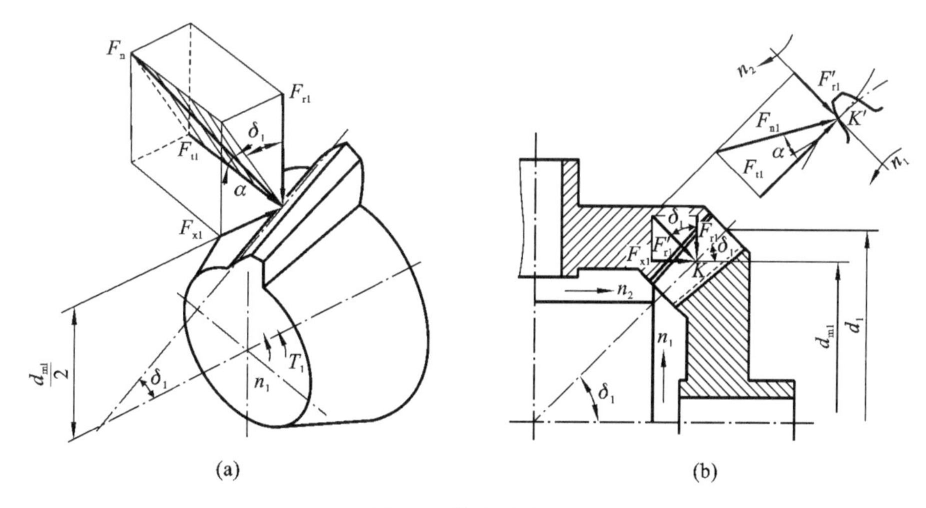

图 7-4　轮齿受力图

式中：T_1——小锥齿轮传递的转矩(N·mm)；

d_{m1}——小锥齿轮的平均节圆直径(mm)，$d_{m1}=d_1(1-0.5\psi_R)$，ψ_R 为齿宽系数，$\psi_R=b/R$。

主动轮与从动轮作用力大小相等，方向相反，即 $F_{n1}=-F_{n2}$。由图 7-4 可知，切向力方向在主动轮上与其运动方向相反，在从动轮上与其运动方向一致，径向力都指向轮心，而轴向力均指向轮的大端，且

$$F_{r1}=F_{x2}$$
$$F_{x1}=F_{r2}$$

2. 锥齿轮的强度计算

与轮齿受力分析所作的假定一致，可近似认为一对直齿锥齿轮传动和位于平均节圆节点处法面内的一对当量圆柱齿轮传动的强度相等，其强度计算公式可沿用直齿圆柱齿轮的原始公式推导而得。

接触强度验算公式：

$$\sigma_H = z_E z_H\sqrt{\frac{2KT_1}{bd_{m1}^2}\cdot\frac{\sqrt{u^2+1}}{u}}\leqslant[\sigma_H] \tag{7-5}$$

接触强度设计公式：

$$d_1\geqslant\sqrt[3]{\frac{4KT_1}{u\psi_R}\left[\frac{z_E z_H}{(1-0.5\psi_R)[\sigma_H]}\right]^2} \tag{7-6}$$

弯曲强度验算公式：

$$\sigma_F=\frac{2KT_1}{bd_{m1}m_m}Y_{FS}\leqslant[\sigma_F] \tag{7-7}$$

弯曲强度设计公式：

$$m\geqslant\sqrt[3]{\frac{4KT_1Y_{FS}}{\psi_R(1-0.5\psi_R)^2z_1^2\sqrt{u^2+1}[\sigma_F]}} \tag{7-8}$$

式中：m——大端模数：

m_m——平均模数，$m_m=m(1-0.5\psi_R)$；

Y_{FS}——复合齿形系数，按当量齿数 $z_v=z/\cos\delta$ 由表 5-10 查取。

其他符号意义同前。

7.3　锥齿轮的结构设计

7.3.1　规定画法

为使绘图简便,国家标准 GB/T 4459.2—2003 对齿轮的画法作了如下规定。

1. 单个锥齿轮画法

锥齿轮的画法基本上与圆柱齿轮的相同,如图 7-5 所示,不同之处在于其投影为圆的视图上锥齿轮毛坯的各可见轮廓圆均用粗实线绘制,从而画出大端与小端的齿顶圆。但是,只用细点画线画出大端的分度圆,而齿根圆及小端的分度圆均不画。与圆柱齿轮一样,在外形图上用三条细实线表示出齿的倾斜方向。

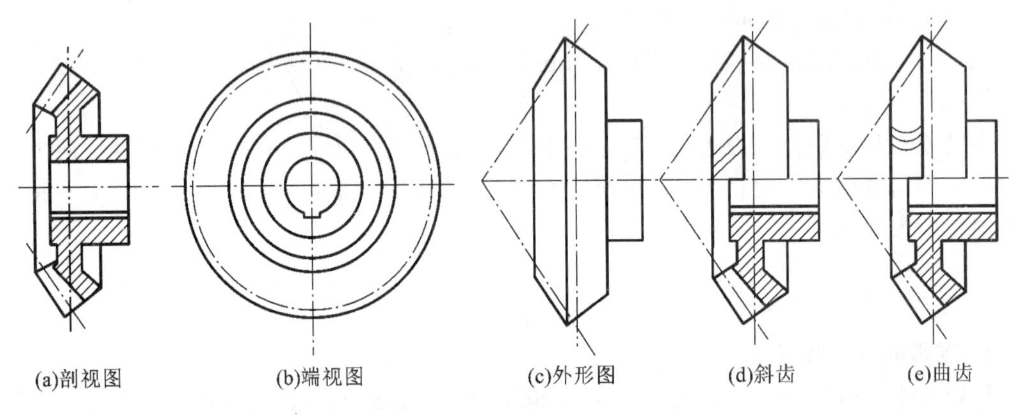

图 7-5　锥齿轮画法

2. 两啮合锥齿轮画法

剖视图及外形图上啮合区的画法均与圆柱齿轮的相同,投影为圆的视图基本上与单个锥齿轮画法一样,但被小锥齿轮所挡部分的图线一律不画,如图 7-6 所示。

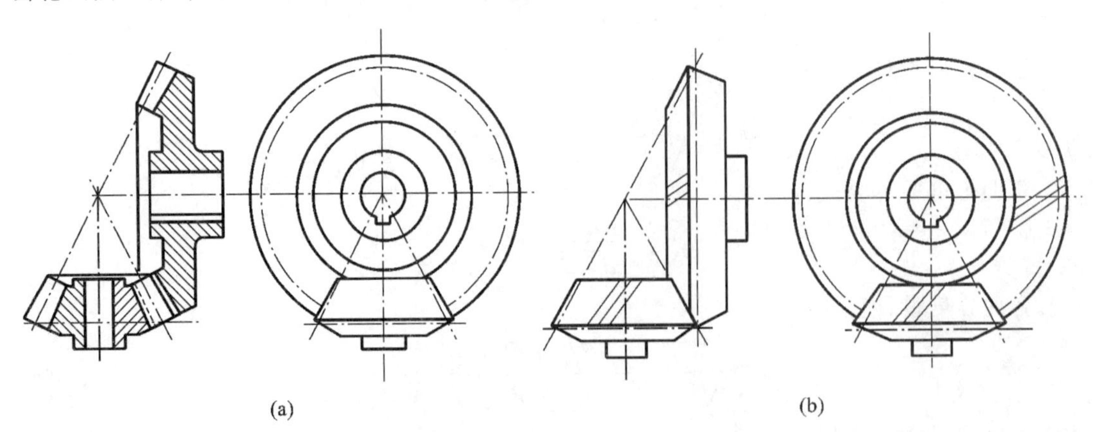

图 7-6　两啮合锥齿轮画法

7.3.2 齿轮结构

对于直径较大的锻造锥齿轮，可以根据齿顶圆的大小选择不同的结构形式。当齿顶圆直径 $d_a \leqslant 200$ mm 时，可做成如图 7-7 所示的实心式锥齿轮。当齿顶圆直径为 200 mm$< d_a \leqslant 500$ mm 时，可做成如图 7-8 所示的腹板式结构。对于铸造齿轮，当 300 mm$< d_a <$400 mm 时，可以做成如图 7-9 所示的带加强筋腹板式结构。

图 7-7　实心式结构

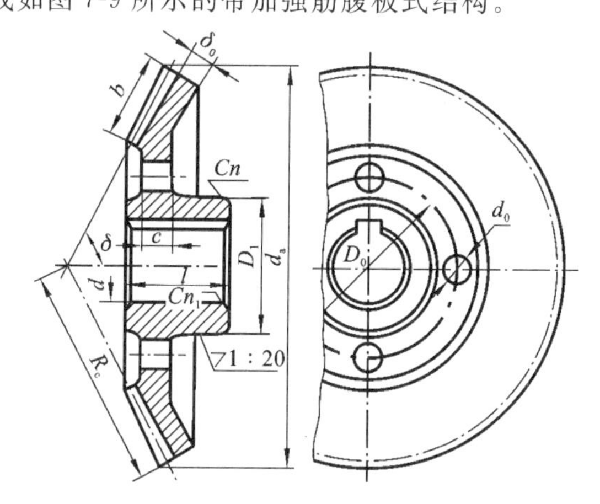

图 7-8　腹板式结构

$D_1=1.6d$；$l=(1.0\sim1.2)d$；$n=1\sim3$ mm；$\delta_0=(3\sim4)m\geqslant10$ mm；

$c=(0.1\sim0.17)l\geqslant10$ mm；d_a、d_0、n_1 根据结构确定

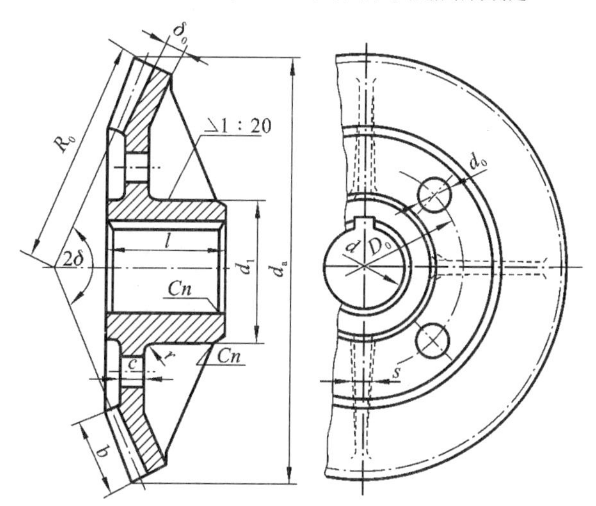

图 7-9　带加强筋腹板式结构

$D_1=1.6d$(铸钢)，$D_1=1.8d$(铸铁)；$l=(1.0\sim1.2)d$；$\delta_0=(3\sim4)m\geqslant10$ mm；

$c=(0.1\sim0.17)l\geqslant10$ mm；$s=0.8c$；$r=3\sim10$ mm；D_0、d_0、n 根据结构确定

齿轮零件图样是制造齿轮的依据，它除了按一般零件图给出齿轮的图形、尺寸、表面结构、几何公差以及技术要求外，还需给出啮合特性表。在表中给出确定齿轮轮齿的主要参数(如齿数 z、模数 m、分度圆上的螺旋角 β、压力角 α、齿顶高系数 h_a^* 等)以及齿轮的精度等级和检测项目、数据等，图 7-10 所示为一锥齿轮轴的零件图样。

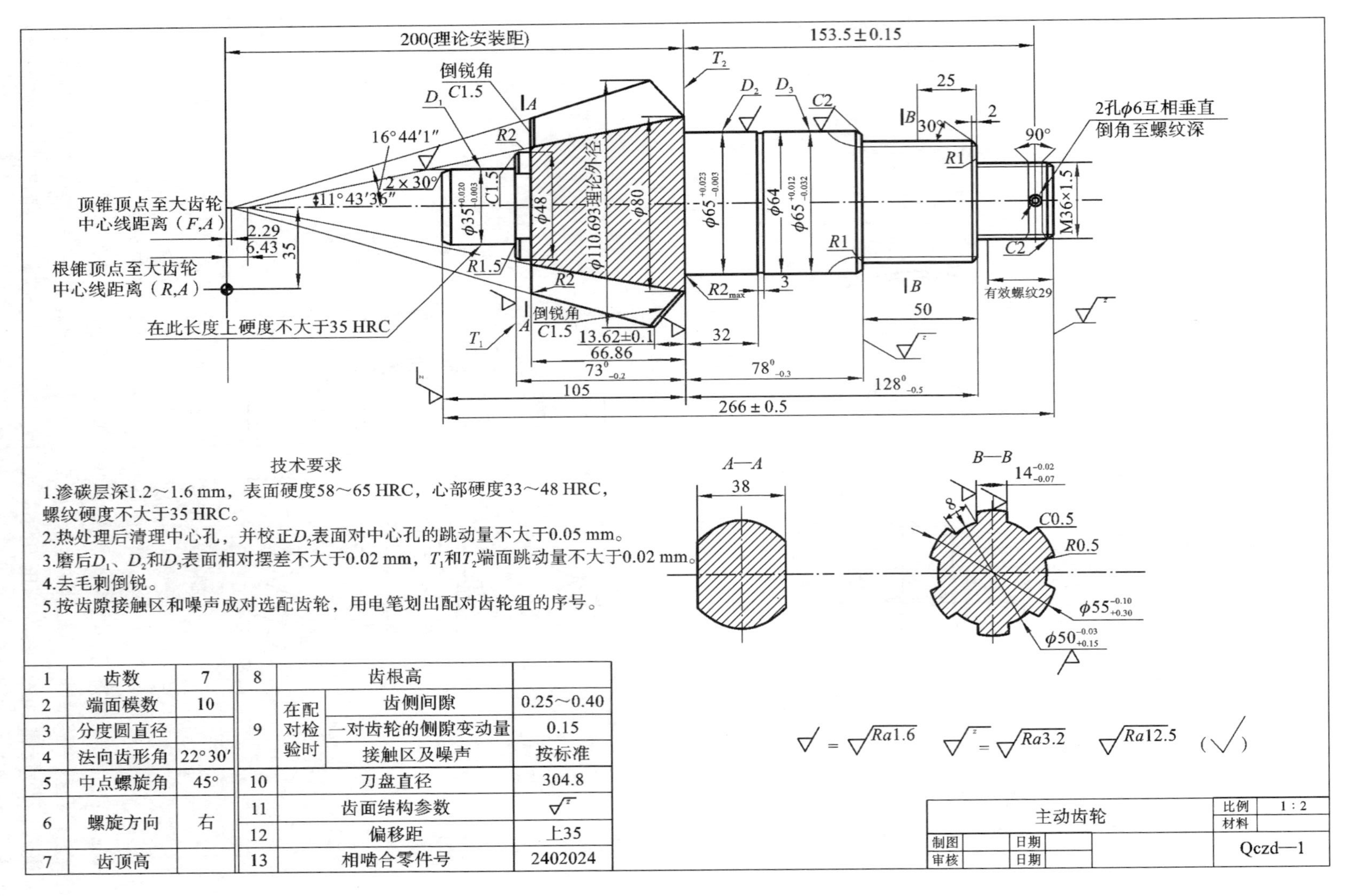

图 7-10　汽车主减速器双曲面主动齿轮零件图

思考与练习

第 8 章　工程中的蜗杆传动

本章学习目标

1. 了解蜗杆传动的特点、基本参数和几何尺寸计算。
2. 了解蜗杆传动的失效形式，掌握蜗杆传动的强度计算。
3. 掌握蜗杆蜗轮的规定画法。

本章知识要点

1. 蜗杆传动的类型、特点和应用。
2. 普通圆柱蜗杆传动的主要参数和几何尺寸计算。
3. 普通圆柱蜗杆传动的运动分析和受力分析。
4. 普通圆柱蜗杆传动的强度计算及材料选择。
5. 蜗杆传动的效率与散热。

实践教学研究

1. 认识几种蜗杆传动机构。
2. 观察蜗杆减速器。

关键词

蜗杆　蜗轮　模数

8.1 概　　述

8.1.1 蜗杆传动的应用

蜗杆传动由蜗杆和蜗轮组成，用以传递两交错轴线间的运动和动力，两轴间的交错角通常为 90°，如图 8-1 所示。

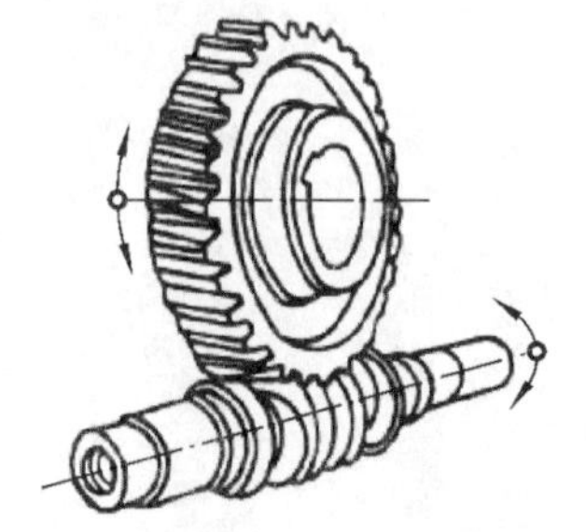

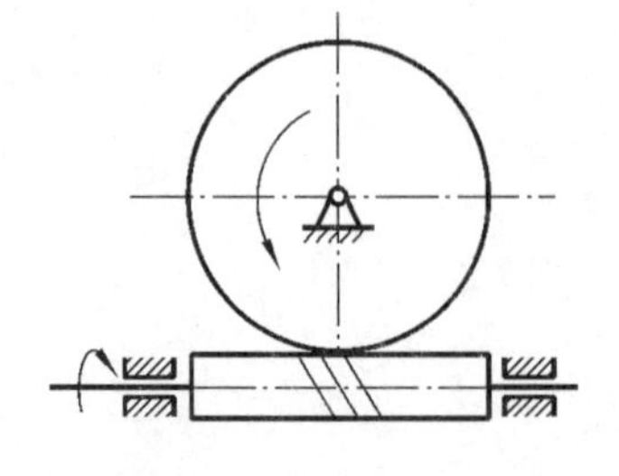

图 8-1　蜗杆传动

蜗杆传动常用在传动比大且要求结构紧凑或自锁的场合,在机床、汽车、冶金、矿山和起重运输机械设备等的传动系统及仪表中应用广泛。蜗杆传动通常以蜗杆为主动件,用作减速。例如在机床工业中,蜗杆传动是低速转动工作台和分度机构最常用的传动形式;在起重运输机械中,各种提升设备、电梯和自动扶梯也都采用了蜗杆传动。在离心机、内燃机增压器等少数机械中,以蜗轮为主动件,用作增速。

8.1.2　蜗杆传动的类型

根据蜗杆形状不同,蜗杆传动可以分为圆柱蜗杆传动、环面蜗杆传动和锥蜗杆传动三大类,如图 8-2 所示。

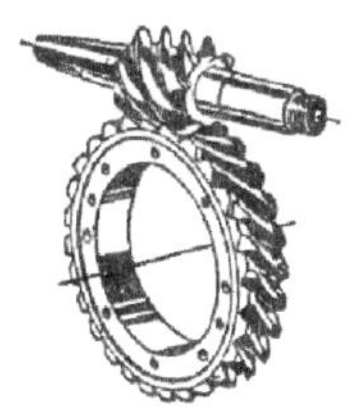

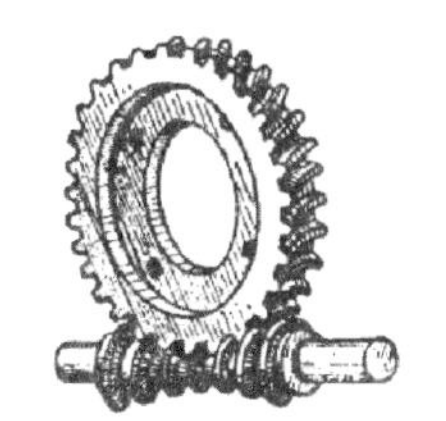

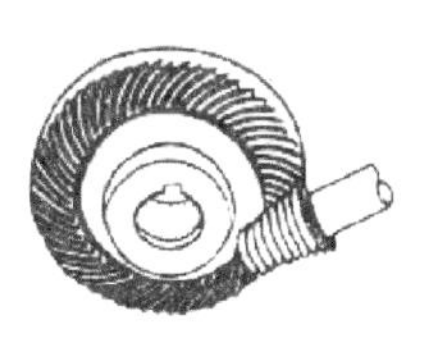

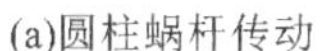

(a)圆柱蜗杆传动　(b)环面蜗杆传动　(c)锥蜗杆传动

图 8-2　蜗杆传动类型

根据齿面形状不同,圆柱蜗杆传动分为普通圆柱蜗杆传动和圆弧圆柱蜗杆传动两类。

普通圆柱蜗杆传动有多种类型,包括阿基米德蜗杆传动和渐开线蜗杆传动。普通圆柱蜗杆多用直母线刀刃的车刀在车床上切制,随刀具的安装位置不同,可获得在垂直轴线的横截面上有不同齿廓的蜗杆。刀刃顶平面通过蜗杆轴线时,切制出的蜗杆称为阿基米德蜗杆。刀刃顶平面与基圆柱相切时,切制出的蜗杆称为渐开线蜗杆。

阿基米德蜗杆在轴向断面 Ⅰ—Ⅰ 内具有直齿廓,而在法向断面 N—N 内齿廓外凸;在垂直于轴线的断面(端面)上,齿廓曲线为阿基米德螺旋线,如图 8-3 所示。因为其加工和测量方便,所以在无磨削加工的情况下应用。

渐开线蜗杆在切于基圆柱的断面内一侧为直线齿廓,另一侧为凸曲齿廓。在垂直于轴线的断面上,齿廓曲面为渐开线,如图 8-4 所示。这种蜗杆可用平面砂轮沿螺旋面磨削,精度高。

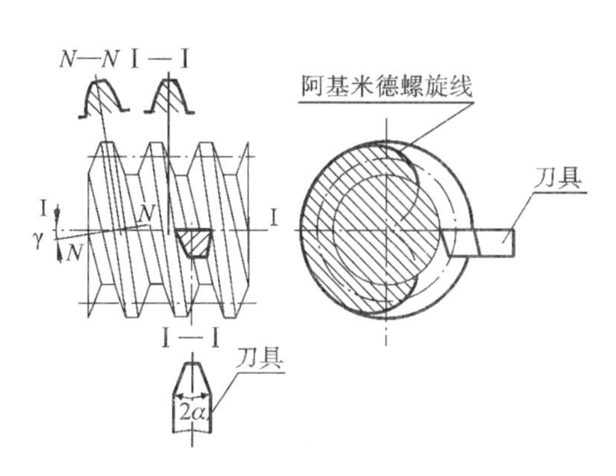

图 8-3　阿基米德蜗杆

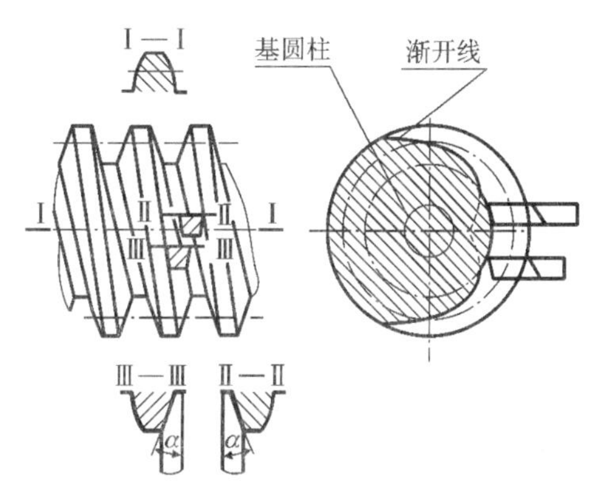

图 8-4　渐开线蜗杆

8.1.3 蜗杆传动的特点及应用

与齿轮传动相比，蜗杆传动具有以下特点：

(1) 传动比大，结构紧凑。在动力传动中，单级传动比 i 通常为 8～80；只传递运动时，如在某些分度机构和仪表中，i 可达 1000。

(2) 传动平稳，噪声小。蜗杆的齿是连续不断的螺旋齿，它和蜗轮轮齿的啮合过程是连续的，而且同时啮合的齿对数较多，因此工作平稳，噪声小。

(3) 具有自锁性。当蜗杆的导程角小于啮合轮齿间的当量摩擦角时，可实现自锁。

(4) 传动效率低。蜗杆与蜗轮齿面间的相对滑动速度大，齿面摩擦严重，故传动效率比较低，一般只有 0.7～0.9，自锁蜗杆传动的效率一般不大于 0.5。

(5) 制造成本高。为了降低摩擦，减小磨损，提高齿面抗胶合能力，蜗轮齿圈常用贵重的铜合金制造，成本较高。

8.2 普通圆柱蜗杆传动的几何尺寸计算

垂直于蜗轮轴线并包含蜗杆轴线的平面，称为主平面，如图 8-5 所示。

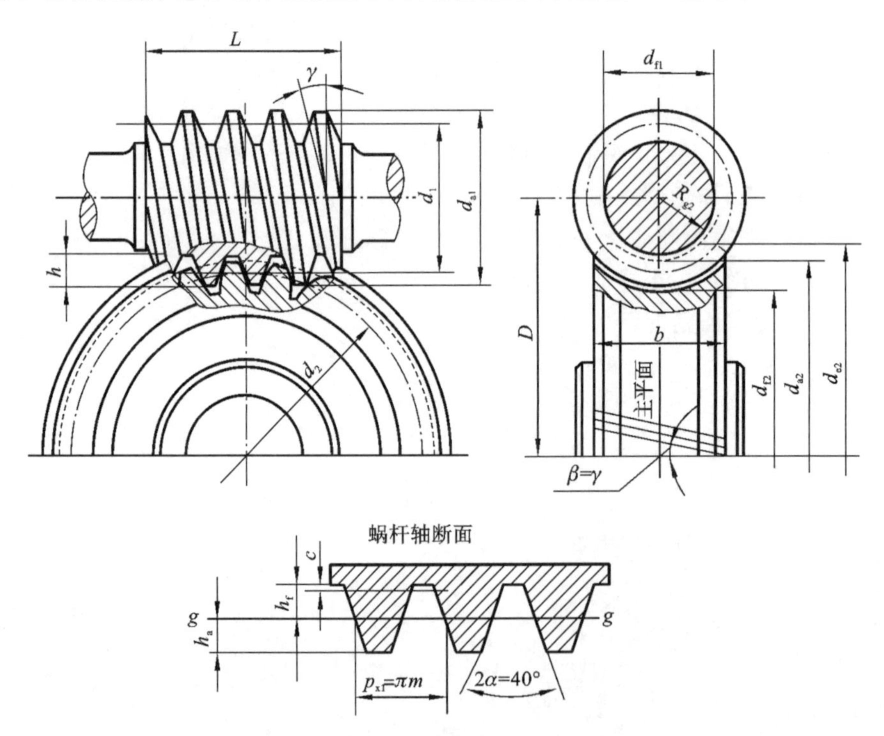

图 8-5 主平面与几何参数

当蜗杆为阿基米德蜗杆时，在主平面内蜗杆蜗轮的啮合相当于渐开线齿条齿轮的啮合。所以，蜗杆传动的设计和制造均以主平面内的参数和几何关系为准。

8.2.1　普通圆柱蜗杆传动的主要参数及其选择

1. 模数 m 和压力角 α

蜗杆和蜗轮啮合时，蜗轮的节圆与蜗杆的节线（蜗杆分度圆素线）做纯滚动，故在主平面上，蜗杆的轴向齿距 p_{x1} 应等于蜗轮分度圆上的齿距 p_{t2}，所以蜗杆轴向模数 m_{x1} 必须等于蜗轮的端面模数 m_{t2}。为了制造方便，与齿轮一样，模数与压力角均已标准化，我国规定的标准压力角 $\alpha=20°$，标准模数如表 8-1 所示。

2. 蜗杆分度圆直径 d_1 和分度圆导程角 γ

蜗杆分度圆螺旋线的展开图如图 8-6 所示，图中：γ 为分度圆上螺旋线的导程角（即升角）；p_{x1} 为蜗杆轴向齿距；d_1 为蜗杆分度圆直径；s 为蜗杆螺纹的导程；z_1 为蜗杆头数（即螺旋线数）。

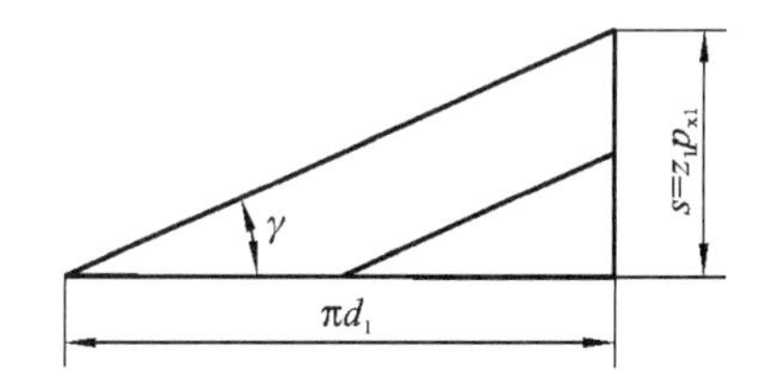

图 8-6　蜗杆分度圆螺旋线的展开

由图可知　$\tan\gamma=\dfrac{z_1 p_{x1}}{\pi d_1}=\dfrac{z_1 m}{d_1}$

或

$$d_1=\frac{z_1}{\tan\gamma}m \tag{8-1}$$

由式(8-1)可知：m 一定时，取不同的 z_1 值和 γ 值，会得到不同的蜗杆分度圆直径 d_1。而用滚切法切制蜗轮时，刀具参数应和蜗杆参数相同（仅外径比蜗杆外径大两倍顶隙），所以，为减少滚刀数量，便于刀具标准化，规定 d_1 为标准值，如表 8-1 所示。一般情况下，蜗杆螺旋线采用右旋。

表 8-1　圆柱蜗杆的模数 m 和分度圆直径 d_1 的搭配

模数 m/mm	分度圆直径 d_1/mm	蜗杆头数 z_1	$m^2 d_1$/mm³	模数 m/mm	分度圆直径 d_1/mm	蜗杆头数 z_1	$m^2 d_1$/mm³
1	18	1(自锁)	18	10	(71)	1,2,4	7100
1.25	20	1	31.25		90	1,2,4,6	9000
	22.4	1(自锁)	35		(112)	1,2,4	11200
1.6	20	1,2,4	51.2		160	1(自锁)	16000
	28	1(自锁)	71.68	12.5	(90)	1,2,4	14062
2	22.4	1,2,4	89.6		112	1,2,4	17500
	(28)	1,2,4	112		(140)	1,2,4	21875
	35.5	1(自锁)	142		200	1(自锁)	31250
2.5	28	1,2,4,6	175	16	(112)	1,2,4	28672
	(35.5)	1,2,4	221.9		140	1,2,4	35840
	45	1(自锁)	281		(180)	1,2,4	46080
	71	1(自锁)	443.75	25	(180)	1,2,4	112500

注：尽量不采用括号内数字。

3. 传动比 i、蜗杆头数 z_1 与蜗轮齿数 z_2

蜗杆传动通常以蜗杆为主动件，其传动比 i 为

$$i=\frac{n_1}{n_2}=\frac{z_2}{z_1} \tag{8-2}$$

式中：n_1、n_2——蜗杆和蜗轮的转速(r/min)。

蜗杆头数 z_1 的选择要考虑传动比、效率、加工制造三方面因素。z_1 愈小，传动比 i 愈大，传动效率愈低；z_1 愈大，则传动效率愈高，但难于制造。通常，$z_1=1\sim4$，当有自锁要求时，取 $z_1=1$。

蜗轮的齿数 $z_2=iz_1$。对于动力传动，常取 $z_1>1$，$z_2=28\sim80$。z_2 不宜过大，否则蜗轮尺寸增大，蜗杆的长度也会增大，将降低蜗杆的刚度；z_2 也不宜小于 28，否则会使轮齿产生根切，并且影响啮合精度。

z_1 与 z_2 可根据传动比 i 参照表 8-2 的推荐值选取。

表 8-2　z_1、z_2 推荐数值

传动比 i	7～8	9～13	14～27	28～40	≥40
蜗杆头数 z_1	4	3,4	2,3	1,2	1
蜗轮齿数 z_2	28～32	27～52	28～81	28～80	≥40

4. 齿顶高系数 h_a^* 和顶隙系数 c^*

蜗轮蜗杆的齿顶高系数 $h_a^*=1$，顶隙系数 $c^*=0.2$。

8.2.2　几何尺寸计算

标准蜗杆传动的几何尺寸计算公式列于表 8-3。

表 8-3　标准蜗杆传动几何尺寸计算公式(参看图 8-5)

名称	符号	蜗杆	蜗轮
分度圆直径	d	d_1 标准值	$d_2=mz_2$
蜗杆齿顶圆及蜗轮喉圆直径	d_a	$d_{a1}=d_1+2m$	$d_{a2}=m(z_2+2)$
齿根圆直径	d_f	$d_{f1}=d_1-2.4m$	$d_{f2}=m(z_2-2.4)$
蜗轮外圆直径	d_{e2}	—	$d_{e2}=m(z_2+3)$
蜗轮轮缘宽度	b	—	$b=(0.65\sim0.75)\ d_{a1}$
中心距	a	$a=\frac{1}{2}(d_1+d_2)$	
蜗杆分度圆上螺旋线的导程角	γ	$\tan\gamma=mz_1/d_1$	
蜗杆轴向齿距和蜗轮分度圆齿距	p	$p=p_{x1}=p_{t2}=\pi m$	
分度圆上齿厚	s	$s_1=0.45\pi m$	$s_2=0.55\pi m$
蜗杆螺旋部分长度	L	$z_1=1$、2 时，$L=(12+0.1\ z_2)m$； $z_1=3$、4 时，$L=(13+0.1\ z_2)m$； 磨削蜗杆加长量： 当 $m<10$ 时加长 25； 当 $m=10\sim16$ 时加长 35； 当 $m>16$ 时加长 45	

8.2.3　蜗杆传动的正确啮合条件

与齿轮相仿，蜗杆传动的正确啮合条件是：在主平面内，蜗杆的轴向模数 m_{x1} 等于蜗轮的端面模数 m_{t2}；蜗杆的轴向压力角 α_{x1} 等于蜗轮的端面压力角 α_{t2}，即

$$m_{x1}=m_{t2}=m$$

$$\alpha_{x1}=\alpha_{t2}=\alpha$$

又因两轴的交角 $\Sigma=90^\circ$，所以蜗杆分度圆上的螺旋线的导程角 γ 应等于蜗轮分度圆上的螺旋角 β，两者的旋向必须相同，即 $\gamma=\beta$。

8.3　普通圆柱蜗杆传动的运动分析和受力分析

8.3.1　蜗杆传动的运动分析

蜗杆传动和螺旋传动相似，所以，即使蜗杆蜗轮在节点处啮合时，轮齿之间仍有很大的相对滑动，节点处的相对滑动速度用 v_s 表示，其方向平行于齿的斜向，如图 8-7 所示，由图可知

$$v_s=\frac{v_1}{\cos\gamma}=\frac{d_1\omega_1}{2\times1000\cos\gamma}=\frac{\pi d_1 n_1}{60\times1000\cos\gamma}\tag{8-3}$$

式中：d_1——蜗杆分度圆直径(mm)；

ω_1——蜗杆的角速度(rad/s)，$\omega_1=\dfrac{\pi n_1}{30}$；

γ——蜗杆分度圆上螺旋线的导程角，范围一般为 3.5°～33°；

n_1——蜗杆转速(r/min)。

相对滑动速度对啮合处的润滑情况、齿面的失效、传动效率和发热都有很大的影响。一般 $v_s\leqslant15$ m/s。

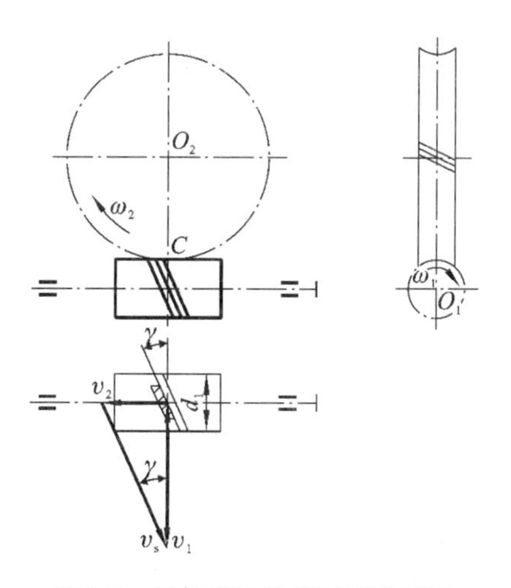

图 8-7　蜗杆传动的相对滑动速度

8.3.2　蜗杆传动的受力分析

1. 蜗轮的回转方向

在进行蜗杆传动的受力分析时，首先要确定蜗杆、蜗轮的转向。因为通常是蜗杆为主动件，所以只需根据蜗杆的转向和螺旋线方向(通常蜗杆的螺旋线方向为右旋)来确定蜗轮的转向，其规则如下：蜗杆为右旋时用右手(左旋时用左手)四指的弯曲方向表示蜗杆的转向，与拇指指向相反的方向表示蜗轮节点处的切线速度方向，从而可以确定蜗轮的转向。例如在图 8-7 所示的蜗杆传动中，当右旋的蜗杆沿箭头方向旋转时，蜗轮将按顺时针方向旋转，如箭头方向所示。

2. 受力分析

蜗杆传动的受力情况与斜齿圆柱齿轮传动的相似，当蜗杆为主动件时，如图 8-8 所示，作用于啮合节点处齿廓曲面的法向力 F_n 可分解为三个互相垂直的分力：切向力 F_{t1}、轴向力 F_{x1} 和径向力 F_{r1}。由于两轴间交角一般为 90°，因此，蜗杆的切向力 F_{t1} 与蜗轮的轴向力 F_{x2} 大小相等，方向相反 ；蜗杆蜗轮的径向力 F_{r1}、F_{r2} 大小相等，分别指向各自的轴心；蜗杆的轴向力 F_{x1} 和蜗轮的切向力 F_{t2} 大小相等，方向相反。

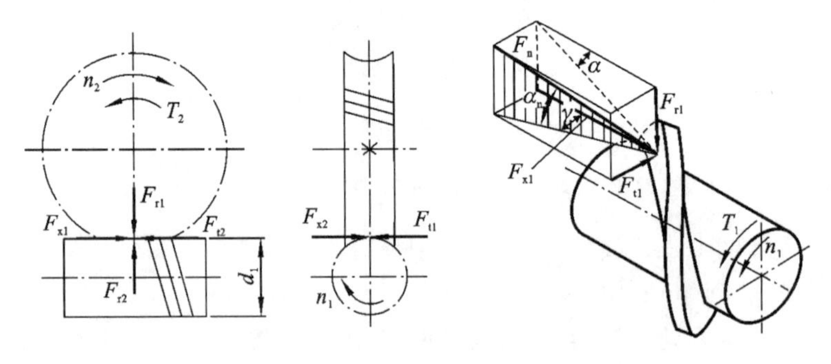

图 8-8　蜗杆传动受力分析

蜗杆传动的切向力指向的确定方法与齿轮相同：在主动件蜗杆上与其运动方向相反；在从动件蜗轮上与其运动方向一致。

当不计摩擦力的影响时，各力的计算公式如下：

$$F_{t1}=-F_{x2}=\frac{2T_1}{d_1} \tag{8-4}$$

$$F_{t2}=-F_{x1}=\frac{2T_2}{d_2} \tag{8-5}$$

$$F_{r1}=-F_{r2}=-F_{t2}\tan\alpha \tag{8-6}$$

式中：T_1——作用于蜗杆上的额定转矩(N · mm)；

T_2——作用于蜗轮上的转矩(N · mm)，$T_2=T_1 i\eta$ (η 为蜗杆传动效率，i 为传动比)；

α——蜗杆轴截面压力角，亦即蜗轮端面压力角，$\alpha=20°$；

d_1、d_2——蜗杆和蜗轮的分度圆直径(mm)。

8.4　普通圆柱蜗杆传动的强度计算

8.4.1　蜗杆传动的失效形式与设计准则

由于蜗杆传动的滑动速度大，传动效率低，产生热量多，润滑油因油温升高而变稀，使润滑条件变差，因此蜗杆传动的主要失效形式有齿面磨损、胶合、点蚀等。对于开式传动，磨损破坏为主要失效形式；对于闭式传动，胶合、点蚀破坏为主要失效形式。

胶合和磨损目前尚无成熟的计算方法。考虑到胶合、磨损随滑动速度及接触应力的增大而加剧，为防止胶合与减缓磨损，常采取以下措施：①用减磨材料制造蜗轮；②采用合适的润滑方式和润滑材料；③限制齿面的接触应力。对于闭式蜗杆传动，通常是按齿面接触疲劳强度计算，在选择许用应力时，适当考虑胶合和磨损失效因素的影响。

同时，对于闭式蜗杆传动要进行热平衡计算。对于开式蜗杆传动，则为防止轮齿磨薄后产生齿根断裂而需进行齿根弯曲疲劳强度设计计算。由于蜗杆螺牙不易破坏，一般不对其进行强度计算，而蜗杆轴应按齿根圆直径用轴的计算方法验算其强度与刚度。

8.4.2　齿面接触强度计算

把蜗杆传动近似地看成斜齿轮齿条传动，再用推导齿轮传动接触强度计算公式的办法，即可得到普通圆柱蜗杆传动接触强度验算公式：

$$\sigma_H = 480\sqrt{\frac{KT_2\cos\gamma}{d_1 d_2^2}} \leqslant [\sigma_H]\ (\mathrm{MPa}) \tag{8-7}$$

由式(8-7)可导出设计计算公式：

$$m^2 d_1 \geqslant KT_2\cos\gamma\left(\frac{480}{z_2[\sigma_H]}\right)^2 \tag{8-8}$$

式中：T_2——作用于蜗轮上的转矩(N·mm)；

K——载荷系数，一般 $K=1\sim1.4$，当载荷平稳，滑动速度 $v_s\leqslant 3$ m/s 及精度较高时，K 取低值，否则，K 取高值；

z_2——蜗轮齿数，根据 i 参考表 8-2 确定；

γ——蜗杆分度圆上螺旋线的导程角，设计时可按蜗杆头数确定(当 $z_1=1$ 时，$\gamma=6°$；当 $z_1=2$ 时，$\gamma=10°$；当 $z_1=4$ 时，$\gamma=25°$)；

$[\sigma_H]$——蜗轮的许用接触应力(MPa)，查表 8-6；

m——模数(mm)，根据算得的 m^2d_1，查表 8-1 确定 m 及 d_1。

8.4.3　轮齿弯曲强度计算

蜗轮轮齿形状复杂，难以确定轮齿的危险剖面和实际弯曲应力。通常仿照斜齿圆柱齿轮轮齿弯曲强度计算方法用下式近似验算其弯曲强度：

$$\sigma_F = \frac{1.56KT_2}{d_1 d_2 m}\cdot Y_{Fa} \leqslant [\sigma_F] \tag{8-9}$$

将 $d_2=mz_2$ 代入式(8-9)可导出设计计算公式：

$$m^2 d_1 \geqslant \frac{1.56KT_2}{z_2[\sigma_F]} \cdot Y_{Fa} \tag{8-10}$$

式中：T_2——作用于蜗轮上的转矩(N·mm)；

K——载荷系数，一般 $K=1\sim1.4$，当载荷平稳，滑动速度 $v_s\leqslant3$ m/s 及精度较高时，K 取低值，否则，K 取高值；

z_2——蜗轮齿数，根据 i 参考表 8-2 确定；

Y_{Fa}——蜗轮的齿形系数，用当量齿数 $z_v=z_2/\cos^3\gamma$ 按表 8-4 选取；

$[\sigma_F]$——蜗轮的许用弯曲应力(MPa)，查表 8-6；

m——模数(mm)，根据算得的 m^2d_1，查表 8-1 确定 m 及 d_1。

表 8-4　蜗轮的齿形系数 Y_{Fa}

z_v	20	24	26	28	30	32	35	37
Y_{Fa}	2.24	2.12	2.10	2.04	1.99	1.94	1.86	1.82
z_v	40	45	50	60	80	100	150	300
Y_{Fa}	1.76	1.68	1.64	1.59	1.52	1.47	1.44	1.40

8.5　蜗杆传动的材料选择和许用应力

1. 蜗杆和蜗轮的常用材料

由蜗杆传动的失效形式可知，选择蜗杆和蜗轮材料组合时，不但要求材料有足够的强度，而且要有良好的减摩、耐磨和抗胶合的能力。实践表明，较理想的蜗杆副材料是：青铜蜗轮齿圈匹配淬硬磨削的钢制蜗杆。

蜗杆一般是用碳素钢或合金钢(见表 8-5)制造的，要求齿面光洁并具有较高的硬度。对于高速重载传动，蜗杆常用低碳合金钢(如 20Cr、20CrMnTi)经渗碳后，表面淬火使硬度达 58～63 HRC，再经磨削制成。对中速中载传动，蜗杆常用 45 钢、40Cr、35SiMn 等，表面经高频淬火使硬度达 45～55 HRC，再经磨削制成。对于一般蜗杆，可采用 45、40 等碳钢调质处理(硬度为 220～270 HBS)。

由于滑动速度大，制造蜗轮的材料应选用减摩性能好的铜合金，如铸造锡青铜(ZCuSn10P1、ZCuSn6Zn6Pb3)、铸造铝铁青铜(ZCuAl10Fe3)等；对低速轻载传动，也可用球墨铸铁或灰铸铁，如灰铸铁 HT150、HT200 等。锡青铜的抗胶合、减摩及耐磨性能最好，但价格较高，常用于 $v_s>6$ m/s 的重要传动；铝铁青铜具有足够的强度，并耐冲击，价格便宜，但抗胶合及耐磨性能不如锡青铜，一般用于 $v_s\leqslant6$ m/s 的传动；灰铸铁用于 $v_s\leqslant2$ m/s 的不重要场合。

表 8-5　蜗杆常用材料

材料牌号	热处理	硬度	齿面粗糙度值 Ra/μm
45,35SiMn,42SiMn,40Cr,37SiMnMoV,38SiMnMo	表面淬火	45～55 HRC	1.6～0.8
20MnVB,20SiMnVB,20Cr,20CrMnTi	渗碳淬火	58～63 HRC	1.6～0.8
45(用于不重要的传动)	调质	<270 HBS	6.3

2. 蜗轮的许用应力

常用的蜗轮材料许用接触应力$[\sigma_H]$和许用弯曲应力$[\sigma_F]$的值见表 8-6，需要时查阅相关手册。

表 8-6　蜗轮材料的许用接触应力$[\sigma_H]$和许用弯曲应力$[\sigma_F]$

蜗轮材料	铸造方法	适用的滑动速度 v_s/(m/s)	力学性能		$[\sigma_H]$/MPa		$[\sigma_F]$/MPa	
					蜗杆齿面硬度		单向受载	双向受载
			σ_s/MPa	σ_b/MPa	≤350 HBS	>45 HRC		
ZCuSn10P1 (铸造锡青铜)	砂模	≤12	130	220	180	200	51	32
	金属模	≤25	170	310	200	220	70	40

8.6　蜗杆传动的效率、散热与润滑

8.6.1　蜗杆传动的效率

闭式蜗杆传动的功率损耗包括三部分：齿面间啮合摩擦损耗、蜗杆轴上轴承的摩擦损耗和搅动箱体内润滑油时的溅油损耗。当蜗杆主动时，总效率为

$$\left.\begin{aligned}\eta &= \eta_1\eta_2\eta_3\\ \eta_1 &= \frac{\tan\gamma}{\tan(\gamma+\rho_v)}\end{aligned}\right\}\tag{8-11}$$

式中：η_1——啮合效率，是影响蜗杆传动效率的主要因素；

ρ_v——当量摩擦角，可按蜗杆传动的材料及滑动速度查表 8-7 得出；

γ——普通圆柱蜗杆分度圆上螺旋线的导程角，是影响啮合效率的最主要的参数之一；(在 γ 值的常用范围内，η_1 随 γ 增大而提高，故为提高传动效率，常采用多头蜗杆；但 γ 过大会导致蜗杆加工困难，当 $\gamma>28°$后，效率提高很少，所以蜗杆的导程角 γ 一般都小于 28°。)

η_2、η_3——轴承效率和搅油效率，一般取 $\eta_2\eta_3=0.95\sim0.96$。

在开始设计时，为了近似地求出蜗轮上的转矩 T_2，闭式蜗杆传动的总效率可取表 8-8 中的数值；而开式蜗杆传动中，当 $z_1=1$、2 时，$\eta=0.6\sim0.7$。

表 8-7　当量摩擦系数 f_v 和当量摩擦角 ρ_v

蜗轮材料	锡青铜				无锡青铜	
蜗杆齿面硬度	>45 HRC		其他		>45 HRC	
滑动速度 v_s/(m/s)	f_v	ρ_v	f_v	ρ_v	f_v	ρ_v
1	0.045	2°35′	0.055	3°09′	0.07	4°00′
2	0.035	2°00′	0.045	2°35′	0.055	3°09′
3	0.028	1°36′	0.035	2°00′	0.045	2°35′
4	0.024	1°22′	0.031	1°47′	0.04	2°17′

续表

蜗轮材料	锡青铜				无锡青铜	
蜗杆齿面硬度	>45 HRC		其他		>45 HRC	
滑动速度 v_s/(m/s)	f_v	ρ_v	f_v	ρ_v	f_v	ρ_v
5	0.022	1°16′	0.029	1°40′	0.035	2°00′
8	0.018	1°02′	0.026	1°29′	0.03	1°43′

注：(1)当滑动速度与表中数值不一致时，可用插入法求得 f_v、ρ_v；

(2)蜗轮材料为灰铸铁时，可按无锡青铜查取 f_v、ρ_v。

表 8-8　普通闭式蜗杆传动效率 η 的参考值

蜗杆头数 z_1	1	2	3	4
传动效率 η	0.7～0.75	0.75～0.82	0.82～0.87	0.87～0.92

8.6.2　蜗杆传动的热平衡计算

蜗杆传动的滑动速度大，传动效率低，发热量大，若散热不及时，易导致温升过高使得润滑油变稀，破坏齿面间润滑油膜的形成，造成齿面磨损加剧，甚至发生胶合。因此，闭式蜗杆传动要进行热平衡计算，以便采取有效的散热方法，保证油温在规定的范围内。

若润滑油的工作温度超过 80 ℃，或有效的散热面积不足，则需采取散热措施，以提高散热能力。常用的措施有：

(1) 在箱体外壁加散热片以增大散热面积；

(2) 在蜗杆轴上安装风扇(见图 8-9(a))；

(3) 在箱体油池内铺设冷却水管，用循环水冷却(见图 8-9(b))；

(4) 采用压力喷油循环润滑，油泵将高温的润滑油抽到箱体外，经过滤器、冷却器冷却后，喷射到传动的啮合部位(见图 8-9(c))。

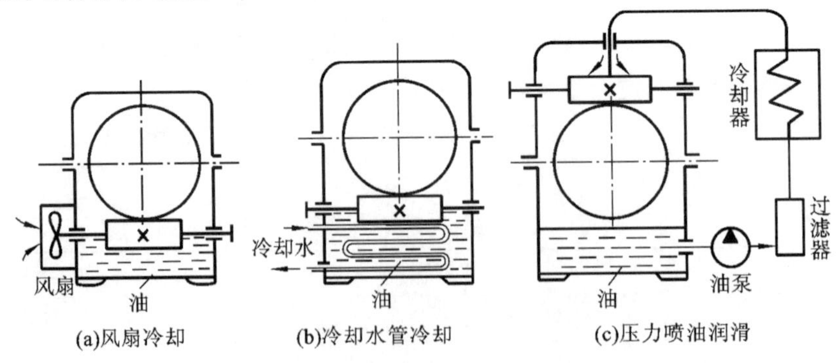

图 8-9　提高蜗杆传动散热能力的措施

8.6.3　蜗杆传动的润滑

为提高传动效率，避免胶合和减少磨损，润滑十分重要。润滑油的黏度及润滑方法可按滑动速度和载荷类型参考表 8-9 确定。

表 8-9　蜗杆传动润滑油黏度和润滑方法

适宜滑动速度 v_s/(m/s)	≤1.5	1.5～3.5	3.5～10	>10
润滑油黏度 γ_{40}/(mm²/s)	>612	414～506	288～352	198～242

注：蜗杆上置时，可将表中黏度提高 30%～50%；重载蜗杆传动取大值，反之取小值。

例 8-1　设计一搅拌机用的普通圆柱蜗杆传动。已知输入轴传递功率 $P_1=10$ kW，转速 $n_1=1450$ r/min，传动比 $i=20$，单向传动，载荷较平稳，有不大的冲击，大批量生产。

解　采用闭式传动，按选择材料、确定许用应力、对蜗轮进行齿面接触强度设计、确定主要几何尺寸、对蜗轮轮齿进行弯曲强度验算、热平衡验算的顺序来逐项完成设计。列表如下：

计算及说明	主要结果
1. 选择材料，确定许用应力 蜗杆选择 45 钢，表面淬火，齿面硬度为 45～55 HRC，蜗轮齿圈选择 ZCuSn10P1，金属模铸造，轮芯采用 HT100 制造。 许用接触应力从表 8-6 中查取 许用弯曲应力从表 8-6 中查取	$[\sigma_H]=220$ MPa $[\sigma_F]=70$ MPa
2. 蜗轮齿面接触强度设计 蜗杆头数 z_1 由表 8-2 查取 蜗轮齿数 $z_2=iz_1=20\times2$ 蜗轮转速 $n_2=n_1/i=1450/20$ 根据表 8-8，取传动效率 $\eta=0.8$ 蜗轮轴转矩 $T_2=9.55\times10^6\dfrac{P_1\eta}{n_2}$ $=9.55\times10^6\times\dfrac{10\times0.8}{72.5}$ (N·mm) 载荷系数 取蜗杆导程角 计算 m^2d_1 的值 $m^2d_1\geqslant KT_2\cos\gamma\left(\dfrac{480}{z_2[\sigma_H]}\right)^2=1.2\times1.05\times10^6\times\cos10°\times$ $\left(\dfrac{480}{40\times220}\right)^2=3692(\text{mm}^3)$ 模数根据表 8-1 取标准值 蜗杆分度圆直径根据表 8-1 选取	$z_1=2$ $z_2=40$ $n_2=72.5$ r/min $T_2=1.05\times10^6$ N·mm $K=1.2$ $\gamma=10°$ $m^2d_1\geqslant3692$ mm³ $m=8$ mm $d_1=80$ mm
3. 确定主要几何尺寸 蜗杆导程角 $\tan\gamma=mz_1/d_1=8\times2/80=0.2$ 蜗轮分度圆直径 $d_2=mz_2=8\times40=320$(mm) 中心矩 $a=\dfrac{1}{2}(d_1+d_2)=\dfrac{1}{2}\times(80+320)=200$(mm)	$\gamma=11°17'40''$ $d_2=320$ mm $a=200$ mm

续表

计算及说明	主要结果
4. 验证蜗轮轮齿弯曲强度	
蜗轮当量齿数 $z_v = z_2/\cos^3\gamma = 40/\cos^3 11°17'40''$	$z_v = 42.42$
齿形系数由表 8-4 查取	$Y_{Fa} = 1.72$
蜗轮轮齿弯曲应力	
$\sigma_F = \dfrac{1.56 \cdot KT_2}{d_1 d_2 m} \cdot Y_{Fa}$	
$= \dfrac{1.56 \times 1.2 \times 1.05 \times 10^6 \times 1.72}{80 \times 320 \times 8} = 16.51\ (\text{MPa})$	$\sigma_F = 16.51$ MPa 安全
$\sigma_F < [\sigma_F]$	
5. 热平衡计算	
滑动速度 $v_s = \dfrac{\pi d_1 n_1}{60 \times 1000 \cos\gamma}$	$v_s = 6.19$ m/s
$= \dfrac{\pi \times 80 \times 1450}{60 \times 1000 \times \cos 11°17'40''} = 6.19(\text{m/s})$	$\rho_v = 1°10''$
当量摩擦角由表 8-7 查取	
啮合效率 $\eta_1 = \dfrac{\tan\gamma}{\tan(\gamma + \rho_v)}$	$\eta_1 = 0.90$
取轴承效率 η_2 和搅油效率 η_3	$\eta_2 \cdot \eta_3 = 0.96$
总效率 $\eta = \eta_1 \eta_2 \eta_3$	$\eta = 0.86$

8.7　蜗杆和蜗轮的结构、规定画法及图样

8.7.1　蜗杆和蜗轮的常见结构

1. 蜗杆的结构

蜗杆一般与轴做成一体，称为蜗杆轴。蜗杆按螺旋齿面加工方法不同，可分为车制蜗杆和铣制蜗杆两类。图 8-10(a)所示为车制蜗杆，为车削螺旋部分，轴上应有退刀槽，轴径 $d_h = d_{f1} - (2 \sim 4)$mm。图 8-10(b)所示为铣制蜗杆，不需要退刀槽，轴径 d_h 可大于 d_{f1}。

当蜗杆的螺旋部分直径较大($d_{f1} > 1.7 d_h$)时，可将蜗杆与轴分开制作，然后装配在一起。

2. 蜗轮的结构

蜗轮有整体式和组合式两种。为了节省贵重的有色金属，大多数蜗轮做成组合式。

图 8-11(a)所示为整体式蜗轮，适用于铸铁蜗轮、铝合金蜗轮或直径小于 100 mm 的青铜蜗轮。

图 8-11(b)所示为组合式过盈连接蜗轮。这种结构常由青铜齿圈与铸铁轮芯组成，两者之间常采用 H7/s6 或 H7/r6 配合，并加轴肩作轴向定位，为防止齿圈沿圆周方向或沿轴向窜动，另加 6～12 个骑缝螺钉固定。这种结构多用于尺寸不大或工作温度变化较小的蜗轮，以免

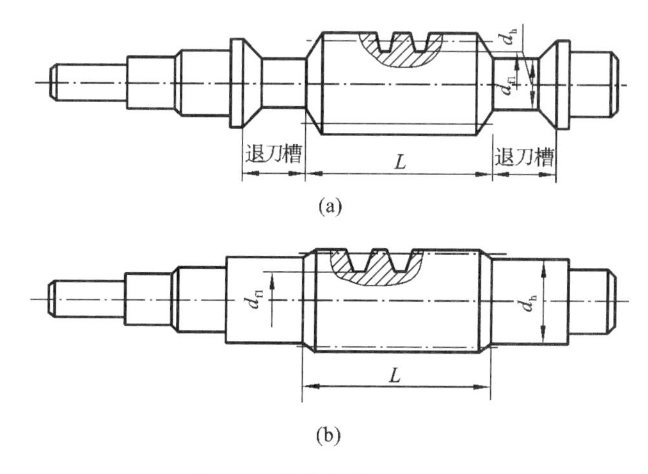

图 8-10　圆柱蜗杆结构形式

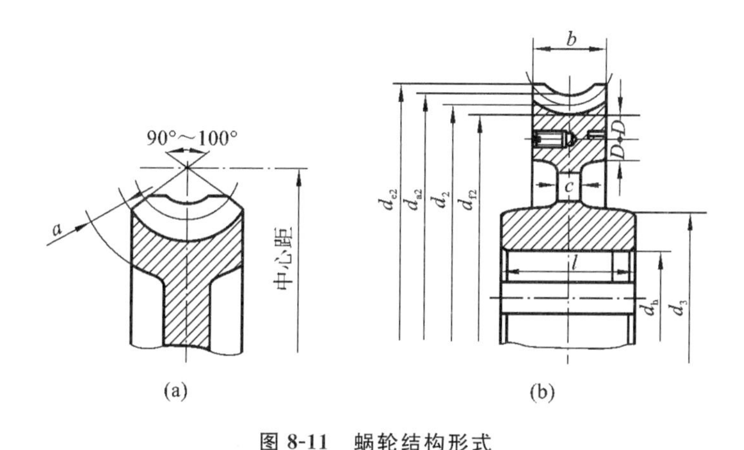

图 8-11　蜗轮结构形式

$a=2m\geqslant10$ mm；$l=(1.2\sim1.8)d_h$；$d_3=(1.6\sim1.8)\ d_h$；$c\geqslant1.5m\geqslant10$ mm

热胀影响配合的质量。

对于尺寸较大或易磨损需经常更换齿圈的蜗轮，为了装拆方便，可采用组合式螺栓连接蜗轮，这种结构的青铜齿圈与铸铁轮芯可采用过渡配合 H7/j6，用普通螺栓连接；或采用间隙配合 H7/h6，通过铰制孔用螺栓连接。

对于成批生产的蜗轮，可以采用组合式浇铸蜗轮，这种结构的青铜齿圈浇铸在铸铁轮芯上，然后切齿。

8.7.2　蜗杆和蜗轮的零件图

蜗杆蜗轮的零件图除了要表示零件结构的图形、尺寸和表面粗糙度、形状位置公差以及技术要求外，还需给出啮合特性表，在表中给出蜗杆蜗轮的主要参数、精度等级和检验项目等。

蜗杆零件图如图 8-12 所示。蜗轮图样略。

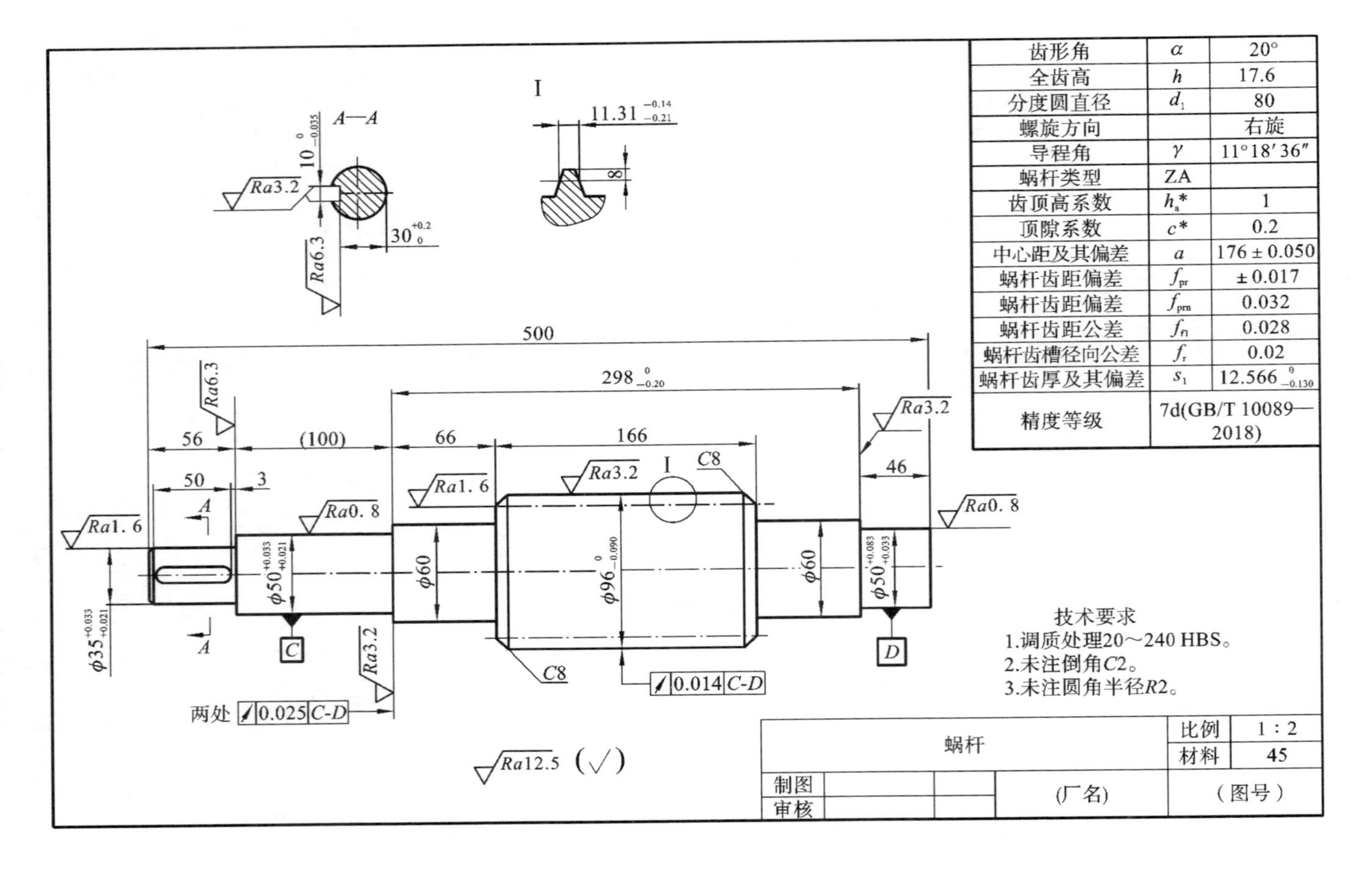
齿形角 α 20°
全齿高 h 17.6
分度圆直径 d1 80
螺旋方向 右旋
导程角 γ 11°18′36″
蜗杆类型 ZA
齿顶高系数 ha* 1
顶隙系数 c* 0.2
中心距及其偏差 a 176±0.050
蜗杆齿距偏差 fpr ±0.017
蜗杆齿距偏差 fpm 0.032
蜗杆齿距公差 fn 0.028
蜗杆齿槽径向公差 fr 0.02
蜗杆齿厚及其偏差 s1 12.566
精度等级 7d(GB/T 10089—2018)
技术要求
1.调质处理20～240 HBS。
2.未注倒角C2。
3.未注圆角半径R2。
蜗杆
比例 1∶2
材料 45
制图
审核
(厂名)
(图号)
A—A
I
两处 0.025 C-D
0.014 C-D
Ra12.5 (√)
500
298
56
(100)
66
166
46
50
3
C8
φ96
φ60
φ50
φ35

图 8-12 蜗杆零件图

思考与练习

第9章 工程中的轮系

本章学习目标

1. 根据工作要求选择轮系的类型。

2. 掌握轮系传动比的计算方法。

本章知识要点

1. 各类轮系的组成、功能、传动原理和运动特点。

2. 判断轮系的类型。

3. 定轴轮系的传动比计算方法。

实践教学研究

1. 参观发动机,了解发动机中的轮系结构;

2. 观察轮系在日常生活和工程设备中的应用。

关键词

轮系　定轴轮系　传动比　惰轮

9.1 概　　述

1. 轮系

为了满足各种不同的使用要求,工程设备经常采用若干个彼此啮合的齿轮进行传动,在主动轴与从动轴之间获得预期大小的传动比和转向关系。这种由一系列齿轮所组成的传动系统称为轮系。

2. 轮系的应用

1) 用于两轴相距较远的传动

如图9-1所示,从电动机到主轴的距离相对较远,通过齿轮啮合运动实现了较远距离运动的传递。

2) 获得较大的传动比

通过两齿轮分度圆直径的变化,实现较大的传动比。

3) 实现变速传动

当主动轴的转速不变,而要求从动轴有几个不同的转速时,可以用适当排列的轮系来实现。如图9-1所示,从电动机到主轴,通过齿轮啮合运动实现了主轴多种转速的变化。

4) 改变从动轮的转向

当主动轴的转动方向不变,而要求从动轴的转动方向改变时,可以增加齿轮改变从动轮的转向，如图 9-2 所示。

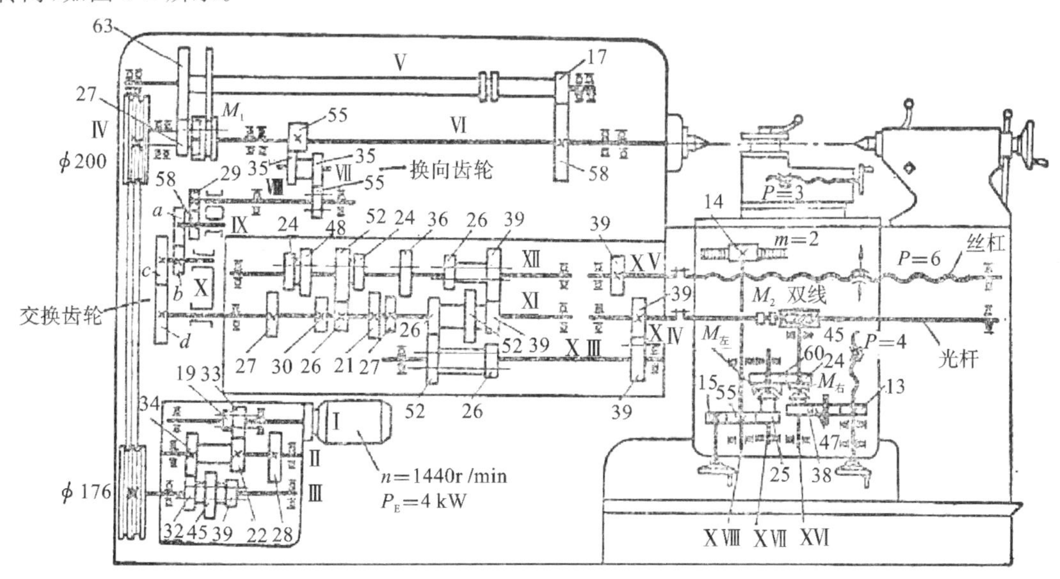

图 9-1　万能卧式铣床的传动系统图

注：图中序号 13、15、21、22、24、25、26、27、28、30、32、34、35、36、38、39、45、48、52、55、63 表示齿轮；序号 14 表示蜗轮；序号 19、29 表示轴承。

5）实现分路传动

利用定轴轮系，通过主动轴上的若干齿轮，分别把运动传给多个工作部位，从而实现分路传动。

图 9-3 所示为滚齿机工作台中的传动机构，由电动机带动主动轴转动，通过该轴上的齿轮 1 和齿轮 3 分两路将运动传给滚刀 A 和轮坯 9，从而使刀具和轮坯之间具有确定的对滚关系。

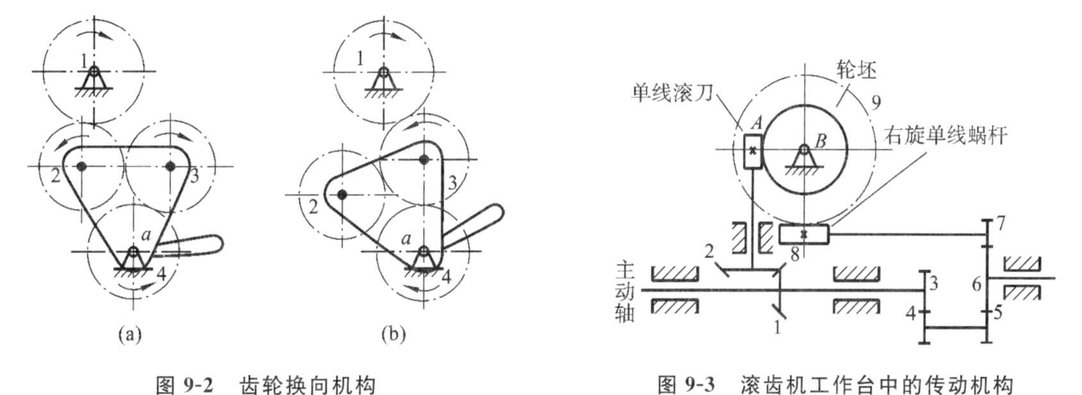

图 9-2　齿轮换向机构　　　　图 9-3　滚齿机工作台中的传动机构

3. 轮系的分类

根据轮系中各轮几何轴线在运转过程中相对位置是否固定，可将轮系分为三类：定轴轮系、周转轮系和复合轮系。

定轴轮系：如果轮系中所有齿轮的轴线相对机架都是固定的，则这种轮系称为定轴轮系或普通轮系。

周转轮系：如果轮系中有某几个齿轮（最少应有一个齿轮）的轴线相对机架是不固定的，而是绕其他固定轴线转动，则这种轮系称为周转轮系，如图 9-4 所示，齿轮 2 的轴线可以绕固定轴线 OO 转动。

复合轮系：在传动系统中既含有定轴轮系又含有周转轮系的称为复合轮系，如图 9-5 所示。

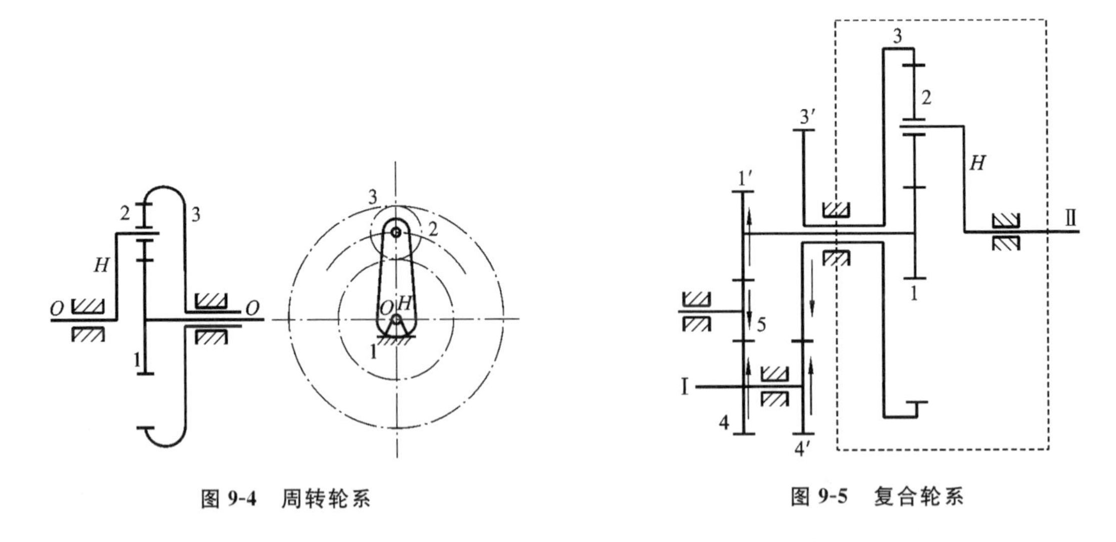

图 9-4　周转轮系　　　　图 9-5　复合轮系

9.2　定轴轮系的传动比

轮系中主动轴与最末一根从动轴的转速之比（角速度之比）称为轮系的传动比。

传动比 i 是指主动齿轮的转速 n_a 与从动齿轮的转速 n_b 之比，通常用 i_{12} 或 i_{ab} 表示，即

$$i_{12}=i_{ab}=\frac{\omega_a}{\omega_b}=\frac{n_a}{n_b}=\frac{n_1}{n_2} \tag{9-1}$$

式中：ω_a——主动齿轮的角速度；

ω_b——从动齿轮的角速度；

n_a、n_1——主动齿轮的转速；

n_b、n_2——从动齿轮的转速。

1. 传动比与转向

图 9-6 所示为一对外啮合圆柱齿轮传动，其两轮转向相反，在传动比值前加“－”号表示，于是

$$i=-\frac{n_a}{n_b}=-\frac{z_2}{z_1} \tag{9-2}$$

图 9-7 所示为一对内啮合圆柱齿轮传动，其两轮转向相同，在传动比值前加“＋”号表示，于是

$$i=\frac{n_a}{n_b}=+\frac{z_2}{z_1} \tag{9-3}$$

式中：n_a、n_b——主动齿轮、从动齿轮的转速；

z_1、z_2——主动齿轮、从动齿轮的齿数。

由此可得出结论：一对定轴圆柱齿轮啮合的传动比等于两轮齿数的反比，内啮合加正号，外啮合加负号。

2. 定轴轮系的传动比

如 9-8 所示的轮系为一定轴轮系，它由 3 对外啮合圆柱齿轮和 1 对内啮合圆柱齿轮串联组成。Ⅰ为第一主动轴，Ⅴ为最末从动轴。其总传动比可由各对啮合齿轮的传动比求得。

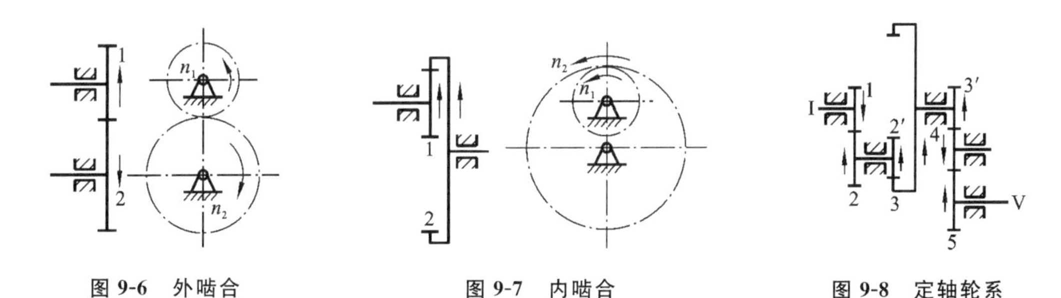

图 9-6　外啮合　　　图 9-7　内啮合　　　图 9-8　定轴轮系

假设各轮齿数为 z_1、z_2、$z_{2'}$、z_3 、…、z_4 和 z_5，各轴的转速为 n_1、n_2、n_3、n_4 和 n_5，则

$$i_{12}=\frac{n_1}{n_2}=-\frac{z_2}{z_1}\quad i_{2'3}=\frac{n_{2'}}{n_3}=+\frac{z_3}{z_{2'}}$$

$$i_{3'4}=\frac{n_{3'}}{n_4}=-\frac{z_4}{z_{3'}}\quad i_{45}=\frac{n_4}{n_5}=-\frac{z_5}{z_4}$$

将上述各式连乘，得

$$i_{12}i_{2'3}i_{3'4}i_{45}=\frac{n_1}{n_2}\frac{n_{2'}}{n_3}\frac{n_{3'}}{n_4}\frac{n_4}{n_5}=\left(-\frac{z_2}{z_1}\right)\cdot\left(+\frac{z_3}{z_{2'}}\right)\cdot\left(-\frac{z_4}{z_{3'}}\right)\cdot\left(-\frac{z_5}{z_4}\right)$$

因 $n_2=n_{2'}$，$n_3=n_{3'}$ ，所以轮系总传动比为

$$i_{15}=i_{12}i_{2'3}i_{3'4}i_{45}=(-1)^3\cdot\left(\frac{z_2}{z_1}\frac{z_3}{z_{2'}}\frac{z_4}{z_{3'}}\frac{z_5}{z_4}\right)=-\frac{z_2}{z_1}\frac{z_3}{z_{2'}}\frac{z_5}{z_{3'}}\tag{9-4}$$

由式(9-4)可知：定轴轮系的总传动比等于组成该轮系的各对齿轮传动比的连乘积，其数值等于所有从动轮齿数的连乘积与所有主动轮齿数的连乘积之比。总传动比的正负号取决于该轮系中外啮合齿轮的对数 m(内啮合传动比不变号)。m 表示从第一个主动轮到最末一个从动轮间转动方向改变的次数，故总传动比的正负号可用 $(-1)^m$ 来确定。在图 9-8 所示的轮系中，外啮合齿轮共有 3 对，故总传动比的正负号应为 $(-1)^3$ 。

在图 9-8 所示的轮系中，齿轮 4 在与齿轮 3′和齿轮 5 的啮合中既是从动轮(对齿轮 3′来说)又是主动轮(对齿轮 5 而言)，因此从式(9-4)可看出齿轮 4 对整个轮系的总传动比的数值没有什么影响(在分子、分母中均有 z_4)，它的存在仅影响传动比的符号，即只影响从动轴的转动方向。轮系中的这种齿轮称为惰轮(或称为介轮)。应用惰轮不仅可改变从动轴的转动方向，而且可起到增大两轴间距离的作用。

应当指出，用正负号确定齿轮转向的方法只适用于全部由圆柱齿轮组成的轮系。如轮系中有锥齿轮、蜗杆传动，其总传动比数值的计算仍可用式(9-4)，但式中的 $(-1)^m$ 不再适用。此时需要用画箭头的方法来表示各轮的转向，如图 9-9 所示。

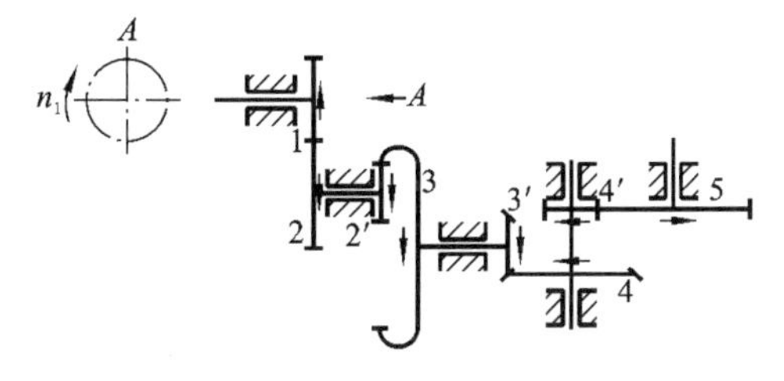

图 9-9　轮系中齿轮的转向

例 9-1　已知各轮齿数为 $z_1=20$，$z_2=40$，$z_{2'}=20$，$z_3=60$，$z_{3'}=2$，$z_4=30$，如图 9-10 所示。若 $n_1=1000$ r/min，轮 1 旋转方向如 A 向视图所示，求轮 4 的转速及各轮的转向。

解　因为轮系中有蜗轮蜗杆，所以只能用式(9-4)计算轮系传动比的数值，而根据蜗杆的旋转方向判断蜗轮4的转向。轮系中各轮的转向如图9-10中箭头标注。

根据式(9-4)可得

$$i_{14}=\frac{n_1}{n_4}=\frac{z_2}{z_1}\frac{z_3}{z_{2'}}\frac{z_4}{z_{3'}}=\frac{40\times 60\times 30}{20\times 20\times 2}=90$$

$$n_4=\frac{n_1}{i_{14}}=\frac{1000}{90}=11.1\ \mathrm{r/min}$$

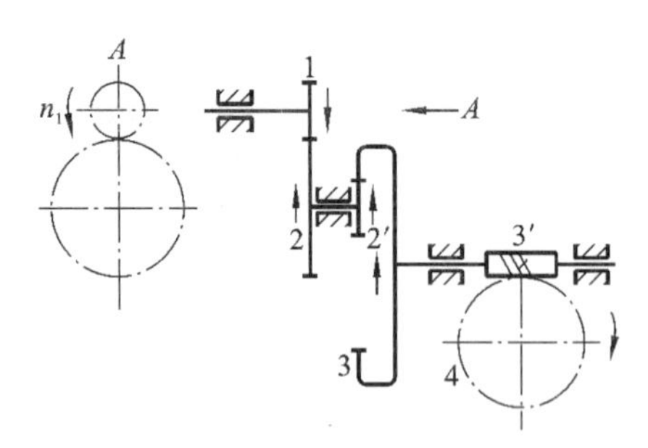

图9-10　轮系

3. 定轴轮系减速器齿轮布置

减速器是工程设计中广泛应用的典型的定轴轮系部件。一般减速器分类如下：

1) 减速器按照齿轮形状分类

减速器按照齿轮形状可分为圆柱齿轮(包括直齿轮、斜齿轮和人字齿轮)减速器、锥齿轮减速器、蜗杆减速器以及它们的组合——圆锥圆柱齿轮减速器、蜗杆圆柱齿轮减速器等。

2) 减速器按照传动级数分类

减速器按照传动级数可分为单级、两级和多级减速器等。

单级圆柱齿轮减速器如图9-11(a)所示，一般传动比 $i=1\sim 8$，一般直齿轮的传动比 $i\leqslant 5$，斜齿轮可大些，$i\leqslant 8$。如果传动比 $i>8$，应采用两级圆柱齿轮减速器，如图9-11(b)所示。

3) 减速器按照传动的布置形式分类

减速器按照传动的布置形式可分为展开式、同轴式和分流式减速器。

展开式圆柱齿轮减速器如图9-11(b)所示，该减速器的结构紧凑、简单，但齿轮相对于轴承为不对称布置，受载时轴的弯曲变形将引起轮齿沿齿宽的载荷分布不均。这种布置形式的减速器适用于载荷较平稳的场合。

同轴式圆柱齿轮减速器如图9-11(c)所示，该减速器的箱体长度较短，输入轴和输出轴位于同一轴线上，使得设备布置较为方便、合理。但轴向尺寸较长，中间轴较长，其齿轮与轴承为不对称布置，刚性差，载荷沿齿宽分布不均匀，而且位于减速器中间部分的轴承的润滑也比较困难。

分流式圆柱齿轮减速器如图9-11(d)所示，该减速器齿轮对称布置，载荷沿齿宽分布均匀，齿轮受力较好，适用于大功率齿轮传动。

单级蜗杆减速器可获得大的传动比，如图9-11(e)所示。蜗杆浸在油中，可保证蜗杆传动有良好的润滑，适用于蜗杆圆周速度 $v\leqslant 4\ \mathrm{m/s}$ 的情况。单级蜗杆减速器常用于传动比 $i=10\sim 80$的场合。

圆锥圆柱齿轮减速器如图9-11(f)所示，圆锥圆柱齿轮减速器及蜗杆圆柱齿轮减速器的相关参数等请参阅有关手册。

减速器是轮系的一个具体的应用。由于普通减速器的应用非常广泛，因此一般用途的减速器已经标准化。使用时应尽量选用标准减速器，如选不到合适的，可自行设计，不过在设计时应参考标准减速器的参数和有关资料。

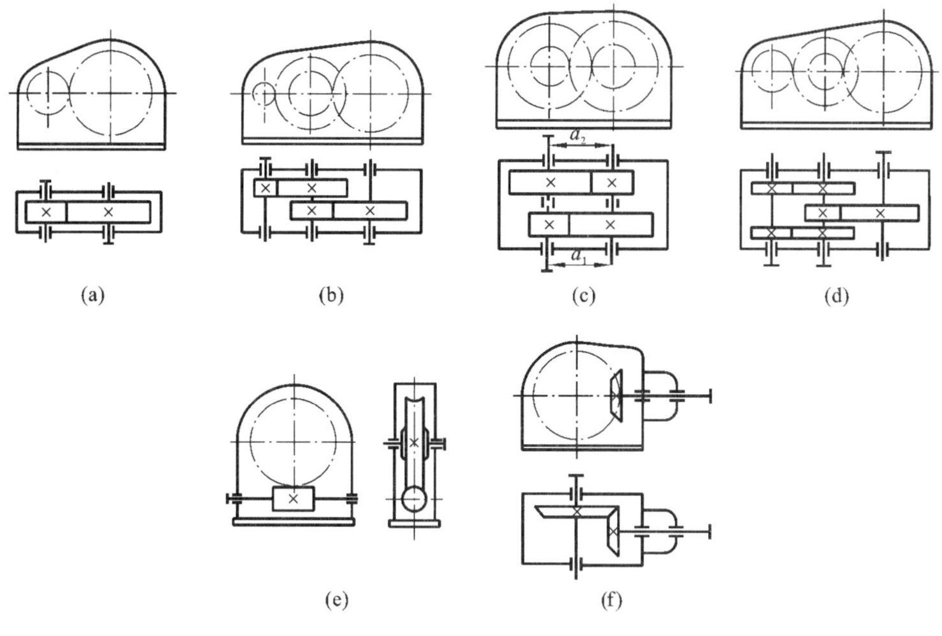

图 9-11　减速器

思考与练习

第3篇　工程设计中的支撑性

第10章　工程中的轴承

本章学习目标

1. 培养学生在工程设计中选择滑动轴承和滚动轴承的能力。
2. 培养学生正确运用滚动轴承寿命计算的基本理论及方法的能力。

本章知识要点

1. 了解摩擦、磨损、润滑的基本知识。
2. 熟悉滑动轴承的分类、特点及应用。
3. 熟悉滑动轴承的主要失效形式。
4. 掌握滚动轴承的结构类型和代号。
5. 掌握选择滚动轴承类型的基本方法。
6. 掌握滚动轴承寿命计算的基本理论及方法。
7. 合理进行滚动轴承组合设计。

实践教学研究

观察减速器或食品机械或其他简单机械中的各种支承轴承。

关键词

滑动轴承　滚动轴承　深沟球轴承

10.1　概　　述

轴承是轴系中的重要支承部件,其功能是支承轴及轴上的零件,并保证轴的旋转精度,减少转动轴与固定轴承座间的摩擦和磨损。

根据轴承摩擦性质的不同,可把轴承分为滑动轴承和滚动轴承两大类。滚动轴承依靠主要元件间的滚动接触来支承转动零件,其间的摩擦属于滚动摩擦,而滑动轴承中的摩擦属于滑动摩擦。

滚动轴承摩擦阻力小,启动容易,功率消耗少,而且已经标准化,选用、润滑、维护都很方便,因而在一般机器中得到了更为广泛的应用。图10-1所示为安装在蜗杆减速器中的蜗杆轴上的圆锥滚子轴承。滑动轴承在一般情况下摩擦大,磨损严重,特殊构造的滑动轴承设计、制造、维护费用较高。但其具有承载能力强,噪声低,径向尺寸小,油膜有一定的吸振能力等优点,因此滑动轴承在某些场合仍占重要地位。

目前滑动轴承主要应用于滚动轴承难以满足工作要求的场合,如工作转速特别高的场合,对轴的支承位置要求特别精确的场合,承受巨大的冲击和振动载荷的场合,根据装配要求轴承

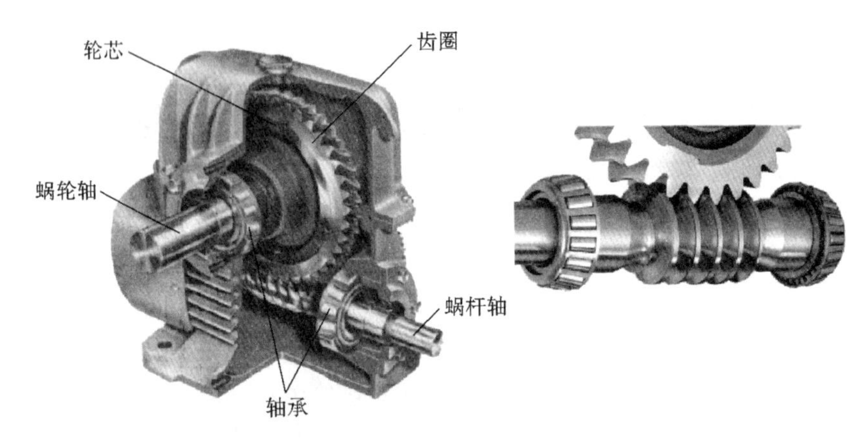

图 10-1 滚动轴承在蜗杆减速器中的应用

必须做成剖分式的场合，工作条件特殊(如在水中或腐蚀性介质中工作)的场合，在安装轴承时径向空间尺寸受到限制的场合。因此，滑动轴承在航空发动机、铁路机车、轧钢机等方面大量应用。

10.2 滑动轴承

10.2.1 两摩擦表面间的摩擦状态

滑动轴承的承载能力与载荷的性质、轴承的材料以及轴和轴承两表面间的摩擦状态有关。

1. 干摩擦状态

干摩擦是指两摩擦表面间没有任何润滑剂或保护膜，固体表面直接接触的摩擦。发生干摩擦时必然有大量的摩擦功损耗和工件的严重磨损，摩擦系数可达 0.3。干摩擦在滑动轴承中表现为强烈的升温，甚至烧毁轴瓦。所以在滑动轴承中不允许出现干摩擦。

2. 边界摩擦状态

边界摩擦又称边界润滑，两摩擦面间有润滑油存在，由于润滑油与金属表面的吸附作用，在金属表面会形成一层边界油膜，边界油膜很薄(厚度约为 1 μm)，此油膜不足以将两金属表面分隔开来，在相互运动时两金属表面微观的凸峰部分仍将相互接触，发生摩擦(见图 10-2(a))，这种摩擦称为边界摩擦。由于边界油膜也有较好的润滑作用，因此摩擦系数较小，$f=0.1\sim0.3$，磨损也较轻。

3. 液体摩擦状态

液体摩擦又称液体润滑。若两摩擦表面有充足的润滑油，且满足一定的条件，则两摩擦表面间会形成较厚的压力油膜，将相对运动的两表面完全隔开(见图 10-2(b))，此时没有物体表面间的摩擦，只有液体之间的摩擦，这种摩擦称为液体摩擦，摩擦系数最小($f=0.001\sim0.1$)，是理想的摩擦状态。但实现液体摩擦(液体润滑)必须具备一定的条件。

在一般的滑动轴承中，两摩擦面间多处于干摩擦、边界摩擦和液体摩擦的混合状态，称为非液体摩擦。

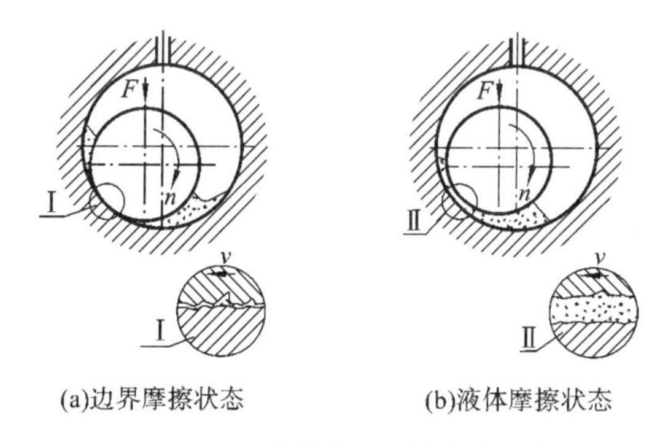

(a)边界摩擦状态　(b)液体摩擦状态

图 10-2　两摩擦表面间的摩擦状态

10.2.2　滑动轴承的分类

滑动轴承按摩擦状态分为液体摩擦滑动轴承和非液体摩擦滑动轴承。

液体摩擦滑动轴承的两表面间为液体摩擦状态，这种轴承寿命长、效率高，但其制造精度要求高，并需一定的工况条件才能实现。

非液体摩擦滑动轴承的两表面间为边界摩擦状态，这种轴承结构简单，对制造精度和工作条件的要求不高，故在机械中得到了广泛应用。

滑动轴承按承受载荷方向主要分为向心滑动轴承和推力滑动轴承。向心滑动轴承主要承受径向载荷（见图 10-3(a)），推力滑动轴承主要承受轴向载荷（见图 10-3(b)）。

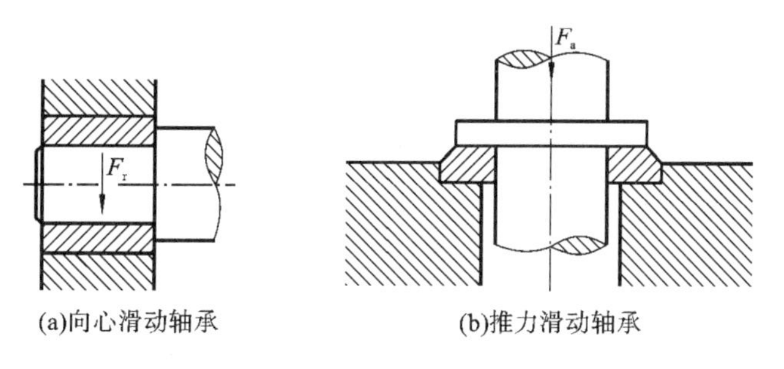

(a)向心滑动轴承　(b)推力滑动轴承

图 10-3　不同滑动轴承所承受载荷示意图

10.2.3　滑动轴承的结构

滑动轴承的结构通常由两部分组成，即由钢或铸铁等强度较高的材料制成的轴承座和由铜合金、铝合金或轴承合金等减摩材料制成的轴瓦。

1. 向心滑动轴承

向心滑动轴承主要有整体式和剖分式两种结构形式。

1）整体式滑动轴承

如图 10-4 所示，整体式滑动轴承由轴承座、轴瓦和紧定螺钉组成。轴瓦和轴承座不允许有相对运动，紧定螺钉可以防止轴瓦在轴承座中转动，起到周向固定作用。这种轴承的特点是结构简单，制造方便，成本低，刚度较大，但装拆时轴颈只能从端部装入，而且磨损后轴颈和轴瓦之间的间隙无法调整，故多用于轴颈不大、轻载低速和间歇工作且不重要的场合。这种轴承的结构已经标准化。

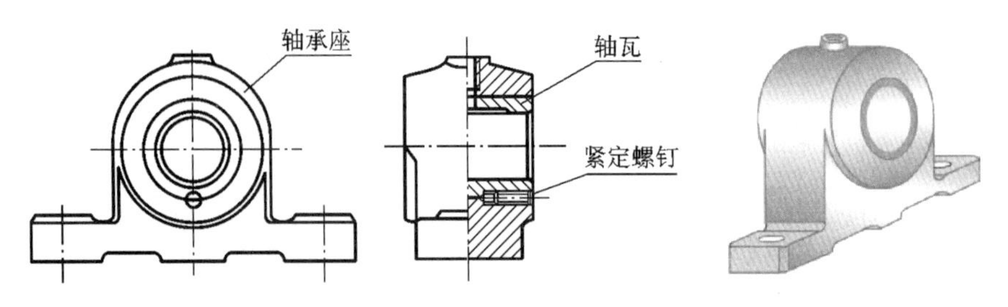

图 10-4　整体式滑动轴承结构

2）剖分式滑动轴承

如图 10-5 所示，剖分式滑动轴承由轴承座，轴承盖，剖分的上、下轴瓦，螺栓等组成。为了防止轴瓦转动，还装有空心固定套。为使轴承座、轴承盖很好地对中，要在剖分面上做出定位止口。剖分面间放有少量垫片，在轴瓦磨损后可减少垫片来调整轴颈和轴瓦之间的间隙。

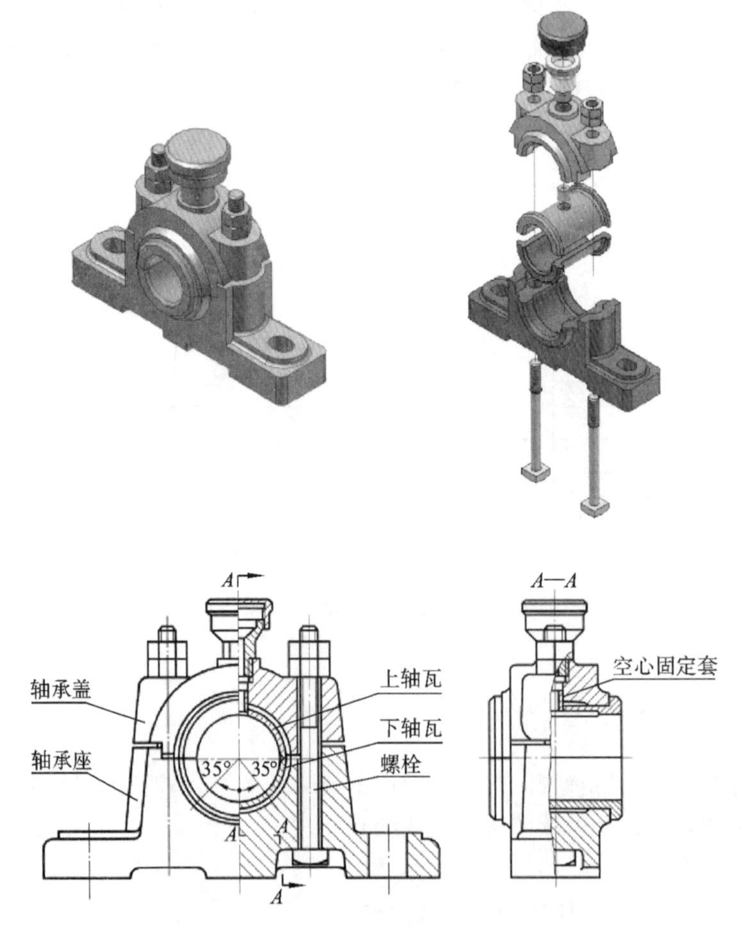

图 10-5　剖分式滑动轴承结构

当轴承承受的径向载荷不与底座垂直或剖分面不宜开在水平方向时，可将剖分面设计成与水平方向有一定倾斜角度的形式。图 10-6 所示为斜剖剖分式滑动轴承的标准结构（省略了俯、左视图）。其特点是剖分面与水平面成 45°，轴承承受载荷（径向力）的方向应该在垂直于剖分面的轴承中心线左右 35°范围内。

剖分式滑动轴承装拆和调整间隙均较方便，因此应用广泛。这种轴承的结构也已标准化。

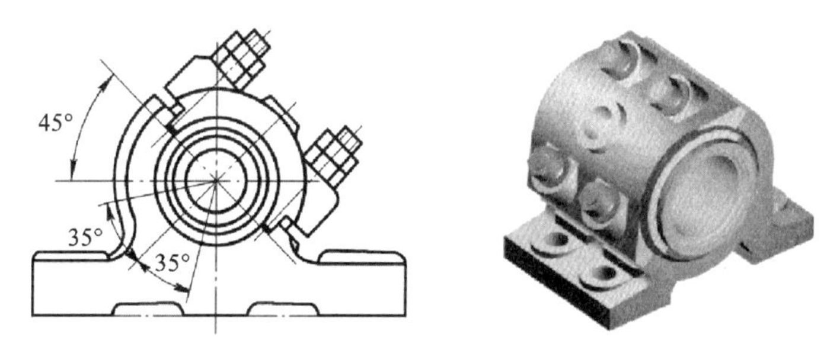

图 10-6 斜剖剖分式滑动轴承的标准结构

3）自动调位滑动轴承

轴颈较长，即轴颈的长径比 $L/d>1.5$（L 为轴颈工作长度，d 为轴颈直径），或轴的刚性较小，或两轴承不是安装在同一刚性机架上，安装精度难以保证，都会造成轴与轴瓦端部的局部接触（见图 10-7），因而局部磨损严重。为此可采用自动调位滑动轴承，如图 10-8 所示。这种轴承的结构特点是轴瓦基体的外表面做成外球面，与轴承盖及轴承座上的内球面相配合。当轴变形时，轴瓦可随轴自动调位，从而保证轴颈与轴瓦均匀接触。

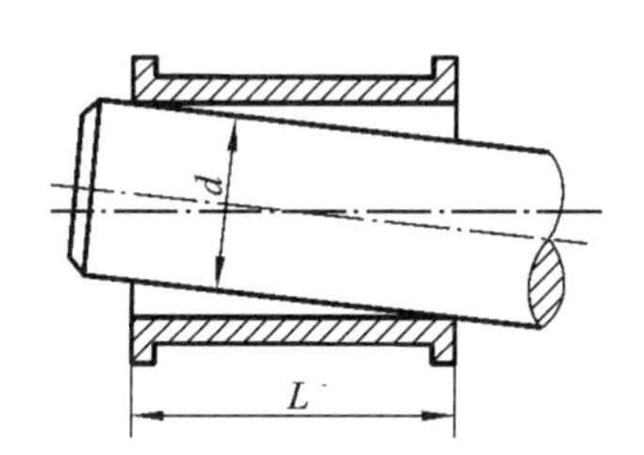

图 10-7 轴与轴瓦端部的局部接触

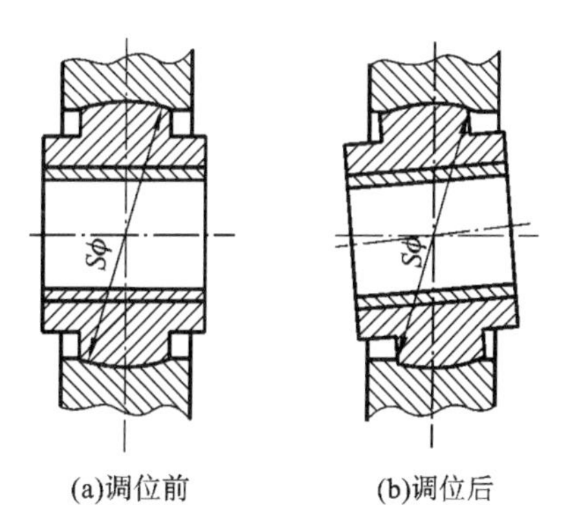

图 10-8 自动调位滑动轴承

2. 推力滑动轴承

推力滑动轴承的承载面与轴线垂直，用以承受轴向载荷。推力滑动轴承有立式和卧式两种。图 10-9(a)为立式平面推力滑动轴承的示意图，它由轴承座、止推轴瓦、径向轴瓦、销钉等组成。工作时，轴端面与止推轴瓦组成摩擦副。止推轴瓦的上表面开有放射状的油沟，以利于润滑，下表面则与轴承座以球形表面接触，起到自动调心作用。径向轴瓦用来承受径向载荷。由于工作表面上相对滑动速度不等，越靠近中心处，相对滑动速度越小，摩擦越轻，越靠近边缘处，相对滑动速度越大，摩擦越重，因此工作表面压强不均。

图 10-9(b)给出了几种推力滑动轴承示意图。推力滑动轴承由轴承座和止推轴瓦等组成，其常见的轴颈结构形式如表 10-1 所示。图 10-9 中，d 的尺寸由轴的结构设计确定，$d_0=(0.4\sim0.6)d$，$d_2=(1.2\sim1.6)d$，$h=(0.12\sim0.15)d$。

表 10-1 推力滑动轴承常见的轴颈结构形式

结构形式	特点
实心式	结构简单，但接触面上的压力分布极不均匀，因此不推荐采用

续表

结构形式	特点
空心式	轴颈接触面上的压力分布比较均匀，润滑条件较实心式的得到改善，但仍不易获得完全的油膜润滑，一般用于不重要的轴承
立式单环式	利用轴颈的环形端面止推，结构简单，润滑方便，可克服工作面上压强严重不均的问题，广泛应用于低速、轻载的场合
卧式多环式	不仅能承受较大的轴向载荷，有时还可承受双向轴向载荷。由于各环间载荷分布不均，因此环数不宜过多，且结构设计时要注意考虑可装配性。多环式单位面积的承载能力比单环式的低50%

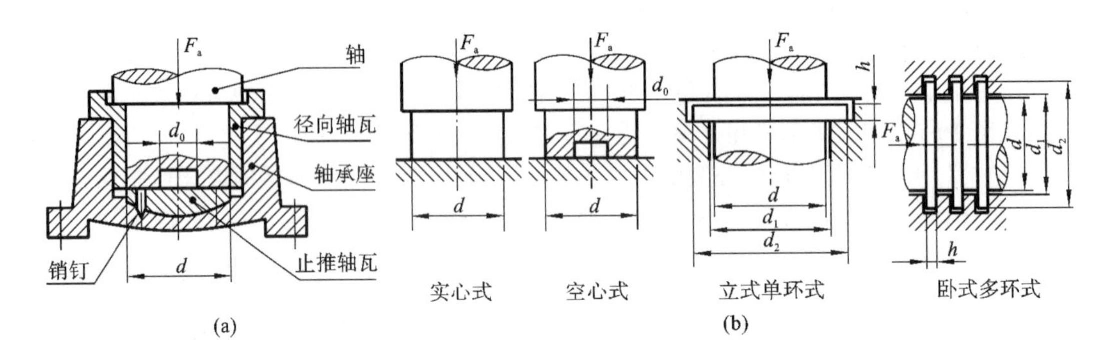

图 10-9 推力滑动轴承示意图

3. 轴瓦

轴瓦是轴承中直接与轴颈接触的部分，非液体摩擦滑动轴承的工作能力和使用寿命，在很大程度上取决于轴瓦的结构和材料的选择是否合理。

1）轴瓦的结构

与轴颈配合的零件称为轴瓦，它的工作面既是承载表面又是摩擦表面，故轴瓦是滑动轴承中最重要的零件。向心滑动轴承轴瓦的结构有整体式（见图 10-10(a)）、剖分式（见图 10-10(b)）和分块式三种。通常整体式滑动轴承采用整体式轴瓦；剖分式滑动轴承采用剖分式轴瓦；为了便于运输、装配和调整，大型滑动轴承一般采用分块式轴瓦。

图 10-10 (b)所示的是一种典型的剖分式轴瓦，其两端的凸肩用来防止轴瓦的轴向窜动，并能承受一定的轴向力。为使润滑油能导入分布到轴瓦的整个工作面上，轴瓦上要开出油孔和油沟。油孔用于供应润滑油，油沟用于输送和分布润滑油。润滑油通过轴承盖上的油杯、油孔和轴瓦上的油沟流入轴承的工作面。但油孔和油沟只能开在不承受载荷的区域，否则，会破坏油膜的连续性，从而降低承载能力。轴向不应开通油沟，以便在轴瓦两端留出封油面，以免润滑油从轴瓦两端溢出，一般取沟长为轴瓦长的4/5。

图 10-11 所示为内燃机中的连杆，其大头由于要和曲轴配合采用了剖分式轴瓦，连杆小头用的是整体式轴瓦。

2）轴瓦的材料

轴瓦应具有足够的强度，良好的减摩性、耐磨性、易跑合性、导热性且易于加工制造。常用轴瓦的材料有金属材料、粉末冶金材料和非金属材料等。

（1）金属材料。

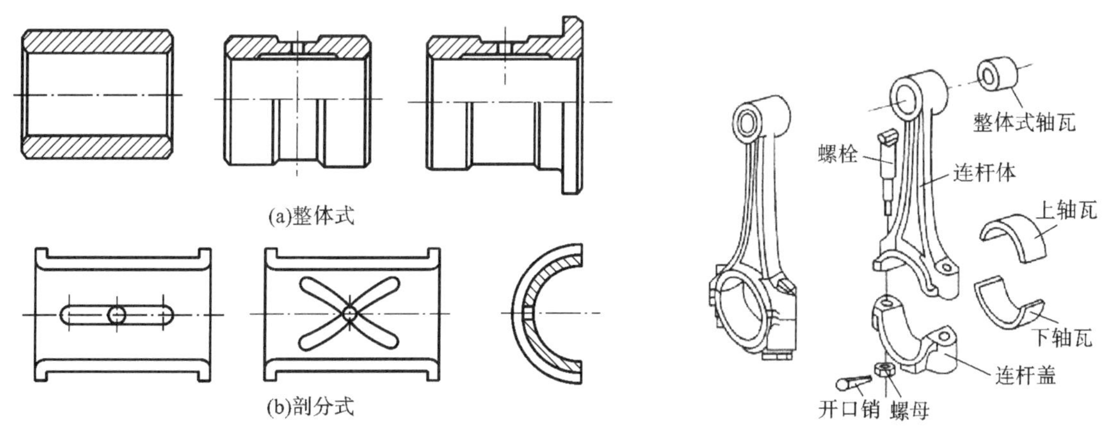

图 10-10　轴瓦的结构　　图 10-11　内燃机中的连杆

轴承合金是滑动轴承专用的耐磨、减摩材料，也称巴氏合金或白合金，一般以锡或铅等软材料为基体，基体中分布锑锡或铜锡的硬晶粒，因而具有很好的承载能力、顺应性、磨合性、耐磨性等。但轴承合金的强度很低，不能单独制作成轴瓦，而是采用浇注的方法将一薄层轴承合金黏附在青铜、钢或铸铁轴瓦上，与轴颈直接接触。这一薄层轴承合金通常称为轴承衬，其厚度在 0.5～6.0 mm 范围内。为使轴承衬和金属轴瓦紧密结合，在金属轴瓦的内表面上预先制成一定形状的沟槽，如图 10-12 所示。其中，锡基合金的摩擦系数小，对油的吸附性强，耐腐蚀，易跑合，是极好的轴承材料，但价格较贵，常用于高速重载的场合；而铅基、锌基材料价格相对低，力学性能好，但抗胶合能力不如锡基合金，因此用在中、低速场合。

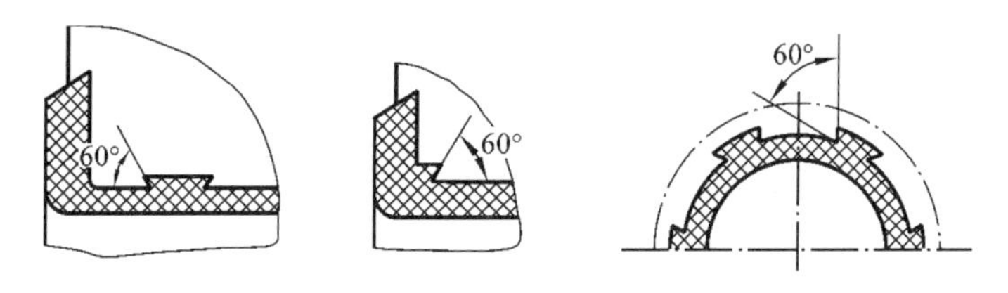

图 10-12　金属轴瓦内表面上的沟槽

青铜有锡青铜、铅青铜和铝青铜等几种。青铜的强度高、承载能力大、导热性好，且可以在较高的温度下工作，可以单独制成轴瓦。但与轴承合金相比，其抗胶合能力较差，不易跑合，与之相配的轴颈必须淬硬。

普通灰铸铁，加有镍、铬、钛等合金成分的耐磨灰铸铁或球墨铸铁等都可以用作轴瓦材料。这类材料中的片状或球状石墨在材料表面上覆盖后，可以形成一层起润滑作用的石墨层，故具有一定的减摩性和耐磨性。此外石墨能吸附碳氢化合物，有助于提高边界润滑性能，故采用灰铸铁作轴瓦材料时应加润滑油。铸铁性脆，磨合性能差，只适用于轻载低速和不受冲击载荷的场合。

(2) 粉末冶金材料。

粉末冶金材料是不同金属粉末(铁、青铜等)或在金属中加入石墨或硫等粉末混合后，经过高压成形和高温烧制形成的多孔结构材料，又称金属陶瓷材料。粉末冶金材料制造的轴承使用前需在热油中浸润数小时，使空隙中充满润滑油，故也称含油轴承。它具有自润滑性，工作中轴颈转动时的抽吸和轴承发热使油膨胀，油便进入摩擦表面间起到润滑作用；不工作时，因毛细管作用，油又被吸回轴承多孔中。因此在较长时间内即使不加油，轴承也能较好地工作。如果定期给油，轴承的性能和寿命都能得到提高。这种轴承使用方便，但抗冲击性差，一般常用于轻载、载荷平稳、不便于加油的场合，也可防止油污染环境。含油轴承在家用电器中得到了广泛的应用，如洗衣机拨水盘轮轴使用的就是这种含油轴承。

(3) 非金属材料。

非金属材料中应用最多的是聚合物材料，它具有较小的摩擦系数和较好的顺应性，且抗腐蚀能力强，噪声小。缺点是导热性差，不易散热，且线性膨胀系数大(为金属的 3～10 倍)，因此用在低速轻载的场合。除了聚合物材料，碳-石墨也是具有自润滑特性的非金属材料，可用于环境较差的场合；橡胶可用于水润滑的场合。大部分轧机上采用非金属的夹布胶木轴瓦，这种轴承抗压强度大，有很好的耐磨性，寿命较长，耐冲击，可以用水作冷却剂和润滑剂。船舶螺旋桨轴采用的是铁犁木或橡胶制成的轴承，船舶在水上航行，螺旋桨和尾轴长期浸泡在水中，木头和橡胶材料制成的轴承不怕水的腐蚀，同时水又可作为润滑剂，密封的问题也容易解决。

常用轴瓦材料的性能及许用值如表 10-2 所示。

表 10-2　常用轴瓦材料的性能及许用值

<table>
<tr><th>材料</th><th>牌号(名称)</th><th>[p]/MPa</th><th>[v]/(m/s)</th><th>[pv]/(MPa·m/s)</th><th>特性及用途举例</th></tr>
<tr><td rowspan="2">灰铸铁</td><td>HT200</td><td>2</td><td>1</td><td rowspan="2">—</td><td rowspan="2">用于不受冲击的轻载荷轴承</td></tr>
<tr><td>HT250</td><td>1</td><td>2</td></tr>
<tr><td rowspan="2">球墨铸铁</td><td>QT500-7</td><td rowspan="2">0.5～12</td><td rowspan="2">5～1.0</td><td rowspan="2">2.5～12</td><td>用于与经热处理的轴相配的轴承</td></tr>
<tr><td>QT450-10</td><td>用于与不经淬火处理的轴相配的轴承</td></tr>
<tr><td>锡青铜</td><td>ZCuSn10Pb1</td><td>15</td><td>10</td><td>15</td><td>磷锡青铜，用于重载、中速高温及冲击条件下工作的轴承</td></tr>
<tr><td>铝青铜</td><td>ZCuAl10Fe3</td><td>15</td><td>4</td><td>12</td><td>铝铁青铜，用于受冲击载荷处，轴承温度可至 280 ℃，轴颈经淬火，硬度不低于 300 HBS</td></tr>
<tr><td>锌合金</td><td>ZZnAl11Cu5Mg</td><td>20</td><td>3</td><td>10</td><td>用于 75 kW 以下的减速器，各种轧钢机轧辊轴承，工作温度低于 80 ℃</td></tr>
<tr><td rowspan="2">锡基轴承合金</td><td>ZSnSb11Cu6</td><td>25(平稳)</td><td>80</td><td>20</td><td rowspan="2">用作轴承衬，用于重载、高速、温度低于 150 ℃的重要轴承，如汽轮机、750 kW 以上的电动机、内燃机、高转速的机床主轴的轴承等</td></tr>
<tr><td>ZSnSb8Cu4</td><td>20(冲击)</td><td>60</td><td>16</td></tr>
</table>

续表

材料	牌号(名称)	[p]/MPa	[v]/(m/s)	[pv]/(MPa·m/s)	特性及用途举例
非金属材料	酚醛塑料	40	12	0.5	耐水、酸,抗振性极好;导热性差,重载时需用水或油充分润滑;吸水易膨胀,轴承间隙宜取大
	尼龙	7	5	0.1	摩擦系数小,自润滑性好,用水润滑最好;导热性差,吸水易膨胀
	聚四氟乙烯	3.5	0.25	0.035	摩擦系数小,自润滑性好,低速时无爬行,能耐化学药品的侵蚀
	碳-石墨	4	12	0.5	自润滑性好,耐高温、耐化学腐蚀,热膨胀系数低,常用于要求清洁的机器中

注:(1)"HT"为灰铁的汉语拼音的首位字母,后面的数字表示抗拉强度,如 HT200 表示抗拉强度为 200 N/mm² 的灰铸铁;

(2)"Z"为铸造汉语拼音的首位字母,各化学元素后面的数字表示该元素含量的百分数,如 ZCuAl10Fe3 表示含 Al 8.5%~11%,Fe 2%~4%,其余为 Cu 的铸造铝青铜。

10.2.4　非液体摩擦滑动轴承的校核计算

非液体摩擦滑动轴承是在既有边界油膜又有金属的直接摩擦的状况下工作的,其主要失效形式是磨损和胶合(见表 10-3)。防止失效的关键是保证轴颈和轴瓦之间的边界油膜不遭破坏。由于边界油膜的强度和破裂温度受多种因素的影响而十分复杂,其规律尚未完全被掌握。因此,目前只能采用间接的、条件性的计算方法。

表 10-3　滑动轴承的失效形式

失效形式		特点
常见的	磨粒磨损	进入轴承间隙的硬颗粒有的随轴一起转动,这将对轴承表面起研磨作用。在启动、停车或轴颈与轴承有边缘接触时,将导致轴承的磨损
	胶合(咬黏)	当瞬时温升过高,载荷过大,油膜破裂,或润滑油供应不足时,轴承表面材料发生黏附和迁移,造成轴承损伤
	刮伤	进入轴承间隙的硬颗粒或轴颈表面粗糙的轮廓峰,在轴承表面划出线状伤痕
	疲劳剥落	在载荷反复作用下,轴承表面出现与滑动方向垂直的疲劳裂纹,裂纹扩展后造成轴承材料剥落
	腐蚀	润滑剂在使用中不断氧化,所生成的酸性物质对轴承材料有腐蚀性,材料腐蚀易形成点状剥落

续表

失效形式		特点
其他	气蚀	气流冲蚀零件表面引起的机械磨损
	流体侵蚀	流体冲蚀零件表面引起的机械磨损
	电侵蚀	电化学或电离作用引起的机械磨损
	微动磨损	发生在名义上相对静止,实际上存在循环的微幅相对滑动的两个紧密接触的表面

1. 向心滑动轴承的计算

设计时,一般已知轴颈直径 d、转速 n、轴承承受载荷 F_r,然后按照下列步骤进行计算:

(1) 根据工作条件和使用要求,确定轴承的类型和结构形式,并确定轴瓦材料。

(2) 确定轴承的工作长度 L。工作长度 L 是一个重要参数,可由长径比 φ 来选定,$\varphi=L/d$。若 φ 值小,则轴承窄,润滑油易从轴承两端流失,不易形成油膜;若 φ 值大,则轴承宽,油膜易于形成,承载能力大,但散热条件不好,会使轴承温度升高。一般取 $\varphi=0.3\sim1.5$,具体如表 10-4 所示。

表 10-4 不同应用场合长径比 φ 的取值

机器	轴承	φ
汽车及航空活塞发动机	曲柄主轴承	0.75～1.75
	连杆轴承	0.75～1.75
	活塞销	1.5～2.2
柴油机	曲柄主轴承	0.6～2.0
	连杆轴承	0.6～1.5
	活塞销	1.5～2.0
铁路车辆	轮轴支承	1.8～2.0
汽轮机	主轴承	0.4～1.0
空压机及往复式泵	曲柄主轴承	1.0～2.0
	连杆轴承	1.0～1.25
	活塞销	1.2～1.5
电动机	主轴承	0.6～1.5
机床	主轴承	0.8～1.2
冲剪床	主轴承	1.0～2.0
起重设备	—	1.5～2.0
齿轮减速器	—	1.0～2.0

(3) 验算轴承的比压 p、轴承的比压与圆周速度的乘积 pv 值、轴承的圆周速度 v。

①验算轴承的比压 p。

应限制轴承的比压(即单位投影面积上的压力),以保证润滑油不被过大的压力所挤出,避免轴承工作表面过度磨损。

$$p=\frac{F_r}{dL}\leqslant[p]$$

②验算轴承的 pv 值。

由于 pv 值与轴承的摩擦功率损耗成正比，它表征轴承的发热因素，因此，限制 pv 值可以防止轴承温升过高，防止轴承的胶合破坏。

$$pv=\frac{F_r}{dL}\cdot\frac{\pi dn}{60\times1000}\approx\frac{F_r n}{19100L}\leqslant[pv]$$

③验算轴承的圆周速度 v。

比压 p 较小，并不表示局部压力一定小。考虑载荷分布不均，即使 p 和 pv 都在许用范围内，局部磨损也可能因圆周速度过大而加剧。故要求

$$v\leqslant[v]$$

式中：F_r——轴承所受的径向载荷(N)；

dL——轴颈在垂直于径向力截面上的投影面积(mm^2)；

d——轴颈直径(mm)；

L——轴颈工作长度(mm)；

n——轴颈转速(r/min)；

$[p]$——许用比压(MPa)，其值如表 10-2 所示；

$[pv]$——许用 pv 值(MPa·m/s)，其值如表 10-2 所示；

$[v]$——许用圆周速度(m/s)，其值如表 10-2 所示。

④选择轴承配合。

滑动轴承所选用的材料及尺寸经验算合格后，应选取恰当的配合，一般可选 $\frac{H9}{d9}$、$\frac{H8}{f7}$ 或 $\frac{H7}{f6}$。

2. 推力滑动轴承的计算

设计时，一般已知轴向载荷 F_a、转速 n，然后按照下列步骤进行计算：

(1) 根据轴向载荷(见图 10-13)和使用要求，确定轴承结构尺寸和材料。

(2) 推力滑动轴承的计算与向心滑动轴承相似，但由于推力滑动轴承的速度一般较低，故不需进行轴承圆周速度的验算，主要进行以下两个方面的条件性验算即可。

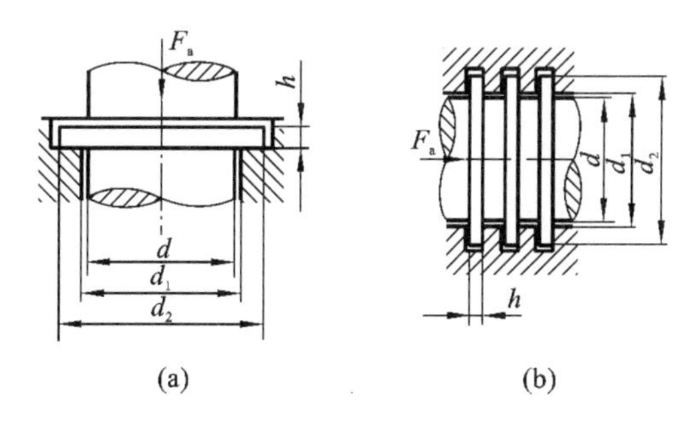

图 10-13　推力滑动轴承的受力

①验算轴承的比压 p。

$$p=\frac{F_a}{A}=\frac{F_a}{z\cdot\pi(d_2^2-d_1^2)/4}\leqslant[p]$$

②验算轴承的 pv 值。

$$pv=\frac{F_a}{z\cdot\pi(d_2^2-d_1^2)/4}\cdot\frac{\pi n(d_1+d_2)}{60\times1000\times2}\approx\frac{F_a n}{30000z(d_2-d_1)}\leqslant[pv]$$

式中：F_a——轴承所受的轴向载荷(N)；

A——轴颈的承载面积(mm^2)；

z——轴环的数目；

d_2——轴承支承面大径(mm)；

d_1——轴承支承面小径(mm)；

n——轴颈转速(r/min)；

$[p]$——许用比压(MPa)，其值如表 10-2 所示，由于载荷在各环间分布不均，多环时降低 50%。

$[pv]$——许用 pv 值(MPa·m/s)，其值如表 10-2 所示，由于载荷在各环间分布不均，多环时降低 50%。

例 10-1　已知处于边界润滑状态的一个向心滑动轴承，径向外载荷的大小为 4.0 kN，轴颈的转速为 1000 r/min，工作温度最高为 130 ℃，轴颈允许的最小直径为 70 mm。试设计此轴承。

解　设计步骤列表如下：

步骤	计算与说明	主要结果
初取轴颈直径	初取轴颈直径 $d=75$ mm	$d=75$ mm
确定轴承的工作长度 L	设轴承的长径比 $\varphi=L/d=1$，轴承的工作长度 $L=75$ mm	$L=75$ mm
轴承的工作能力校核	轴承的比压 p： $p=\frac{F_r}{dL}=\frac{4000}{75\times75}=0.711(\text{MPa})$ 轴承的 pv 值： $pv=\frac{F_r}{dL}\cdot\frac{\pi dn}{60\times1000}=\frac{4000}{75\times75}\cdot\frac{\pi\times75\times1000}{60\times1000}$ $=2.79(\text{MPa}\cdot\text{m/s})$ 轴承的圆周速度 v： $v=\frac{\pi dn}{60\times1000}=\frac{\pi\times75\times1000}{60\times1000}=3.93(\text{m/s})$	$p=0.711$ MPa $pv=2.79$ MPa·m/s $v=3.93$ m/s
选择轴承的材料和牌号	查表 10-2，根据计算的工作参数可选择铝青铜，牌号为 ZCuAl10Fe3。其相应的最大许用值为$[p]=15$ MPa，$[pv]=12$ MPa·m/s，$[v]=4$ m/s	轴承材料为铝青铜，轴承牌号为 ZCuAl10Fe3

10.3　其他形式的滑动轴承简介

除了以上结构的滑动轴承外，随着科技的进步，新型轴承还有液体摩擦滑动轴承、气体润滑轴承、磁悬浮轴承、自润滑轴承。

液体摩擦滑动轴承按其承载油膜形成的机理不同分为液体动压轴承和液体静压轴承两

类。液体动压轴承由摩擦表面的相对运动将黏性流体带入楔形间隙，形成动压承载油膜。液体静压轴承的油膜的形成是依靠润滑系统注入具有足够压力的黏性流体。

气体润滑轴承简称气体轴承，是利用气体作润滑剂的滑动轴承。空气最为常用，空气的黏度为油的四五千分之一，所以气体轴承可以在高速下工作，轴颈速度可达每分钟几十万转。气体轴承摩擦阻力小，功耗甚微，受温度影响小，但承载量不大。

添加少许润滑剂或者完全没有润滑剂，使滑动轴承自身具有润滑性的轴承称为自润滑轴承。自 20 世纪中叶，国际上成功开发自润滑轴承材料并应用后，中国该领域的发展较快。自润滑轴承材料技术是目前润滑技术的发展趋势，力学强度高和摩擦性能好的自润滑复合材料的开发成为摩擦学领域的重要热点。例如在高温条件下工作的滑动轴承，普遍采用高硬度，高耐磨，高力学强度，对各种介质作用稳定的矿物陶瓷和金属陶瓷材料；承受高压的结构中使用的干摩擦轴承，在无冷流介质情况下，在轴瓦的金属底座上涂布氟塑料薄膜。

10.4　滚动轴承

滚动轴承摩擦阻力小，运动灵活，润滑维修方便，故应用广泛。滚动轴承是由专业工厂大批量生产的标准产品，设计时可根据载荷性质与大小、转速高低、旋转精度等条件进行选用。

10.4.1　滚动轴承的结构、类型和代号

1. 滚动轴承的结构

如图 10-14 所示，滚动轴承是一个组合标准件（部件），一般由外圈、内圈、滚动体和保持架组成。内圈装在轴颈上，外圈装在机座或零件的轴承孔内。多数情况下，外圈不转动，内圈与轴一起转动。在滚动轴承内圈、外圈上都有凹槽滚道，起降低接触应力和限制滚动体轴向移动的作用。当内外圈之间相对旋转时，滚动体在内外滚道上滚动，保持架将滚动体均匀隔开，以减少滚动体之间的碰撞和磨损。

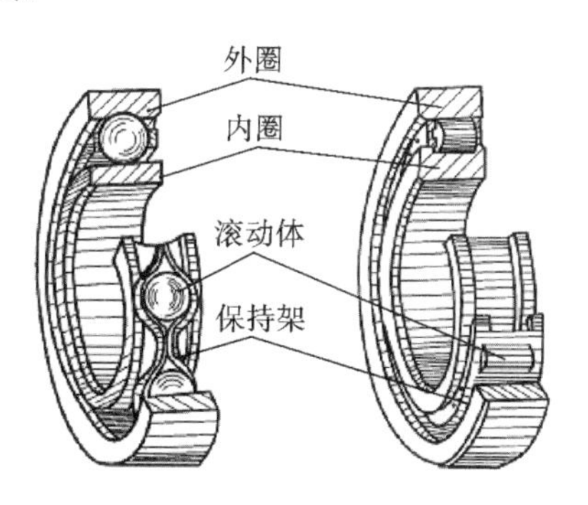

图 10-14　滚动轴承的结构组成

滚动轴承的核心零件为滚动体，滚动体的大小和数量直接影响轴承的承载能力。它是不可少的元件。滚动体分为球和滚子两大类，常见的有球、短圆柱滚子、圆锥滚子、鼓形滚子、螺旋滚子、长圆柱滚子、滚针，如图 10-15 所示。

滚动轴承的内圈、外圈和滚动体均要求有耐磨性和较高的接触疲劳强度，一般用 GCr9、GCr15、GCr15SiMn 等滚动轴承钢制造，保持架可用低碳钢等制造。

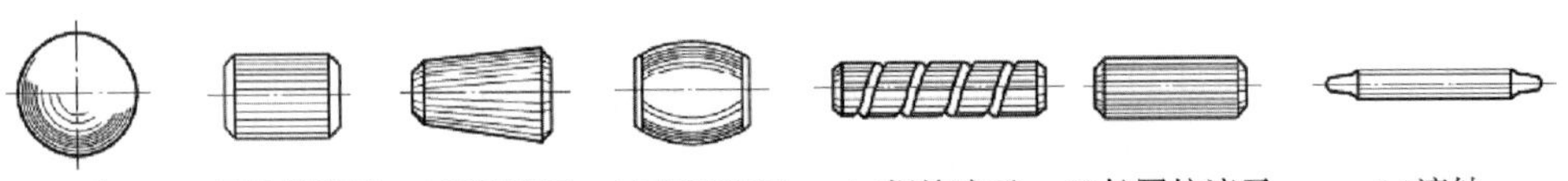

(a)球　(b)短圆柱滚子　(c)圆锥滚子　(d)鼓形滚子　(e)螺旋滚子　(f)长圆柱滚子　(g)滚针

图 10-15　常见的滚动体结构类型

2. 滚动轴承的类型

表 10-5 列出了常用滚动轴承的主要类型、性能和用途。可以看出，不同类型的轴承所能承受的载荷方向是不同的，而滚动轴承的承载方向与接触角 α 的大小有关。（滚动轴承的滚动体与外圈滚道接触点(线)处的法线 $N-N$ 与半径方向的夹角 α 称作轴承的接触角。接触角 α 越大，轴承轴向载荷的承载能力越大。）

滚动轴承按其接触角 α 的大小，常分为向心轴承、推力轴承和向心推力轴承三种，如图10-16所示。

1）向心轴承

如深沟球轴承、圆柱滚子轴承，接触角 $\alpha=0°$，从理论上讲，只能承受径向载荷。但由于制造误差，其中有的类型可以承受不大的轴向载荷。

2）推力轴承

如推力球轴承，接触角 $\alpha=90°$，只能承受轴向载荷。推力轴承有两个套圈，分别为轴圈和座圈。轴圈与轴颈相配合，也常常称为动圈；座圈与机座相配合，也常常称为定圈。

3）向心推力轴承

如角接触球轴承、圆锥滚子轴承，接触角 $0°<\alpha\leqslant45°$，既能承受径向载荷，又能承受较大的轴向载荷。

表 10-5　常用滚动轴承的类型、性能及用途

名称	类型代号	特征画法	简图	受载方向	相对承载能力		相对转速	性能特点	适用条件及举例
					径向	轴向			
深沟球轴承	6			F_r F_a F_a	1	0.7	极高	主要承受径向载荷，也可承受一定的轴向载荷。当量摩擦系数最小，允许偏移角 2′～10′	适用于刚度较大的轴，常用于小功率电机、减速机、运输机的托辊、滑轮等
调心球轴承	1			F_r F_a F_a	1	0.2	中	主要承受径向载荷，也可承受较小的轴向载荷，能自动调心，允许偏移角 2°～3°	适用于多支点传动轴、刚度小的轴以及难以对中的轴

续表

名称	类型代号	特征画法	简图	受载方向	相对承载能力		相对转速	性能特点	适用条件及举例
					径向	轴向			
圆柱滚子轴承	N		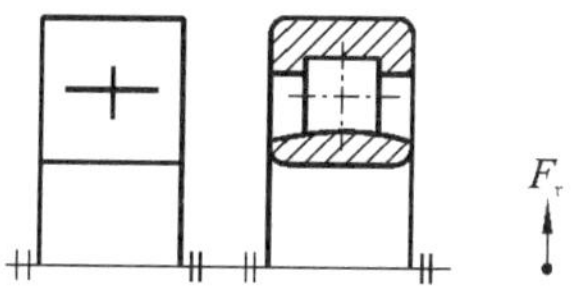	F_r	1.7	0	高	只能承受径向载荷，不限制轴（外壳）的轴向位移，允许偏移角2′～4′	适用于刚度很大，对中良好的轴。常用于大功率电机、机床主轴、车轮轴承箱、人字齿轮减速机等
调心滚子轴承	2		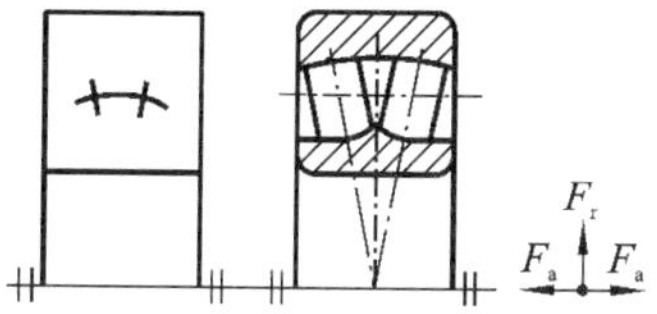	F_r F_a F_a	2.0	0.25	中	主要承受径向载荷，能自动调心，内外圈偏移角不大于2.5°	常用于其他种类轴承不能胜任的重载情况，如轧钢机、大功率减速机、破碎机、吊车车轮等
角接触球轴承	7		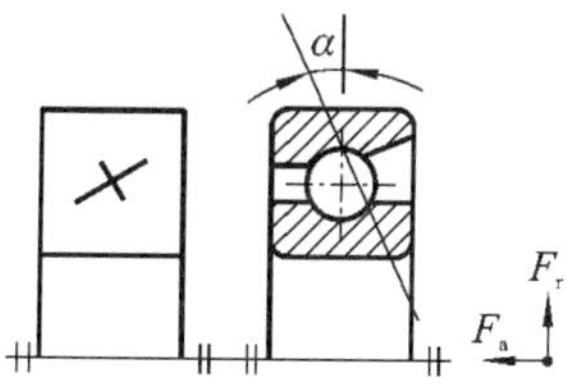 α	F_r F_a	1.4	0.7	极高	可同时承受径向及轴向载荷，也可承受纯轴向载荷，一般应成对使用。接触角 α 越大，承受轴向载荷能力越大，允许偏移角2′～10′	适用于刚度较大、跨距不大的轴及需在工作中调整游隙的情况。常用于蜗杆减速机、离心机、电钻、穿孔机等
					1.3	1.5	高		
					1.1	2.0	中		
圆锥滚子轴承	3		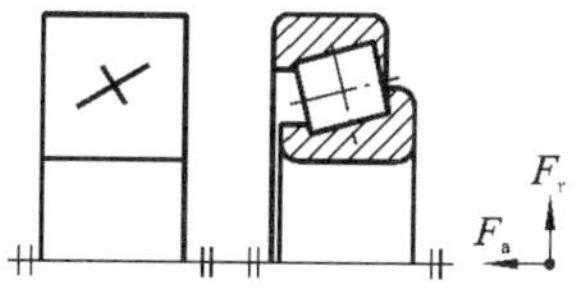	F_r F_a	1.9	0.7	中	内外圈可分离，游隙可调。主要承受径向载荷，也可承受较大的轴向载荷，内外圈偏移角不大于2′，应成对使用	适用于刚度较大的轴，应用范围广，如减速机、车轮轴、轧钢机、起重机、机床主轴等
					1.6	1.5			
滚针轴承	NA		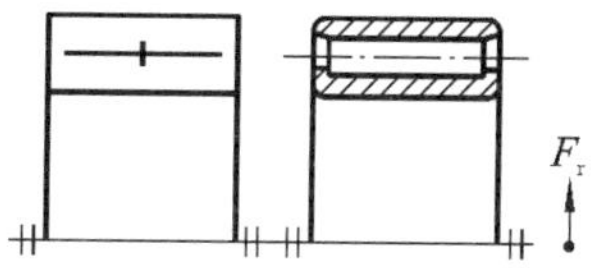	F_r	不定	0	低	径向尺寸最小，径向承载能力很大，摩擦系数较大，旋转精度低	适用于径向载荷很大而径向尺寸受限制的地方，如万向联轴节、活塞销、连杆销等

续表

<table>
<tr><th rowspan="2">名称</th><th rowspan="2">类型代号</th><th rowspan="2">特征画法</th><th rowspan="2">简图</th><th rowspan="2">受载方向</th><th colspan="2">相对承载能力</th><th rowspan="2">相对转速</th><th rowspan="2">性能特点</th><th rowspan="2">适用条件及举例</th></tr>
<tr><th>径向</th><th>轴向</th></tr>
<tr><td rowspan="2">推力球轴承</td><td rowspan="2">5</td><td></td><td></td><td>F_a</td><td>0</td><td>1</td><td rowspan="2">低</td><td>可限制轴(外壳)一个方向的轴向位移,不允许有偏移角</td><td rowspan="2">常用于起重机吊钩、锥齿轮轴、蜗杆轴、机床主轴</td></tr>
<tr><td></td><td></td><td>F_a　F_a</td><td>0</td><td>1</td><td>能承受两个方向的轴向载荷;可限制轴(外壳)两个方向的轴向位移,不允许有偏移角</td></tr>
</table>

注:(1) 调心轴承中尺寸系列代号为 22、23 的类型代号“1”在组合代号中可省略。

(2) 角接触球轴承滚动体与外圈接触角为 15°、25°、40°时,标注时在基本代号后面分别用 C、AC、B 表示。

(3) 游隙是指滚动体和内、外圈之间允许的最大位移量。游隙分轴向游隙和径向游隙。游隙的大小对轴承寿命、噪声、温升等有很大影响,应按使用要求进行游隙的选择或调整。

(4) 偏移角是指轴承内、外圈的轴线相对倾斜时所夹的锐角。偏移角大的轴承,内外圈同轴心的调整能力(调心性能)好。

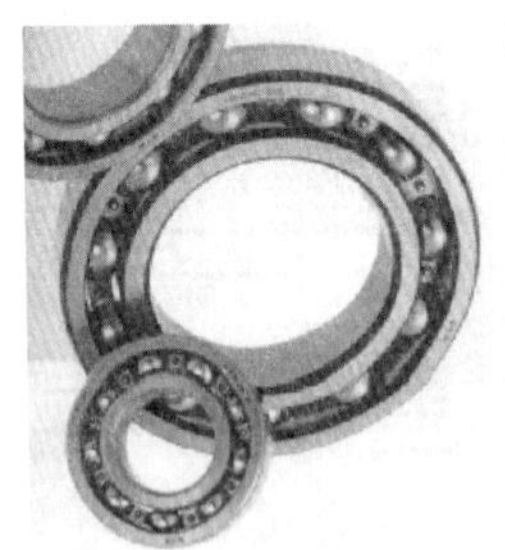
(a)向心轴承

(b)推力轴承

(c)向心推力轴承

图 10-16　滚动轴承

3. 滚动轴承的代号

轴承类型繁多,结构各异,大小不等,精度不同。为便于制造选用,国家标准规定了命名标号,即轴承代号。一组代号代表了唯一的一批结构相同、尺寸相等、可互换使用的轴承。轴承代号几经修订,本书介绍 GB/T 272—2017 制定的轴承代号。它由基本代号、前置代号和后置代号构成,其排列如表 10-6 所示。

表 10-6　滚动轴承代号

<table>
<tr><td>前置代号</td><td colspan="5">基本代号(滚针轴承除外)</td><td colspan="8">后置代号(组)</td></tr>
<tr><td rowspan="4">成套轴承部件代号</td><td>五</td><td>四</td><td>三</td><td>二</td><td>一</td><td>1</td><td>2</td><td>3</td><td>4</td><td>5</td><td>6</td><td>7</td><td>8</td></tr>
<tr><td colspan="3">组合代号</td><td colspan="2" rowspan="3">内径代号</td><td rowspan="3">内部结构</td><td rowspan="3">密封与防尘套圈类型</td><td rowspan="3">保持架及材料</td><td rowspan="3">轴承材料</td><td rowspan="3">公差等级</td><td rowspan="3">游隙</td><td rowspan="3">配置</td><td rowspan="3">其他</td></tr>
<tr><td rowspan="2">类型代号</td><td colspan="2">尺寸系列代号</td></tr>
<tr><td>宽度系列</td><td>直径系列</td></tr>
</table>

1）基本代号

基本代号是表示轴承主要特征的基础部分，也是应着重掌握的内容。基本代号共五位，分别表示轴承的基本类型、结构和尺寸。其中类型代号用阿拉伯数字或大写拉丁字母表示，尺寸系列代号和内径代号用数字表示。

对于常用的、结构上没有特殊要求的轴承，轴承代号由类型代号、尺寸系列代号、内径代号组成，并按上述顺序由左向右依次排列。

尺寸系列代号是由两位数字表示的，第一位表示轴承宽度（高度）系列，第二位表示轴承直径系列。轴承宽度（高度）系列代号表示同一内径和外径的轴承可制成不同的宽度（高度）。宽度对于向心轴承或向心角接触轴承，表示它们沿轴向尺寸的大小，即宽窄尺寸（见图 10-17(a)）。高度用于推力轴承或推力角接触轴承，表示它们沿轴向尺寸的大小，即高低尺寸。直径系列代号表示同一内径的轴承可制成不同的外径（见图 10-17(b)）。轴承宽度（高度）系列代号如表 10-7 所示，轴承直径系列代号如表 10-8 所示。

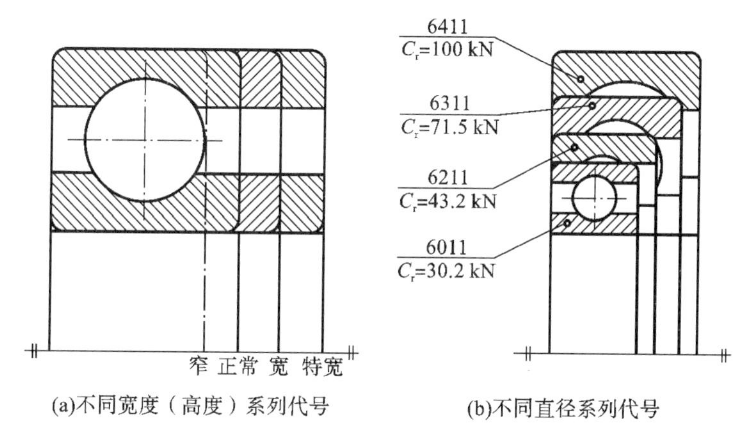

图 10-17　不同尺寸系列代号滚动轴承对比

表 10-7　轴承宽度(高度)系列代号

轴承类型	向心轴承和向心角接触轴承 宽度系列代号								推力轴承和推力角接触轴承 高度系列代号			
系列名称	特窄	窄	正常	宽	特宽				特低	低	正常	
宽度系列代号	8	0	1	2	3	4	5	6	7	9	1	2

注：窄系列代号“0”，除圆锥滚子轴承外，均可省略。

表 10-8　轴承直径系列代号

轴承类型	向心轴承和向心角接触轴承								推力轴承和推力角接触轴承				
直径系列代号	8、9	1、7	2	5	3	6	4	9	1	2	3	4	5
系列名称	超轻	特轻	轻	轻宽	中	中宽	重	超轻	特轻	轻	中	重	特重

滚动轴承类型代号和尺寸系列代号以组合代号形式印在轴承端面上。内径代号如表10-9所示。

表 10-9　轴承内径代号

<table>
<tr><th colspan="2">轴承公称内径/mm</th><th>内径代号</th><th>示例</th></tr>
<tr><td colspan="2">0.6 到 10(非整数)</td><td>直接用公称内径毫米数表示,其与尺寸系列代号用“/”分开</td><td>深沟球轴承 618/2.5
内径 d=2.5 mm</td></tr>
<tr><td colspan="2">1 到 9(整数)</td><td>直接用公称内径毫米数表示,主要针对深沟球轴承及角接触球轴承 7、8、9 直径系列,内径与尺寸系列代号用“/”分开</td><td>深沟球轴承 62/5,618/5
内径 d=5 mm</td></tr>
<tr><td rowspan="4">10 到 17</td><td>10</td><td>00</td><td rowspan="4">深沟球轴承 6200
内径 d=10 mm</td></tr>
<tr><td>12</td><td>01</td></tr>
<tr><td>15</td><td>02</td></tr>
<tr><td>17</td><td>03</td></tr>
<tr><td colspan="2">20 到 480(22,28,32 除外)</td><td>用公称内径除以 5 的商数表示,商数为一位数时,需在商数左边加“0”,如 08</td><td>调心滚子轴承 23208
内径 d=40 mm</td></tr>
<tr><td colspan="2">大于或等于 500 以及 22,28,32</td><td>直接用公称内径毫米数表示,但其与尺寸系列代号用“/”分开</td><td>调心滚子轴承 230/500
内径 d=500 mm
深沟球轴承 62/22
内径 d=22 mm</td></tr>
</table>

2) 前置、后置代号

前置、后置代号是轴承在结构形状、尺寸、公差、技术要求等有改变时,在其基本代号左右添加的补充代号。代号及其含义可查阅有关轴承手册。

前置代号用字母来表示轴承的分部件。如 L 表示可分离轴承的可分离套圈,K 表示轴承的滚动体与保持架组件等。代号及其含义可查阅轴承手册和有关标准。前置代号置于基本代号的左边。一般轴承不需说明时,无前置代号。

后置代号用字母或字母加数字等表示轴承的结构、公差及材料的特殊要求等。后置代号的内容很多,下面介绍几个常用的代号。

(1) 内部结构代号用于表示同一类型轴承的不同内部结构,用字母紧跟着基本代号表示。如:接触角为 15°、25°和 40°的角接触球轴承分别用 C、AC 和 B 表示内部结构的不同。

(2) 轴承的公差等级分为 2 级、4 级、5 级、6 级、6x 级和 0 级,共 6 个级别,依次由高级到低级,其代号分别为/P2、/P4、/P5、/P6、/P6x 和/P0。公差等级中,6x 级仅适用于圆锥滚子轴承;0 级为普通级,在轴承代号中不标出。

(3) 常用的轴承径向游隙系列分为 1 组、2 组、0 组、3 组、4 组和 5 组,共 6 个组别,径向游隙依次由小到大。0 组游隙是常用的游隙组别,在轴承代号中不标出,其余的游隙组别在轴承代号中分别用/C1、/C2、/C3、/C4、/C5 表示。

后置代号置于基本代号的右边,并与基本代号空半个汉字字距,代号中有“—”“/”符号的可紧接在基本代号之后,如公差等级代号(公差等级为 0 级时,省略不标)。后置代号中的公差等级代号如表 10-10 所示。《滚动轴承　通用技术规则》中规定,向心轴承的公差等级分 0、6、5、4、2 五级;圆锥滚子轴承的公差等级分 0、6x、5、4、2 五级;推力轴承的公差等级分 0、6、5、4 四级。精度依次提高,0 级最低,2 级最高。0 级又称为普通级。2、4、5、6 级轴承统称高精度轴承。6x 级轴承与 6 级轴承的内径公差、外径公差和径向跳动公差均分别相同，仅前者装配宽度要求较为严格。

表 10-10　轴承公差等级及其代号

代号		/P0	/P6	/P6x	/P5	/P4	/P2
公差	等级	普通级	高级	高级	精密级	精密级	超精级
		0 级	6 级	6x 级	5 级	4 级	2 级
	含义	代号中省略不标	高于 0 级	高于 0 级（适用于圆锥滚子轴承）	高于 6 级和 6x 级	高于 5 级	高于 4 级
示例		6203	6203/P6	30210/P6x	6203/P5	6203/P4	6203/P2

滚动轴承各级精度的应用范围大致为：

（1）0 级（普通级）轴承在机械中应用最广，主要用于旋转精度要求不高的机构。例如，普通机床中的变速箱和进给箱，汽车、拖拉机的变速箱，普通电机、水泵、压缩机和汽轮机中的旋转机构等。

（2）6 级（高级）、5 级和 4 级（精密级）轴承应用于转速较高和旋转精度要求也较高的机械，如机床主轴、精密仪器和机械中使用的轴承。

（3）2 级（超精级）轴承用于旋转精度和转速很高的机械，如坐标镗床主轴、高精度仪器和各种高精度磨床主轴所用的轴承。

例 10-2　试说明 6310、7206C/P5 和 30216/P6x 的含义。

解　分别说明如下：

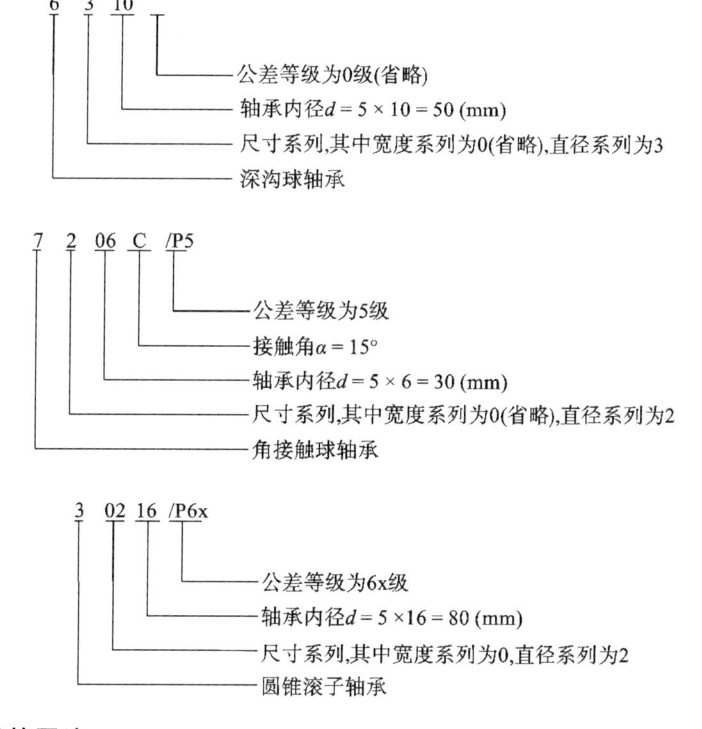

4. 滚动轴承的画法

滚动轴承是由多种零件装配而成的标准部件，并由专业轴承厂进行生产和供应。因此，在一般机械设计时，不必画出其组成零件的零件图，而只需在装配图中画出整个轴承部件。为了简化作图，国家标准《机械制图　滚动轴承表示法》(GB/T 4459.7—2017)中，规定了在装配图中不需要确切地表示形状和结构的标准滚动轴承的画法：通用画法、特征画法和规定画法。

1）通用画法

在剖视图中，当不需要确切地表示滚动轴承的外形轮廓、载荷性质、结构特征时，可用矩形线框及位于线框中央正立的十字形符号表示。

2）特征画法

在剖视图中，如需较形象地表示滚动轴承的结构特征和载荷性质，可采用在矩形线框内画出其结构要素符号的方法表示。

3）规定画法

必要时，在滚动轴承的产品图样、产品样本、产品标准、用户手册和使用说明中，可采用规定画法绘制滚动轴承(在装配图中，滚动轴承的保持架及倒角等可省略不画)。一般轴的一侧按规定画法绘制，另一侧按通用画法绘制。表 10-11 给出了常用滚动轴承的通用画法、特征画法和规定画法。

表 10-11　常用滚动轴承的画法

轴承名称及代号	结构形式	通用画法	特征画法	规定画法
深沟球轴承 GB/T 276—2013 类型代号 6 主要参数 D、d、B	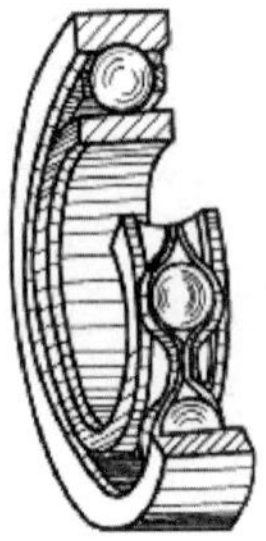	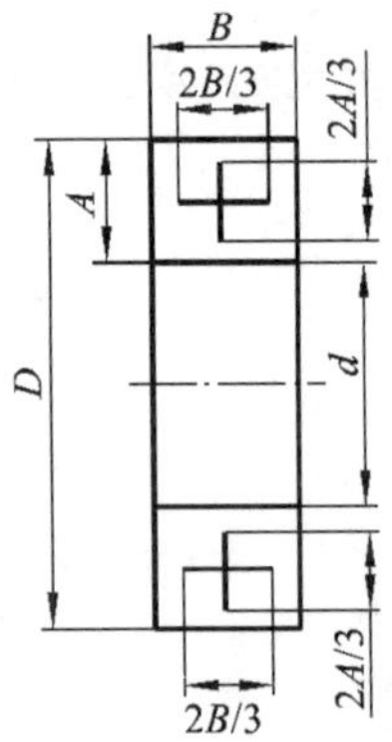	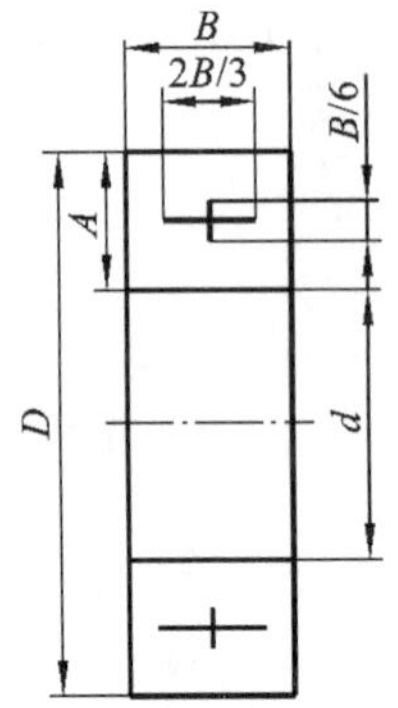	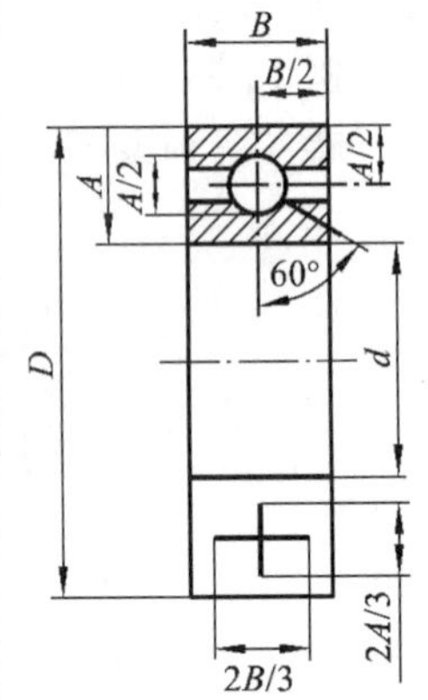
圆锥滚子轴承 GB/T 297—2015 类型代号 3 主要参数 D、d、T	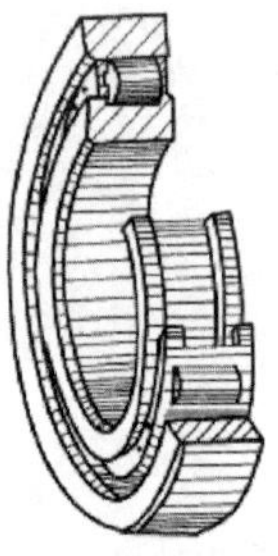		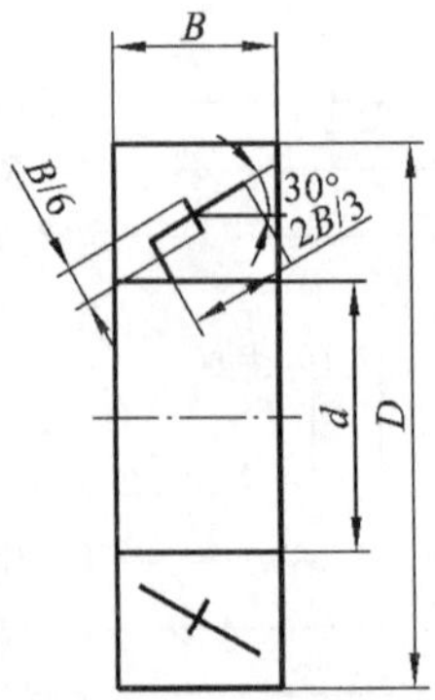	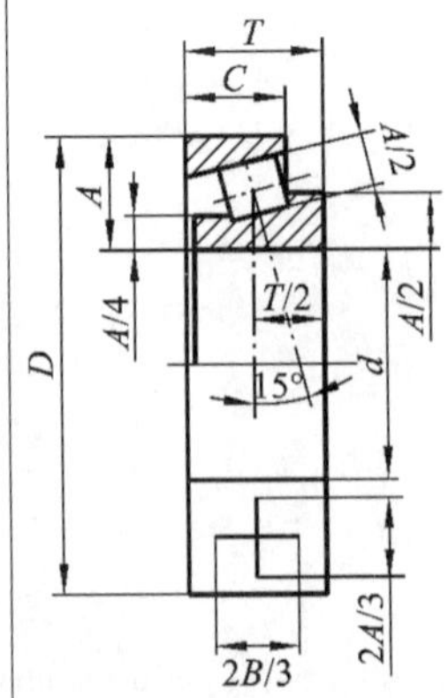

续表

轴承名称及代号	结构形式	通用画法	特征画法	规定画法
推力球轴承 GB/T 301—2015 类型代号 5 主要参数 D、d、T	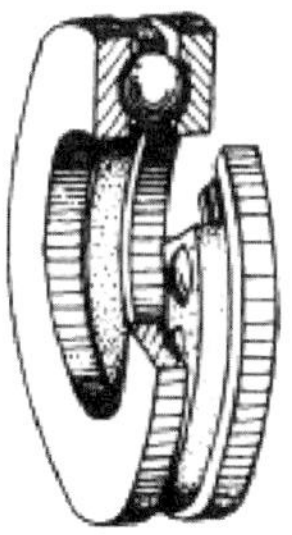	—	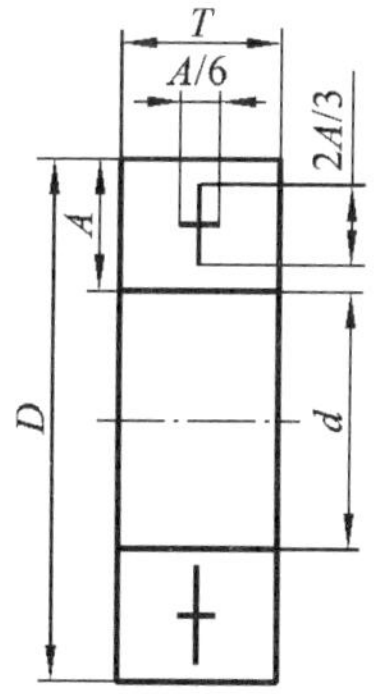	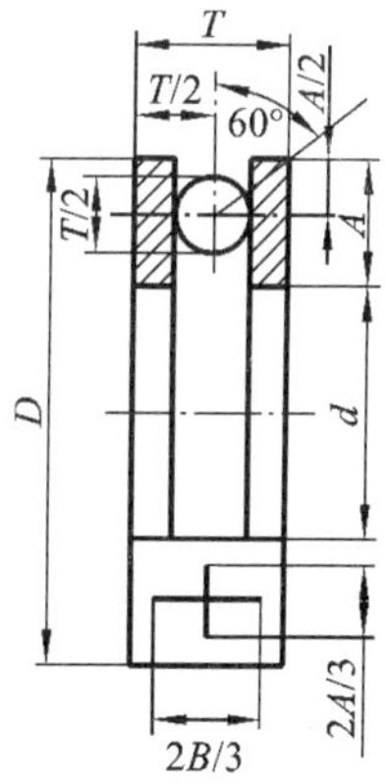

10.4.2　滚动轴承的选用

1. 滚动轴承的类型选择

由于轴承类型很多，在选用时应考虑载荷的大小、方向，转速的高低以及使用要求等，选择轴承时，先选择合适的轴承类型，再确定选用轴承的尺寸，即选择轴承的型号。正确选择滚动轴承的类型可参考以下因素。

1）轴承所受的载荷大小、方向

轴承所受的载荷大小、方向是选择轴承类型的主要依据。通常，由于球轴承主要元件间的接触是点接触，承载能力低，抗冲击能力差，适用于中小载荷及载荷波动较小的场合；滚子轴承主要元件间的接触是线接触，承载能力高，抗冲击能力强，适用于需承受较大载荷的场合。

若轴承承受纯轴向载荷，一般选用推力轴承。若轴承承受纯径向载荷，一般选用深沟球轴承、圆柱滚子轴承或滚针轴承。当轴承在承受径向载荷的同时，还承受不大的轴向载荷时，可选用深沟球轴承或接触角不大的角接触球轴承或圆锥滚子轴承；当轴向载荷较大时，可选用接触角较大的角接触球轴承或圆锥滚子轴承，或者选用向心轴承和推力轴承组合在一起的结构，分别承担径向载荷和轴向载荷。轴承应成对安装，以使派生的轴向力相互平衡。

2）轴承的转速

转速较高、载荷较小或要求旋转精度较高时，宜选用球轴承。转速较低、载荷较大或有冲击载荷时，宜选用滚子轴承。

3）轴承的调心性能

当轴的中心线与轴承座的中心线不重合而有角度误差，或因轴受力弯曲或倾斜时，轴承的内、外圈轴线会发生偏斜。这时，应采用有一定调心性能的调心球轴承或调心滚子轴承。对于支点跨距大，轴的弯曲变形大或多支点轴的情况，也可考虑选用调心轴承。

4）轴承的安装和拆卸

当轴承座没有剖分面而必须沿轴向安装和拆卸轴承部件时，应优先选用内外圈可分离的轴承，如圆柱滚子轴承、滚针轴承、圆锥滚子轴承等。当轴承在长轴上安装时，为了便于装拆，可以选用内圈孔为圆锥孔的轴承。

5）经济性要求

一般滚子轴承比球轴承价格高，深沟球轴承价格最低，常被优先选用。轴承精度越高，价格越高。若无特殊要求，轴承的公差等级一般选用普通级。同一型号、不同精度的轴承的价格比可大概表示为 P0 ∶P6 ∶P5 ∶P4＝1 ∶1.5 ∶2 ∶6。

2. 尺寸系列、内径等的选择

尺寸系列包括直径系列和宽度(高度)系列。选择轴承的尺寸系列时，主要考虑轴承所受载荷的大小，此外，也要考虑结构的要求。就直径系列而言，载荷很小时，一般可以选择超轻或特轻系列；载荷很大时，可考虑选择重系列；一般情况下，可先选用轻系列或中系列，待校核后再根据具体情况进行调整。对于宽度系列，一般情况下可选用窄系列，若结构上有特殊要求，可根据具体情况选用其他系列。

轴承内径大小的确定是在轴的结构设计中完成的。

10.4.3　滚动轴承的受力分析和失效形式

1. 滚动轴承的受力分析

以深沟球轴承为例，假设轴承只受径向载荷 F_r，轴承工作时内、外圈不变形，滚动体的变形在弹性范围内。考虑图 10-18 所示的情况，此时只有下半圈滚动体承载，且不同位置的滚动体承载不同，F_r 正下方的滚动体的变形最大，承受的载荷最大，向两边变形逐渐减小，相应地载荷逐渐减小。

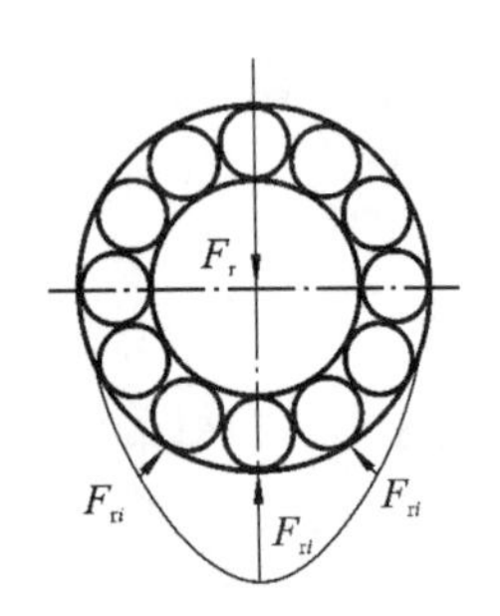

图 10-18　轴承的受力分析

因此处于不同位置的滚动体与内、外圈之间的接触应力也是变化的。滚动轴承工作时内、外圈相对转动，滚动体既绕轴承中心公转，又自转，滚动体上某点的接触应力的变化如图 10-19(a)所示。轴承转动圈上某一点的接触应力的变化与图 10-19(a)所示的相似，而固定圈上某一点的接触应力的变化如图 10-19(b)所示。

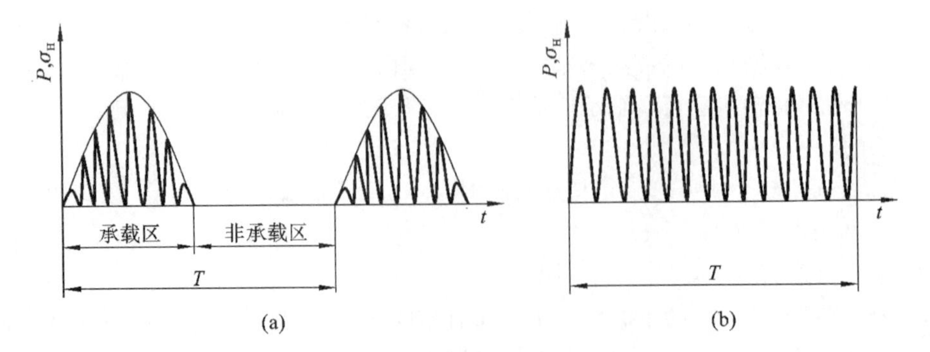

图 10-19　轴承元件的载荷、应力分布

2. 滚动轴承的失效形式

滚动轴承的主要失效形式有疲劳点蚀、塑性变形、磨损、破裂等。

(1) 疲劳点蚀。在载荷的作用下，滚动轴承各滚动体受力不同。由于外圈和滚动体之间的相对移动，即使外载荷不变，内外圈与滚动体上各点所受的接触应力也是变化的。在接触应力的作用下，内外圈或滚动体表面会出现疲劳点蚀。

(2) 塑性变形。当轴承转速很低或做间歇摆动时，一般不会发生疲劳破坏。但在较大的静载荷或冲击载荷作用下，滚动体和滚道接触处的局部应力可能超过材料的屈服极限，以致在接触处出现较大的塑性变形，这将加大轴承工作时的振动和噪声，大大降低轴承的运转精度，导致轴承失效。塑性变形一般是滚动轴承在低速转动($n\leqslant 10$ r/min)、摆动或工作时间较短时的失效形式。

(3) 其他失效形式。密封不良造成的润滑油不洁会使滚动体和滚道过度磨损，润滑油不足会使轴承烧伤，安装、维护不当会造成滚动体破裂等失效。

3. 设计计算准则

选定滚动轴承类型后就要确定其轴承尺寸，为此需要针对轴承的主要失效形式进行计算。其计算准则为：

(1) 对于一般转速的轴承(10 r/min$<n<n_{\lim}$)，如果轴承的制造、保管、使用等条件均良好，轴承的主要失效形式为疲劳点蚀，因此应以疲劳强度计算为依据进行轴承的寿命计算。

(2) 对于高速轴承，除疲劳点蚀外，其各元件的接触表面过热引起的失效也是重要的失效形式，因此除需进行寿命计算外，还应校验其极限转速 $n_{\lim}$。

(3) 转速较低($n<10$ r/min)时，可近似认为轴承各元件是在静应力作用下工作的，其失效形式为塑性变形，应进行以不发生塑性变形为准则的静强度计算。

另外，为保证轴承工作时不发生其他形式的失效，应保证轴承安装、润滑、密封良好。

10.4.4　滚动轴承的承载能力计算

1. 滚动轴承的寿命计算

1) 基本概念

(1) 额定寿命。

从轴承在一定载荷下开始工作，到其中的任一滚动体、内圈或外圈出现疲劳点蚀时所转过的总转数或在一定转速下工作的总小时数，称为轴承的寿命，它实际上是单个轴承的寿命。但同一批轴承中各个轴承的寿命相差很大，所以提出并规定了额定寿命的概念，即一批同样的轴承在相同的使用条件下运转，其中 90%的轴承不发生疲劳点蚀破坏时所经历的转数或在一定转速下工作的小时数。对于单个轴承来说，额定寿命意味着在这种寿命要求下正常工作的可靠度为 90%。

(2) 额定动载荷。

使额定寿命恰为 10^6 转时加在轴承上的载荷，称为额定动载荷。它是轴承承载能力的主要标志，用 C 表示。如果轴承的额定动载荷大，则其抗疲劳点蚀的能力强。

对于向心轴承，额定动载荷指的是恒定的径向载荷，称为径向额定动载荷，用 C_r 表示；对于推力轴承，额定动载荷指的是恒定的中心轴向载荷，称为轴向额定动载荷，用 C_a 表示。各种类型、各种型号轴承的额定动载荷值可在《机械零件设计手册》中查到。

（3）当量动载荷。

当量动载荷是考虑径向力、轴向力等复合作用下的一个假想载荷，在此载荷作用下，轴承的寿命与实际复合载荷作用下的寿命相当，用 P 表示。

2）基本计算公式

轴承寿命的计算公式为

$$L = \left(\frac{C}{P}\right)^{\varepsilon} \quad (10^6 \text{ 转})$$

若用小时数(h)表示轴承额定寿命，则

$$L_{\mathrm{h}} = \frac{10^6}{60n}\left(\frac{C}{P}\right)^{\varepsilon}$$

式中：C——额定动载荷(N)；

P——当量动载荷(N)；

n——轴承的转速(r/min)；

ε——寿命指数，对于球轴承 $\varepsilon=3$，对于滚子轴承 $\varepsilon=10/3$。

3）当量动载荷计算

根据当量动载荷的定义，对于只能承受纯径向载荷的向心轴承，当量动载荷等于实际径向载荷，即 $P=F_{\mathrm{r}}$；对于只能承受轴向载荷的推力轴承，当量动载荷等于实际轴向载荷，即 $P=F_{\mathrm{a}}$；对于那些能同时承受径向和轴向载荷的轴承，如深沟球轴承、角接触球轴承等，当量动载荷的计算式为

$$P = XF_{\mathrm{r}} + YF_{\mathrm{a}}$$

考虑到在机械工作中冲击、振动、过载等对轴承的影响，应引入载荷系数，故实际计算当量动载荷的公式为

$$\left.\begin{aligned} P &= f_{\mathrm{P}}F_{\mathrm{r}} \\ P &= f_{\mathrm{P}}F_{\mathrm{a}} \\ P &= f_{\mathrm{P}}(XF_{\mathrm{r}} + YF_{\mathrm{a}}) \end{aligned}\right\}$$

式中：F_{r}——轴承所承受的径向载荷；

F_{a}——轴承所承受的轴向载荷；

f_{P}——载荷系数，由表 10-12 查得；

X、Y——径向和轴向载荷转换系数，由表 10-13 查得。

表 10-12　载荷系数 f_{P}

载荷性质	举例	f_{P}
平稳运转、轻微冲击	电机、空调器、汽轮机、通风机、水泵	1.0～1.2
中等冲击	机床、车辆、起重机、冶金设备、内燃机	1.2～1.8
强烈冲击、振动	破碎机、轧钢机、石油钻机、振动筛	1.8～3.0

轴承的工作温度高于 120 ℃会降低轴承的寿命，故计算时还应引入温度修正系数(见表 10-14)，此时轴承寿命计算公式为

$$L_{\mathrm{h}} = \frac{10^6}{60n}\left(\frac{f_{\mathrm{T}}C}{P}\right)^{\varepsilon}$$

表 10-13　向心类轴承的径向载荷转换系数 X 和轴向载荷转换系数 Y

轴承类型		$\frac{iF_a}{C_0}$	e	单列轴承				双列轴承（或成对安装的单列轴承）			
名称	代号			$F_a/F_r \leqslant e$		$F_a/F_r > e$		$F_a/F_r \leqslant e$		$F_a/F_r > e$	
				X	Y	X	Y	X	Y	X	Y
深沟球轴承	6000	0.014	0.19	1	0	0.56	2.30	1	0	0.56	2.30
		0.028	0.22				1.99				1.99
		0.056	0.26				1.71				1.71
		0.084	0.28				1.55				1.55
		0.11	0.30				1.45				1.45
		0.17	0.34				1.31				1.31
		0.28	0.38				1.15				1.15
		0.42	0.42				1.04				1.04
		0.56	0.44				1.00				1.00
角接触球轴承	$\alpha=15°$ 7000C	0.015	0.38	1	0	0.44	1.47	1	1.65	0.72	2.39
		0.029	0.40				1.40		1.57		2.28
		0.058	0.43				1.30		1.46		2.11
		0.087	0.46				1.23		1.38		2.00
		0.12	0.47				1.19		1.34		1.93
		0.17	0.50				1.12		1.26		1.82
		0.29	0.55				1.02		1.14		1.66
		0.44	0.56				1.00		1.12		1.63
		0.58	0.56				1.00		1.12		1.63
	$\alpha=25°$ 7000AC	—	0.68	1	0	0.41	0.87	1	0.92	0.67	1.41
	$\alpha=40°$ 7000B	—	1.14	1	0	0.35	0.57	1	0.55	0.57	0.93
圆锥滚子轴承	30000	—	$1.5\tan\alpha$	1	0	0.4	$0.4\cot\alpha$	1	$0.45\cot\alpha$	0.67	$0.67\cot\alpha$

注：(1) i 为滚动体列数，C_0 为额定静载荷，可由轴承手册查得。

(2) e 为判断系数，$F_a/F_r \leqslant e$ 表明轴向载荷 F_a 较小，对深沟球轴承、角接触球轴承和圆锥滚子轴承而言 F_a 可以忽略不计，故表中 $X=1, Y=0$。

(3) 所有 α 值均可由轴承手册查得。

(4) 推力角接触轴承的 X 和 Y 值参阅轴承手册。

表 10-14　温度修正系数 f_T

轴承工作温度/℃	≤120	125	150	175	200	225	250	300
f_T	1	0.95	0.9	0.85	0.8	0.75	0.7	0.6

选择轴承时，应合理地提出对轴承疲劳寿命的要求。要求寿命过长，则所选轴承尺寸过大，使机械笨重，不经济；要求寿命过短，则需要经常拆换轴承，影响机械使用的效率。通常取机器的中修或大修期作为轴承的预期寿命 L'_h，常用机械中轴承的 L'_h 可参考表 10-15。如果当量动载荷 P 和转速 n 均已知，则可按预期寿命 L'_h 计算所需轴承的基本额定动载荷 C' ：

$$C' = \frac{P}{f_T}\sqrt[\varepsilon]{\frac{60nL'_h}{10^6}} = \frac{P}{f_T}\sqrt[\varepsilon]{\frac{nL'_h}{16670}}$$

按上式计算出的 C' 值在设计手册中选用所需的轴承型号，选轴承时应使 $C \geqslant C'$ 。

表 10-15　轴承预期寿命 L'_h 的参考值

<table>
<tr><th colspan="2">使用场合</th><th>举例</th><th>L'_h/h</th></tr>
<tr><td colspan="2">不经常使用的机器和设备</td><td>汽车方向指示器；阀门、门窗等开闭装置</td><td>300～3000</td></tr>
<tr><td rowspan="2">间断使用的机械</td><td>中断使用不引起严重后果</td><td>手动机械、农业机械、自动送料装置等</td><td>3000～8000</td></tr>
<tr><td>中断使用会引起严重后果</td><td>发电站辅助设备、带式输送机、升降机、吊车等</td><td>8000～12000</td></tr>
<tr><td rowspan="2">每天工作 8 小时的机械</td><td>不经常满载工作</td><td>一般齿轮装置、电动机、起重机等</td><td>12000～20000</td></tr>
<tr><td>满载工作</td><td>机床、印刷机械、工业机械、木材加工机械等</td><td>20000～30000</td></tr>
<tr><td rowspan="2">24 小时连续工作的机械</td><td>正常使用</td><td>空气压缩机、纺织机械、水泵、矿山升降机等</td><td>40000～60000</td></tr>
<tr><td>中断使用会引起严重后果</td><td>发电站主电机、给排水装置、船舶螺旋桨轴等</td><td>>100000</td></tr>
</table>

2. 向心类角接触轴承轴向载荷的计算

1）向心类角接触轴承的派生轴向力

如图 10-20 所示，这类轴承的结构特点是接触角 $\alpha \neq 0°$，因此当它承受径向载荷时，承载区内每一个滚动体的法向力 F_{ni} 可分解成径向力 F_{ri} 和轴向力 F_{si}。各滚动体轴向分力之和 F_s（$F_s = \sum F_{si}$）将使轴承外圈与内圈沿轴向有分离的趋势，故这类轴承必须成对使用，反向安装。

F_s 是轴承承受径向载荷时产生的轴向力，称为派生轴向力。在计算这类轴承的轴向载荷时，必须将派生轴向力考虑进去。其大小按表 10-16 中的公式求得，方向（对轴而言）沿轴向由轴承外圈的宽边指向窄边。

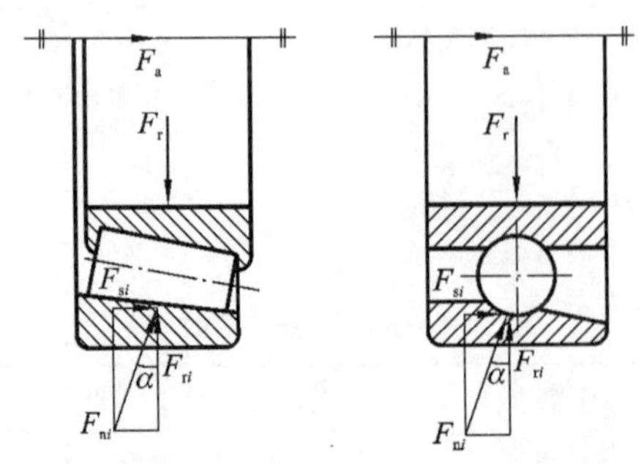

图 10-20　派生轴向力

表 10-16　向心类角接触轴承派生轴向力 F_s 的计算式

轴承类型	单列角接触球轴承			单列圆锥滚子轴承 30000 型
	7000C 型 $\alpha=15°$	7000AC 型 $\alpha=25°$	7000B 型 $\alpha=40°$	
F_s	$F_s=e\cdot F_r$	$F_s=0.68F_r$	$F_s=1.14F_r$	$F_s=F_r/(2Y)$

注：(1) 7000C 型轴承的 $e=0.38\sim0.56$，它随 iF_a/C_0 而变，初选轴承时可近似取 $e=0.47$。

(2) 30000 型圆锥滚子轴承 $F_r/(2Y)$ 中的 Y 是 $F_a/F_r>e$ 时的轴向系数。

2）向心类角接触轴承的安装方式

由于向心类角接触轴承会产生附加的派生轴向力，因此应该成对使用。根据安装、调整及使用场合的不同，可以有以下两种不同的安装方式：

(1) 正装("面对面"安装)。两角接触球轴承或圆锥滚子轴承的外圈窄端面相对，此时轴承的压力中心距离 $\overline{O_1O_2}$ 小于两个轴承的中心跨距，如图 10-21(a)(c)所示。该方式的轴系结构简单，装拆、调整方便(见图 10-22(a))。但轴的受热伸长会减小轴承的轴向游隙，甚至会使轴承卡死。

(2) 反装("背靠背"安装)。两角接触球轴承或圆锥滚子轴承的外圈宽端面相对，此时轴承的压力中心距离 $\overline{O_1O_2}$ 大于两个轴承的中心跨距，如图 10-21(b)(d)所示。显然，此时轴的热膨胀会增大轴承的轴向游隙。另外，反装方式的结构复杂，装拆、调整不便(见图 10-22(b))。

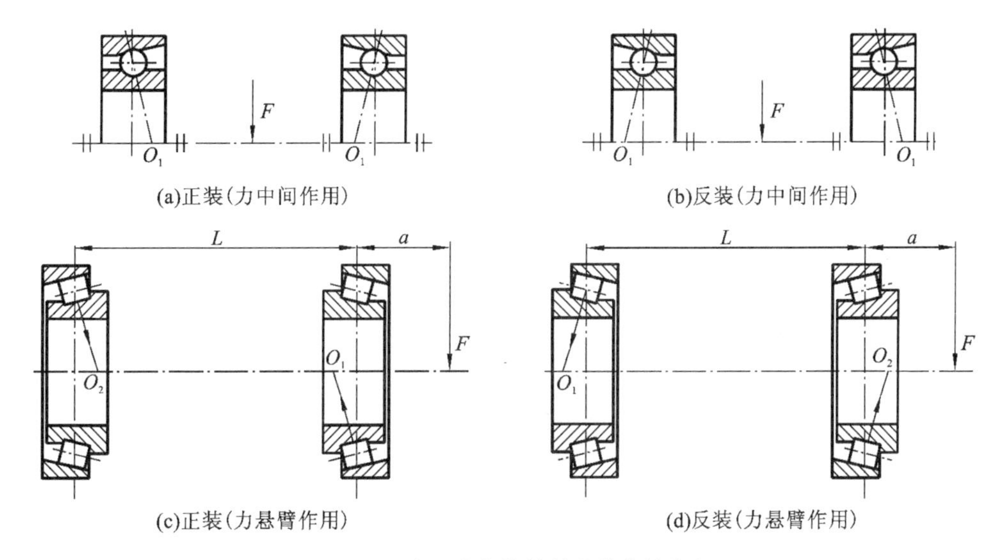

(a)正装(力中间作用)　(b)反装(力中间作用)

(c)正装(力悬臂作用)　(d)反装(力悬臂作用)

图 10-21　向心类角接触轴承载荷的分布

当传动零件悬臂安装时，反装的轴系刚度比正装的刚度高，这是因为反装的轴承压力中心距离较大，轴承的反力、变形以及轴的最大弯矩和变形均小于正装的。

当传动零件介于两轴承中间时，正装使轴承压力中心距离减小，从而有助于提高轴的刚度，反装则恰恰相反。

为了方便分析，经常将轴系的正装或反装绘成简化示意图。图 10-23(a)(b)所示为角接触球轴承安装方式的简化示意图，图 10-23(c)(d)所示为圆锥滚子轴承安装方式的简化示意图。

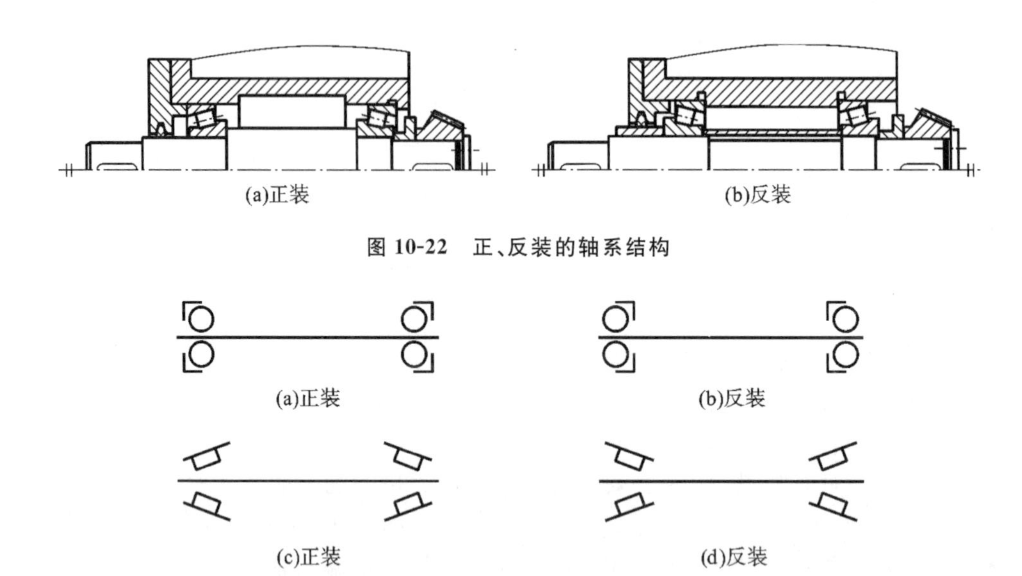

图 10-22　正、反装的轴系结构

图 10-23　各类轴承安装方式的简化示意图

3）向心类角接触轴承轴向载荷的计算

计算向心类角接触轴承所受的实际轴向载荷时，除要考虑外加轴向载荷 F_A 以外，还应考虑派生轴向力 F_s 的影响。

图 10-24(a)所示为圆锥滚子轴承常见的正装(大端相对)安装形式。$F_{rⅠ}$、$F_{rⅡ}$ 为轴承Ⅰ、Ⅱ承受径向载荷后分别作用于轴上的径向反力；$F_{sⅠ}$、$F_{sⅡ}$ 分别为轴承Ⅰ、Ⅱ作用于轴上的派生轴向力；F_A 为作用在轴上的轴向外载荷。

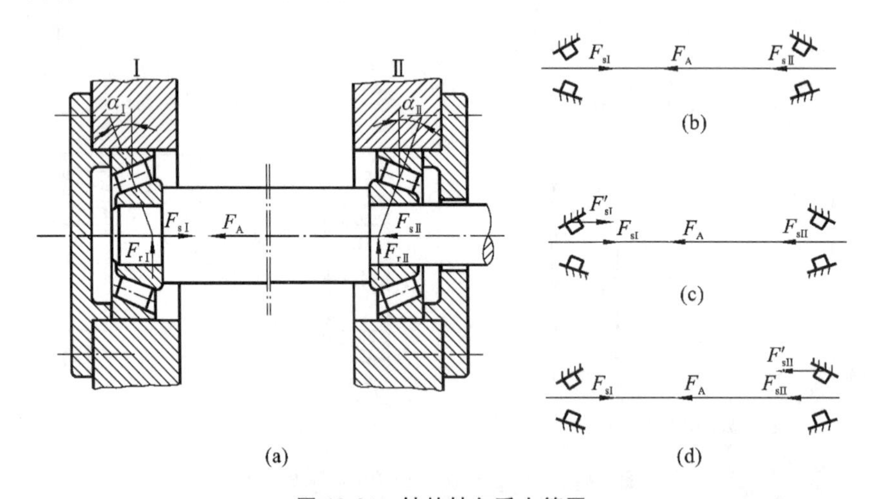

图 10-24　轴的轴向受力简图

图 10-24(b)所示是轴的轴向受力简图，每个轴承受力按下面两种情况分析：

(1) 如果 $F_A + F_{sⅡ} > F_{sⅠ}$（见图 10-24(c)），则轴左移，左端轴承Ⅰ被压紧(称紧端)，轴承Ⅰ上必有一轴向平衡反力 $F'_{sⅠ}$，故

紧端轴承Ⅰ所受轴向力 $F_{aⅠ} = F_A + F_{sⅡ} = F_{sⅠ} + F'_{sⅠ}$；

松端轴承Ⅱ所受轴向力 $F_{aⅡ} = F_{sⅡ}$ 为其自身派生轴向力。

(2) 如果 $F_A + F_{sⅡ} < F_{sⅠ}$（见图 10-24(d)），则轴右移，右端轴承Ⅱ被压紧(称紧端)，轴承

Ⅱ上必有一轴向平衡反力 $F'_{sⅡ}$，故

紧端轴承Ⅱ所受轴向力 $F_{aⅡ} = F_{sⅡ} + F'_{sⅡ} = F_{sⅠ} - F_A$；

松端轴承Ⅰ所受轴向力 $F_{aⅠ} = F_{sⅠ}$ 为其自身派生轴向力。

因此可得如下结论：松端轴承所受轴向力为其自身的派生轴向力，紧端轴承所受轴向力为松端派生轴向力和轴向外载荷的代数和。

以上方法也适用于一对轴承“背靠背”安装的情况。

3. 滚动轴承的静载荷计算

对于瞬间受冲击载荷的轴承，或缓慢摆动、转速极低（$n \leqslant 10$ r/min）、偶尔工作的滚动轴承，其主要的失效形式是滚动体与内、外圈滚道接触处产生过大的塑性变形（凹坑），这时应按静载荷承载能力选择轴承型号。

（1）基本额定静载荷。

使受载最大的滚动体与较弱的座圈滚道接触处产生的塑性变形量之和是滚动体直径的万分之一时的载荷，称基本额定静载荷，用 C_0 表示。

（2）当量静载荷。

与当量动载荷相仿，当量静载荷为一假想载荷，在这个载荷作用下，滚动轴承的塑性变形量与实际复合载荷作用下的塑性变形量相同，用 P_0 表示。

对于只能承受径向力的向心轴承，P_0 就等于实际径向载荷 F_r；对于只能承受轴向力的推力轴承，P_0 等于实际轴向载荷 F_a；对于能同时受径向和轴向载荷作用的轴承，P_0 按下式计算：

$$P_0 = X_0 F_r + Y_0 F_a$$

式中：X_0、Y_0——当量静载荷计算时的径向载荷系数和轴向载荷系数，其值见表 10-17。

表 10-17　当量静载荷计算时的径向载荷系数 X_0 和轴向载荷系数 Y_0

轴承类型	代号	单列		双列	
		X_0	Y_0	X_0	Y_0
深沟球轴承	6000	0.6	0.5	0.6	0.5
角接触球轴承	7000C	0.5	0.46	1	0.92
	7000AC	0.5	0.38	1	0.76
	7000B	0.5	0.26	1	0.52
圆锥滚子轴承	30000	0.5	$0.22\cot\alpha$	1	$0.44\cot\alpha$

注：表中 α 的具体数值可按轴承型号由轴承手册查出。

按额定静载荷校核轴承的基本公式为

$$C_0 \geqslant S_0 P_0$$

式中：C_0——所选用轴承的基本额定静载荷（N）；

S_0——静强度安全系数，对运转精度及摩擦力矩的大小要求不高时，允许有较大的塑性变形，这时可取 $S_0 < 1$，反之 $S_0 > 1$，其值见表 10-18；

P_0——轴承所受的当量静载荷（N）。

表 10-18　安全系数 S_0 值

使用要求或载荷性质	S_0	
	球轴承	滚子轴承
对旋转精度和平稳性要求较高，或承受强大冲击载荷	1.5～2	2.5～4
正常使用条件	0.5～2	1～3.5
对旋转精度和平稳性要求较低，或基本没有冲击和振动	0.5～2	1～3

4. 不同可靠度时滚动轴承寿命的计算

滚动轴承样本中所列的基本额定动载荷是在不破坏的概率（即可靠度）为 90%时的数据。但在实际应用中，由于使用轴承的各类机械的要求不同，对轴承可靠度的要求也随之变化。为了把样本中的基本额定动载荷值用于可靠度要求不等于 90%的情况，需引入寿命修正系数 a_1，于是修正额定寿命为

$$L_n = a_1 L_h = \frac{10^6 a_1}{60n}\left(\frac{C}{P}\right)^{\varepsilon}$$

式中：L_n——可靠度为(100－n)%（破坏概率为 n%）时的寿命，即修正额定寿命，单位为 h；

a_1——可靠度不为 90%时的寿命修正系数，其值见表 10-19。

表 10-19　可靠度不为 90%时的寿命修正系数 a_1（GB/T 6391—2010）

可靠度/(%)	90	95	96	97	98	99
L_n	L_{10}	L_5	L_4	L_3	L_2	L_1
a_1	1	0.62	0.53	0.44	0.33	0.21

当给定可靠度和在该可靠度下的寿命 L_n（单位为 h）时，可利用下列公式计算所需的基本额定动载荷 C：

$$C = P\sqrt[\varepsilon]{\frac{60nL_n}{10^6 a_1}}$$

例 10-3　在平稳载荷下工作的 6211 轴承，转速 n=860 r/min，它承受的名义径向载荷 F_r=2400 N，轴向载荷 F_a=1200 N，试计算该轴承的寿命是多少？

解　计算步骤列表如下：

步骤	计算与说明	主要结果
确定 C、P 值	查阅手册知 6211 轴承 C=43200 N；C_0=29200 N 根据 F_a/C_0=1200/29200=0.041，由表 10-13 取 $e\approx0.24$ 根据 F_a/F_r=1200/2400=0.5>e，由表 10-13 取 X=0.56，$Y\approx1.8$ 由表 10-12 查得 f_P=1.2，所以 $P=f_P(XF_r+YF_a)=1.2\times(0.56\times2400+1.8\times1200)=4204.8$ (N)	P=4204.8 N
计算轴承寿命	$L_h=\frac{10^6}{60n}\left(\frac{C}{P}\right)^{\varepsilon}=\frac{10^6}{60\times860}\times\left(\frac{43200}{4204.8}\right)^3=21016$ (h)	L_h=21016 h

例 10-4　某减速器低速轴的转速 n=114.06 r/min，传动中有轻微冲击，轴上装有斜齿轮。经计算该轴受力情况如图 10-25 所示，F_t=10916 N，F_r=4025.43 N，F_x=1777.53 N，支点 A、B 处的轴颈直径为 ϕ 80 mm，试为此轴颈处选择适当的轴承。

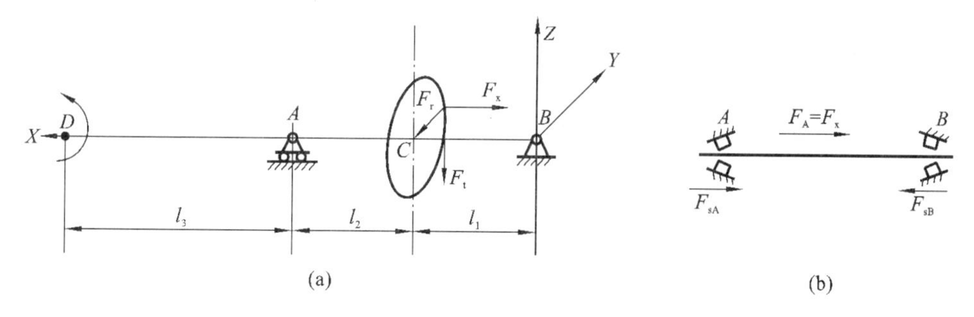

图 10-25　受力示意图

解　计算步骤列表如下：

步骤	计算与说明	主要结果
初选轴承型号	由于此轴转速较低，支点处既受径向载荷，又受轴向载荷，因此拟采用单列圆锥滚子轴承（30000 型）。已知轴颈直径为 $\phi 80$ mm，故初选 30216 轴承。由手册查得该轴承：$C=160000$ N，$C_0=212000$ N，$e=0.42$，轴向载荷系数 $Y=1.4$，$Y_0=0.8$，接触角 $\alpha=15°38'32''$	初选轴承型号为 30216
求支点 A、B 处的支反力 计算 A、B 处轴承所受的径向载荷	计算可知： $R_{AY}=-620.71$ N，$R_{AZ}=5458$ N，$R_{BY}=4646.14$ N，$R_{BZ}=5458$ N A 处径向载荷：$F_{rA}=\sqrt{R_{AY}^2+R_{AZ}^2}=\sqrt{(-620.71)^2+5458^2}=5493.18$ (N) B 处径向载荷：$F_{rB}=\sqrt{R_{BY}^2+R_{BZ}^2}=\sqrt{4646.14^2+5458^2}=7167.73$ (N)	$F_{rA}=5493.18$ N $F_{rB}=7167.73$ N
计算轴承内部派生轴向力	$F_{sA}=\frac{F_{rA}}{2Y}=\frac{5493.18}{2\times1.4}=1961.85$ (N) $F_{sB}=\frac{F_{rB}}{2Y}=\frac{7167.73}{2\times1.4}=2559.9$ (N)	$F_{sA}=1961.85$ N $F_{sB}=2559.9$ N
计算轴承的轴向载荷	由图 10-25(b)得：$F_{sA}+F_A=(1961.85+1777.53)$ N$=3739.38$ N$>F_{sB}$ 故轴承 B 所受的总轴向力为：$\sum F_{aB}=F_{sA}+F_A=3739.38$ (N) 故轴承 A 所受的总轴向力为：$\sum F_{aA}=F_{sA}=1961.85$ (N)	$\sum F_{aB}=3739.38$ N $\sum F_{aA}=1961.85$ N
计算当量动载荷	由表 10-12 查出载荷系数 $f_P=1.0\sim1.2$，取 $f_P=1.2$ 因为 $F_{aA}/F_{rA}=1961.85/5493.18=0.36<e=0.42$ 由表 10-13 查得 $X=1$，$Y=0$ 故轴承 A 的当量动载荷为： $P_A=f_P\cdot F_{rA}=1.2\times5493.18=6591.82$ (N) 因为 $F_{aB}/F_{rB}=3739.38/7167.73=0.52>e=0.42$ 由表 10-13 取 $X=0.4$，$Y\approx1.4$ 故轴承 B 的当量动载荷为：$P_B=f_P(XF_{rB}+YF_{aB})=1.2\times(0.4\times7167.73+1.4\times3739.38)=9772.67$ (N)	$P_A=6591.82$ N $P_B=9772.67$ N

续表

步骤	计算与说明	主要结果
计算轴承寿命	因为 $P_B > P_A$，两个轴承采用同一型号，故轴承 B 的寿命一定小于轴承 A 的，按轴承 B 计算寿命。 $L_h = \frac{10^6}{60n}\left(\frac{C}{P}\right)^{\varepsilon} = \frac{10^6}{60 \times 114.06} \times \left(\frac{160000}{9772.67}\right)^{\frac{10}{3}} = 1654848$ (h) 从上述计算可知，因转速较低，所以轴承不会产生疲劳失效，故按静强度进行校核计算	$L_h = 1654848$ h
计算当量静载荷	$P_{0A} = X_0 F_{rA} + Y_0 F_{aA}, P_{0B} = X_0 F_{rB} + Y_0 F_{aB}$ 由表 10-17 查得 $X_0 = 0.5$ $P_{0A} = 0.5 \times 5493.18 + 0.8 \times 1961.85 = 4316.07$ (N) $P_{0B} = 0.5 \times 7167.73 + 0.8 \times 3739.38 = 6575.37$ (N)	$P_{0A} = 4316.07$ N $P_{0B} = 6575.37$ N
静载荷校核	由公式 $C_0 \geqslant S_0 P_0$ 式中：$C_0 = 212000$ N；安全系数 S_0 由表 10-18 查得 $S_0 = 1$ 所以 $S_0 P_{0B} = 1 \times 6575.37 = 6575.37$ (N) 故 $C_0 > S_0 P_{0B}$	所选轴承满足静强度要求

10.4.5 滚动轴承的组合设计

滚动轴承是标准组件，它不能孤立使用，必须与其支承件组合在一起，才能正常工作，所以在机械设计的过程中，必须进行滚动轴承的组合设计。通常要根据传动轴系的具体要求及结构特点，对支承刚度、轴承间隙和轴系轴向位置等进行全面考虑。

1. 保证支承刚度和同轴度

轴和安装轴承的轴承座或机壳必须有足够的刚度。如图 10-26 所示，在轴承座孔的壁上加肋是为了增加刚度。

同一轴上两轴承要保证同轴度，可采用整体铸造机壳，并尽量采用直径相同的轴承孔。若在同一轴上装有不同直径的轴承，可采用在外径小的轴承处加套杯的方法，如图 10-27 所示。

2. 轴承的固定和调整

1）轴承的轴向固定

固定轴承的目的主要是使轴及轴上安装的零件在机体内有固定的轴向位置，当受到轴向力时，能把力传到机架上去而不致引起零件的轴向移动。滚动轴承的支承结构可以分为三种基本类型。

（1）一端固定、一端游动。

这种结构适用于轴承支点跨距较大（$l > 350$ mm）、工作温升较高（$\Delta t \geqslant 50$ ℃）的长轴，以避免轴受热伸长对轴承产生附加载荷或发生卡轴现象，如图 10-28 所示。这种结构是将一个支点的轴承外圈两侧都固定，承受双向轴向力，另一支点的轴承可自由游动，只承受径向力。安排轴承时，常把受径向力较小的一端作为游动端，以减小游动时的摩擦力。

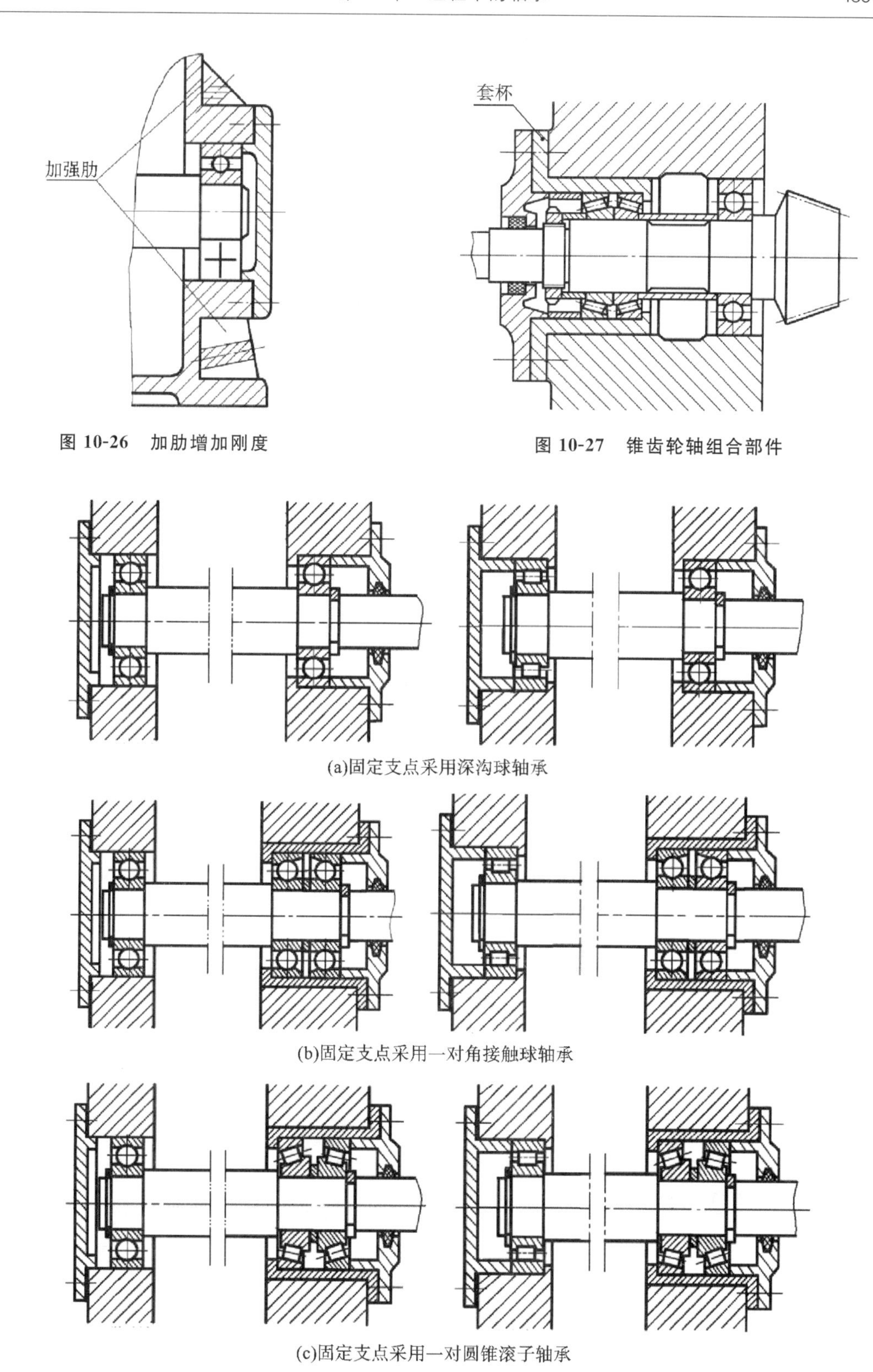

图 10-26　加肋增加刚度

图 10-27　锥齿轮轴组合部件

(a)固定支点采用深沟球轴承

(b)固定支点采用一对角接触球轴承

(c)固定支点采用一对圆锥滚子轴承

图 10-28　一端固定、一端游动的配置形式

游动端可选用深沟球轴承或圆柱滚子轴承。对于深沟球轴承，其内圈两侧需固定，以防轴承松脱，外圈则不固定，从而允许轴承游动。对于外圈无挡边的圆柱滚子轴承，其内、外圈两侧都要固定，以免外圈移动，造成过大错位，游动靠滚子相对于外圈的轴向位移来实现。

固定端可选用一个深沟球轴承（见图 10-28(a)），但此时支点受力较大。当要求刚度高时，也可以采用一对角接触球轴承组合（见图 10-28(b)）或一对圆锥滚子轴承组合（见图 10-28(c)），并使轴承之间的间隙达到最小。其缺点是结构比较复杂，固定端的轴承组合内、外圈两侧均被固定，以承受双向的轴向力。

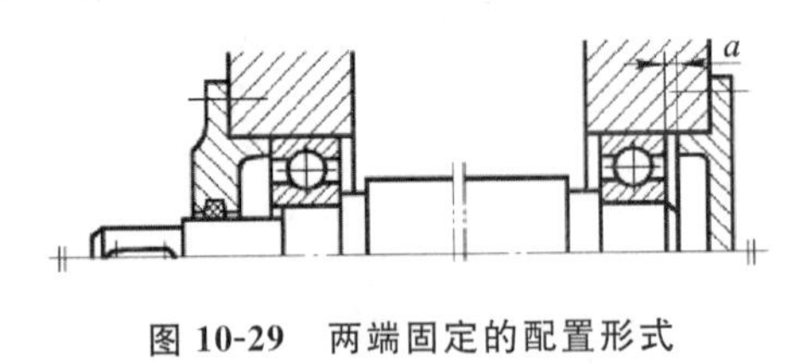

图 10-29　两端固定的配置形式

(2) 两端固定。

这种结构适用于伸缩较小的短轴，如图 10-29 所示，固定方法是利用轴肩顶住轴承内圈，轴承端盖顶住轴承外圈。每一个支承点只能限制单方向的轴向位移，两个支承点共同防止轴的双向位移。考虑到轴温升后也会伸长，对 6000 型轴承，其外圈和固定零件（如轴承端盖）之间应留有适当间隙。这一间隙 a 的大小为 0.2～0.3 mm，在图中可不画出。

对于内部间隙可以调整的轴承，如 30000 或 7000 型，不必在其外圈和固定零件之间留间隙，而是通过装配时调整轴承外圈的轴向位置得到合适的轴承游隙，以保证轴系的游动，并达到一定的轴承刚度，使轴承运转灵活、平稳。这一游隙的大小靠轴承端盖与箱体间的调整垫片来保证（见图 10-30(a)），也有利用调节螺钉和压在外圈上的压盖来实现的（见图 10-30(b)），还有利用带有外螺纹的端盖来调整内部间隙的（见图 10-30(c)）。

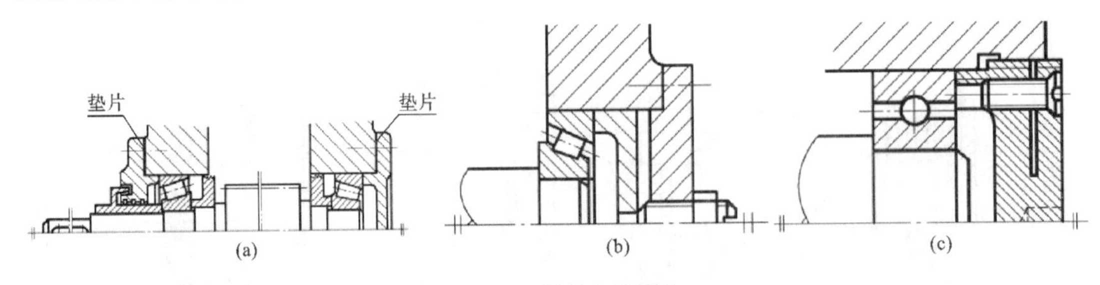

图 10-30　调整内部间隙

(3) 两端游动。

当轴上的传动零件具有确定两轴的相对轴向位置的功能时，两轴中的一根轴应采用两端游动支承结构，另一根轴可采用前面介绍的轴系结构形式。图 10-31 所示的高速轴，轴的两端均采用圆柱滚子轴承。该轴系的轴向位置由低速轴系通过人字齿轮限制。在人字齿轮传动中，这种结构既可简化安装，又可使轮齿受力均衡。

2) 轴承内、外圈的轴向定位与固定

轴承内圈在轴上的轴向固定方法如图 10-32 所示，图 10-32(a)所示为利用轴肩作单向固定，只能承受单向轴向力；图 10-32(b)所示为利用弹性挡圈作轴向固定，用于轴向力不大、转速不高的情况；图 10-32(c)所示为利用轴端挡圈固定，挡圈用螺栓固定在轴的端部，可以承受较大的轴向力；图 10-32(d)所示为利用圆螺母和止退垫圈固定，也可以承受较大的轴向力。

轴承外圈的轴向固定方法如图 10-33 所示，图 10-33(a)所示为利用轴承端盖作单向固定，可以承受较大的单向轴向力；图 10-33(b)所示为利用轴承端盖和凸肩作固定，可以承受较大

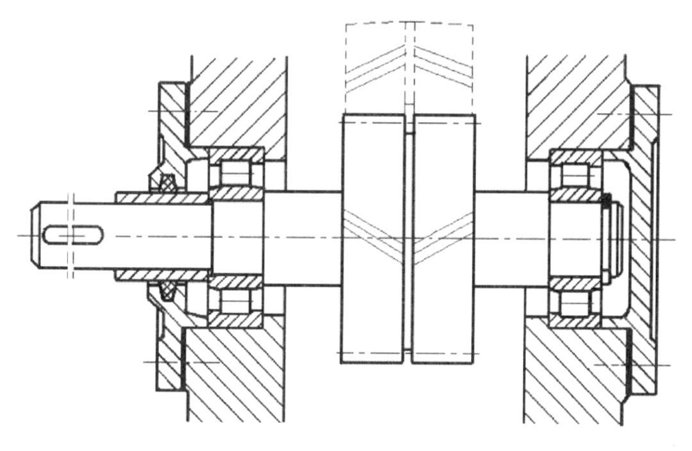

图 10-31　两端游动支承结构

的双向轴向力；图 10-33(c)所示为利用弹性挡圈和凸肩作固定，能承受较小的双向轴向力。

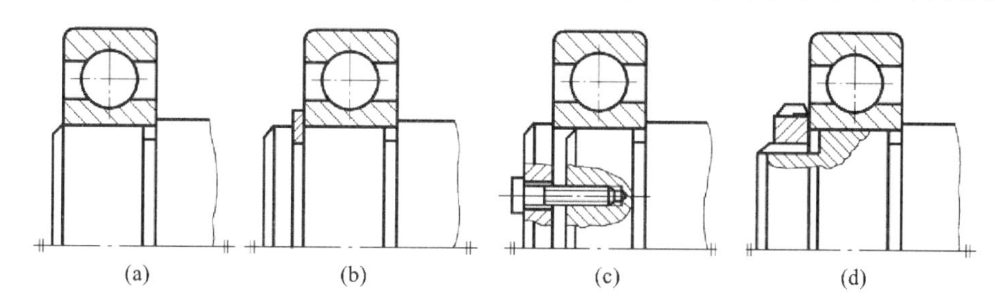

图 10-32　轴承内圈的轴向固定方法

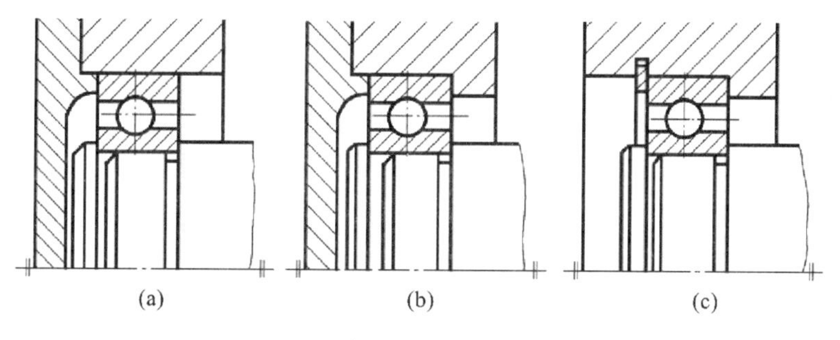

图 10-33　轴承外圈的轴向固定方法

3）轴承轴向位置的调整

为了确保轴上零件相对位置的正确性，往往需要做轴向调整。如图 10-34(a)所示的圆锥齿轮传动，为了正确啮合，要求两个节锥的顶点重合，因此必须使轴承组合能做图中箭头方向的调整。又如蜗杆传动中要求蜗轮的中间平面通过蜗杆的轴线(见图 10-34(b))，因此蜗轮要进行轴向(图中箭头所表示的方向)调整。

图 10-35 所示的圆锥齿轮轴承组合，其中有两组可调垫片。套杯和箱体间的一组垫片用于调整圆锥齿轮的轴向位置，轴承端盖与套杯之间的一组垫片用于调整轴承内的间隙。

3. 滚动轴承的配合和装拆

1）滚动轴承的配合

轴承的配合是指内圈与轴的配合及外圈与座孔的配合。由于滚动轴承是标准件，轴承内

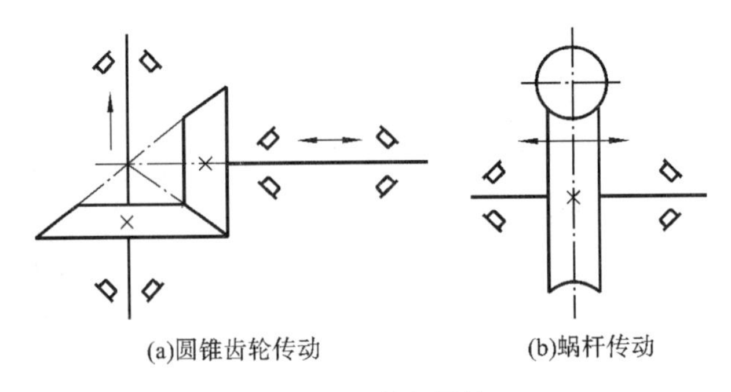

(a)圆锥齿轮传动　　(b)蜗杆传动

图 10-34　轴向调整

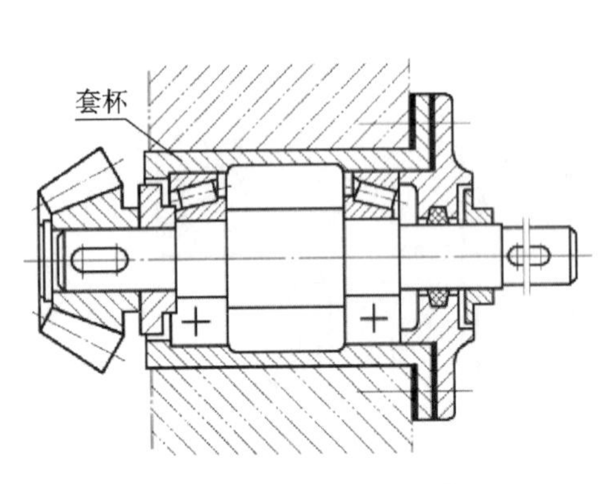

图 10-35　圆锥齿轮轴承组合

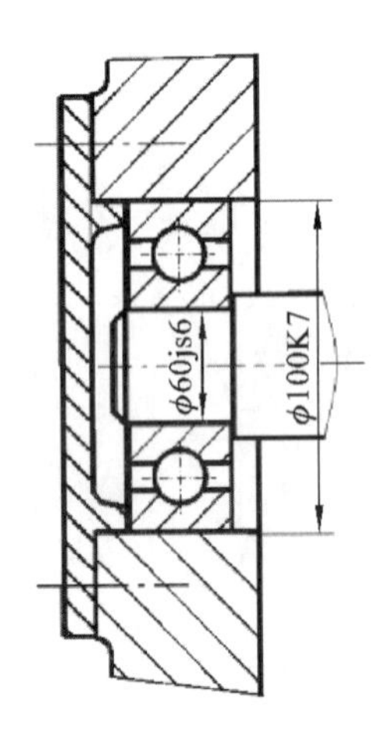

图 10-36　装配图上滚动轴承的标注

圈与轴、外圈与座孔的配合情况，分别取决于轴的偏差和箱体孔的偏差。轴承内圈与轴的配合采用基孔制，轴承外圈与轴承座孔的配合采用基轴制。

轴承配合种类的选择应根据转速的高低、载荷的大小、温度的变化等因素来决定。配合过松，会使旋转精度降低，振动加大；配合过紧，可能因为内、外圈过大的弹性变形而影响轴承的正常工作，也会使轴承装拆困难。在一般情况下，下列原则可供选择配合时参考。

(1) 当外载荷方向不变时，转动套圈应比固定套圈的配合紧一些。一般轴承的转动套圈(通常是内圈)的转速越大，受载越大，温度变化也较大，此时应选用较紧的配合。游动套圈或经常拆卸的轴承选用较松的配合(公差与配合的具体选择可参考有关手册)。一般情况下，座孔与轴承外圈配合常采用较松的基轴制的间隙配合或过渡配合，孔的公差带代号为 G7、H7、J7、K7、M7 等；轴与轴承内圈配合常采用具有过盈的基孔制过渡配合，可采用 j6、k6、m6、n6、r6。由于滚动轴承是标准件，有其自己的特殊公差标准，因此在装配图上只标注座孔、轴的偏差代号(见图 10-36)。

(2) 高速、重载情况下应采用较紧配合；反之，可选取较松的配合。

(3) 作游动支承的轴承外圈与座孔间应采用间隙配合，但又不能过松以致发生相对转动。

(4) 轴承与空心轴的配合应选用较紧配合。

(5) 充分考虑温升对配合的影响。

2) 轴承的装拆

滚动轴承是精密组件，设计轴承的组合时，必须考虑轴承的安装与拆卸。实践表明，不正确的装拆是轴承丧失精度和过早损坏的主要原因之一。

滚动轴承装拆的原则是:装拆力对称或均匀地作用在座圈的端面上,装拆过程中均不允许通过滚动体来传递装拆力。

(1) 轴承的安装。轴承的安装有冷压法和热套法两种。对于小型轴承,可用软锤敲击装配套筒来装入轴承,如图 10-37(a)所示;对于中型轴承,可用压力机压紧装配套筒来压入轴承,如图 10-37(b)(c)所示;对于大型轴承,可将轴承放入油池中加热到 80～100 ℃后再用压力机进行热装。

(a)软锤敲击装配套筒装入轴承

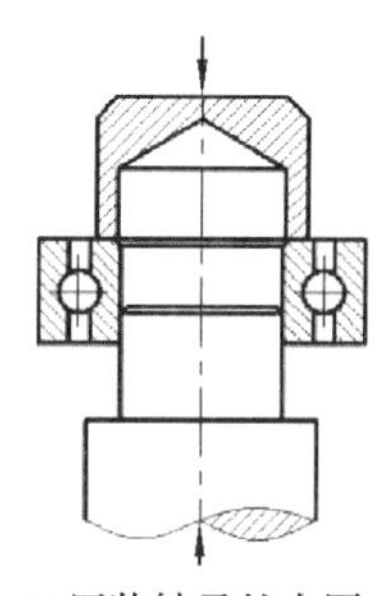

(b)压装轴承的内圈

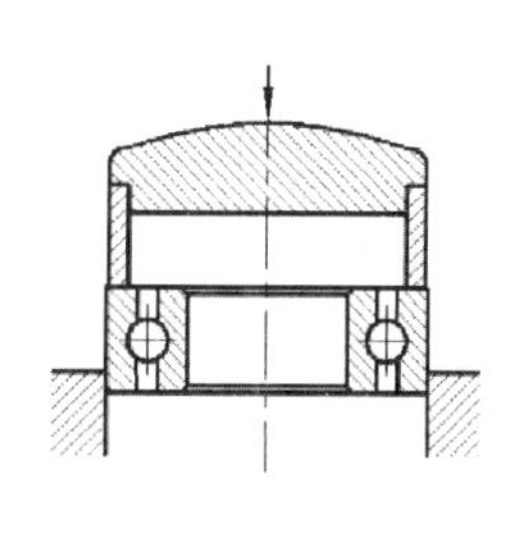
(c)压装轴承的外圈

图 10-37　冷压法安装轴承

(2) 轴承的拆卸。轴承的拆卸分内圈的拆卸和外圈的拆卸。图 10-38 所示为用轴承拆卸器拆卸轴承的内圈。为了便于轴承的拆卸,在设计轴肩时应使轴承内圈在轴肩处露出足够的高度 h_1(其值可查相关设计手册),同时还要留有足够的轴向间距 L,以便轴承拆卸器能够工作,如图 10-39(a)所示;对于内、外圈可分离型轴承,其外圈端面也应露出足够的高度 h_1,以便用工具从此处顶出轴承外圈,如图 10-39(b)所示。

为了使轴承便于拆卸和可靠定位,轴肩和孔的凸肩高度以及轴孔的圆角半径应有一定的限制(见图 10-40),具体尺寸规定可查阅设计手册。

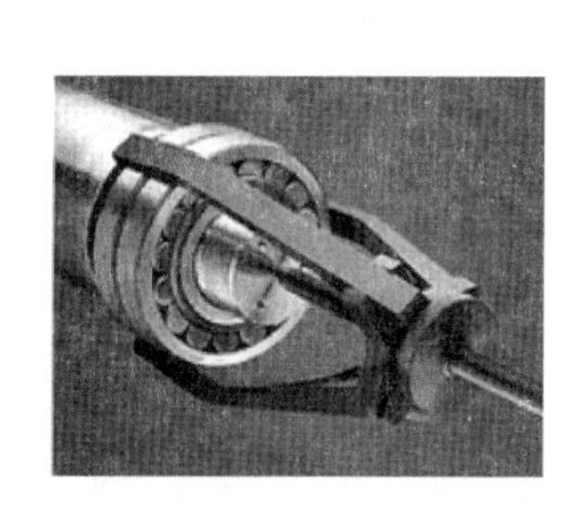
图 10-38　用轴承拆卸器拆卸轴承的内圈

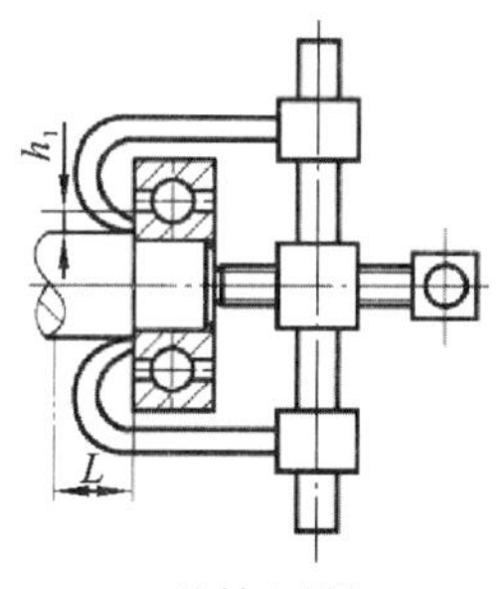

(a)从轴上拆卸

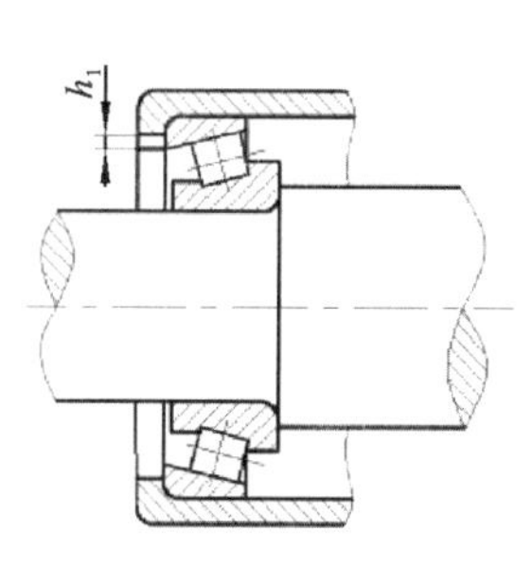

(b)从外壳孔中拆卸

图 10-39　滚动轴承的拆卸

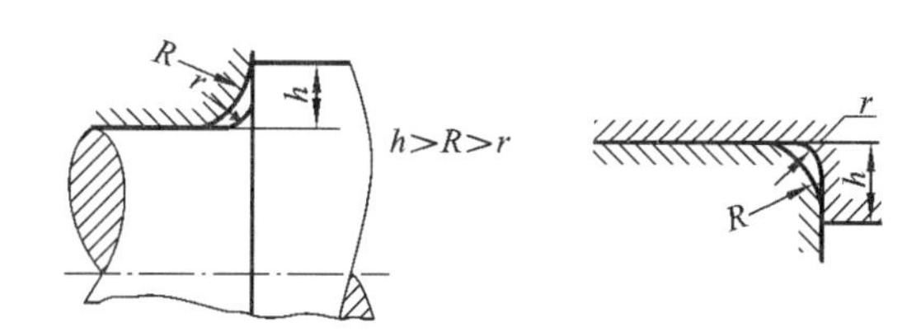

图 10-40　轴肩和孔的凸肩高度以及轴孔的圆角半径关系

4. 注意事项

在进行滚动轴承的安装设计时，应注意以下问题：

(1) 应尽量保证轴及轴承座有足够的刚度，以避免过大的变形使滚动体受阻滞，造成轴承提前损坏；

(2) 对于一根轴上的两个支承座孔，它们必须尽可能地保持同心，最好的办法是采用整体结构的轴承座，并把两轴承孔一次镗出；

(3) 正确选择轴承的配合，保持轴承正常运转，防止内圈与轴、外圈与轴承座孔在工作时发生相对转动；

(4) 在安装轴承的过程中，应确保安装轴承实施的力不作用在滚动体上，否则将使轴承损坏；

(5) 适当地对轴承预紧，以提高轴承的旋转精度，增加轴承装置的刚度，减小机器工作时轴的振动。

10.5 滑动轴承与滚动轴承的比较

由于滚动轴承和滑动轴承都有其自身的特点及不同的用途，为方便选择使用，将其性能分项列于表 10-20 中以作比较。

表 10-20　滚动轴承与滑动轴承的比较

比较项目	滚动轴承	滑动轴承	
		非液体摩擦	液体摩擦
工作时摩擦系数及一对轴承效率	$f_d=0.0015\sim0.008$ $\eta=0.99\sim0.995$	$f_d=0.008\sim0.1$ $\eta=0.95\sim0.97$	$f_d=0.001\sim0.008$ $\eta=0.995\sim0.999$
适合的工作速度、噪声及工作情况	低中速、噪声较大(高精度轴承也可用于高速)，适用于经常启动的情况	低速、无噪声、不宜频繁启动	中高速、无噪声、不宜频繁启动(静压轴承除外)
旋转精度	较高	较低	高
承受冲击振动能力	弱	较低	高
外廓尺寸	径向大、轴向小	轴向大、径向小	
安装	要求精度高，从轴端安装	要求精度低	要求精度高
维护保养	对灰尘敏感，需密封，因而结构较复杂，但润滑简单，耗油量少	液体摩擦滑动轴承对润滑装置要求高，耗油量多	
其他	一般为大量供应的标准件	要自行设计加工，消耗有色金属	

10.6 轴承的润滑

轴承润滑的目的是减轻摩擦和磨损，冷却轴承，吸振和防锈，从而提高轴承的使用效率，延长寿命。必须正确地选择润滑剂、润滑方式和润滑装置。

10.6.1　润滑剂的种类

轴承常用的润滑剂有润滑油、润滑脂和固体润滑剂。

1. 润滑油

润滑油是轴承中最常用的润滑剂，以矿物油应用最广泛。其主要性能指标是黏度，黏度是表示润滑油流动性好坏的标志，也是选择润滑油的主要依据。黏度愈大，油的流动性愈差，说明液体内摩擦阻力愈大。选用润滑油时，要综合考虑速度、载荷和工作情况。低速、重载时应选用黏度大的润滑油；高速、轻载时则应选用黏度小的润滑油。

轴承所受载荷越大，工作温度越高，须选用黏度越大的润滑油。而轴承的转速越高，速度因数 dn（d 为轴承内径，单位为 mm；n 为轴承转速，单位为 r/min）值越大，则应选用黏度越小的润滑油。图 10-41 所示为润滑油黏度与轴承速度因数及工作温度之间的关系（其中黏度的单位为 mm²/s），可供选择黏度时参考。

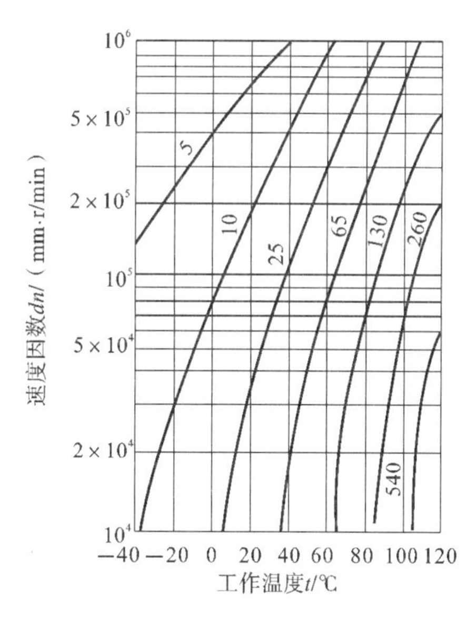

图 10-41　润滑油黏度与轴承速度因数及工作温度之间的关系

采用浸油润滑或飞溅润滑时，油面不应高于最下方滚动体的中心，否则搅油能量损失较大，容易引起轴承过热。这种润滑方式适用于减速器轴承的润滑。

2. 润滑脂

在润滑油中加入稠化剂（如钙、钠、铝、锂等金属）后形成的膏状润滑脂，其稠度大，不易流失，所以承载能力大，但它的物理、化学性质不如润滑油稳定，摩擦损耗大，机械效率较低，故不宜在温度变化大或高速条件下使用。润滑脂的主要性能指标是锥入度、滴点。轴承载荷大，dn 值小时，可选用锥入度小的润滑脂。反之，应选用锥入度较大的润滑脂。

常用的润滑脂有：钙基润滑脂（耐水性好，用于工作温度在 60 ℃以下的轴承）、钠基润滑脂（耐高温但不耐水，用于工作温度在 115～145 ℃的轴承）、锂基润滑脂（既耐水又耐高温，广泛用于 −20～150 ℃范围内的轴承，可以代替钙基、钠基润滑脂）。润滑脂主要用于低速、重载，不便经常加油，使用要求不高的轴承。

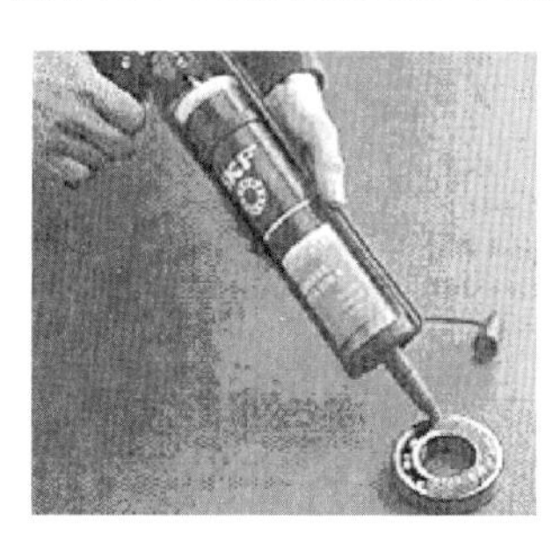

图 10-42　加装润滑脂

图 10-42 所示的是为轴承加装润滑脂。

3. 固体润滑剂

固体润滑剂主要用于滑动轴承。常用的固体润滑剂有石墨和二硫化钼。一般在超出润滑油和润滑脂的使用范围时才使用，可用于低速或在高温（温度低于 400 ℃）条件下工作的轴承。例如在特高温、低温或低速重载条件下的滑动轴承，添加二硫化钼润滑剂，能获得良好的润滑效果。目前固体润滑剂的应用已逐渐广泛，常与润滑油、润滑脂混合使用,如将固体润滑剂调和在润滑油中使用,可提高润滑油性能,减少摩擦损失,延长轴承使用寿命。固体润滑剂也可以干态直接使用,如涂覆、烧结在摩擦表面形成覆盖膜,或者将固结成型的固体润滑剂嵌装在轴承中使用,还可以将其混入金属或塑料粉末中烧结成型。

10.6.2 润滑剂的选用

1. 滚动轴承润滑剂的选用

一般情况下,滚动轴承多使用润滑脂。它可以形成强度较高的油膜,承受较大的载荷,缓冲和吸振能力好,黏附力强,可以防水,不需要经常更换和补充,同时密封结构简单。滚动轴承的装脂量为轴承内部空间的1/3～2/3。

滚动轴承使用的润滑剂通常有润滑油和润滑脂两类。近年来在一些特殊工作条件下的轴承还可采用固体润滑剂。滚动轴承的润滑方式可根据其速度因数 dn 值由表10-21选取。通常,当轴承的 $dn<2\times10^5$ mm·r/min 时,可采用润滑脂或黏度较高的润滑油。

表10-21 不同润滑方式下滚动轴承允许的 dn 值 (mm·r/min)

轴承类型	润滑方式			
	油浴、飞溅	滴油	压力循环、喷油	油雾
深沟球轴承 调心轴承 角接触球轴承 圆柱滚子轴承	2.5×10^5	4×10^5	6×10^5	6×10^5
圆锥滚子轴承	1.6×10^5	2.3×10^5	3×10^5	—
推力球轴承	0.6×10^5	1.2×10^5	1.5×10^5	—
应用说明	适用于中、低速。浸油不超过轴承最低滚动体中心	适用于中速小轴承。控制油量使轴承温度不超过90 ℃	高速轴承周围空气乱流,只有高压喷射油才能进入轴承	可用于 $n>50000$ r/min 的高速轴承

2. 滑动轴承润滑剂的选用

滑动轴承一般多使用润滑油,低速或带有冲击的机器使用润滑脂。

滑动轴承常用的润滑油的牌号可参见表10-22。

表10-22 滑动轴承润滑油的选择

轴颈圆周速度/(m/s)	轻载 $p<3$ MPa	中载 $p=3\sim7.5$ MPa	重载 $p=7.5\sim30$ MPa
<0.1	L-AN100、L-AN150全损耗系统用油;HG-11饱和气缸油;30号EQB汽油机油;L-CKC100工业齿轮油	L-AN150全损耗系统用油;40号EQB汽油机油;150号工业齿轮油	38号、52号过热气缸油;460号工业齿轮油

续表

轴颈圆周速度/(m/s)	轻载 $p<3$ MPa	中载 $p=3\sim7.5$ MPa	重载 $p=7.5\sim30$ MPa
0.1～0.3	30 号 EQB 汽油机油；L-CKC68 工业齿轮油；L-AN68、L-AN100 全损耗系统用油	L-AN150 全损耗系统用油；11 号饱和气缸油；40 号 EQB 汽油机油；100 号、150 号工业齿轮油	38 号过热气缸油；220 号、320 号工业齿轮油
0.3～2.5	L-AN46、L-AN68 全损耗系统用油；20 号 EQB 汽油机油；L-TSA46 号汽轮机油	30 号 EQB 汽油机油；68 号、100 号工业齿轮油；11 号饱和气缸油；L-AN68 全损耗系统用油；20 号 EQB 汽油机油	30 号、40 号 EQB 汽油机油；150 号工业齿轮油；13 号压缩机油
2.5～5.0	L-AN32、L-AN46 全损耗系统用油；L-TSA46 号汽轮机油	L-AN68、L-AN100 全损耗系统用油	—
5.0～9.0	L-AN32、L-AN46 全损耗系统用油；L-TSA32 号汽轮机油	—	—
>9	L-AN7、L-AN10 全损耗系统用油	—	—

滑动轴承在采用润滑脂时主要按照轴承工作温度进行选择，同时考虑工作压强和轴颈圆周速度。应用最广泛的是钙基脂，滑动轴承润滑脂的选择可参见表 10-23。

表 10-23　滑动轴承润滑脂的选择

压强 p/MPa	轴颈圆周速度 v/(m/s)	最高工作温度/℃	建议选用牌号
≤1.0	<1	75	3 号钙基脂
1.0～6.5	0.5～5.0	55	2 号钙基脂
≥6.5	<0.5	75	3 号钙基脂
≤6.5	0.5～5.0	120	2 号钙基脂
>6.5	<0.5	110	1 号钙钠基脂
1～6.5	<1	110	锂基脂
>6.5	0.5	60	2 号压延基脂

10.6.3　轴承的润滑方式和润滑装置

为了保证轴承良好的润滑状态，除了合理选择润滑剂之外，合理选择润滑方式也是十分重要的。轴承的润滑方式很多，表 10-24 所示为几种常见的润滑方式。

润滑油供应可以是连续的，也可以是间歇的，连续供油比较可靠。用压配式压油油杯、油壶或旋套式注油杯供油只能实现间歇式供油。连续供油润滑主要包括滴油润滑、油环润滑、压力循环润滑等。润滑脂只能间歇供应。

表 10-24　常见的润滑方式

润滑方式		图例	说明
润滑油润滑	手工加油润滑	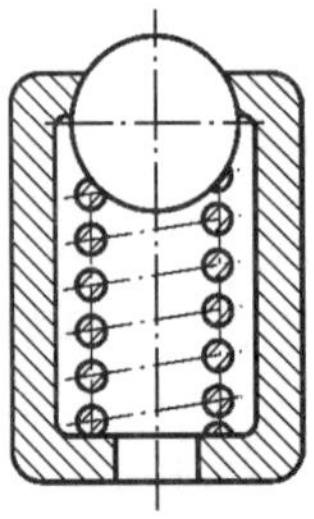 压配式压油油杯 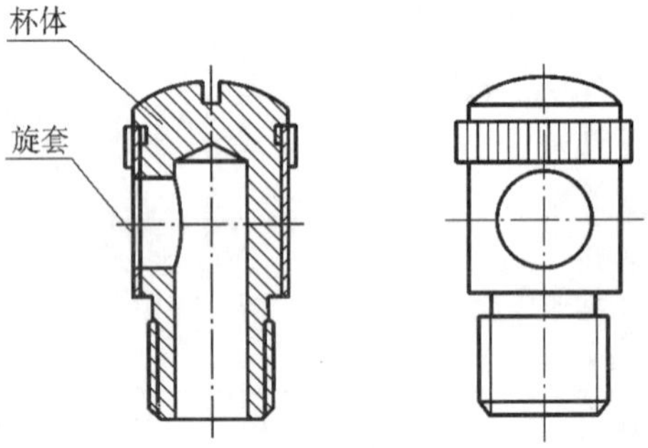 杯体 旋套 旋套式注油杯	非液体润滑轴承可采用该润滑方式，低速和间歇工作的轴承可定期用油壶向轴承油孔内注油。为了不使污物进入轴承，可在油孔上装压配式压油油杯或旋套式注油杯
	滴油润滑	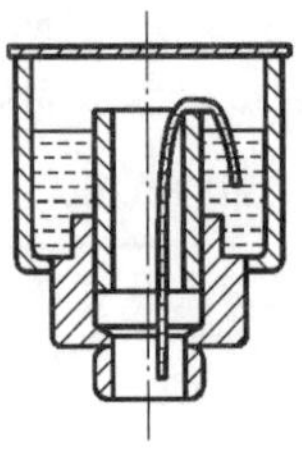 芯捻式油杯 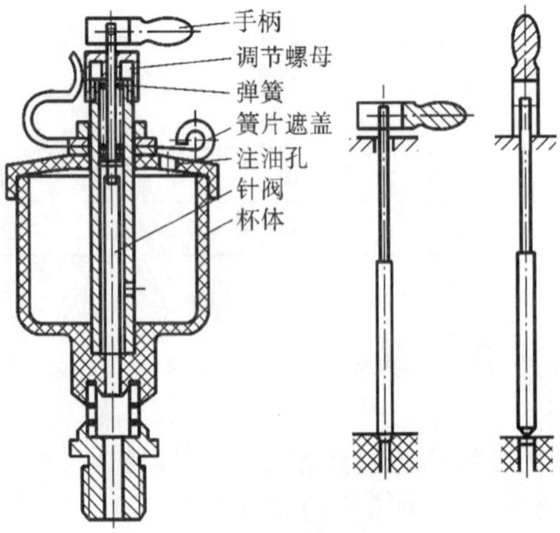 手柄 调节螺母 弹簧 簧片遮盖 注油孔 针阀 杯体 针阀式油杯	滴油润滑是油依靠自重一滴一滴地流到轴承上，滴落速度随油位而定。滴油润滑可采用芯捻式油杯和针阀式油杯。 芯捻式油杯是利用毛细管作用将油杯中的油吸附到轴颈表面，结构简单，但供油量不易调节，而且停机时仍会继续供油。 对于针阀式油杯，扳动手柄，即可打开或关闭针阀，控制供油

续表

润滑方式		图例	说明
润滑油润滑	压力循环润滑	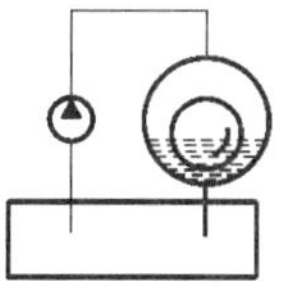	压力循环润滑是一种强制的润滑方法。润滑油泵将一定压力的油经油路导入轴承、润滑油经轴承两端流回油池，构成循环润滑。这种供油方法供油量充足，并有冷却和冲洗轴承的作用
	浸油润滑	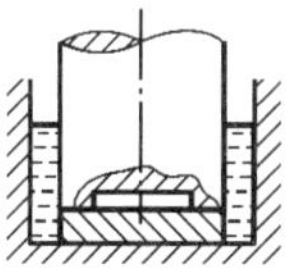 (a) 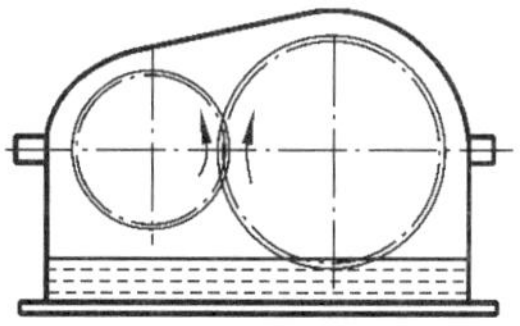　(b) 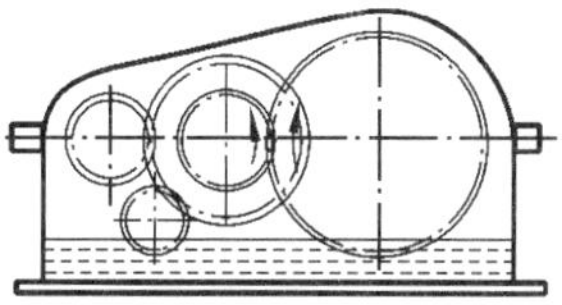　(c)	将部分轴承直接浸入油池中润滑，见图例(a)。有些运动零件的工作位置较低，设计中可以使这些零件下端接触油面，通过零件的运动将润滑油带到工作位置；也可以在箱体上设置油沟，将飞溅到箱体壁上的润滑油引导到需要润滑的部位。 图例(b)所示为齿轮箱利用大齿轮的旋转将润滑油带入齿轮啮合区，图例(c)所示的齿轮箱中低速级大齿轮可以接触油面，高速级大齿轮无法直接接触油面，图中结构通过设置专门的齿轮(油轮)将润滑油传递给大齿轮，以保证高速级齿轮传动的润滑
	油环润滑	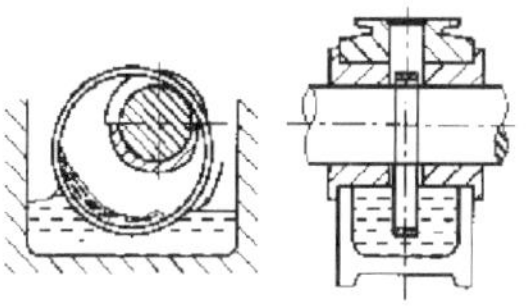 (a)油环 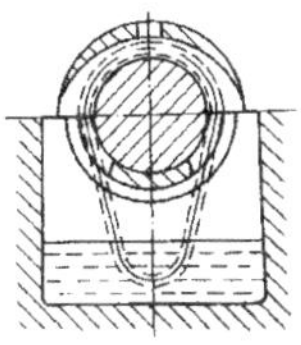　(b)油链	有些润滑部位在工作中需要连续供油，但是工作位置较高，无法直接接触油面，可以将油环或油链套在轴颈上，油环或油链下部浸在油池中，轴颈旋转时，带动油环或油链旋转，把油带入轴承。为增大油环带入的润滑油量，可在油环上加工槽或孔
润滑脂润滑	旋盖式油杯（黄油杯）润滑	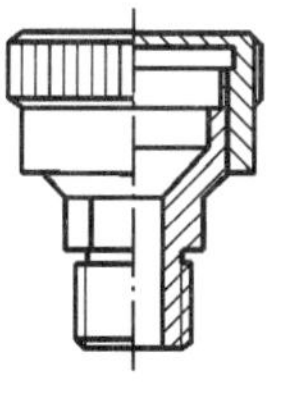	杯内充满润滑脂，供油时旋紧杯盖，使之压下，将杯中润滑脂压入轴承中
	压注油杯润滑	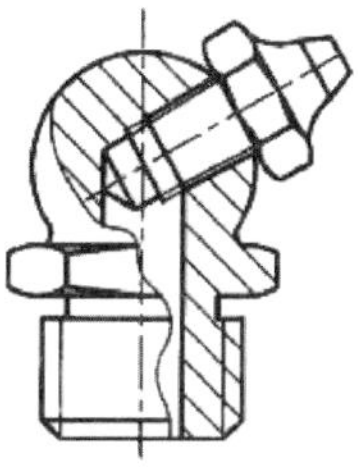	压注油杯靠油枪压注润滑脂至轴承工作面

10.6.4　润滑方式的选择

可根据以下经验公式计算出系数 K 的值，通过查表 10-25 确定滑动轴承的润滑方式和润滑剂的类型：

$$K = \sqrt{pv^3}$$

式中：p——轴颈上的平均压强(MPa)；

　　v——轴颈圆周速度(m/s)。

表 10-25　滑动轴承润滑方式的选择

K 值	≤6	>6～50	>50～100	>100
润滑方式	润滑脂润滑 (可用油杯)	滴油润滑 (可用针阀式油杯)	飞溅润滑 (水或循环油冷却)	压力循环润滑

10.7　轴承的密封

密封的作用是防止外部的灰尘、水分、杂质等进入轴承，也为了防止润滑剂流失。选择密封方式，要考虑密封处的轴表面圆周速度、润滑剂种类、密封要求、工作温度、环境条件等因素。

滚动轴承的密封类型可分为接触式密封、非接触式密封和组合密封。接触式密封是指在轴承盖内放置软材料(毛毡、橡胶、皮革等)或减摩性好的硬质材料(加强石墨、青铜等)与转动轴直接接触而起密封作用。非接触式密封是指轴承不与轴直接接触，多用于速度较高的场合。组合密封是把两种或两种以上的密封方法组合起来使用。组合密封的效果更佳，适用的速度更高。具体如表 10-26 所示。

表 10-26　常用的滚动轴承密封类型

密封类型	名称	图例	润滑方式	适用场合	说明
接触式密封	毡圈密封		润滑脂润滑	用于要求环境清洁，结构简单，但磨损较大，轴颈圆周速度 $v<4$ m/s，工作温度不超过 90 ℃的场合	矩形断面的毛毡圈被安装在梯形槽内，与轴直接接触，它对轴产生一定的压力而起到密封作用
	唇形密封圈密封	(a) (b)	润滑脂和润滑油润滑	安装方便，使用可靠，用于轴颈圆周速度 $v<7$ m/s，工作温度为 −40～100 ℃的场合	油封用皮革、塑料或耐油橡胶制成，有的具有金属骨架，有的没有骨架，油封是标准件。图例(a)所示密封唇朝里，目的是防漏油；图例(b)所示密封唇朝外，主要目的是防灰尘、杂质进入

续表

密封类型	名称	图例	润滑方式	适用场合	说明
非接触式密封	油沟式密封		润滑脂润滑	用于要求环境干燥清洁，结构简单，轴颈圆周速度 $v<7$ m/s 的场合	靠轴与盖间的细小环形间隙密封，间隙愈小愈长，效果愈好，间隙 δ 一般取 0.1～0.3 mm
	迷宫式密封		润滑脂和润滑油润滑	工作温度不高于密封用脂的滴点，这种密封效果可靠	在迷宫间隙中充填润滑脂，以加强密封效果
组合密封			图示为油沟式密封与甩油环密封的组合，组合密封有多种组合形式		

表 10-26 所示的各种密封方法都是对箱体内外的密封。而当滚动轴承采用脂润滑，箱内齿轮等传动件采用浸浴润滑时，为了防止齿轮运转时热油冲刷、稀释润滑脂，甚至流入箱内，需要在轴承的内侧设置挡油盘，如图 10-43 所示。

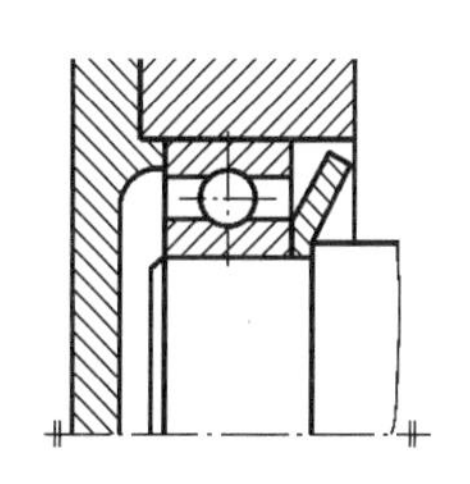

图 10-43　设置挡油盘

思考与练习

第11章　工程中的轴

本章学习目标

1. 培养正确判断轴的类型，对轴的结构进行合理设计的能力。
2. 培养学生对轴的强度进行校核计算的能力。

本章知识要点

1. 了解轴的类型、常用材料及功能。
2. 了解设计轴的基本方法和过程，具备初步设计轴的结构的能力。
3. 掌握轴的强度和刚度校核计算。

实践教学研究

1. 拆装发动机，观察分析传动系统的轴系结构。
2. 拆装齿轮泵，分析齿轮泵的轴系结构特点和轴上零件的固定方式。

关键词

轴　轴向固定　周向固定

11.1　概　　述

轴是机器设备中广泛应用的重要零件之一，用来支承传动零部件，传递动力和运动。如汽轮机轴、减速器中的轴、车床上使用的各种轴、汽车发动机中使用的轴、汽车连接变速箱与后桥之间的轴等，如图11-1所示。

轴作为轴系零部件中的核心零件，其设计合理与否关系到设备的运行安全问题，对整个轴系乃至整个机器都至关重要。

(a)轴

(b)减速器中的轴

(c)车床中的轴

图11-1　工程设备中的轴

11.1.1　轴的分类

1）按照轴线形状分类

轴按其轴线形状的不同分为直轴、曲轴和软轴。

直轴的各轴段轴线在同一直线上，如图11-2所示。其中阶梯轴轴上零件易于定位和装配，受力强度好；空心轴可减轻质量。另外在生产中，还使用一些特殊用途的轴，如凸轮轴、花键轴等。

曲轴的各轴段轴线不在同一直线上，如图11-3所示。曲轴是内燃机、曲柄压力机等机器上的专用零件，用以将往复运动转变为旋转运动。

软轴（挠性钢丝轴）用于两传动轴线不在同一直线或工作时彼此有相对运动的空间传动，也可用于受连续振动的场合，以缓和冲击，如图11-4所示。

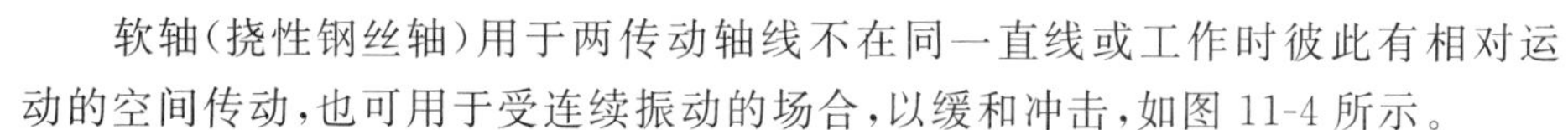

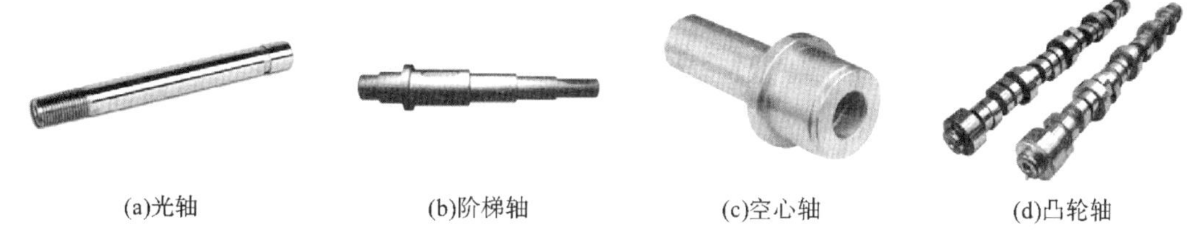

(a)光轴　(b)阶梯轴　(c)空心轴　(d)凸轮轴

图11-2　直轴的类型

图11-3　曲轴　　**图11-4　钢丝软轴**

2）按照受载情况分类

直轴按其受载情况又可分为心轴、传动轴和转轴三类。

心轴按是否随轴上回转零件一起转动，又可分为转动心轴和固定心轴，如图11-5所示。转动心轴只承受弯矩M。

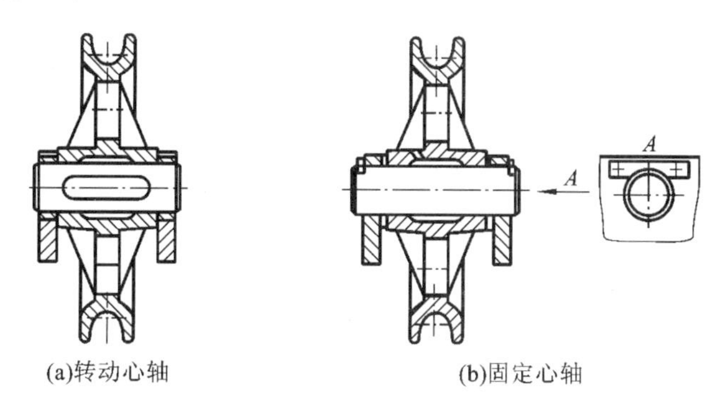

(a)转动心轴　(b)固定心轴

图11-5　心轴

传动轴只受转矩T，不受弯矩M（或弯矩很小，可以忽略不计），如车床上的光轴、汽车发动机输出轴与后桥之间的轴，如图 11-6(a)所示。

转轴既承受弯矩 M，又传递转矩 T，如减速器中的转轴。转轴在各种机器中最为常见，如图 11-6(b)所示。

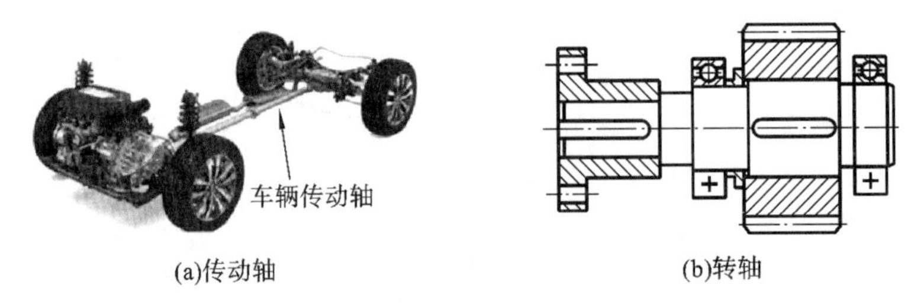

(a)传动轴　　(b)转轴

图 11-6　传动轴和转轴

11.1.2　轴的材料

轴的材料选取原则：应根据不同的工作条件和使用要求选用不同的轴用材料，并采用不同的热处理方法(如调质、正火、淬火等)，以获得一定的强度、韧度和耐磨性等综合力学性能及良好的加工性、经济性。

轴的材料主要采用碳素钢、合金结构钢、高强度铸铁和球墨铸铁，具体如表 11-1 所示。

表 11-1　典型轴用材料特性

材料类型	牌号	说明
碳素钢	Q235 Q275	不重要或低速轻载的轴可用 Q235、Q275 等钢制造
	45	45 钢是轴的常用材料，它价格便宜，经过调质(或正火)后，可得到较好的切削性能，而且能获得较高的强度和韧度等综合力学性能，淬火后表面硬度可达 45～52 HRC
合金结构钢	40Cr	40Cr 等合金结构钢适用于中等精度且转速较高的轴类零件，这类钢经调质和淬火后，具有较好的综合力学性能
	GCr15 65Mn	轴承钢 GCr15 和弹簧钢 65Mn 经调质和表面高频淬火后，表面硬度可达 50～58 HRC，并具有较高的耐疲劳性能和较好的耐磨性能，可制造较高精度的轴
	38CrMoAlA	精密机床的主轴(例如磨床砂轮轴、坐标镗床主轴)可选用 38CrMoAlA 氮化钢。这种钢经调质和表面氮化后，不仅能获得很高的表面硬度，而且能保持较软的心部，冲击韧度高。与渗碳淬火钢比较，它有热处理变形很小，硬度更高的特性
高强度铸铁和球墨铸铁	—	球墨铸铁和高强度铸铁的力学强度比碳钢的低，但铸造工艺性好，容易做成复杂的形状，而且价格低廉，吸振性和耐磨性好，对应力集中敏感度低

11.1.3　轴的加工

根据表面结构参数的不同，轴类零件通常在车床、磨床上加工或者在铣床上加工。粗加工、半精加工或精加工在车床上进行，对于精度要求更高的轴，需要磨削，如图 11-7 所示。

图 11-7　轴的磨削加工

11.2　轴的结构设计

11.2.1　轴的功能

根据轴的功能，轴可分为工作部分、支承部分、连接部分。工作部分是安装带轮或齿轮等的轴段。支承部分是安装滚动轴承的轴段，并通过轴承安装在箱体中。连接部分是连接支承部分和工作部分的轴段。

图 11-8 所示为蜗杆与圆锥齿轮减速器中使用的轴系图。安装滚动轴承处的两个轴段称为轴颈，是轴的支承部分；安装带轮和齿轮处的两个轴段称为轴头，是轴的工作部分；连接轴颈和轴头的轴段称为轴身，是轴的连接部分。

11.2.2　轴设计的基本要求

在轴的结构设计中，要根据给定轴的功能要求，结合轴上零件的配置、固定、安装以及轴的加工工艺性等，合理地确定轴的形状和尺寸。

1. 轴结构设计的基本要求

轴的结构设计就是使轴的各部分具有合理的形状和尺寸。影响轴结构的因素很多，设计时必须针对不同的情况来确定轴的结构。轴的结构设计必须满足以下主要要求：

(1) 轴本身需满足强度、刚度及耐磨性（滑动轴承轴颈）要求。

(2) 轴和轴上零件要有确定的轴向工作位置及恰当的周向固定。

(3) 轴应便于加工，轴上零件要易于装拆。

(4) 轴的受力要合理，并应尽量减小应力集中。

轴的设计包括两个方面：

(1) 结构设计：使轴具有合理的结构形状和良好的加工工艺性。

(2) 强度计算：保证轴在载荷作用下不致断裂及产生过大的变形，或者防止轴发生共振破坏，对轴进行振动稳定性计算。

轴的结构设计不合理，会影响轴的工作能力和轴上零件的工作可靠性，还会增加轴的制造

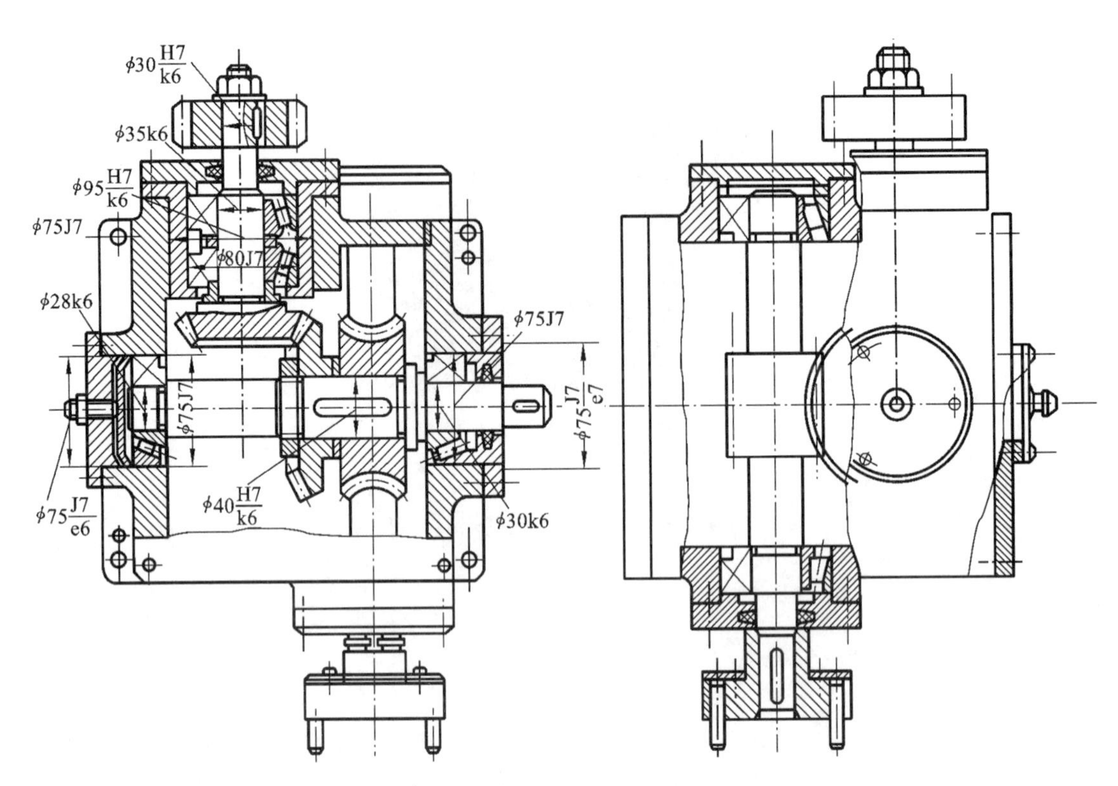

图 11-8 蜗杆与圆锥齿轮减速器中使用的轴系图

成本，使轴上零件装配困难，因此轴的结构设计是轴设计中的重要内容。

2. 轴的结构特点

为了满足强度要求和便于轴上零件的装拆与固定，将轴做成阶梯形状。为了安装时对中及防止锐边伤手，轴端部应制出45°的倒角。此外，轴上断面发生变化处多加工成圆角，以减轻应力集中的影响。

轴头与轴颈处的直径应取标准尺寸。当轴上装有滚动轴承时，轴径应取与滚动轴承内径相同的标准值。

11.2.3 轴的结构设计

轴的结构主要取决于轴上零件的配置、固定和装拆，以及加工制造的可能性和经济性。前者是第一位的，应首先满足。结构设计的落脚点是轴系的结构草图。

1. 合理布置轴上零件，改善轴的受力状态

轴上零件的结构和布置方案以及所受载荷的大小和方向均会影响轴的受力状态，从而影响轴的强度和刚度。

图 11-9 所示为轴上滚筒的两种结构方案。图 11-9(a)所示的方案中轴Ⅰ既受弯矩又受转矩，而图 11-9(b)所示的方案中轴Ⅰ只受弯矩。可以看出改进轴上零件的结构可以减小轴的载荷。

图 11-10 所示为轴上传动轮的两种布置方案。如果动力从右侧轮输入，其余两轮输出(见图 11-10(a))，当单纯考虑轴所受转矩时，输入转矩为(T_1+T_2)，此时轴所受最大转矩为

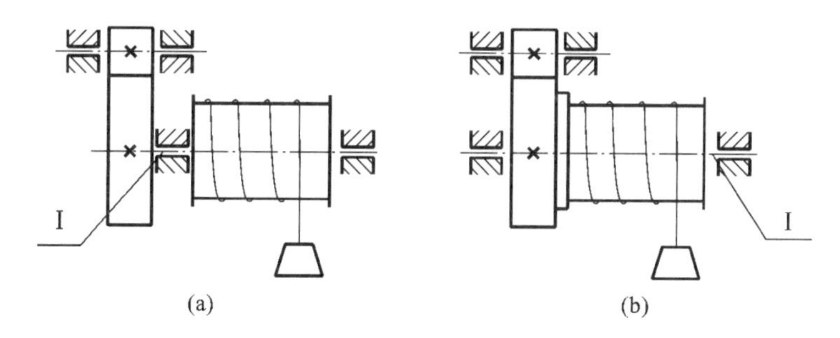

图 11-9　轴上滚筒的两种结构方案

(T_1+T_2)。若动力由中间轮输入，两侧轮输出（见图 11-10(b)），则轴所受最大转矩仅为 T_1。可以看出，改进轴上零件的布置方案也可以减小轴的载荷。

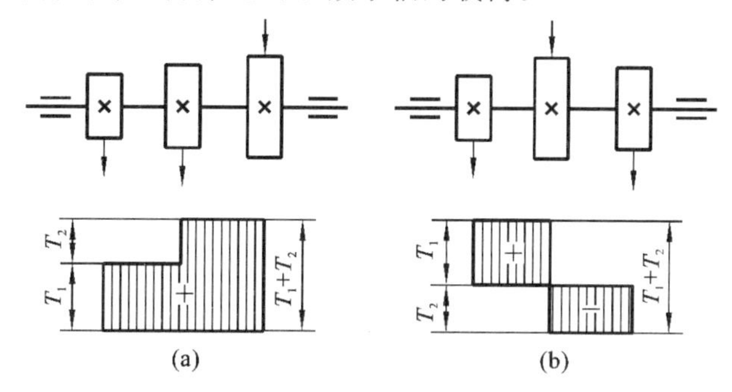

图 11-10　轴上传动轮的两种布置方案

2. 合理布置轴上零件，减小轴所受转矩

将图 11-11(a)中的输入轮 1 的位置改到输出轮 2 和输出轮 3 之间（见图 11-11(b)），则轴所受的转矩将由$(T_2+T_3+T_4)$降低到(T_3+T_4)。

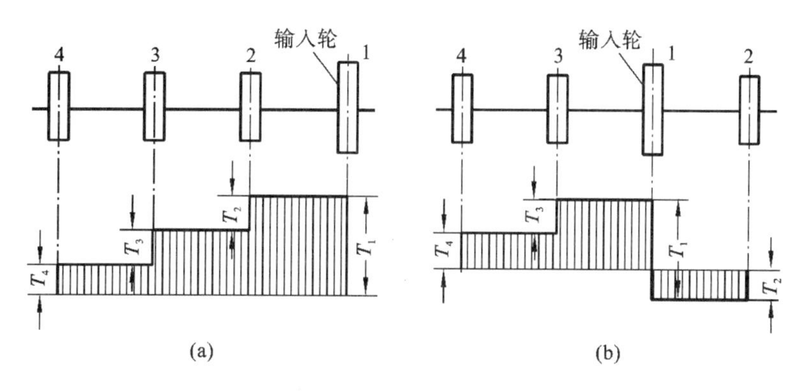

图 11-11　轴上零件的合理布局

3. 改进轴上零件结构

图 11-12(a)所示卷筒的轮毂较长，若将轮毂分成两段（见图 11-12(b)），不仅可以减小轴的弯矩，而且能得到良好的轴孔配合。又如图 11-13(a)所示，轴上有两个齿轮，动力由齿轮 A 传入，通过轴传到齿轮 B，轴既受弯矩又受转矩。若将两个齿轮做成一体（见图 11-13(b)），转矩直接由齿轮 A 传给齿轮 B，则轴只受弯矩不受转矩。

轴上零件可分为三类，即工作件（如齿轮、带轮、联轴器等）、支承件（如轴承等）和固定件（如键、套筒、挡板等）。其配置根据是：工作件的位置除必须考虑自身的尺度外，主要取决于相

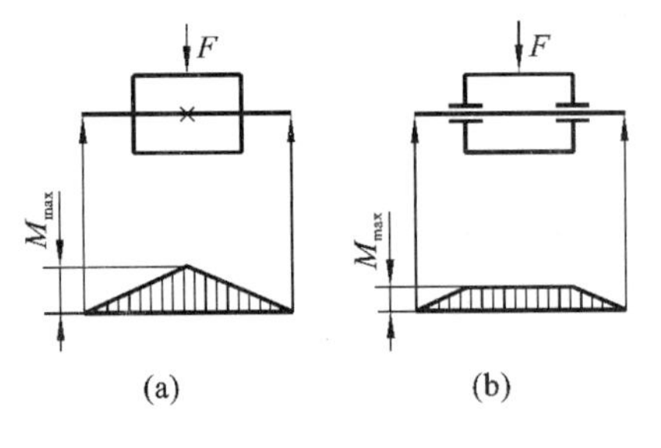

图 11-12　卷筒的轮毂结构

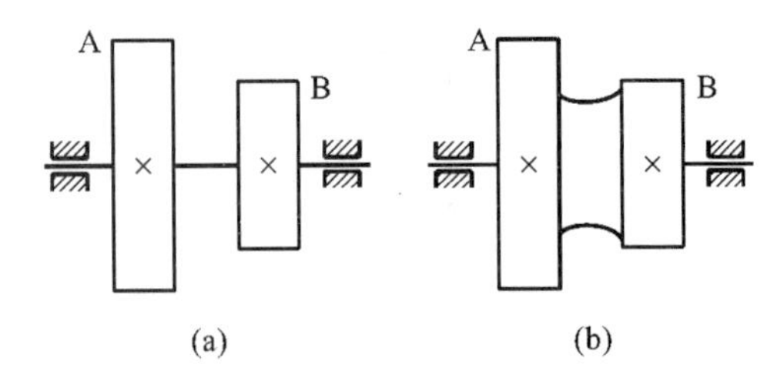

图 11-13　分装齿轮与双联齿轮

关件的位置，即其他部件上与之对偶工作的零件位置；支承件的位置主要取决于机架的位置要求和支承组合的结构要求；固定件的位置主要取决于自身尺寸和结构空间。

4. 轴上零件的定位和固定

轴上零件的定位和固定，在轴的结构设计中是两个十分重要的概念。定位是针对安装而言的，即不需要任何测量便可一次安装到位；固定是针对工作而言的，即保持轴上零件与轴在工作过程中作为一个构件运转。轴上零件的定位和固定可分为轴向和周向的定位和固定。

1）轴向定位和固定

为了防止轴上零件受力时发生沿轴向的相对运动，轴上零件必须进行必要的轴向定位，以保证其正确的工作位置。常用的固定方法是采用轴肩或轴环、圆螺母、套筒、弹性挡圈、圆锥面、轴端挡圈和轴端挡板等，具体见表 11-2。

表 11-2　轴上零件的轴向定位与固定方法

定位与固定方法	简图	特点与应用
轴肩或轴环	(a)轴环　(b)轴肩 $h\approx 0.07d+(1\sim 2)$ mm，$b\geqslant 1.4h$， $r<R$，$r<C$，$h>C$	结构简单可靠，能承受较大的轴向力。缺点是轴肩处会因为轴的截面突变引起应力集中；一般取轴肩高度 $h\approx 0.07d+(1\sim 2)$ mm，轴环的宽度 $b\geqslant 1.4$ mm
圆螺母		结构固定可靠，承受的轴向力大，需要防松措施，其结构有双螺母和圆螺母配止动垫圈两种，结构较复杂。螺纹位于承载轴段时会削弱轴的疲劳强度
套筒	δ δ	结构简单可靠，适用于轴上两零件间的定位和固定，轴上不需开槽、钻孔。可将零件的轴向力不经轴而直接传到轴承上。套筒与轴的配合较松，若轴的转速较高，不宜采用套筒定位。图中 δ 值通常取 2～3 mm，目的是可靠地定位，不允许相关的三个零件的端面共面

续表

定位与固定方法	简图	特点与应用
弹性挡圈		结构简单、紧凑，只能承受较小的轴向力，可靠性差。挡圈位于承载轴段时，轴的强度削弱较严重
圆锥面		轴和轮毂间无径向间隙，装拆方便，能承受冲击载荷，多用于轴端零件的定位和固定。缺点是锥面加工麻烦，同轴度高，但轴向定位不准确
轴端挡圈		用于轴端的定位和固定。可承受较大的轴向力，也可承受剧烈的振动和冲击载荷，需采取防松措施。图中 δ 值通常取 2～3 mm，目的是可靠地定位，不允许相关的三个零件的端面共面
轴端挡板		用于心轴的轴端定位和固定，只能承受较小的轴向力

轴肩可分为定位轴肩和非定位轴肩两类。为了使零件能紧靠轴肩而得到准确可靠的定位，轴肩处的过渡圆角半径 r 必须小于与之相配的零件毂孔端部的倒角边长 C。滚动轴承的定位轴肩高度必须低于轴承内圈端面的高度，以便装拆轴承，其轴肩的高度应根据相关手册中轴承的安装尺寸确定。

结构设计时重要的传动零件的定位轴肩的位置确定非常关键。非定位轴肩是为了加工和装配方便而设置的，其高度无严格的规定，可取为 1～2 mm。

2）周向定位和固定

轴和轴上零件沿圆周方向的固定，目的是传递转矩和运动，常采用键连接、销连接和过盈配合等固定形式，如图 11-14 所示。

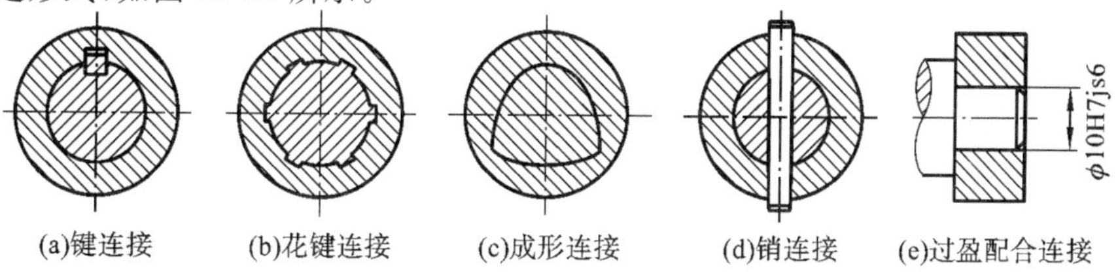

(a)键连接　(b)花键连接　(c)成形连接　(d)销连接　(e)过盈配合连接

图 11-14　轴上零件的周向定位

5. 轴上零件的装拆

在满足使用要求的前提下，应选用较松的配合，配合段长度要尽可能短些，配合段前的直径要细一些，以方便装配。

为便于零件装配，轴端应制出 45°倒角。当装配的零件较重或配合的过盈量较大时，装入端应做出导向圆锥（见图 11-15(a)）或采用不同的尺寸公差（见图 11-15(b)）。

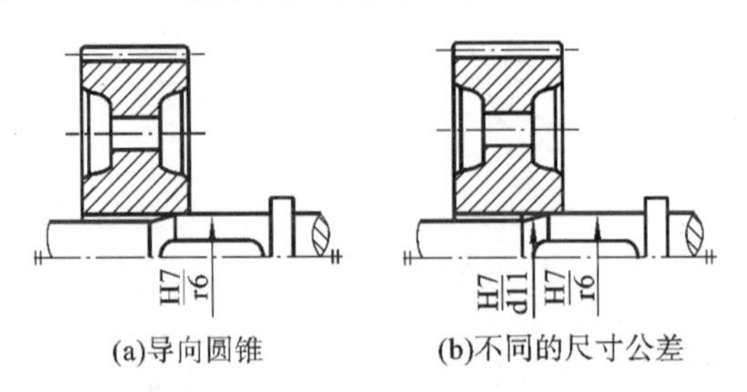

图 11-15　便于零件装拆的结构

确定各轴段长度时，应尽可能使结构紧凑，同时还要保证零件所需的装配或调整空间。为了保证轴向定位可靠，与齿轮和联轴器等零件相配合部分的轴段长度一般应比轮毂长度短 2～3 mm，这段长度可以称为压紧空间，如图 11-16 所示。

圆螺母及其止动垫圈、轴端挡圈、轴用弹性挡圈、锁紧挡圈是标准件，其结构的安装尺寸注意查相关国家标准。

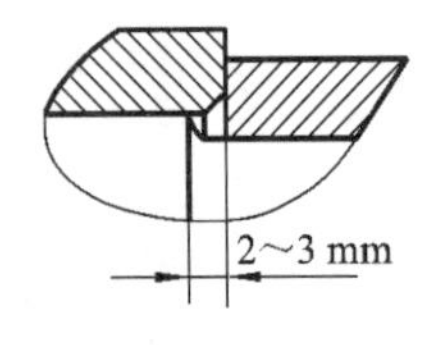

图 11-16　压紧空间

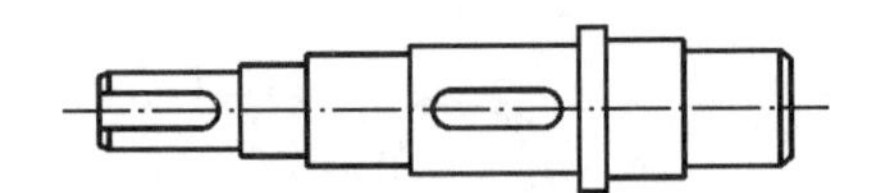

图 11-17　不同轴段的键槽布置在同一纵向线上

6. 轴的加工工艺性

1）轴的结构要符合制造要求

为了缩短装夹工件的时间，同一轴上的键槽要布置在轴的同一纵向线上，如图 11-17 所示；为了减少加工刀具的种类和提高劳动生产率，轴上直径相近的轴段上的圆角、倒角、键槽宽度、砂轮越程槽宽度和螺纹退刀槽宽度等应尽可能采用相同的尺寸。

2）轴上应有工艺槽

为便于轴的加工，当轴需要磨削加工或车制螺纹时，在轴上还应留出砂轮越程槽（见图 11-18）或螺纹退刀槽（见图 11-19）。

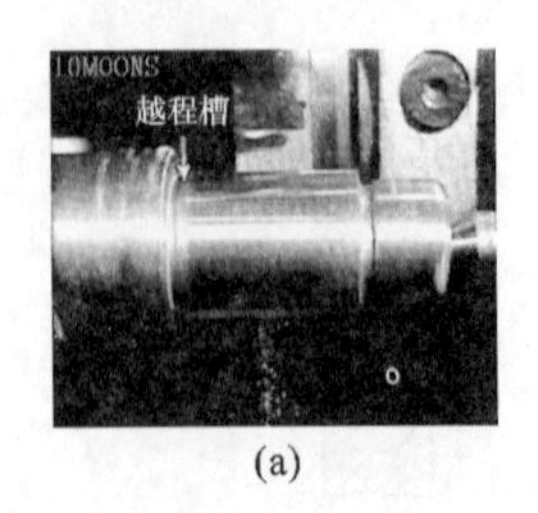

(a)

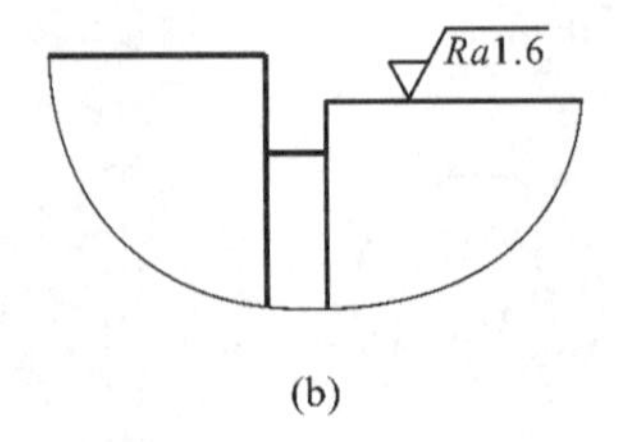

(b)

图 11-18　砂轮越程槽

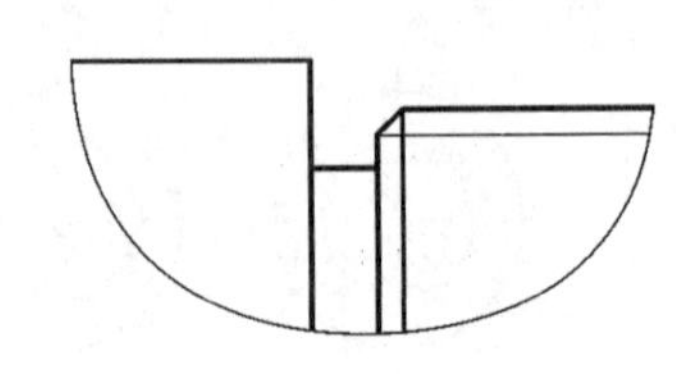

图 11-19　螺纹退刀槽

3）力求简单

在满足使用要求的前提下，轴的形状要力求简化，轴的阶梯数要尽可能少，轴的尺寸精度和表面粗糙度的选择要适宜。

4）圆角过渡

为了改善轴的疲劳强度，减小轴在变断面处的应力集中，应适当地增大过渡圆角。各圆角亦应尽量选用同一尺寸。但是，圆角半径 r 过大，会影响轴上零件的定位。为此，可在结构上采取相应的措施，如在轴上设计卸载槽（见图 11-20(a)），采取较大的凹切圆角（见图11-20(b)）或附加一个过渡定位环（见图 11-20(c)）等。对于过盈配合的轴和轮毂，在配合处的轴两端也会产生应力（见图 11-21(a)），通常采取的措施为在轮毂上开卸载槽（见图 11-21(b)）或在轴上开卸载槽（见图 11-21(c)），或增大轴径（见图 11-21(d)）等。

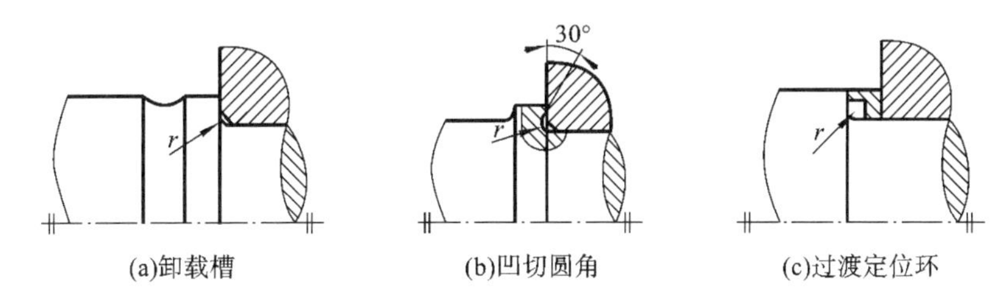

(a)卸载槽　(b)凹切圆角　(c)过渡定位环

图 11-20　减小应力集中的结构

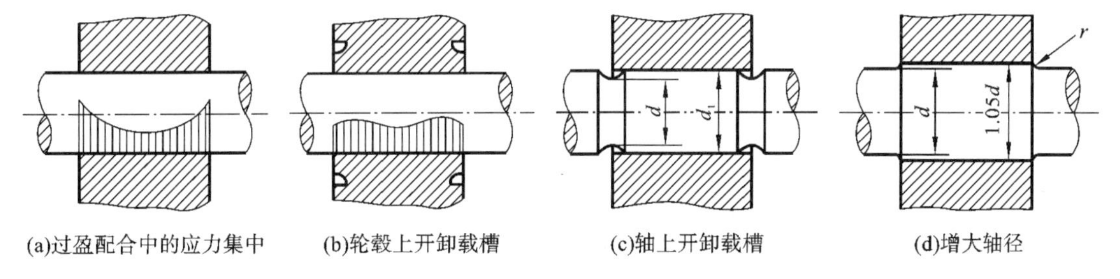

(a)过盈配合中的应力集中　(b)轮毂上开卸载槽　(c)轴上开卸载槽　(d)增大轴径

图 11-21　过盈配合中减小应力集中的措施

11.3　轴的强度计算

轴的工作能力校核主要包括三方面的内容：

(1) 为防止轴的断裂和塑性变形对轴进行强度校核。

(2) 为防止轴过大的弹性变形对轴进行刚度校核。

(3) 为防止轴发生共振破坏对轴进行振动稳定性计算。

实际设计时应根据具体情况有选择地进行校核。一般机械设备中的轴，如精压机机组中减速器的齿轮轴只需进行强度校核即可；对工作时不允许有过大变形的轴，如机床主轴，还应进行刚度校核；对高速或载荷作周期性变化的轴，除了要进行前两项的校核计算外，还应按临界转速条件进行轴的稳定性计算。

在工程设计中，进行轴的强度校核计算时应根据轴的具体受载及应力情况，采用相应的计算方法，并应恰当地选取其许用应力。

11.3.1 转矩法

对于承受转矩或主要承受转矩的传动轴，用此法计算；对于受弯矩、转矩复合作用的轴，常用此方法估算轴径。

$$\tau = \frac{T}{W_T} = \frac{9.55 \times 10^6 P}{0.2d^3 n} \leqslant [\tau] \tag{11-1}$$

式中：τ——扭转切应力(MPa)；

T——轴传递的转矩(N · mm)；

W_T——轴的抗扭截面系数(mm^3)；

P——轴传递的功率(kW)；

d——计算截面处的轴径(mm)；

n——轴的转速(r/min)；

$[\tau]$——许用扭转切应力(MPa)。

由式(11-1)可得轴的设计公式为

$$d \geqslant \sqrt[3]{\frac{9.55 \times 10^6 P}{0.2[\tau]n}} = A_0 \sqrt[3]{\frac{P}{n}} \tag{11-2}$$

式中的许用扭转切应力和系数 A_0 的值可参见表 11-3。

表 11-3 几种常用材料的许用扭转切应力$[\tau]$和系数 A_0 值

轴的材料	Q235、20	Q275、35	45	40Cr、35SiMn、40MnB、38SiMnMo
A_0	149～126	135～112	126～103	112～97
$[\tau]$/MPa	15～25	20～35	25～45	35～55

注：(1) 表中给出的$[\tau]$值是考虑了弯曲影响而降低了的许用扭转切应力；

(2) 对于弯矩较小或轴只受转矩作用、载荷较平稳、无轴向载荷或只有较小的轴向载荷、减速器的低速轴、轴只做单向旋转的情况，$[\tau]$取大值，A_0 取小值；反之，$[\tau]$取小值，A_0 取大值。

式(11-2)中的轴径为承受转矩作用的轴的最小直径。若轴的计算处有键槽，考虑键槽对轴的强度会有所削弱，应增大轴径。对直径 $d>100$ mm 的轴，当轴的同一截面上有一个键槽时，轴径应加大 3%；有两个键槽(互成 180°)时，轴径应加大 7%。对直径 $d \leqslant 100$ mm 的轴，当轴的同一截面上有一个键槽时，轴径应加大 5%；有两个键槽(互成 180°)时，轴径应加大 10%～15%。最后应将计算结果圆整成标准尺寸。当该轴段与滚动轴承、联轴器、V 带轮等标准零部件装配时，其轴径必须与标准零部件相应的孔径系列中的孔径一致。

11.3.2 当量弯矩法

通常在完成轴的初步估算和结构设计之后，按弯扭复合强度条件，对轴进行强度计算。一般计算方法和步骤如下：

(1) 作出轴的力学简图。

(2) 作出水平面和垂直面的受力图，求出水平面和垂直面支反力的大小和方向。

(3) 作出水平面上和垂直面上的弯矩图(M_H 和 M_V)。

(4) 用 $M = \sqrt{M_H^2 + M_V^2}$ 求出 M，作出合成弯矩图。

(5) 画出转矩图。

(6) 用 $M_d = \sqrt{M^2 + (\alpha T)^2}$ 求出 M_d，作出当量弯矩图。

上述计算式中 α 是考虑转矩和弯矩加载情况以及应力状况不同时的折算系数，又称应力循环特征差异的系数。

对转轴而言，弯矩 M 所产生的弯曲应力 σ 是对称循环的变应力，而扭转 T 所产生的扭转切应力 τ 常常不是对称循环的变应力，故在求折算弯矩时，必须考虑两者循环特性的差异，引入折算系数 α。

对于静转矩，取 $\alpha=0.3$；

对于脉动循环转矩，取 $\alpha = 0.6$；

当轴双向转动时，其扭转切应力为对称循环变应力，扭转切应力与弯曲应力的应力状况相同，取 $\alpha=1$。

对于转矩变化规律不清楚的情况，一般也按照脉动循环应力处理。

(7) 校核轴的强度。

根据轴的具体情况，选取若干危险截面(注意：危险截面可能出现在弯矩和转矩大的截面，也可能出现在轴径较小的截面，因此在设计计算时应选择多个危险截面进行计算，找到最危险的截面)，按式(11-3)进行强度校核计算。

$$\sigma_d = \frac{M_d}{W} = \frac{\sqrt{M^2 + (\alpha T)^2}}{W} \leqslant [\sigma_{-1b}] \tag{11-3}$$

式中：σ_d——当量弯矩产生的弯曲应力(MPa)；

M_d——当量弯矩(N·mm)；

W——轴的抗弯截面系数；

$[\sigma_{-1b}]$——轴的对称循环许用弯曲应力(MPa)，见表 11-4。

由式(11-3)可以推导出

$$d \geqslant \sqrt[3]{\frac{M_d}{0.1[\sigma_{-1b}]}} \tag{11-4}$$

当轴上有键槽时，应适当增大轴径，增加量同转矩法一样。

表 11-4　轴的许用弯曲应力　　(MPa)

材料	抗拉强度 σ_b	静循环 $[\sigma_{+1b}]$	脉动循环 $[\sigma_{0b}]$	对称循环 $[\sigma_{-1b}]$
碳素钢	400	130	70	40
	500	170	75	45
	600	200	95	55
	700	230	110	65
合金钢	800	270	130	75
	1000	330	150	90
铸钢	400	100	50	30
	500	120	70	40

11.3.3 提高轴强度的措施

当轴的强度校核不满足要求时，即 $\sigma_{ca}>[\sigma_{-1b}]$时，就需要提高轴的强度。这可以从减小轴的计算应力 σ_{ca}和增大轴的许用应力$[\sigma_{-1b}]$两方面考虑。减小轴的计算应力最直接的方法就是增大轴径。另外，改变轴系的结构，使轴的受力尽量合理，如减小悬臂的长度、合理布置轴上零件的位置等，也能减小轴的计算应力。改善轴的表面质量也可以降低轴的疲劳应力。提高轴的许用应力$[\sigma_{-1b}]$的方法有采用更高级别的材料、采用合理的热处理工艺提高材料的性能等。

需要注意的是，轴的强度校核通常与轴的结构设计交叉进行。另外，轴的结构尺寸除了考虑强度外，还要考虑轴的刚度、振动稳定性、加工和装配工艺条件，以及与轴有关的其他零件和结构的要求。

11.4 轴的图样

在完成了轴的结构设计和强度校核之后，尚需绘制轴的零件工作图，以便加工制造。关于零件图的视图选择、尺寸标注等一般原则，可参阅相关手册，此处结合图 11-22 简要说明轴的零件工作图的几个问题。

11.4.1 轴的视图选择

按加工位置的原则来选择和布置主视图，也就是轴在图中应水平放置，使轴的结构形状明显，键槽在主视图中显示出实形，用移出断面表示键槽的深度。轴端面上的中心孔为标准结构，可以不画，在技术要求中注出它的型号。

11.4.2 轴的尺寸标注

1. 尺寸基准

轴的径向尺寸以轴线为基准。它既是设计基准，又是工艺基准。

轴的轴向尺寸基准不止一个，一般两端面可作为基准，它们是工艺基准。图 11-22 中轴的右端面为基准。

2. 尺寸标注

轴的尺寸标注应考虑以下几点：

(1) 在设计轴类零件时应标注好其径向尺寸和轴向尺寸。

对于径向尺寸，要注意配合部位的尺寸及其偏差。同一基本尺寸的几段轴径应逐一标注，不得省略；圆角、倒角等细部结构的尺寸也不能漏掉(或在技术要求中加以说明)。

对于轴向尺寸，首先应选好基准面，并尽量使标注的尺寸反映加工工艺及测量的要求，还应注意避免出现封闭的尺寸链。通常，将轴中最不重要的一段轴向尺寸作为尺寸的封闭环而不注出。为减少尺寸误差积累，尺寸链应避免串联过多。

(2) 重要尺寸，如轴上与孔有配合关系的轴颈长和安装零件的宽度有关，应直接注出，如图 11-22 中安装齿轮的轴段长度 30 mm。在部件设计时，给定的与轴相关的一些尺寸应直接

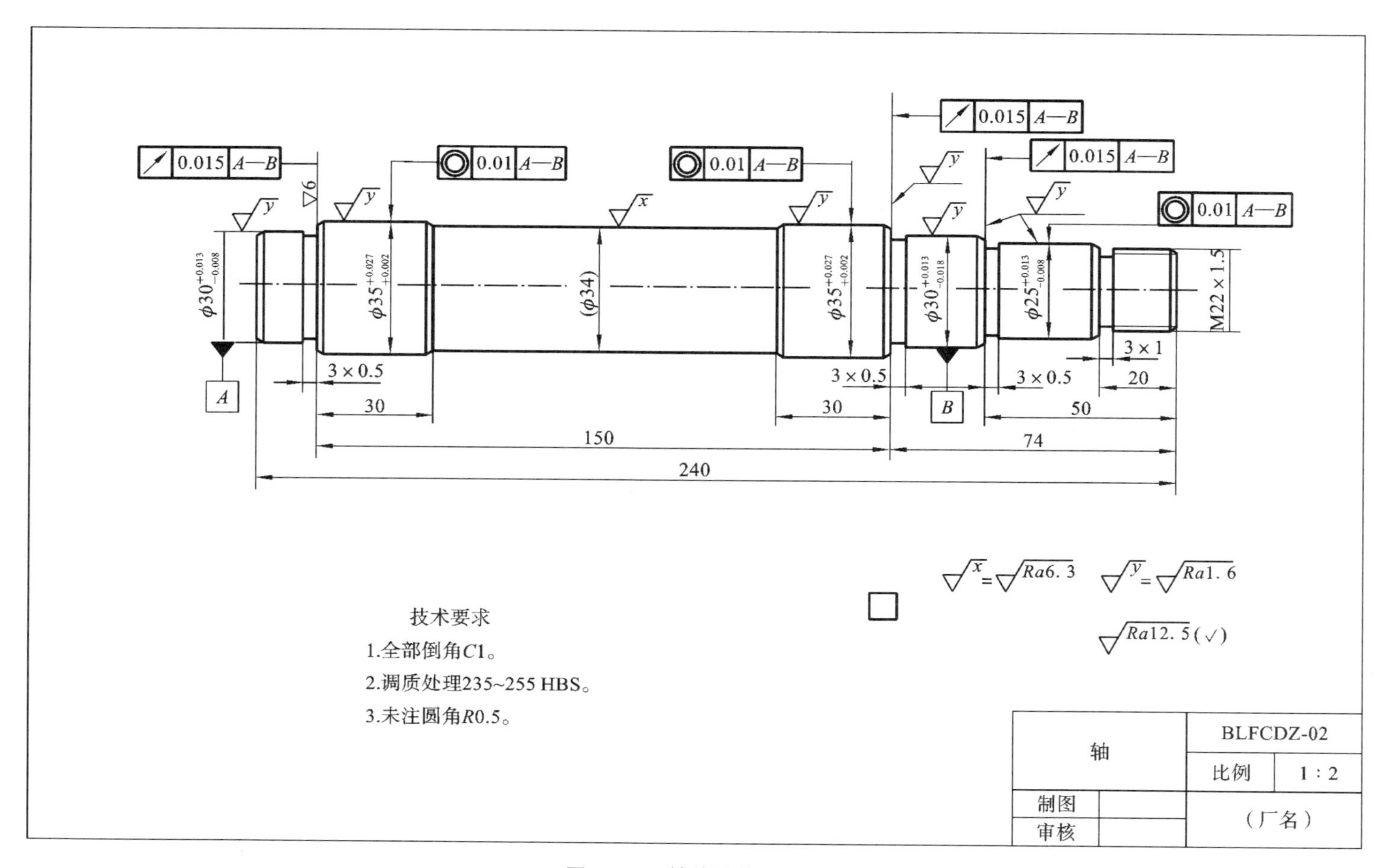

图 11-22　轴的零件工作图

注出。对于重要尺寸，必要时还应注出它的偏差数值。

11.4.3 轴的精度要求

轴的精度要求一般根据轴的主要功用和工作条件制定，通常有以下几项。

1）尺寸精度

对于起支承作用的轴段（如安装滚动轴承的轴段），为了确定轴的位置，通常对其尺寸精度要求较高（IT5 ～ IT7）；装配传动件（如带轮、齿轮）的轴段尺寸精度一般要求较低（IT6 ～ IT9）。

2）几何形状精度

轴类零件的几何形状精度主要是指轴颈、外锥面、莫氏锥孔等的圆度、圆柱度等，一般应将其公差限制在尺寸公差范围内。对精度要求较高的内、外圆表面，应在图样上标注其允许偏差。

3）相互位置精度

轴类零件的位置精度要求主要是由轴在机械中的位置和功用决定的。通常应保证装配传动件的轴颈对支承轴颈的同轴度要求，否则会影响传动件（齿轮等）的传动精度，并产生噪声。普通精度的轴，其配合轴段对支承轴颈的径向跳动一般为 0.01 ～0.03 mm，高精度轴（如主轴）通常为 0.001 ～0.005 mm。

4）表面结构参数

表面结构参数粗糙度值的选择应根据设计要求确定。在保证正常条件下，应尽量选取数值较大者，以利于加工。表 11-5 所示为轴加工表面粗糙度的推荐值。

表 11-5　轴加工表面粗糙度的推荐值

<table>
<tr><th>加工表面</th><th colspan="3">表面粗糙度值 $Ra/\mu m$</th></tr>
<tr><td>与传动件及联轴器等轮毂相配合的表面</td><td colspan="3">3.2，1.6～0.8，0.4</td></tr>
<tr><td>与/P0、/P6 级滚动轴承相配合的表面</td><td colspan="3">见表 11-6</td></tr>
<tr><td>与传动件及联轴器等轮毂相配合的轴肩端面</td><td colspan="3">6.3，3.2，1.6</td></tr>
<tr><td>与滚动轴承相配合的轴肩端面</td><td colspan="3">见表 11-6</td></tr>
<tr><td>平键键槽</td><td colspan="3">工作面 6.3，3.2，1.6；非工作面 12.5，6.3</td></tr>
<tr><td rowspan="4">密封处的表面</td><td>毡圈油封</td><td colspan="2">橡胶油封</td></tr>
<tr><td colspan="3">与轴接触处的圆周速度/（m/s）</td></tr>
<tr><td>≤3</td><td>>3～5</td><td>>5～10</td></tr>
<tr><td>3.2，1.6，0.8</td><td>1.6，0.8，0.4</td><td>0.8，0.4，0.2</td></tr>
</table>

表 11-6　配合面的表面粗糙度

轴或轴承座直径/mm	轴或外壳配合表面的直径公差等级					
	IT7		IT6		IT5	
	表面粗糙度/μm					
	Ra		*Ra*		*Ra*	
	磨	车	磨	车	磨	车
≤80	1.6	3.2	0.8	1.6	0.4	0.8
>80～500	1.6	3.2	1.6	3.2	0.8	1.6
端面	3.2	6.3	3.2	6.3	1.6	3.2

注：与/P0、/P6、/P6x 级轴承配合的轴，其公差等级一般为 IT6，外壳孔的一般为 IT7。

11.4.4　轴的技术要求

轴的技术要求通常有：

(1) 零件热处理方法及应达到的要求；

(2) 几何公差，多用规定代号注在视图中，当无法采用代号标注时，允许在技术要求中用文字说明；

(3) 数量较多且尺寸相同的圆角及中心孔的型号，可在技术要求中用文字说明；

(4) 其他，如特殊的加工处理要求等。

例 11-1　试设计图 11-23 所示胶带运输机的单级标准斜齿圆柱齿轮减速器的低速轴。已知：电动机功率 $P=30$ kW，转速 $n=730$ r/min；减速器传动比 $i=6.4$；电动机至低速轴之间总效率 $\eta=\eta_1'\eta_2'\eta_3$；大齿轮的齿数 $z_2=122$，法向模数 $m_n=3.5$ mm，螺旋角 $\beta=9°14'55''$(右旋)，齿宽 $b_2=100$ mm(小齿轮齿宽 110 mm)、分度圆直径 $d_2=432.62$ mm。

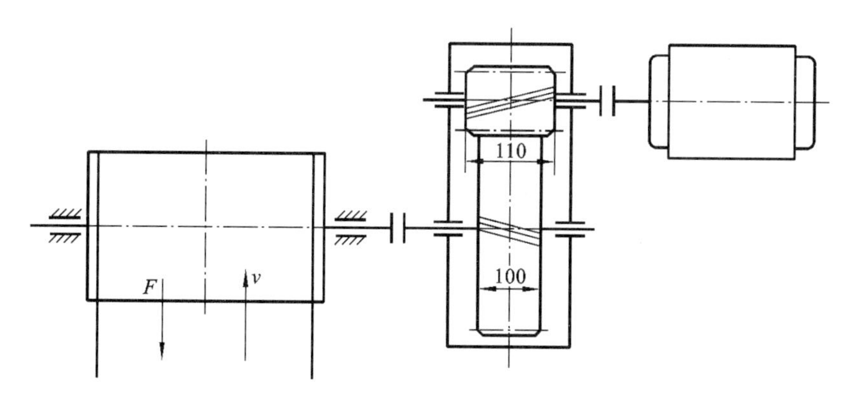

图 11-23　胶带运输机

解　设计步骤和相关计算列表如下：

步骤	计算与说明	主要结果
拟定装配草图	参考有关手册，考虑轴上零件的安装与固定，拟定装配草图	图 11-24(a)
一、确定轴上的作用力 1. 低速轴转速 n_2 2. 低速轴功率 P_2 3. 低速轴转矩 T_2 4. 齿轮切向力 F_t 5. 齿轮径向力 F_r 6. 齿轮轴向力 F_x 7. F_x 对轴产生的弯矩 M_{F_x} 8. 绘轴的受力简图	$n_2=\frac{n_1}{i}=\frac{730}{6.4}\ \text{r/min}=114.06\ \text{r/min}$ $P_2=P\eta=30\times0.94=28.2\ (\text{kW})$ $T_2=\frac{9550P_2}{n_2}=\frac{9550\times28.2}{114.06}=2361.13\ (\text{N}\cdot\text{m})$ $F_t=\frac{2T_2}{d_2}=2\times\frac{2361.13}{0.43262}=10916\ (\text{N})$ $F_r=\frac{F_t\tan\alpha_n}{\cos\beta}=\frac{10916\tan20^\circ}{\cos9^\circ14'55''}=4025.43\ (\text{N})$ $F_x=F_t\tan\beta=10916\times\tan9^\circ14'55'=1777.51\ (\text{N})$ $M_{F_x}=\frac{F_x d_2}{2}=1777.51\times\frac{0.43262}{2}=384.48\ (\text{N}\cdot\text{m})$	$F_t=10916$ N $F_r=4025.43$ N $F_x=1777.51$ N 图 11-24(b)
二、选择轴的材料 1. 估算最小直径 2. 选择联轴器	选择该轴的材料为 45 钢，调质处理，强度极限 $\sigma_b=600$ MPa，估算最小直径 d_1，由表 11-3 查得 $A_0=126\sim103$，因轴的最小直径段上无弯矩，取 $A_0=106$。由式(11-2)有 $d\geqslant A_0\sqrt[3]{\frac{P}{n}}=106\times\sqrt[3]{\frac{28.2}{114.06}}=66.53(\text{mm})$ 考虑键槽削弱了轴的强度，将轴径增大 5%，取 $d_1=1.05\times66.53$ mm$=69.86$ mm≈70 mm 从安全角度出发，选用齿轮联轴器。由手册查得：用于胶带运输机的联轴器，其工况系数 $K=1.5\sim2$，于是得 $T_c=KT=(1.5\sim2)\times2361.13=3542\sim4722\ (\text{N}\cdot\text{m})$ 根据 T_c值和 $d_1=70$ mm 查手册，选用 CL4 齿轮联轴器，轴孔 $\phi(45\sim75)$ mm，半联轴器轮毂长 $L_1=105$ mm，许用最大转矩 $T_c>5600$ N·m，$e=18$ mm	材料：45 钢 $d_1=70$ mm 选用 CL4 齿轮联轴器
三、轴的结构设计 1. 轴承类型的选择，轴径的确定 2. 确定轴承型号	考虑到有轴向力，选用圆锥滚子轴承轴肩高度 $h\approx0.07d+(1\sim2)$ mm，根据已知轴径 $d_1=70$ mm，可得 $d_2=80$ mm，$d_3=80$ mm，$d_4=85$ mm，$d_5=100$ mm，$d_6=90$ mm，$d_7=80$ mm。 由 $d_3=d_7=80$ mm 选轴承型号为 30216， 查出内径 $d=80$ mm，外径 $D=140$ mm， 宽度 $T=28$ mm，$B=26$ mm，$C=22$ mm， $d_b=90$ mm，$d_a=88$ mm，$a=30$ mm，$r=3$ mm	$d_2=80$ mm $d_3=80$ mm $d_4=85$ mm $d_5=100$ mm $d_6=90$ mm $d_7=80$ mm 轴承型号为 30216

续表

步骤	计算与说明	主要结果
3. 轴段长度的确定	(1) 由图11-24(a)知轴头1与轴颈7上的零件(半联轴器与轴承)为单向轴向固定，其长度可取轴上零件配合孔的长度，即 $l_1=105$ mm，$l_7=26$ mm(轴承内圈宽)(注意：各轴段长用 l 表示，即 l_1，l_2，l_3，…，l_7，图上未注)。 (2) 轴头4应小于轮毂宽： $l_4=b_{齿}-\delta_1=(100-2)$ mm$=98$ mm。 (3) 轴的相关零件位置和尺寸的确定： 如图11-24(a)所示，由手册和设计资料查得 $\Delta_1=10$ mm(小齿轮到箱壁距离，图中未画)， $\Delta_2=\Delta_1+(5\sim10)$ mm。 取 $\Delta_2=15$ mm，$\delta=10$ mm， $c_1=26$ mm，$c_2=21$ mm，$b'=14$ mm， $H=8$ mm，$e=18$ mm，$L_3=c_1+c_2+(5\sim10)$ mm， 取 $L_3=52$ mm，$L_4=e-H=10$ mm。 (4) 轴支点距的确定：对于30216轴承，按图示装配形式，得 $L=b_{齿}+2(\Delta_2+\delta)+2(T-a)=146$ mm，其中 T、a 可由手册查得。 (5) 箱体外零件支点距的确定：由图可得 $L_2=l_1/2+L_4+H+b'+L_3=136.5$ mm。 (6) 其他各轴段长度的确定(过程略)	$l_1=105$ mm $l_7=26$ mm $l_4=98$ mm $L_3=52$ mm $L_4=10$ mm $L=146$ mm $L_2=136.5$ mm
四、计算支座反力	考虑轴向力的方向，将右轴承简化为支座 B，左轴承简化为可移动的支座 A，AB 间距离 $L=146$ mm。齿轮轮缘的对称面和轴中心线的交点 C 在 AB 的正中间，所以 $L_1=L/2=73$ mm。D 点在轴段1的正中间，$L_2=136.5$ mm。其受力简图如图11-24(b)所示。 在 XOY 面(见图11-24(c))，由 $\sum M_A=\sum M_B=0$ 得 $F_{R_{BY}}=(M_{F_x}+F_rL_1)/L$ $=(384480+4025.43\times73)/146=4646.14$ (N) $F_{R_{AY}}=(-M_{F_x}+F_rL_1)/L$ $=(-384480+4025.43\times73)/146=-620.71$ (N) 在 XOZ 面(见图11-24(e))，由 $Z=0$ 和 $\sum M_A=0(\sum M_B=0)$ 得到 $F_{R_{AZ}}=F_{R_{BZ}}=\frac{F_t}{2}=\frac{10916}{2}=5458$ (N)	$L_1=73$ mm $F_{R_{BY}}=4646.14$ N $F_{R_{AY}}=-620.71$ N $F_{R_{AZ}}=5458$ N $F_{R_{BZ}}=5458$ N

续表

步骤	计算与说明	主要结果
五、轴的强度校核 1. 画弯矩图 2. 合成弯矩 3. 转矩 4. 计算 C 点处的最大当量弯矩	计算过程略，弯矩图如图 11-24(d)和图 11-24(f)所示，合成弯矩图如图 11-24(g)所示。 $M_{C左}=\sqrt{45.31^2+398.43^2}=401\ (\mathrm{N\cdot m})$ $M_{C右}=\sqrt{339.17^2+398.43^2}=523.24\ (\mathrm{N\cdot m})$ $T_2=2361.13\ \mathrm{N\cdot m}$，转矩图如图 11-24(h)所示。 $M_d=\sqrt{M_{C右}{}^2+(\alpha T_2)^2}$ $=\sqrt{523.24^2+(0.6\times 2361.13)^2}=1510.22\ (\mathrm{N\cdot m})$ 式中：T_2 按脉动循环应力处理，取 $\alpha=0.6$。	$T_2=2361.13\ \mathrm{N\cdot m}$ $M_d=1510.22\ \mathrm{N\cdot m}$
5. 危险截面轴径验算	由图 11-24(a)可以看出 D 点(轴径最小)和 C 点(合成弯矩最大)两处都可能是危险断面。由于 D 点处的轴径是估算确定的，在估算公式中已经考虑了弯矩的影响，因此此处并没有弯矩作用，所以估算的轴径是偏安全的。这里，只需验算 C 点处的轴径。由式 (11-4)得 $d\geqslant A_0\sqrt[3]{\dfrac{M_d}{0.1[\sigma_{-1b}]}}=106\times\sqrt[3]{\dfrac{1510.22\times 10^3}{0.1\times 55}}\approx 65$ (mm) 式中：$[\sigma_{-1b}]=55$ MPa，由表 11-4 按碳素钢 $[\sigma_b]=600$ MPa 查得。设计中轴 C 点处的轴径 $d_4=85$ mm，考虑键槽对轴强度的削弱，加大 5%，仍然足够安全	足够安全
六、键的选择及其强度校核	安装齿轮处：根据 $d_4=85$ mm，$l_4=98$ mm，由手册选用平键，其尺寸为 $b=22$ mm，$h=14$ mm，$l=90$ mm。 安装联轴器处：根据 $d_1=70$ mm，$l_1=105$ mm，由手册选用平键，其尺寸为 $b=20$ mm，$h=12$ mm，$l=100$ mm。键的强度校核略	
七、画轴的零件图样	该轴的零件图样如图 11-25 所示，有关注意事项和问题参看本章相关内容	图 11-25

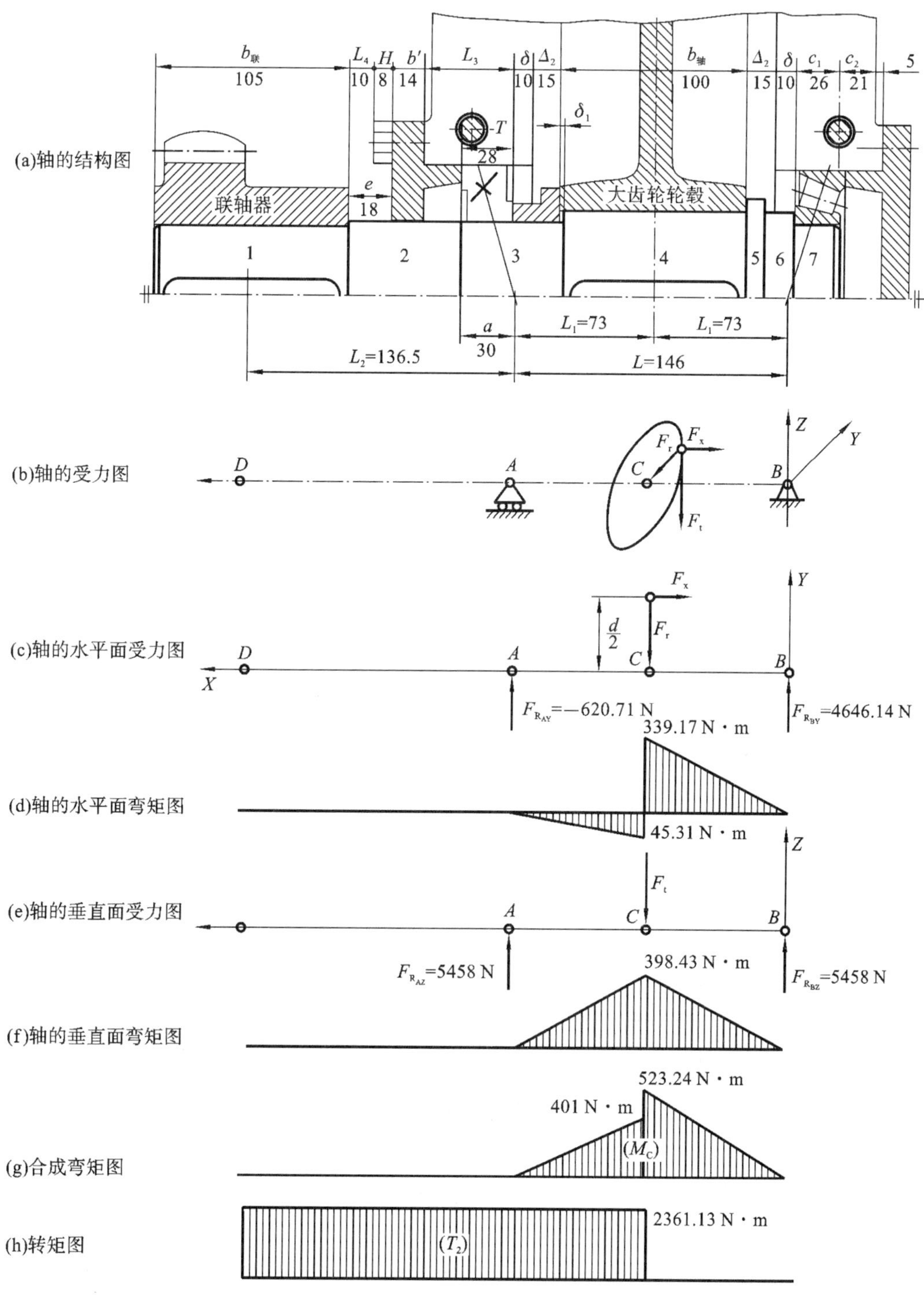

图 11-24　装配草图和轴的载荷分析图

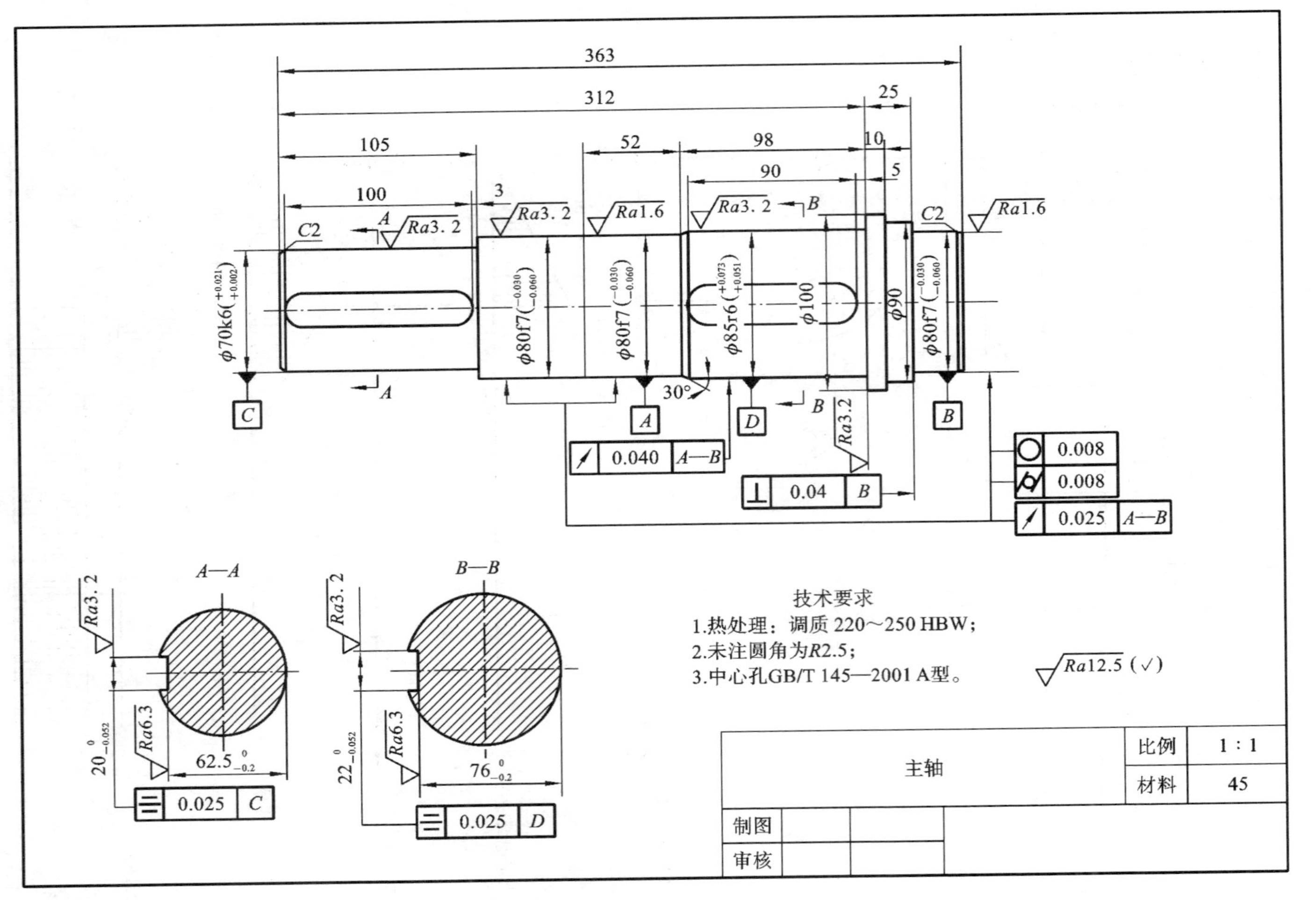

363
312
25
105
52
98
10
100
3
90
5
C2
A
Ra3.2
Ra1.6
B
φ70k6(+0.021 +0.002)
φ80f7(−0.030 −0.060)
φ85r6(+0.073 +0.051)
φ100
φ90
30°
C
A
D
B
0.040 A—B
0.04 B
0.008
0.008
0.025 A—B
A—A
B—B
Ra6.3
20 0 −0.052
62.5 0 −0.2
0.025 C
22 0 −0.052
76 0 −0.2
0.025 D
技术要求
1.热处理：调质 220～250 HBW；
2.未注圆角为R2.5；
3.中心孔GB/T 145—2001 A型。
Ra12.5 (√)
主轴
比例 1 : 1
材料 45
制图
审核

图 11-25　轴的零件图

11.5　轴的刚度计算

轴受载荷后会产生弯曲或扭转变形，如果变形过大，就会影响轴上零件的正常工作。如安装齿轮的轴，若弯曲刚度不足则会导致挠度过大，从而造成齿轮沿齿宽方向接触不良，载荷分布不均匀。又如摩托车发动机中的凸轮轴扭转变形过大将影响气门正常启闭。因此，设计机器时对有刚度要求的轴应进行必要的刚度校核计算。

轴的弯曲刚度用挠度 y 和偏转角 θ 度量，扭转刚度用单位长度扭转角 φ 来度量。轴的刚度校核计算通常是计算出轴在受载时的变形量，并使其小于允许值。

11.5.1　轴的弯曲刚度校核计算

轴受弯矩作用时，其弯曲刚度条件为

偏转角
$$\theta \leqslant [\theta] \tag{11-5}$$

挠度
$$y \leqslant [y] \tag{11-6}$$

式中：$[\theta]$、$[y]$——轴的许用偏转角和许用挠度，如表 11-7 所示。

表 11-7　轴的许用挠度、许用偏转角和许用扭转角

<table>
<tr><th>变形种类</th><th>应用场合</th><th>许用值</th><th>变形种类</th><th>应用场合</th><th>许用值</th></tr>
<tr><td rowspan="6">偏转角 θ/rad</td><td>滑动轴承</td><td>$\leqslant 0.001$</td><td rowspan="9">挠度 y/mm</td><td>一般用途的轴</td><td>$0.0003 \sim 0.0005$</td></tr>
<tr><td>向心球轴承</td><td>$\leqslant 0.005$</td><td>刚度要求较高的轴</td><td>$\leqslant 0.0002l$</td></tr>
<tr><td>调心球轴承</td><td>$\leqslant 0.05$</td><td>感应电动机轴</td><td>$\leqslant 0.1\Delta$</td></tr>
<tr><td>圆柱滚子轴承</td><td>$\leqslant 0.0025$</td><td>安装齿轮的轴</td><td>$0.01 \sim 0.03m_n$</td></tr>
<tr><td>圆锥滚子轴承</td><td>$\leqslant 0.0016$</td><td>安装蜗轮的轴</td><td>$0.02 \sim 0.05m$</td></tr>
<tr><td>安装齿轮处</td><td>$0.001 \sim 0.002$</td><td colspan="2" rowspan="4">l——支承间的跨距(mm)；
Δ——电动机定子与转子间的气隙(mm)；
m_n——斜齿轮法面模数(mm)；
m——蜗轮端面模数(mm)</td></tr>
<tr><td rowspan="3">扭转角 φ /((°)/m)</td><td>一般传动</td><td>$0.5 \sim 1$</td></tr>
<tr><td>较精密的传动</td><td>$0.25 \sim 0.5$</td></tr>
<tr><td>重要传动</td><td>$\leqslant 0.25$</td></tr>
</table>

常见的轴大多可视为简支梁。若是光轴，可直接用材料力学中的公式计算其挠度或偏转角；若是阶梯轴，如果对计算精度要求不高，则可用当量直径法作近似计算，即把阶梯轴看成当量直径为 d_d 的光轴，然后再按材料力学中的公式计算。当量直径 d_d 的计算公式为

$$d_d = \frac{\sum d_i l_i}{l} \tag{11-7}$$

式中：l——支点间距离；

d_i、l_i——轴上第 i 段的直径和长度。

11.5.2　轴的扭转刚度校核计算

轴受转矩作用时，其扭转刚度条件为

光轴

$$\varphi = 5.73 \times 10^4 \frac{T}{GI_p} \leqslant [\varphi] \tag{11-8}$$

阶梯轴

$$\varphi = 5.73 \times 10^4 \frac{1}{Gl} \sum \frac{T_i l_i}{I_{pi}} \leqslant [\varphi] \tag{11-9}$$

式中：T——轴所受转矩(N·mm)；

G——轴材料的切变模量(MPa)，对于钢材，$G=8.1\times10^4$ MPa；

I_p——轴截面的极惯性矩(mm^4)；

l——阶梯轴受转矩作用的长度(mm)；

T_i、l_i、I_{pi}——阶梯轴第 i 段所受的转矩、第 i 段的长度和第 i 段的极惯性矩；

$[\varphi]$——许用扭转角((°)/m)，与轴的使用场合有关，如表 11-7 所示。

思考与练习

第4篇　工程设计中的连接性

第 12 章　工程中的螺纹连接

本章学习目标

1. 结合发动机，学习工程设备中常用的标准连接件的基本知识，培养正确选用连接件的能力。

2. 培养校核计算螺栓强度的能力。

本章知识要点

1. 螺纹紧固件的强度校核计算。

2. 螺纹紧固件的标记方法。

实践教学研究

1. 观察发动机中采用的标准件有哪几类？

2. 观察发动机中采用的螺栓有哪几种？

关键词

连接　螺栓　防松

12.1　螺栓连接

12.1.1　概述

任何机器或部件都是由若干零件或部件按特定的关系装配连接而成的，在厂房、机器、部件的装配和安装过程中，经常大量使用着一些种类不同的标准件，如起紧固和连接作用的螺栓、螺柱、螺钉、螺母、垫圈、键、销等，如图 12-1 所示。为了便于生产和使用，国家标准对这类

(a)

(b)

图 12-1　发动机中的连接件

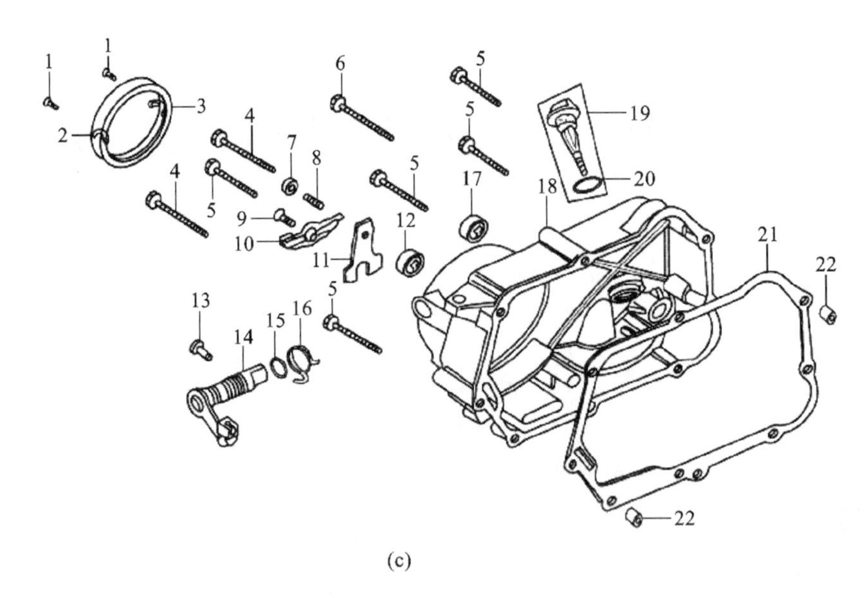

(c)

续图 12-1

1—螺钉 M6×20；2—右曲轴箱盖装饰盖(大圆盖)；3—右装饰盖密封垫；4—小盘螺栓 M6×80；5—小盘螺栓 M6×40；6—小盘螺栓 M6×65；7—螺母 M6；8—离合器调整螺钉；9—螺钉 M6×12；10—离合器分离压板；11—离合器拨板；12—离合器操纵臂油封；13—离合器操纵臂定位销；14—离合器操纵臂组合；15、20—O 形密封圈；16—离合器操纵臂弹簧；17—启动轴油封；18—右曲轴箱盖组合；19—机油尺组合；21—右曲轴箱盖密封垫；22—定位销

零件的结构、尺寸以及成品质量等各方面都实行了标准化。表 12-1 所示为螺纹紧固件简图及其标记示例。

表 12-1　螺纹紧固件简图及其标记示例

名称	图片	结构形式、规格尺寸标记格式	说明
六角头螺栓		M10　50 螺栓 GB/T 5782—2016　M10×50	螺纹规格 d：M10 公称长度 l：50 mm
六角头铰制孔用螺栓	—	d　l 螺栓 GB/T 27—2013　M16×100	螺纹规格 d：M16 公称长度 l：100 mm
双头螺柱		M10　b_m　50 螺柱 GB/T 900—1988　M10×50	螺纹规格 d：M10 公称长度 l：50 mm 旋入端长度：b_m = 1.5d
开槽圆柱头螺钉		M10　45 螺钉 GB/T 65—2016　M10×45	螺纹规格 d：M10 公称长度 l：45 mm

续表

名称	图片	结构形式、规格尺寸标记格式	说明
开槽沉头螺钉		螺钉 GB/T 68—2016　M10×50	螺纹规格 d:M10 公称长度 l:50 mm
1 型六角头螺母		螺母 GB/T 6170—2015　M10	螺纹规格 d:M10
平垫圈(A 级)		垫圈 GB/T 97.1—2002　16　140HV	规格:16 硬度等级为 140 HV
弹簧垫圈		垫圈 GB/T 93—1987　16	规格:16

12.1.2　工程中常用的螺纹紧固件

连接是用机械、物理或化学的方法把两个或两个以上的零件组合成一个整体,使其在运转过程中零件相互间不发生相对运动。

连接分为可拆连接和不可拆连接。可拆连接形式有螺纹连接、键连接和销连接等,不可拆连接有铆接和焊接等。

螺纹紧固件是用螺纹起连接和紧固作用的零件,发动机部件中使用着直径不同、头部形状不同、长短不同的各种螺纹紧固件(见图 12-1(c))。螺栓连接、螺柱连接、键连接是工程中的机械设备常用的连接方式,如图 12-2 所示。表 12-2 所示为紧固件装配图简化画法。

(a)螺栓连接

(b)螺柱连接

(c)键连接

图 12-2　工程中常用的连接件

表 12-2　紧固件装配图简化画法

项目	装配图简化画法
螺栓连接	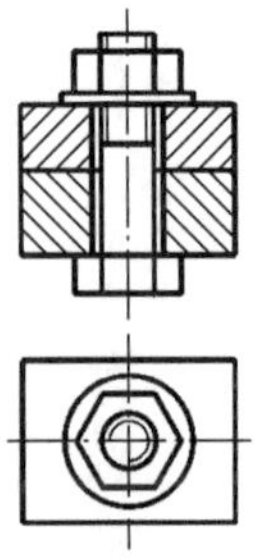
螺钉连接	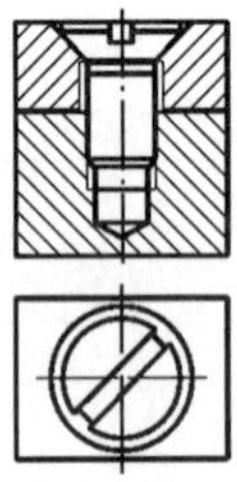
螺柱连接	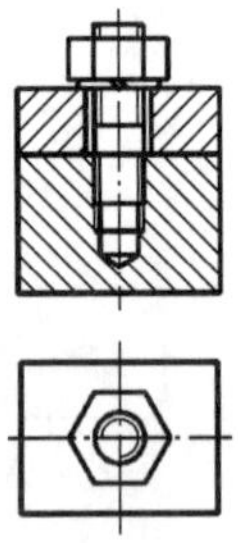
铰制孔用螺栓连接	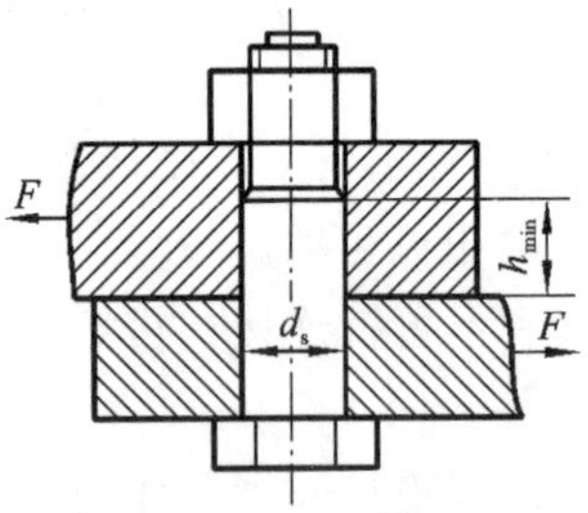

螺栓连接的受力情况是多种多样的，因此，螺栓连接的强度计算首先要根据连接的类型、装配情况和载荷情况等条件确定螺栓的受力情况，然后按相应的强度条件计算螺栓危险截面的直径，通常取螺纹小径 d_1 或配合螺栓杆直径 d_s 校核其强度。

对单个螺栓而言，其受力形式只有受轴向拉力和受横向剪力两类。对于受拉的普通螺栓，其主要失效形式是螺栓杆螺纹部分发生断裂和塑性变形，因而，其设计准则是保证螺栓的拉伸强度；对于受剪的铰制孔用螺栓，其主要失效形式是螺栓杆和被连接件孔壁间压溃或螺栓杆被剪断，其设计准则是保证连接的挤压强度和螺栓的剪切强度。

对于螺栓连接的其他部分如螺栓头、螺杆、螺纹牙和螺母、垫圈的结构尺寸，则都是根据等强度条件及使用经验制定的，设计时只需根据螺纹的公称直径即螺纹大径 d 直接从标准中查取。

螺栓连接的强度计算方法对双头螺柱连接和螺钉连接也同样适用。

12.2　普通螺栓连接的强度计算

2010 年 6 月 29 日深圳东部华侨城“太空迷航”发生 6 死 10 伤的事故。事故原因：螺栓 M16 安装使用不当，导致设备严重设计缺陷；发现隐患未进行及时有效的修理；使用中维修保养不到位。为保证工程设备的正常运转，螺栓的强度计算和螺栓维护保养非常重要。

1. 螺栓设计原则

在受力分析、失效分析的基础上，通过强度计算，确定螺栓的小径，螺纹牙及其他尺寸是根据等强度原则由标准给出的。如表 12-3 所示，在结构设计时注意以下几点：

(1) 布置要尽可能对称，受力要尽可能均匀。

被连接件接合面形状力求简单、对称，尽可能选择简单几何形状，如圆形、矩形等。同一圆周上的螺栓数量应尽量选用偶数，以便于加工时分度定位。螺栓组形心与被连接件接合面形心重合，使接合面上受力均匀。

(2) 根据螺栓组受力情况合理布置螺栓。

受旋转力矩和翻转力矩的螺栓组连接应使螺栓远离螺栓组形心，以提高螺栓组连接的承载能力或减小螺栓结构尺寸。受横向载荷的加强杆螺栓组连接，沿载荷方向布置的螺栓数目不宜过多，一般不超过 6 个，以减轻各螺栓之间载荷分布不均现象。

(3) 螺母和螺栓头部支承面应平整。

(4) 同一组螺栓连接中螺纹连接件的种类、材料、尺寸应尽量一致，便于加工和装配。

(5) 螺栓连接的排列应有合理的间距、边距。各螺栓轴线之间以及螺栓轴线与机体壁之间应留有间距。

表 12-3　螺栓设计原则

设计原则	图示
布置要尽可能对称，受力要尽可能均匀	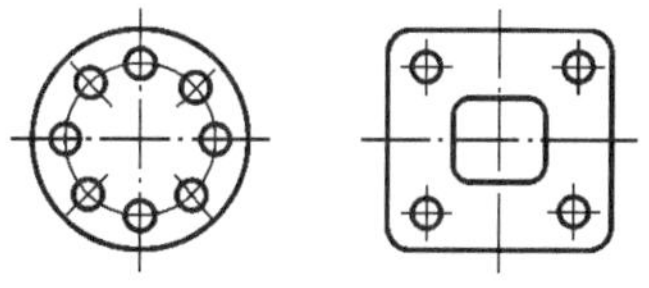
根据螺栓组受力情况合理布置螺栓	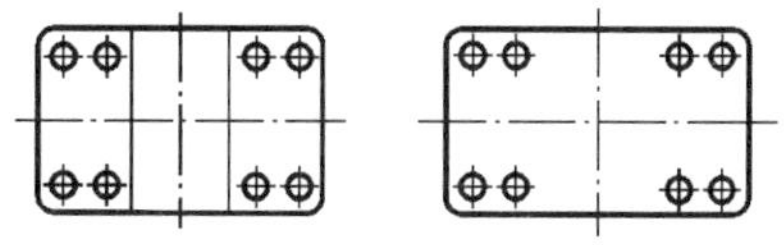
螺母和螺栓头部支承面应平整	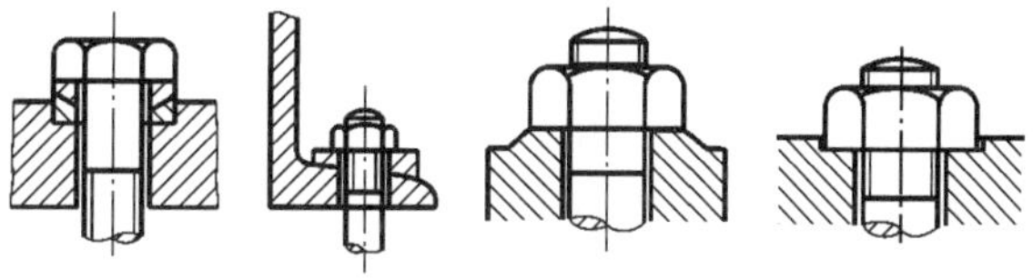 (a)　(b)　(c)　(d)

续表

设计原则	图示
螺栓连接的排列应有合理的间距、边距	

2. 螺纹摩擦计算

1）螺母支承面摩擦力矩计算公式

螺母支承面是内径、外径分别为 d_0、d_w 的圆环（见图 12-3），可以按下列公式计算：

按跑合止推轴承计算摩擦力矩：

$$T=\frac{1}{3}Ff_1\frac{d_w^3-d_0^3}{d_w^2-d_0^2}$$

按未跑合止推轴承计算摩擦力矩：

$$T'=\frac{1}{4}Ff_1(d_w+d_0)$$

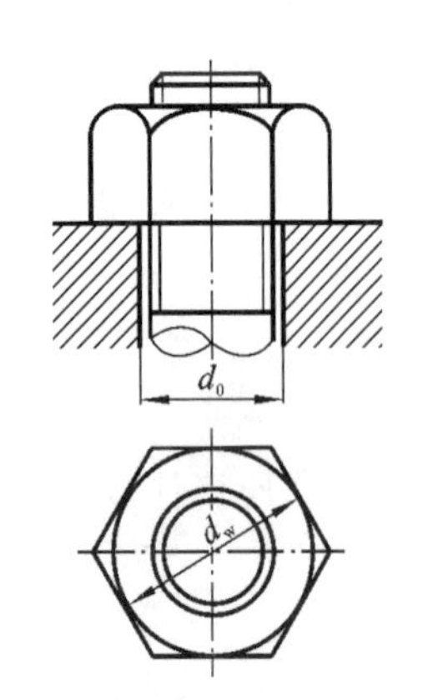

图 12-3　螺母支承面尺寸

式中：F——螺栓的预紧力；

f_1——螺母支承面摩擦系数。

按六角螺母尺寸(GB/T 6170—2015)，$d_0/d_w=0.60\sim0.71$，以上两式的相对误差为 $(T-T')/T=(1\sim2)\%$。

2）螺母扭紧力矩

螺母扭紧力矩的计算公式为

$$T=\frac{F}{2}[d_2\tan(\lambda+\rho_v)+d_m f_1]$$

式中：F——预紧力；

d_2——螺纹中径；

λ——螺纹升角；

ρ_v——螺纹当量摩擦角；

d_m——螺母支承面平均直径，$d_m=(d_w+d_0)/2$；

f_1——螺母支承面摩擦系数。

取扭转系数　　$$K=\frac{1}{2}\left[\frac{d_2}{d}\tan(\lambda+\rho_v)+\frac{d_m}{d}f_1\right]$$

式中：d——螺纹大径。

则螺母扭紧力矩的计算公式为

$$T=KFd$$

取 $d_2/d=0.92$，$\lambda=2.5°$，$\rho_v=9.83°$，$d_m/d=1.3$，$f_1=0.15$，则可近似取扭转系数 $K=0.2$。

扭紧螺母的力矩由三部分组成，第一部分由螺纹升角产生，用于产生预紧力使螺栓杆伸长，第二部分为螺纹副摩擦，约占 40%；第三部分为支承面摩擦力矩，约占 50%，后两项约占 90%。

3. 松螺栓连接

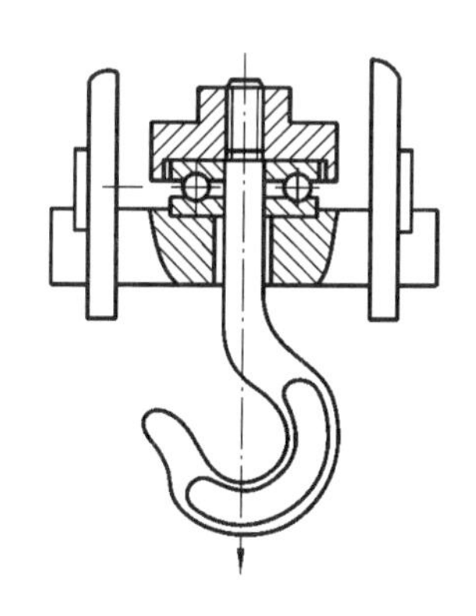

图 12-4　松螺栓连接

在装配时不需要把螺母拧紧，承受工作载荷之前螺栓并不受力的螺栓连接称为松螺栓连接。起重吊钩尾部的螺栓连接就属于松螺栓连接，如图 12-4 所示。当吊钩起吊重物时，螺栓所受到的轴向拉力为吊钩的工作载荷 F，故螺栓危险截面的拉伸强度条件为

$$\sigma = 4F/(\pi d_1^2) \leqslant [\sigma]\ (\text{MPa}) \tag{12-1}$$

或

$$d_1 \geqslant \sqrt{\frac{4F}{\pi[\sigma]}}\ (\text{mm}) \tag{12-2}$$

式中：d_1 ——螺纹小径(mm)；

F ——螺栓承受的轴向工作载荷(N)；

$[\sigma]$ ——螺栓材料的许用拉应力(MPa)，见表 12-4。

4. 紧螺栓连接

在装配时需要把螺母拧紧，使螺栓受到预紧力作用的螺栓连接称为紧螺栓连接。根据连接的受载情况不同，又分为只受预紧力作用的紧螺栓连接和承受预紧力及轴向工作载荷作用的紧螺栓连接两类。这里介绍只受预紧力 F_s 作用的紧螺栓连接的强度计算方法。

1)受旋转转矩的螺栓连接

图 12-5 所示联轴器中受转矩的螺栓连接如图 12-6 所示，其属于靠摩擦力传递转矩 T 的紧螺栓连接的结构件。预紧力的大小可根据保证连接的接合面不发生相对滑移的条件来确定，亦即接合面间所产生的最大摩擦力矩必须大于转矩 T，即

$$nF_sD_0/2 \geqslant cT \tag{12-3}$$

$$F_s \geqslant 2cT/(nfD_0) \tag{12-4}$$

式中：F_s——单个螺栓承受的预紧力(N)；

f ——接合面间的摩擦系数，对于钢铁零件，干燥表面 $f=0.10\sim0.16$，有油的表面 $f=0.06\sim0.10$；

n ——螺栓数目；

c ——可靠性系数，c 一般为 1.1～1.3。

图 12-5　联轴器

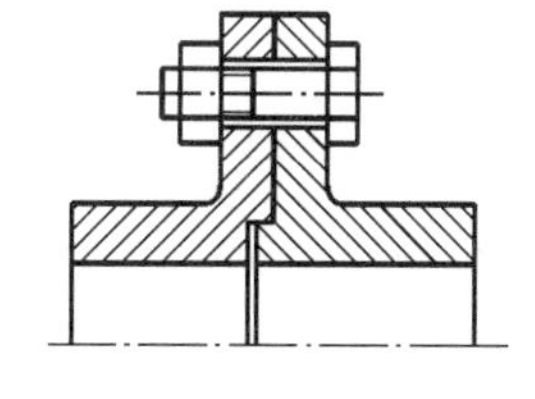

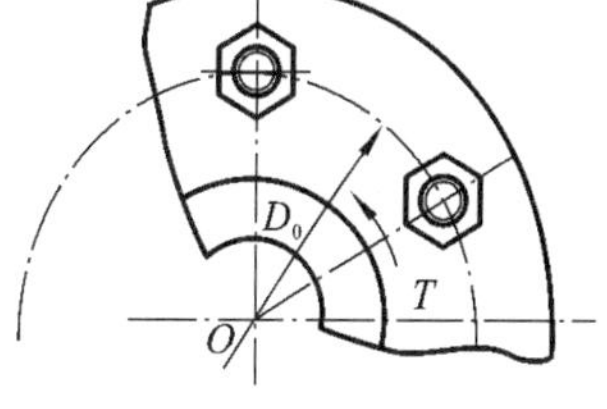

图 12-6　受转矩的螺栓连接

2) 承受横向载荷的紧螺栓连接

图 12-7 所示的螺栓结构连接件，承受横向载荷 F，属于靠摩擦力传递横向载荷 F 的紧螺栓连接。拧紧螺栓的预紧力 F_s 的大小需保证连接的接合面不发生相对滑移，亦即接合面间所产生的最大摩擦力必须大于或等于横向载荷 F，即

$$nfF_sm \geqslant cF \tag{12-5}$$

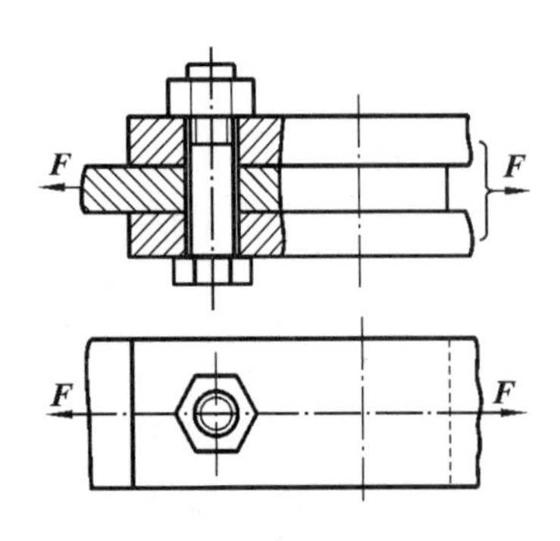

图 12-7　受横向载荷的螺栓连接

$$F_s \geqslant \frac{cF}{nfm} \tag{12-6}$$

式中：F_s——单个螺栓承受的预紧力(N)；

f——接合面间摩擦系数，对于钢铁零件，干燥表面 $f=0.10\sim0.16$，有油的表面 $f=0.06\sim0.10$；

m——接合面数；

n——螺栓数目；

c——防滑安全系数，又称可靠性系数，c 一般为 $1.1\sim1.3$。

在这类紧螺栓连接中，螺栓除受预紧力 F_s 引起的拉应力 σ 作用外，还受到螺纹副间摩擦力矩 T_1 引起的扭剪应力 τ 作用，螺栓危险截面处于拉伸和扭转的复合应力状态，而螺栓材料通常是塑性的，因此在计算螺栓的强度时，可按照第四强重理论建立其强度条件，当量应力 σ_e 公式：

$$\sigma_e = \sqrt{\sigma^2 + 3\tau^2} \leqslant [\sigma] \tag{12-7}$$

对于 M10～M68 的普通螺纹钢制螺栓，可取 $\tau \approx 0.44\sigma$，故有

$$\sigma_e \approx 1.3\sigma = 4 \times 1.3F_s/(\pi d_1{}^2) \leqslant [\sigma]\ (\text{MPa})$$

或

$$d_1 \geqslant \sqrt{4 \times 1.3F_s/(\pi[\sigma])}\ (\text{mm}) \tag{12-8}$$

式中：d_1——螺纹小径(mm)；

$[\sigma]$——螺栓材料的许用拉应力(MPa)，见表 12-4。

式(12-8)说明，对同时受拉伸和扭转复合作用的紧螺栓连接，其当量应力 σ_e 约为拉应力 σ 的 1.3 倍，也就是说紧螺栓连接可按纯拉伸强度计算，但需将拉应力增大 30%，以考虑扭剪应力的影响。

3）铰制孔用螺栓连接的强度计算

当采用铰制孔用螺栓连接(见图 12-8)来承受横向载荷 F 时，螺栓杆在接合面处受剪切，螺栓杆与被连接件的孔壁接触表面受挤压。因此，连接的强度应按螺栓的剪切强度和螺栓杆与孔壁表面的挤压强度进行计算，其强度条件分别为

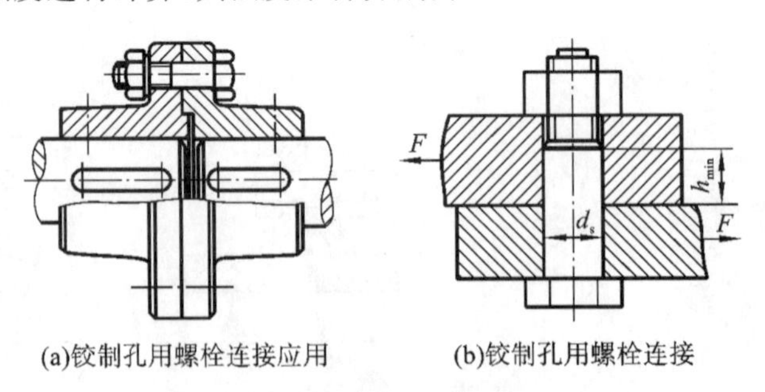

(a)铰制孔用螺栓连接应用　　(b)铰制孔用螺栓连接

图 12-8　铰制孔用螺栓连接

$$\tau = 4F/(\pi d_s{}^2) \leqslant [\tau]\ (\text{MPa}) \tag{12-9}$$

$$\sigma_p = F/(d_s h_{min}) \leqslant [\sigma_p]\ (\text{MPa}) \tag{12-10}$$

式中：F——单个螺栓所受的横向载荷(N)；

d_s——螺栓剪切面直径(mm)；

h_{min}——螺栓杆与孔壁挤压面的最小高度(mm)；

$[\tau]$——螺栓材料的许用剪应力(MPa)，见表12-5；

$[\sigma_p]$——螺栓和孔壁材料中弱者的许用挤压应力(MPa)，见表12-5。

5. 螺纹连接件的材料和许用应力

螺纹连接件的材料和许用应力见表12-4和表12-5。

表12-4　受拉螺栓连接的许用应力和安全系数

载荷性质	许用应力	材料＼直径/mm	不控制预紧力时的安全系数 S_s M6～M16	M16～M30	M30～M60	控制预紧力时的安全系数 S_s
静载荷	$[\sigma]=\frac{\sigma_s}{S_s}$	碳钢	4～3	3～2	2～1.3	1.2～1.5
		合金钢	5～4	4～2.5	2.5	
变载荷		碳钢	10～6.5	6.5	—	
		合金钢	7.5～5	5	—	

注：松螺栓连接未经淬火的钢 $S_s=1.2$，淬火钢 $S_s=1.6$。

表12-5　受剪螺栓连接的许用应力和安全系数

载荷性质	材料	剪切 许用应力	剪切 安全系数 S_s	挤压 许用应力	挤压 安全系数 S_p
静载荷	钢	$[\tau]=\frac{\sigma_s}{S_s}$	2.5	$[\sigma_p]=\frac{\sigma_s}{S_p}$	1.25
	铸铁	—	—	$[\sigma_p]=\frac{\sigma_s}{S_p}$	1.25
变载荷	钢	$[\tau]=\frac{\sigma_s}{S_s}$	3.5～5	按静载荷降低20%～30%	—
	铸铁	—	—		—

例12-1　已知罐体与齿圈连接处采用6个铰制孔用螺栓，螺栓分布圆直径为620 mm，螺栓长度为110 mm，如图12-9所示。罐体转矩 T 为172 N·m，变载荷，罐体材料采用ZG310-450；齿圈材料采用球铁QT700-2。试校核螺栓强度。

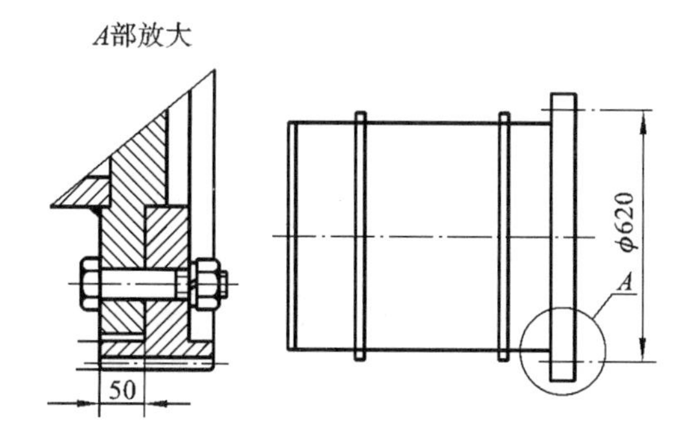

图12-9　罐体与齿圈结构示意图

解　计算项目及步骤列表如下：

续表

计算项目	计算与根据	计算结果
1. 螺栓选择	罐体与齿圈连接处采用铰制孔用螺栓 铰制孔用螺栓个数 $n=6$ 螺栓分布圆直径 $D=620$ mm 罐体转矩 $T=172$ N·m	
2. 单个螺栓所受横向载荷	$$F=\frac{2\times T}{nD}=\frac{2\times 172\times 10^3}{6\times 620}=92.4\ (\mathrm{N})$$	$F=92.4$ N
3. 校核螺栓剪切强度	查 GB/T 27—2013 得 螺栓长度 $l=110$ mm $l_0=18$ mm $d_s=11$ mm 由式 (12-9)得 $$\tau=\frac{4F}{\pi d_s^2}=\frac{92.4}{3.14\times 11^2}\times 4=0.972\ (\mathrm{MPa})$$ 螺栓材料选用 45 钢，考虑转动过程中有中等冲击，由表 12-5 得 $[\tau]=\frac{\sigma_s}{4.0}$ $\sigma_s=355$ MPa $$[\tau]=\frac{355}{4.0}=88.75(\mathrm{MPa})>\tau$$ 螺栓满足剪切强度要求	$\tau=0.972$ MPa $\sigma_s=355$ MPa $[\tau]=88.75$ MPa $[\tau]>\tau$ 满足剪切强度要求
4. 校核螺栓挤压强度	由式(12-10)得 $\sigma_p=\frac{F}{d_s h_{min}}$ 式中 $h_{min}=110-18-50=42\ (\mathrm{mm})$ $$\sigma_p=\frac{92.4}{11\times 42}=0.2\ (\mathrm{MPa})$$ 由表 12-5 得 $[\sigma_p]=\frac{\sigma_s}{S_p}=\frac{\sigma_s}{1.25}$ 罐体材料采用 ZG230-450，查手册 $\sigma_s=310$ MPa，其屈服强度小于螺栓材料 45 钢和大齿圈材料球铁 QT700-2 的屈服强度。 考虑到轻微冲击，应力降低 20%， 所以 $[\sigma_p]=\frac{310}{1.25}\times 80\%=198.4(\mathrm{MPa})>\sigma_p$ 满足挤压强度要求	$\sigma_s=310$ MPa $[\sigma_p]=198.4$ MPa $[\sigma_p]>\sigma_p$ 满足挤压强度要求

12.3 螺纹紧固件防松

在冲击、振动和变载荷下，螺纹间的压力瞬间减小，甚至消失，产生松动现象。为防止这种情况发生，重要场合应采取防松措施，以防止螺栓与螺母发生相对转动。常用的防松方法有：弹簧垫圈防松、双螺母防松、开口销防松、圆螺母止退垫圈防松、金属丝防松等，使用时查阅相关资料。

思考与练习

第 13 章　工程中的键连接

本章学习目标

1. 结合发动机，学习工程设备中常用的标准连接件的基本知识，培养正确选用键的能力。
2. 培养校核计算键强度的能力。

本章知识要点

1. 键的标记方法、连接画法。
2. 键的强度校核。

实践教学研究

观察发动机在什么位置采用了键？

关键词

键连接　普通平键　型号

13.1　键　连　接

在机器和设备中，除了大量使用螺纹紧固件外，还经常使用键、销、滚动轴承等标准件。

键属于标准件，用来连接轴和轴上的转动零件，起传递扭矩的作用，如图 13-1 和图 13-2 所示。

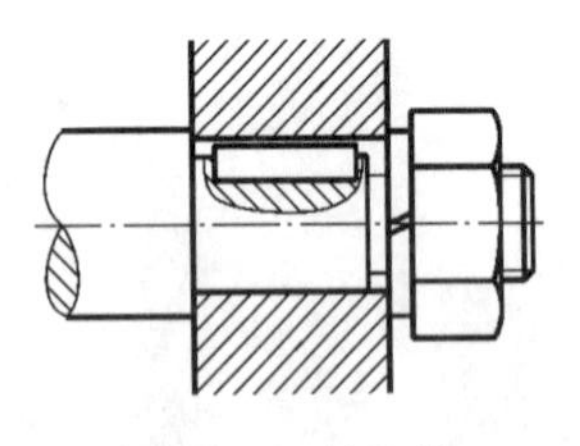

图 13-1　键连接

图 13-2　花键连接

键有普通平键、半圆键、钩头楔键等，它们都是标准件，如图 13-3 所示。

(a)普通平键　(b)半圆键　(c)钩头楔键

图 13-3　常用的键

平键的两侧是工作面，上表面与轮毂槽底之间留有间隙。其定心性能好，装拆方便。常用的平键有普通平键和导向平键两种。在此只介绍应用最多的普通平键。普通平键分为 A 型（圆头）、B 型（平头）、C 型（单圆头）。

普通平键的标记格式如下：

标准号　键　型号　$b \times h \times L$

在标记时，A 型平键省略字母 A，B 型、C 型平键应写出字母 B 或 C。

普通平键的公称尺寸 $b \times h$（键宽×键高）可根据轴的直径 d 从有关标准中查出，键长 L 由设计确定，并取相近的标准值。

普通平键标注示例：GB/T 1096 键 B 18×11×100

表示键宽 $b = 18$ mm、键高 $h = 11$ mm、键长 $L = 100$ mm 的 B 型普通平键。

13.2　键槽的加工

键槽的加工工艺如图 13-4 所示，通常在插床和铣床上加工。

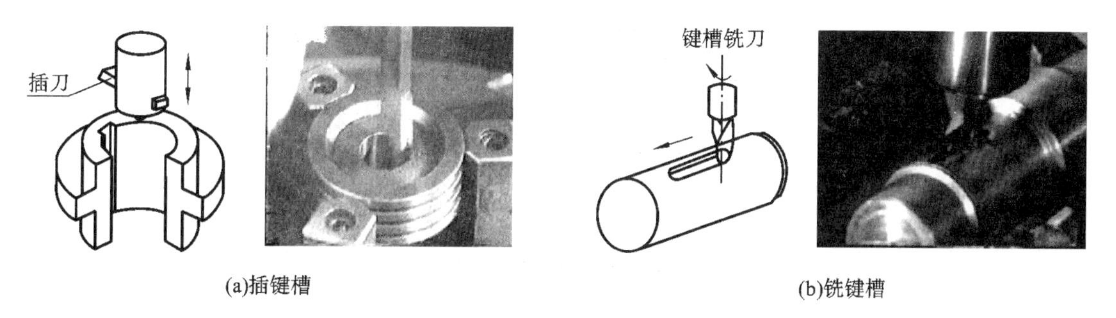

(a)插键槽　(b)铣键槽

图 13-4　键槽的加工工艺

13.3　键槽的画法及尺寸标注

下面以普通平键为例，说明键槽的画法、尺寸标注以及键连接装配图的画法，如图 13-5 和图 13-6 所示。

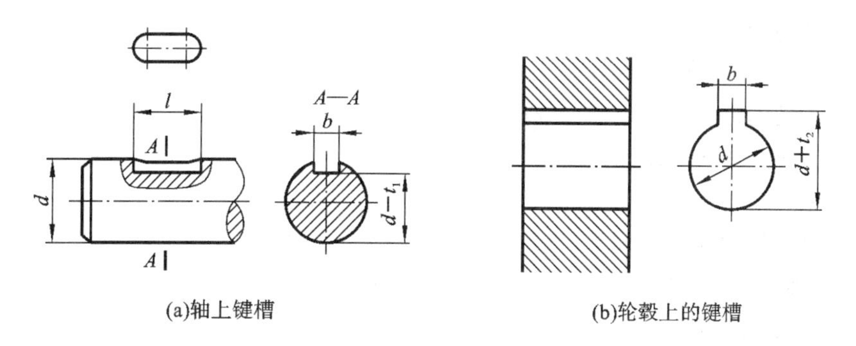

(a)轴上键槽　(b)轮毂上的键槽

图 13-5　键槽的画法及尺寸注法

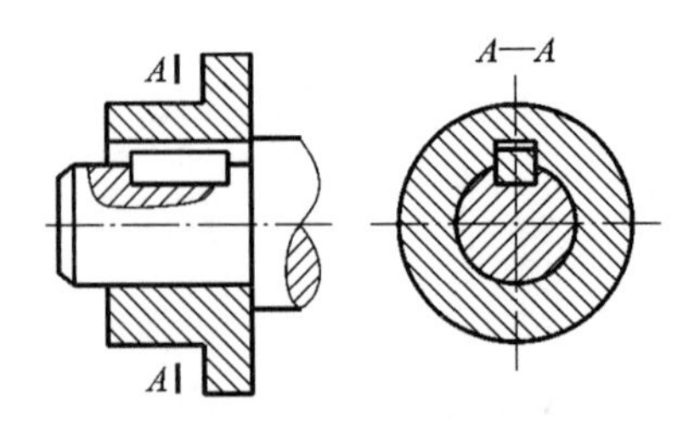

图 13-6　键连接装配图的画法

13.4　键强度校核

1. 键强度校核

键的受力状态是两侧面受压，如图 13-7 所示，所以键的失效形式主要是工作表面被压溃和出现剪断。进行挤压强度计算时，要选择键、轴、轮毂三者中材料最弱的作为计算对象。

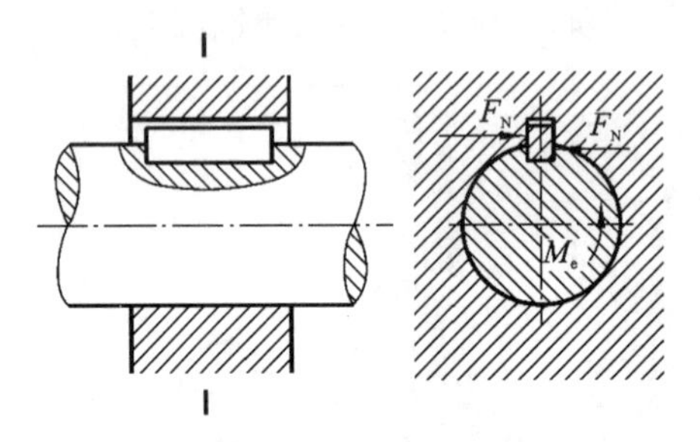

图 13-7　键的受力状态

挤压强度：
$$\sigma_p=\frac{F_N}{kl}=\frac{2M_e}{dkl}\leqslant[\sigma_p] \tag{13-1}$$

剪切强度：
$$\tau=\frac{F_N}{bl}=\frac{2M_e}{dbl}\leqslant[\tau] \tag{13-2}$$

式中：M_e——扭矩（N·mm）；

d——轴的直径（mm）；

F_N——轴侧面所受压力（N）；

b——键宽（mm）；

k——键与轮毂的接触高，$k=h/2$，其中 h 为键高；

l——键的工作长度（mm），$l=L-b$；

$[\tau]$——键的许用剪切应力（MPa）；

$[\sigma_p]$——键连接中最弱的材料的许用挤压应力（MPa）。

2. 半圆键

半圆键也是以两侧为工作面，有良好的定心性能。半圆键可在轴槽中摆动以适应毂槽底面，但键槽对轴强度的削弱较大，只适用于轻载连接。半圆键画法如图 13-8 所示。

3. 键连接的许用应力

键连接的许用应力见表 13-1。

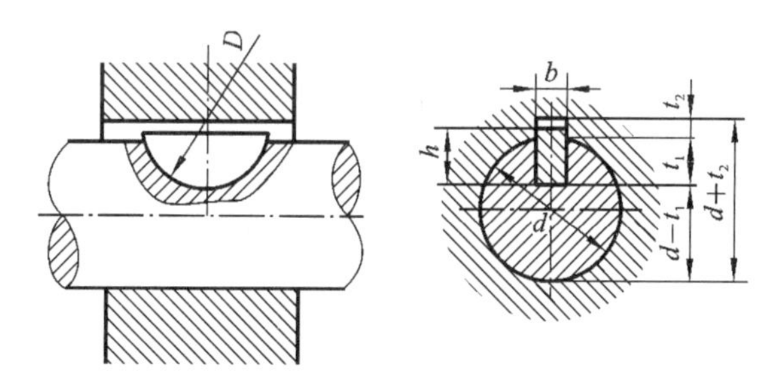

图 13-8　半圆键

表 13-1　键连接的许用应力　　(MPa)

许用应力种类	连接方式	轮毂材料	载荷性质		
			静载	轻微冲击	冲击
许用挤压应力$[\sigma_p]$	静连接	钢	200	150	100
		铸铁	100	75	50
	动连接	钢	50	40	30
许用剪切应力$[\tau]$	—	—	120	100	65

注:动连接时若键与被连接件的工作面经淬火,则挤压应力可提高 2~3 倍。

例 13-1　已知:轴材料 45 钢,轴孔直径 $\phi 25$ mm,联轴器材料 Q235A,如图 13-9 所示,键材料 45 钢,键宽 $b=8$ mm,键高 $h=7$ mm,键长 $L=28$ mm,载荷轻微冲击。

求:按键强度计算联轴器承受的转矩。

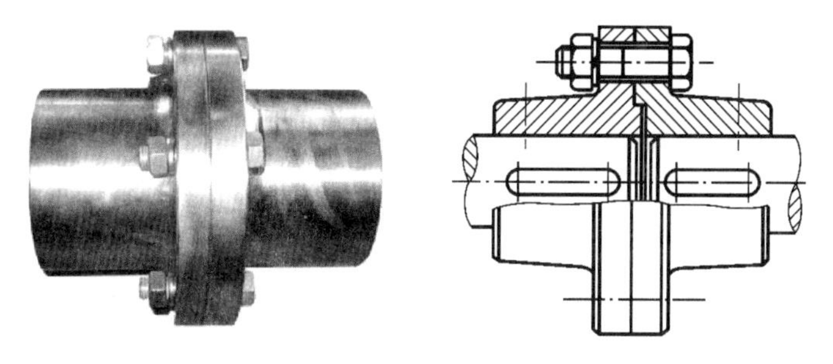

图 13-9　联轴器

解　(1) 按键挤压强度计算所承受的转矩 M_1。

根据挤压强度条件:

$$\sigma_p=\frac{2M_1}{dkl}=[\sigma_p]$$

在键、联轴器、轴中取较弱的材料进行计算,轴材料 45 钢、联轴器材料 Q235A,由表 13-1 得

$$[\sigma_p]=150\ (\mathrm{MPa})$$

根据已知条件,轴孔直径 $d=25$ mm,键宽 $b=8$ mm,键高 $h=7$ mm,键长 $L=28$ mm,则键工作长度 $l=L-b=28-8=20(\mathrm{mm})$,$k=h/2=3.5\ (\mathrm{mm})$,所以

$$M_1=\frac{1}{2}d\cdot k\cdot l\cdot[\sigma_p]=\frac{1}{2}\cdot 25\cdot 3.5\cdot 20\cdot 150=131.3\ (\mathrm{N\cdot m})$$

$$M_1=131.3\ (\mathrm{N\cdot m})$$

(2) 按键剪切强度计算所承受的转矩 M_2。

根据剪切强度条件：

$$\tau=\frac{2M_2}{dbl}=[\tau]$$

查表 13-1 得

$$[\tau]=100\ (\text{MPa})$$

$$M_2=\frac{1}{2}d\cdot b\cdot l\cdot[\tau]=\frac{1}{2}\cdot 25\cdot 8\cdot 20\cdot 100=200\ (\text{N}\cdot\text{m})$$

$$M_2=200\ (\text{N}\cdot\text{m})$$

答：联轴器能够承受的最大转矩是 131.3 N · m。

思考与练习

第14章　工程中的联轴器

本章学习目标

培养对工程设备中常用连接部件的应用能力。

本章知识要点

1. 联轴器的基本原理、结构特点和应用范围。
2. 联轴器的规定标记和选用原则。

实践教学研究

观察球磨机实验室，其中采用了什么型号的联轴器。

关键词

联轴器　凸缘联轴器　万向联轴器　轴孔尺寸

14.1　概　　述

联轴器是机械传动中常用的部件，主要用来连接不同部件中的两轴或轴与其他回转零件，使之共同旋转并传递转矩。图14-1所示为选料机联轴器的应用，图14-2为推土机液力机械传动系统布置简图。在某些场合联轴器也可用作安全装置。

为了便于生产和使用，国家标准对这类标准件的结构、尺寸以及成品质量等各方面都实行了部分标准化。

图14-1　选料机联轴器的应用

14.1.1　联轴器的类型

联轴器是指连接两轴或轴与回转件，在传递运动和动力过程中一同回转，在正常情况下不

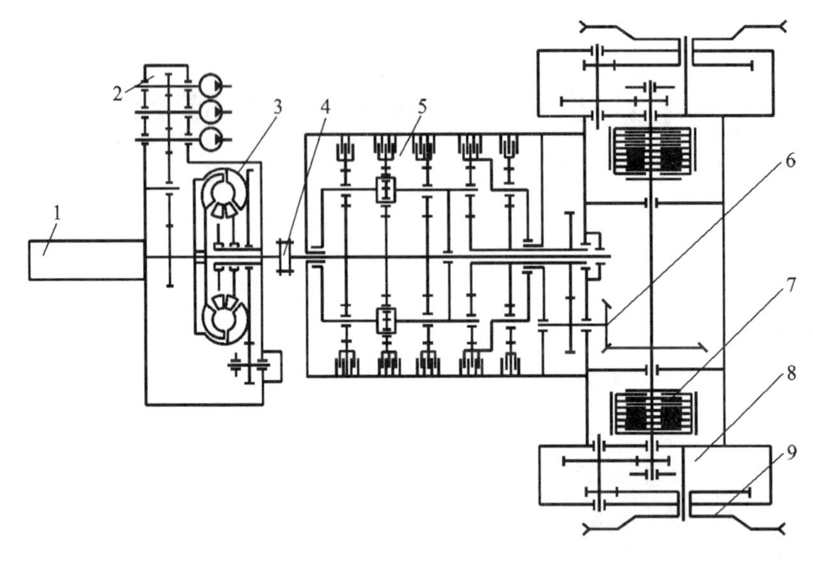

图 14-2 推土机液力机械传动系统布置简图

1—发动机；2—分动箱；3—液力变矩器；4—联轴器；5—行星式动力换挡变速箱；6—中央传动装置；7—转向离合器与制动器；8—最终传动装置；9—驱动轮

脱开的一种装置。有时也作为一种安全装置用来防止被连接机件承受过大的载荷，起到过载保护的作用。

根据对各种位移有无补偿能力，联轴器分为刚性联轴器和挠性联轴器。

刚性联轴器按照被连接两轴的相对位置和位置的变动情况，可分为刚性固定式联轴器和刚性可移式联轴器两种。

挠性联轴器根据其内部是否具有弹性元件，分为无弹性元件的挠性联轴器和有弹性元件的挠性联轴器。有弹性元件的挠性联轴器又分为金属弹性元件挠性联轴器和非金属弹性元件挠性联轴器。有弹性元件的挠性联轴器又称为弹性联轴器。

刚性固定式联轴器主要用于两轴要求严格对中并在工作中不发生相对位移的场合，其结构一般较简单，且两轴瞬时转速相同。

刚性可移式联轴器和弹性联轴器对机器因制造和安装误差、运转后零件的变形、基础下沉、轴承磨损、温度变化等引起的两连接轴之间的相对位移和偏斜，具有一定的补偿能力。图14-3 所示为轴线的相对位移。

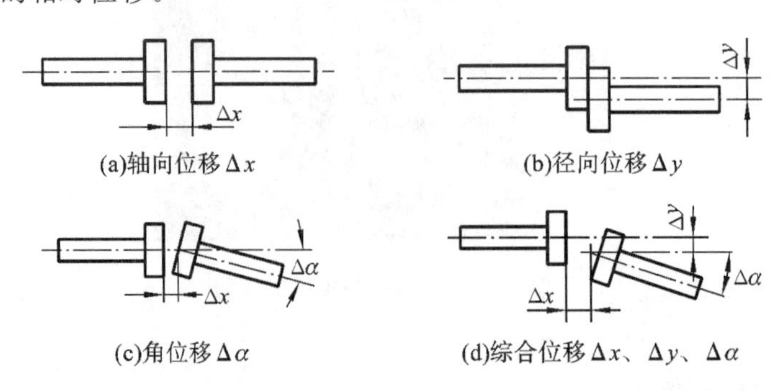

图 14-3 轴线的相对位移

14.1.2　联轴器轴孔和连接类型

联轴器部分的连接类型及代号见表 14-1。

表 14-1　联轴器部分的连接类型及代号

名称	类型及代号	图示
平键单键槽	A 型	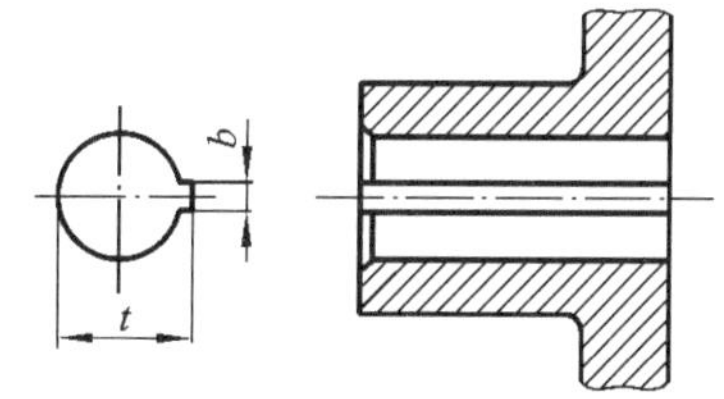
120°布置平键双键槽	B 型	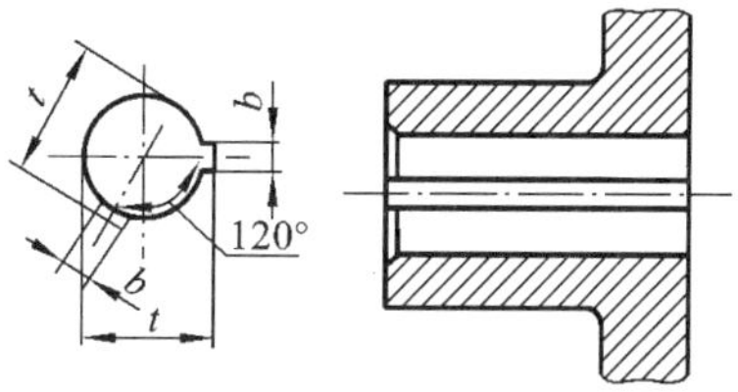
180°布置平键双键槽	B1 型	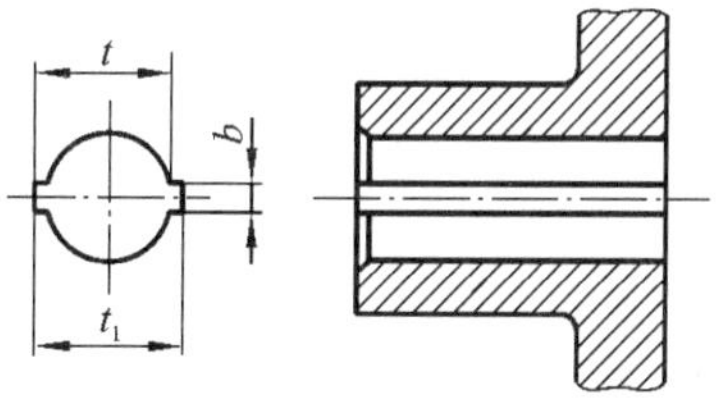

14.2　联轴器的标记与特点

14.2.1　联轴器型号与标记

联轴器型号与标记遵循 GB/T 12458 规定。

1. 联轴器型号表示方法

联轴器型号表示如下：

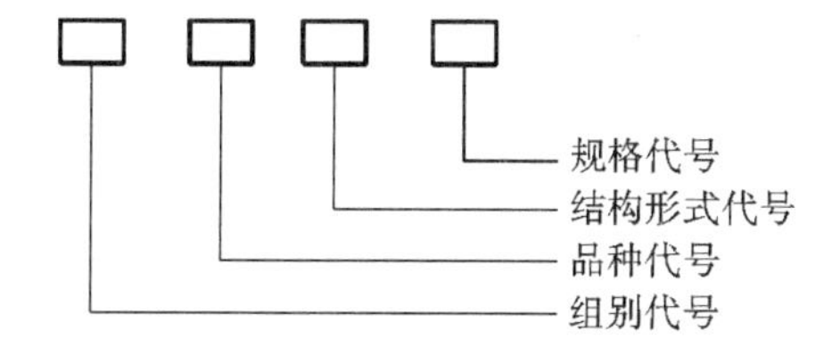

型号示例：

公称转矩为 900 N·m 的有对中榫凸缘联轴器型号为：YGYS6。

公称转矩为 125 N·m 的基本型弹性柱销联轴器型号为:LT5。

2. 联轴器标记

联轴器标记方法如下:

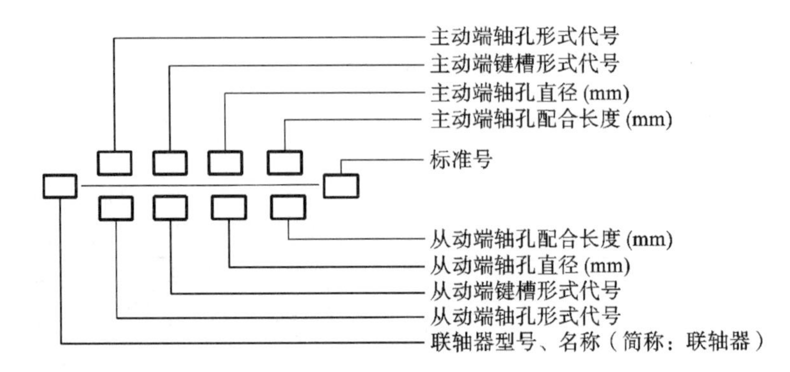

说明:

(1) Y 型孔、A 型键槽的代号,在标记中可省略不注;

(2) 联轴器两端轴孔和键槽的形式与尺寸相同时,只标记一端,另一端省略不注;

(3) 详细标记说明见有关手册和国家标准。

标记示例 1

GYS2 型凸缘联轴器

主动端:Y 型轴孔,A 型键槽,$d=25$ mm、$L=62$ mm

从动端:Y 型轴孔、A 型键槽,$d=25$ mm、$L=62$ mm

标记为:GYS2 联轴器　25×62　GB/T 5843—2003

标记示例 2

GⅡCLZ4 型鼓形齿式联轴器

主动端:花键孔齿数 24,模数 2.5 mm,30°平齿根,$L=107$ mm

从动端:J 型轴孔,A 型键槽,$d=70$ mm,$L=107$ mm

标记为:GⅡCLZ4 联轴器$\dfrac{1NT24Z\times 2.5m\times 30P\times 6H\times 107}{J70\times 107}$　JB/T 8854.2—2001

标记示例 3

LT5 弹性套柱销联轴器

主动端:J_1 型轴孔,A 型键槽,$d=30$ mm,$L=50$ mm

从动端:J_1 型轴孔,B 型键槽,$d=35$ mm,$L=50$ mm

标记为:LT5 联轴器$\dfrac{J_1 30\times 50}{J_1 35\times 50}$　GB/T 4323—2017

我国部分联轴器已标准化。

14.2.2　刚性联轴器

刚性固定式联轴器不具有补偿被连接两轴轴线相对偏移的能力,也不具有缓冲减振性能,但结构简单,价格便宜。只有在载荷平稳,转速稳定,能保证被连接两轴轴线相对偏移极小的情况下,才可选用刚性联轴器。因此刚性固定式联轴器所连接的两轴必须保持严格对中,机器安装精度要求较高，否则会在轴中引起很大的附加应力。在先进工业国家，刚性联轴器已被淘汰，我国仍在使用。

常用的刚性固定式联轴器有套筒联轴器、凸缘联轴器、夹壳联轴器等。这里简单介绍套筒联轴器、凸缘联轴器的特点。

1）套筒联轴器

套筒联轴器是利用套筒，并通过键、花键或锥销等刚性连接件，以实现两轴的连接。

套筒联轴器结构简单，制造方便，成本较低，径向尺寸小，但装拆不方便，需使轴做轴向移动。适用于低速、轻载、无冲击载荷时轴的连接。套筒联轴器不具备轴向、径向和角向补偿性能。图 14-4 所示为 Ⅰ 型圆锥销套筒联轴器。

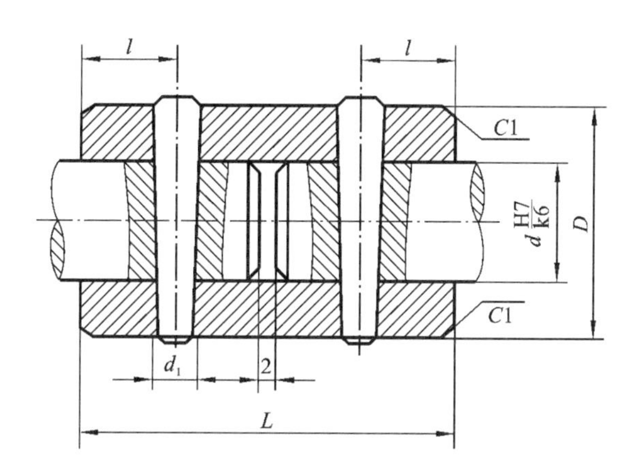

图 14-4　Ⅰ 型圆锥销套筒联轴器

2）凸缘联轴器

凸缘联轴器由两个用键连接在主、从动轴上的带有凸缘的盘式半联轴器用螺栓连为一体。这种联轴器不能补偿两轴间的位移，而且没有吸振、缓冲作用，对安装精度要求高。但它结构简单、价廉，工作性能可靠，并能传递较大的转矩，拆装方便，应用较广。

凸缘联轴器已标准化，符合 GB/T 5843—2003。

凸缘联轴器分为 GY、GYS 和 GYH 三种形式，其型号标记遵循 GB/T 12458 的规定。

GY 型凸缘联轴器，利用铰制孔用螺栓连接实现两轴的对中，拆卸时不沿轴向移动。GYS 型凸缘联轴器，凸凹榫对中，普通螺栓连接，装拆时需轴向移动，如图 14-5 所示。

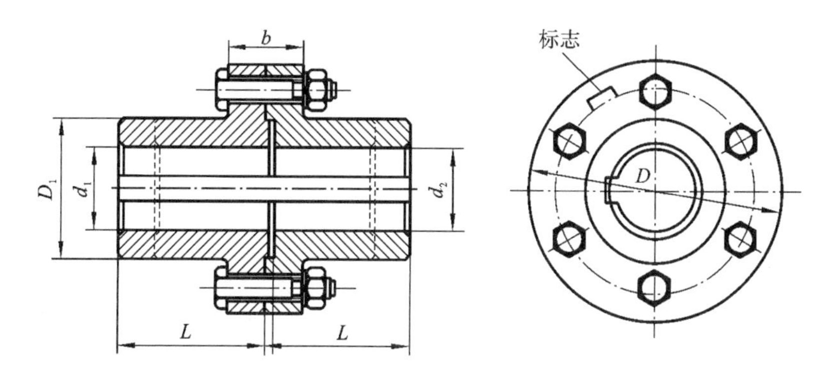

图 14-5　GYS 型有对中榫凸缘联轴器

14.3　联轴器的选用

14.3.1　选用联轴器考虑的因素

具体选择联轴器类型时，应根据机器的工作特点及要求，结合联轴器的性能，选定合适的类型。选用联轴器应考虑下面几方面因素：

1）动力机的类别是选择联轴器品种的基本因素

动力机功率是确定联轴器规格大小的主要依据之一，与联轴器转矩成正比。在机械传动中，由于动力机工作原理和结构不同，其机械特性差别很大，对传动系统形成不同的影响。根据动力机的机械特性，应选取相应的动力机系数，选择适合于该系统的最佳联轴器。

2）传动系统的载荷类别是选择联轴器品种的基本依据

冲击、振动和转矩变化较大的工作载荷，应选择具有弹性元件的挠性联轴器即弹性联轴器，以缓冲、减振、补偿轴向偏移，改善传动系统工作性能。

3）联轴器的工作环境

联轴器与各种不同主机产品配套使用，周围的工作环境比较复杂，如温度、湿度、水、蒸汽、粉尘、砂子、油、酸、碱、腐蚀介质、盐水、辐射等状况，是选择联轴器时必须考虑的重要因素之一。

对于高温、低温，有油、酸、碱介质的工作环境，不宜选用以一般橡胶为弹性元件材料的挠性联轴器，应选择金属弹性元件挠性联轴器，例如膜片联轴器、蛇形弹簧联轴器等。

4）联轴器尺寸、安装与维护

联轴器外形尺寸，即最大径向和轴向尺寸，必须在机器设备允许的安装空间以内。应选择装拆方便、不用维护、维护周期长或维护方便、更换易损件不用移动两轴、对中调整容易的联轴器。

5）联轴器的传动精度

小转矩和以传递运动为主的轴系传动，要求联轴器具有较高的传动精度，宜选用非金属弹性元件挠性联轴器。大转矩和传递动力的轴系传动，对传动精度有要求，高转速时，应避免选用金属弹性元件挠性联轴器和可动元件之间的间隙挠性联轴器。

6）选用标准联轴器

在选择联轴器时，首先应该选择国家标准、机械行业标准以及获国家专利的联轴器。只有在现有标准联轴器和专利联轴器不能满足设计需要时才需自己设计联轴器。

14.3.2　联轴器选择计算

1）联轴器类型的选择

了解联轴器在传动系统中的综合功能以后，从传动系统总体设计考虑，根据动力机类别和工作载荷类别、工作转速、传动精度、两轴偏移状况、工作环境等综合因素选择联轴器的类型、品种、型号。

2）联轴器的计算转矩

机器启动和制动时的动载荷及在运转过程中可能出现的过载，使联轴器传递的转矩加大，其是正常工作时转矩的数倍，所以在选择联轴器的型号之前，首先应计算联轴器的计算转矩，其值为

$$T_c = KT \tag{14-1}$$

式中：T_c——计算转矩（N·m）；

K——工作情况系数，考虑可能出现的动载荷及意外情况，从表 14-2 中选取；

T——理论转矩（N·m）。

表 14-2　工作情况系数 K(电动机驱动)

机器名称	K	机器名称	K
发电机	1～2	往复式压气机	2.25～3.5
离心水泵	2～3	金属切削机床	1.15～2.5
鼓风机	1.25～2	吊车、升降机	3～5
带式或链式运输机	1.5～2	球磨机、破碎机	2～3

3）初选联轴器型号

根据计算转矩 T_c，初选联轴器型号

$$T_c \leqslant [T_n] \tag{14-2}$$

式中：$[T_n]$——许用公称转矩（N·m），由联轴器标准查出。

4）校核最大转速

轴的转速应满足

$$n \leqslant [n] \tag{14-3}$$

式中：n——轴的转速，单位为 r/min；

$[n]$——联轴器的许用转速，单位为 r/min，由联轴器标准查出。

5）检查轴孔直径

一般每一型号的联轴器都有适用的孔径范围。所选联轴器型号的孔径应含被连接的两轴端直径，否则应重选联轴器型号。

6）写出联轴器标记

联轴器型号选定后，应将其标记写出。

例 14-1　某起重机用电动机与圆柱齿轮减速器相连。已知电动机输出功率 $P=11$ kW，转速 $n=970$ r/min，输出轴直径为 42 mm，输出轴长 112 mm，用圆头普通平键与联轴器相连接；减速器输入轴直径 45 mm，长 112 mm，用圆头普通平键与联轴器相连接，试选择该处的联轴器，并写出联轴器标记。

解　选择步骤及计算过程列表如下：

计算项目	计算内容和说明	主要结果
1. 类型选择	因联轴器用于起重机，考虑启动、制动频繁，并且正反转，选用缓冲、吸振性能较好的弹性联轴器	弹性柱销联轴器
2. 型号选择		
理论转矩	$T=9550P/n=9550\times 11/970=108.3$ (N·m)	
载荷系数	取 $K=4$	
计算转矩	$T_c=KT=4\times 108.3=433.2$ (N·m)	$T_c=433.2$ N·m
联轴器型号	LX3 联轴器$\frac{YA42\times 112}{YA45\times 112}$	LX3 联轴器$\frac{YA42\times 112}{YA45\times 112}$
许用转矩	$[T_n]=1250$ N·m　$T_c<[T_n]$	GB/T 3852—2017
许用转速	$[n]=4750$ r/min　$n<[n]$	此联轴器的 $[T_n]$、$[n]$、d 满足要求
轴孔范围	$d=30\sim 48$ mm 包括 42 mm 和 45 mm 直径，可用	

思考与练习

第 5 篇　工程设计中的机动性

第15章　工程中的平面连杆机构

本章学习目标

1. 通过对机器机构分析，了解机构的特点，培养对机器机构的认知意识。
2. 掌握平面连杆机构的基本类型、性质特点和应用。

本章知识要点

1. 平面连杆机构的组成、基本形式。
2. 平面连杆机构的工作特性。
3. 平面连杆机构的传动特点及其功能。

实践教学研究

1. 分析摩托车发动机中的机构，其由哪种类型的构件组成？
2. 分析铰链四杆机构模型，这些机构在什么工程设备中得到应用？

关键词

连杆　传动角　机构　压力角

15.1 概　　述

机械是机器和机构的总称，机器由单一机构、多个同一机构或多种机构所组成。各种机械中经常使用的机构称为常用机构，如平面连杆机构、凸轮机构、齿轮机构和棘轮机构等。

1. 机构应用

机构在工程设备中的应用非常广泛，如图15-1所示，牛头刨床是一部典型的机器，由若干能够完成确定运动的机构组成。在牛头刨床中，连杆机构（摆动导杆机构）用来改变运动形式并实现切削运动，棘轮机构以及丝杠传动用来控制、调节并实现工作台的横向进给运动，用另一丝杠传动来实现工作台的垂直进给运动。机构在车辆工程中的应用如图15-2所示。机构在生活中的应用如图15-3和图15-4所示。

2. 机构分类

(1) 按组成的各构件间相对运动的不同，机构可分为平面机构和空间机构。平面机构有平面连杆机构、圆柱齿轮机构等；空间机构有空间连杆机构、蜗轮蜗杆机构等。

(2) 按运动副类别不同，机构可分为低副机构（如连杆机构等）和高副机构（如凸轮机构等）。

(3) 按结构特征不同，机构可分为连杆机构、齿轮机构、摩擦机构、棘轮机构等。

(4) 按所转换的运动或力的特征不同，机构可分为匀速和非匀速转动机构、直线运动机

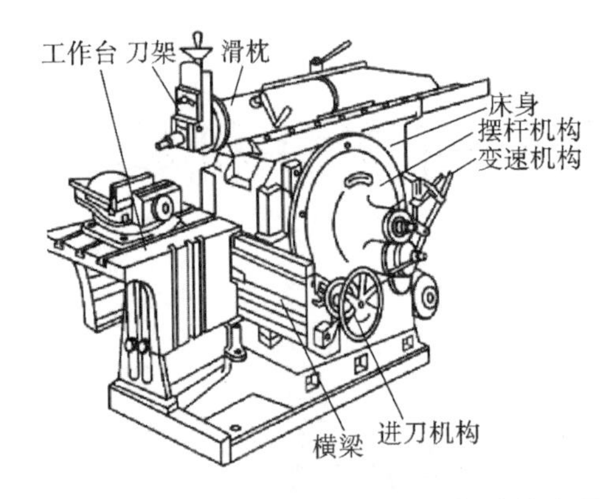

图 15-1　机构在工程设备(牛头刨床)中的应用

图 15-2　机构在车辆工程中的应用

图 15-3　机构在生活中的应用(1)

图 15-4　机构在生活中的应用(2)

构、换向机构、间歇运动机构等。

(5) 按功用不同,机构可分为安全保险机构、联锁机构、擒纵机构等。

设计机构时,需要绘制机构运动简图,即利用简单的线条和符号代替构件和运动副,按一定的比例表示各运动副之间相对位置的简单图形。此简单图形称为机构运动简图。利用机构运动简图,可方便地求出机构上各点的速度、加速度、位移等运动参数,同时也可以表达复杂机器的组成和传动原理,便于进行机构的运动和受力分析。

平面连杆机构、凸轮机构、蜗轮蜗杆机构和棘轮机构是组成机器常用的几种主要机构。除这些主要机构外,在各种机器和仪器中还应用了许多其他形式和用途的机构,它们的种类很多,一般统称为其他常用机构,如槽轮机构、不完全齿轮机构、组合机构等。这里主要介绍平面连杆机构。

15.2　平面连杆机构的基本类型和特性

平面连杆机构由若干刚性构件用平面低副(回转副或移动副)连接而成,各构件在相互平行的平面内运动。

平面连杆机构具有构造简单、加工方便、承载能力大及零件磨损小等优点,并能实现多种运动轨迹曲线和平面运动规律,因此广泛地用于各种机械及仪器中。但是,由于平面连杆机构的运动链较长,构件数和运动副数较多,而且在低副中存在间隙,因此会引起较大的运动积累误差,从而影响运动精度。此外,平面连杆机构的设计比较复杂,通常难以精确地实现复杂的运动规律与运动轨迹。

平面连杆机构中的构件在结构形状上可能是杆状、板状，如图 15-5 所示的动颚、箱体、支架或金属构件等，但多数构件是杆状或杆的变形，故称它们为杆。平面连杆机构中应用最广的是平面四杆机构，它也是多杆机构的基础。这里只介绍平面四杆机构的相关知识。

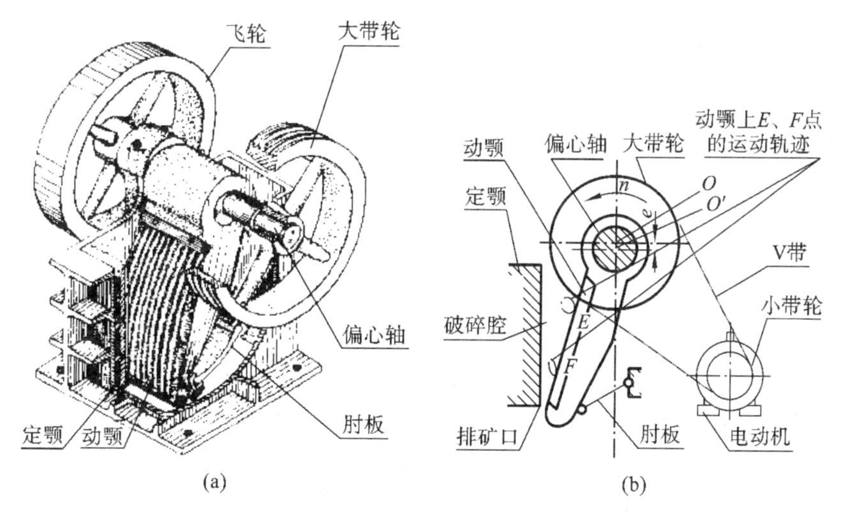

图 15-5　颚式破碎机

15.2.1　平面四杆机构的基本类型

1. 曲柄摇杆机构

平面四杆机构中，若所有运动副都是回转副，则为铰链四杆机构，其机构简图如图 15-6 所示。其中不动构件称为机架，回转副与机架相连接的构件（AB 及 CD）称为连架杆，不与机架相连的构件（BC）称为连杆。连杆做平面运动。连架杆能做整周回转者称为曲柄，只能在一定范围内往复摆动的构件称为摇杆。若两连架杆中一个为曲柄，一个为摇杆，则此机构称为曲柄摇杆机构。

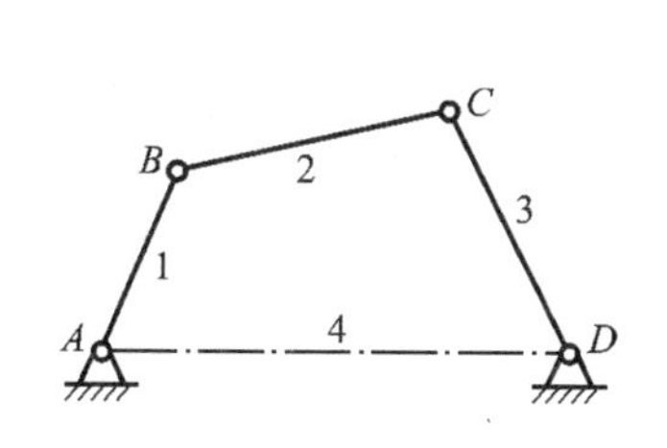

图 15-6　铰链四杆机构

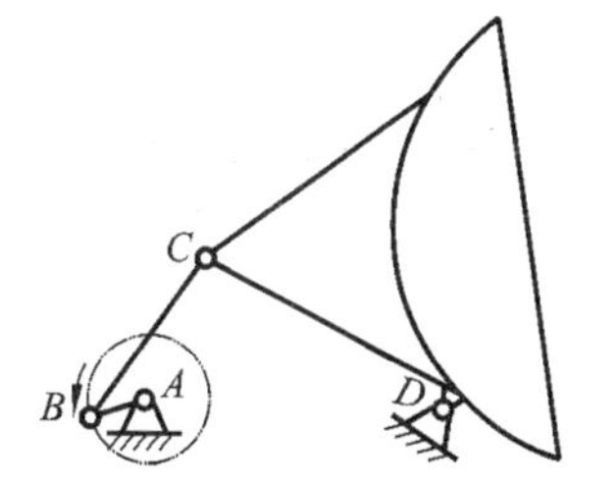

图 15-7　雷达天线调整机构简图

图 15-7 为雷达天线调整机构简图，它是曲柄摇杆机构的应用实例。其中 AB 杆做整周回转，CD 杆与天线固定为一体，当 AB 杆转动时，CD 杆在一定范围内摆动，从而调整天线俯仰角的大小。

图 15-8 所示的缝纫机传动部件是曲柄摇杆机构的应用实例。踏板（即摇杆）带动连杆和曲柄运动，并经带传动使机头工作。图中 $ABCD$ 即为机构简图，AB 为曲柄，BC 为连杆，CD 为摇杆。摇杆为原动件，由它输入摆动运动，然后由曲柄 AB 输出回转运动。

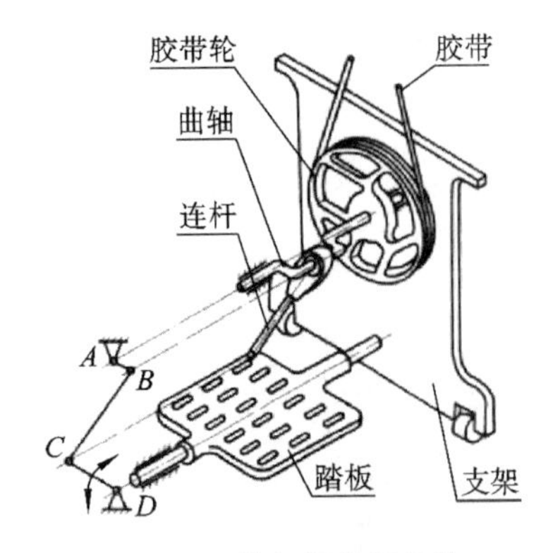

图 15-8　缝纫机传动机构

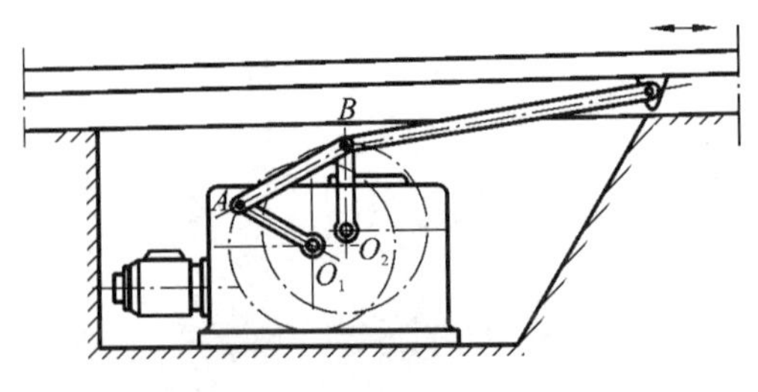

图 15-9　惯性筛机构

2. 双曲柄机构

在铰链四杆机构中，若两连架杆均能做整周回转，则为双曲柄机构。

图 15-9 中 O_1ABO_2 为双曲柄机构，加上其他构件组成惯性筛。当主动曲柄 O_1A 匀速回转时，从动曲柄 O_2B 做变速运动，从而使筛体满足惯性筛分的工艺要求。该双曲柄机构中只要改变任一构件的长度，主动曲柄与从动曲柄回转角速度的对应关系便跟着改变，从而得到不同的筛分结果。

图 15-10(a)所示为机车联动机构。其特点是曲柄摇杆机构的对边杆长度两两相等。若曲柄摇杆机构的对边杆长度两两相等，就组成平行四边形机构(见图 15-10(b))；若双曲柄机构的两曲柄回转方向相反，则组成反向双曲柄机构(见图 15-10(c))。

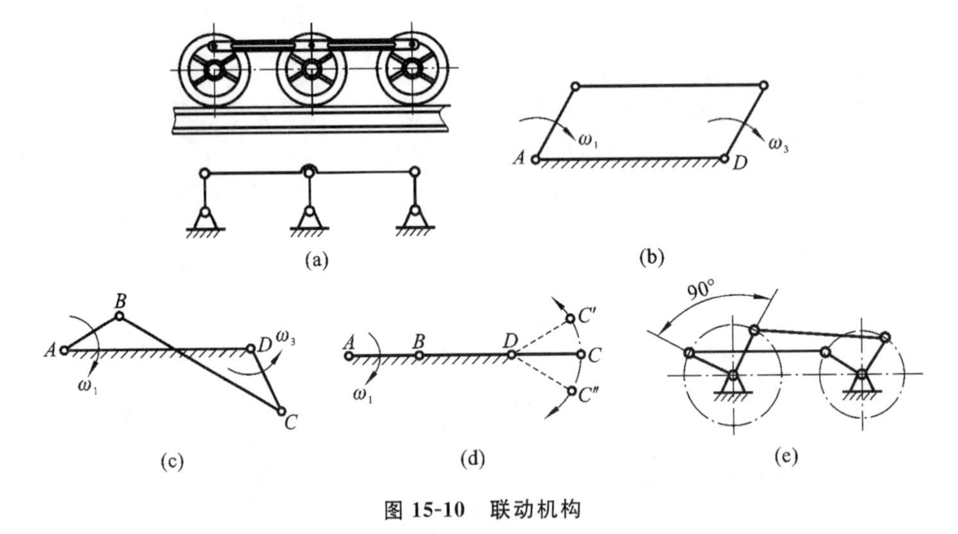

图 15-10　联动机构

平行四边形机构中两曲柄转向相同，角速度相等，$\omega_1 = \omega_3$，传动比 $i = \frac{\omega_1}{\omega_3} = 1$，可用作传动机构，实现定传动比传动。双曲柄机构的两曲柄回转方向相反，ω_1 和 ω_3 的瞬时绝对值也不相等。

当图 15-10(b)所示平行四边形机构的各构件位于同一直线时，从动曲柄可能做同向回转，也可能做反向回转，方向不能确定(见图 15-10(d))。为了防止平行四边形机构的这种运动的不确定性，可以依靠曲柄本身以及所加飞轮的惯性来解决，也可以利用在互成 90°的曲柄上装一辅助连杆来解决，如图 15-10(e)所示。由于结构的限制，此时的从动曲柄已不可能反转。

3. 双摇杆机构

两连架杆都只能往复摆动的四杆机构称为双摇杆机构。图 15-11 所示为港口用鹤式起重机变幅机构，$ABCD$ 组成双摇杆机构。起吊过程中，要求点 E 近似沿水平直线运动，以保持货物在移动中高度不变，避免吊钩因不必要的升降而损耗能量。

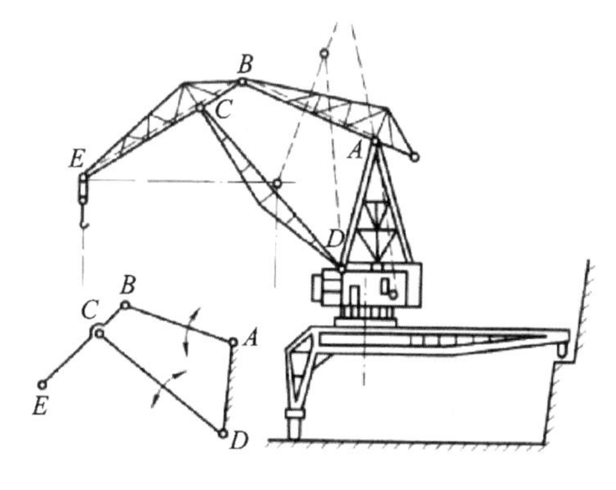

图 15-11　鹤式起重机变幅机构

15.2.2　连杆机构的基本特性

1. 压力角与传动角

若不考虑构件的重力、惯性力和运动副中的摩擦力等影响，则当原动件为曲柄时，如图 15-12 所示，通过连杆作用于从动摇杆上的力 F 沿 BC 方向，从动件上一点所受压力 F 与受力点速度 v_C 之间所夹的锐角 α 称为压力角。

在机构设计中，要求所设计的平面连杆机构不但能实现预定的运动，而且希望运转轻便且效率较高。力 F 在 v_C 方向能做功的有效分力 $F_t = F\cos\alpha$，显然这个分力越大越好；而力 F 沿从动摇杆的分力 $F_n = F\sin\alpha$ 不做功，故越小越好。由此可见，连杆机构是否具有良好的传力性能，可用压力角作为判定依据：α 越小，机构传力性能越好。

但是，在实际应用中为了直观和度量方便，通常以连杆和从动摇杆之间所夹的锐角 γ 来判断机构的传力特性，γ 称为传动角。由图 15-12 可见，传动角和压力角之间有下列关系：

$$\gamma = 90^\circ - \alpha$$

γ 愈大，对机构的传动愈有利。因此，在连杆机构中常用传动角的大小及其变化情况来衡量机构传力性能的优劣。

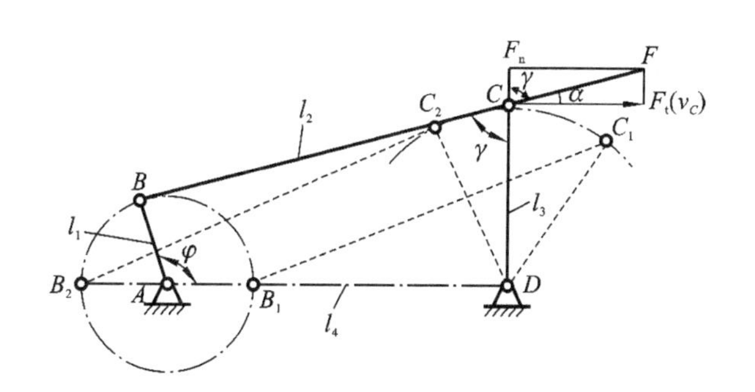

图 15-12　铰链四杆机构的压力角和传动角

在机构的运动过程中，传动角的大小是变化的。当曲柄 AB 转到与机架 AD 重叠共线和拉直共线两位置 AB_1 和 AB_2 时，传动角将出现极值 γ' 和 γ''（传动角取锐角，见图 15-13）。这两个值的大小为

$$\gamma' = \arccos\frac{l_2^{\,2} + l_3^{\,2} - (l_4 - l_1)^2}{2l_2 l_3}$$

$$\gamma'' = 180^\circ - \arccos\frac{l_2^{\,2} + l_3^{\,2} - (l_4 + l_1)^2}{2l_2 l_3}$$

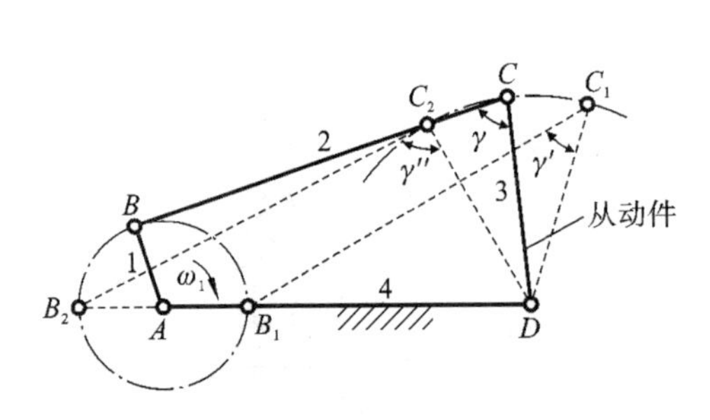

图 15-13　传动角极限位置

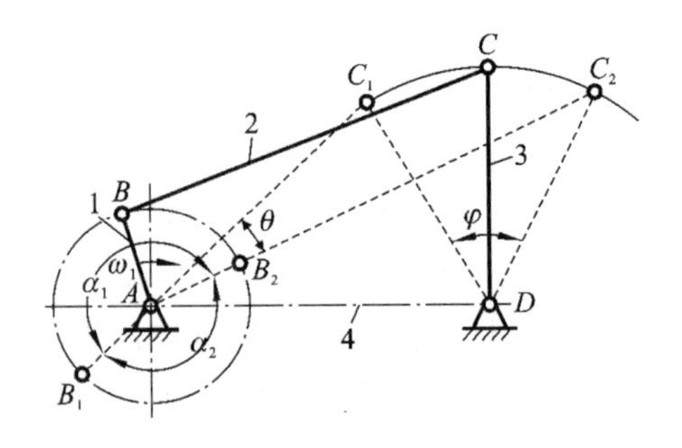

图 15-14　曲柄摇杆机构的急回特性

比较这两个位置的传动角，即可求得最小传动角 $\gamma_{\min}$，通常在设计时应使 $\gamma_{\min} \geqslant 40°$，以保证机构具有良好的传力性能。

2. 连杆机构的急回特性

曲柄 AB 在转动一周的过程中，如图 15-14 所示的曲柄摇杆机构，有两次与连杆共线，即当连杆位于图中的 B_1C_1 和 B_2C_2 两个位置时，铰链中心 A 与 C 之间的距离分别为最短与最长。摇杆 CD 的相应位置 C_1D 和 C_2D 则分别位于其极限位置，两极限位置的夹角称为摇杆的摆角 φ。

摇杆位于两极限位置时，曲柄在两相应位置间所夹的锐角 θ，称为极位夹角。

当曲柄 AB 由位置 AB_1 顺时针方向转到 AB_2 时，转过的角度 $\alpha_1 = 180° + \theta$，摇杆 CD 由极限位置 C_1D 摆到极限位置 C_2D，摆角为 φ。曲柄再顺时针方向转过角度 $\alpha_2 = 180° - \theta$，即由位置 AB_2 转到 AB_1 时，摇杆由位置 C_2D 摆回到 C_1D，摆角仍然是 φ。显然往复摆动的摆角相同，但相应的曲柄转角不等，即 $\alpha_1 > \alpha_2$。若曲柄以等速转过 α_1 和 α_2 所对应的时间为 t_1 和 t_2，则 $t_1 > t_2$。如果摇杆自 C_1D 摆到 C_2D 的行程是工作行程，C 点的平均速率是 $v_1 = \widehat{C_1C_2}/t_1$；如果摇杆自 C_2D 摆回到 C_1D 的行程为空行程，C 点的平均速率是 $v_2 = \widehat{C_2C_1}/t_2$。显然，$v_1 < v_2$，即表明摇杆机构具有急回转性。

从动杆的急回性质一般用行程速度变化系数 K 来表示，即

$$K = \frac{v_2}{v_1} = \frac{\widehat{C_1C_2}/t_2}{\widehat{C_1C_2}/t_1} = \frac{t_1}{t_2} = \frac{\alpha_1}{\alpha_2} = \frac{180° + \theta}{180° - \theta}$$

或

$$\theta = 180° \frac{K-1}{K+1}$$

式中：θ——极位夹角。

极位夹角 θ 越大，K 值就越大，急回运动的性质就越显著。利用这一特性，在生产实际中可缩短非生产时间，提高生产率。

3. 死点位置

在图 15-14 所示的机构中，若取摇杆 3 为主动件，当摇杆处于极限位置 C_1D 和 C_2D 时，连杆 2 与从动曲柄 1 共线。若忽略运动副的摩擦及各杆的质量不计，则通过连杆传给曲柄的力将通过铰链中心 A。因为该力对 A 点不产生力矩，所以不能使曲柄转动。机构的这种位置称为死点位置。

在机构中，死点位置将使机构的从动件出现卡死或运动不确定现象。为了克服或避免此类现象，对连续运转的机器，可利用本身或飞轮的惯性作用来通过死点位置，以保证机构顺利工作。

前述缝纫机传动部件(见图 15-8)中,摇杆 CD(踏板)主动,曲柄 AB 从动。在使用时有时会出现 CD 踏不动或杆 AB 倒转的现象,此即机构正处于死点位置。缝纫机曲轴上的大带轮具有较大的惯性,利用其惯性可帮助机构通过死点位置。

图 15-15 所示为某飞机起落架机构。当飞机要着陆时,其着陆轮要从机翼中推放出来(图中实线位置)。起飞后,为了减少飞行中的空气阻力,又需要把着陆轮收入机翼中(图中双点画线位置)。该运动由运动摇杆 3 通过连杆 2 和从动摇杆 1 带动着陆轮实现。同样可以看出,当飞机着陆时,A、B、C 三点共线,机构处于死点位置。

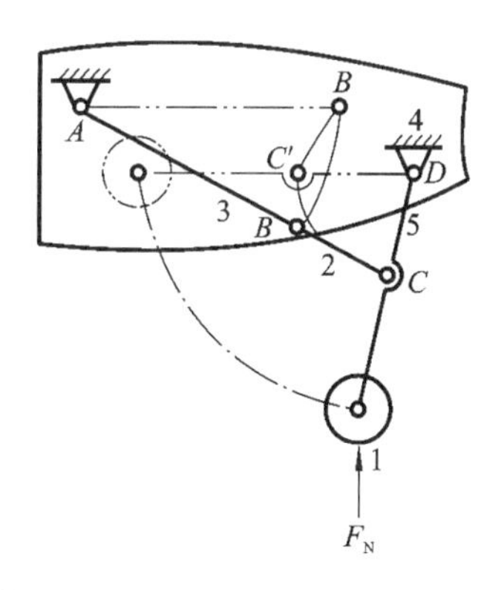

图 15-15　飞机起落架机构

若以传动为目的,机构的死点位置是一个缺陷,应设法渡过死点位置。若以夹紧、增力等为目的,则机构的死点位置可以加以利用。实际使用中,运动副中存在着摩擦力,在分析上述问题时,还应考虑摩擦等因素。

4. 曲柄存在的条件

铰链四杆机构的基本类型有三种,即曲柄摇杆机构、双曲柄机构、双摇杆机构,区别在于有无曲柄。而有无曲柄则与机构中各杆的相对尺寸有关。

下面以图 15-16 所示的四杆机构为例,说明曲柄存在的条件。

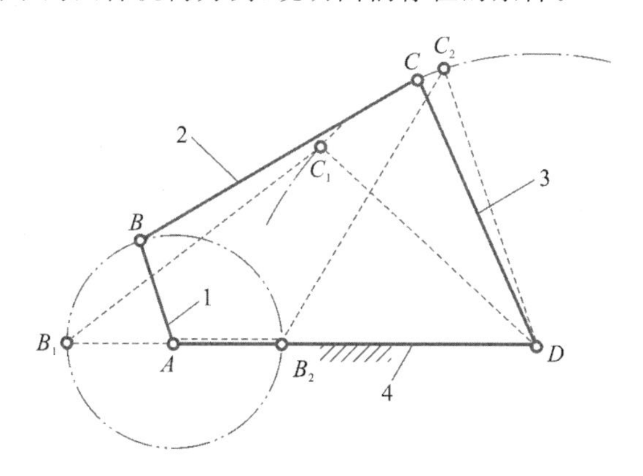

图 15-16　曲柄存在的条件

设 $l_4 > l_1$,若要求杆 1 能绕转动副 A 相对于杆 4 做整周转动,则杆 1 应能通过 AB_1 和 AB_2 这两个关键位置,即可以构成三角形 B_1C_1D 和三角形 B_2C_2D。根据三角形构成原理可知:

由 $\triangle B_1C_1D$ 有

$$l_1 + l_4 \leqslant l_2 + l_3 \tag{15-1}$$

由 $\triangle B_2C_2D$ 有

$$l_2 - l_3 \leqslant l_4 - l_1$$

$$l_3 - l_2 \leqslant l_4 - l_1$$

即

$$l_1 + l_2 \leqslant l_3 + l_4 \tag{15-2}$$

$$l_1 + l_3 \leqslant l_2 + l_4 \tag{15-3}$$

将式(15-1)、式(15-2)及式(15-3)分别两两相加可得

$$l_1 \leqslant l_3, l_1 \leqslant l_2, l_1 \leqslant l_4 \tag{15-4}$$

设 $l_4 < l_1$，用同样的方法可以得到杆 1 能绕回转副 A 相对于杆 4 做整周转动的条件为

$$l_4 + l_1 \leqslant l_2 + l_3 \tag{15-5}$$

$$l_4 + l_2 \leqslant l_1 + l_3 \tag{15-6}$$

$$l_4 + l_3 \leqslant l_1 + l_2 \tag{15-7}$$

即

$$l_4 \leqslant l_1, l_4 \leqslant l_2, l_4 \leqslant l_3 \tag{15-8}$$

分析以上不等式，可以得出平面铰链四杆机构有曲柄存在的条件为：

(1) 连架杆与机架中必有一杆为四杆机构中的最短杆。

(2) 最短杆与最长杆的杆长之和应小于或等于其余两杆长度之和。

如上所述，当取不同的杆件作机架时，就可得到不同类型的铰链四杆机构。

(1) 取最短杆 1 相邻的杆 2 或杆 4 为机架时，因最短杆 1 为曲柄，而与机架相连的另一连架杆为摇杆，故图 15-17(a)所示的两机构均为曲柄摇杆机构。

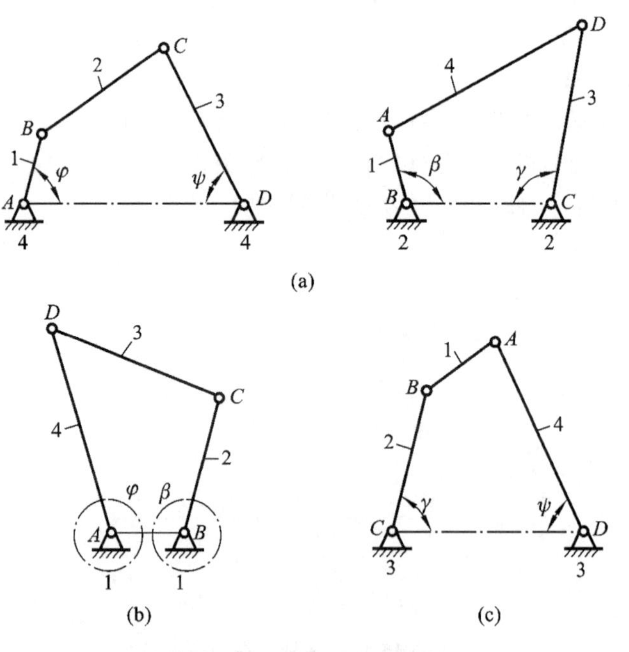

图 15-17　机架变化后机构的演化

(2) 取最短杆 1 为机架，其相邻两架杆 2 和 4 均成为曲柄，则图 15-17(b)所示的机构为双曲柄机构。

(3) 取与最短杆 1 相对的杆为机架，则两连架杆 2 和 4 都不能做整周运动，得双摇杆机构，如图 15-17(c)所示。

如果铰链四杆机构中最短杆与最长杆长度之和大于其他两杆长度之和，则不论取任何一杆作为机架都不存在曲柄，故为双摇杆机构。

可见，铰链四杆机构的类型是由其各杆之间长度的相对尺寸和哪个杆作为机架决定的。

15.3　四杆机构的演化

图 15-18 是自动卸料机示意图，当液压油缸中压力油推动活塞杆 4 运动时，杆 1 绕 B 点转动，当达到一定角度时，物料就自动卸下。这是典型的四杆机构的演化应用实例。

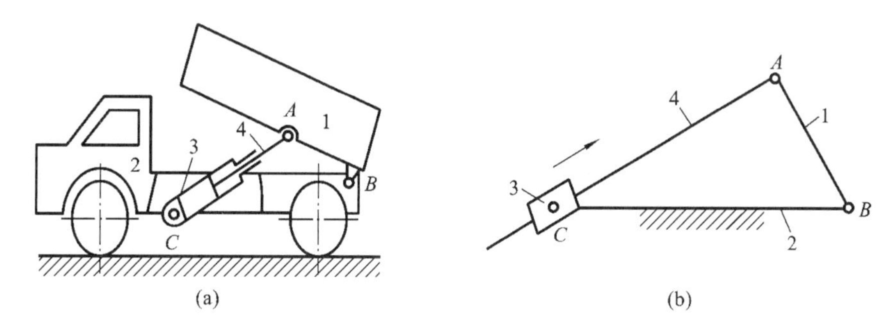

图 15-18　自动卸料机构

在实际生活和工程机器中，还广泛采用其他形式的四杆机构。其中曲柄摇杆机构是四杆机构最基本的形式，可以通过变化曲柄摇杆机构的杆件长度比、构建形状、运动副的形式或机架等，将其演化成其他形式的四杆机构，所以在一定意义上，可以认为所有的平面四杆机构都是由曲柄摇杆机构演化而成的。

1. 改变运动副的形式

改变运动副的形式可使机构演化为其他类型。例如，曲柄摇杆机构可通过变化其中一个运动副形式而演化为曲柄滑块机构，如图 15-19 所示。对比图 15-19(a)和图 15-19(b)，若将摇杆拆掉，沿着摇杆 C 点的轨迹圆弧做一圆弧形滑槽，在滑槽内装一弧形滑块，演化后的机构与原机构的运动情况相同。若使铰链 D 趋于无穷远处，如图 15-19(c)所示，圆弧滑道即变为直线滑道(滑块 C 也相应改变形状)，滑块 C 就做直线运动，曲柄摇杆机构就演化成曲柄滑块机构了。

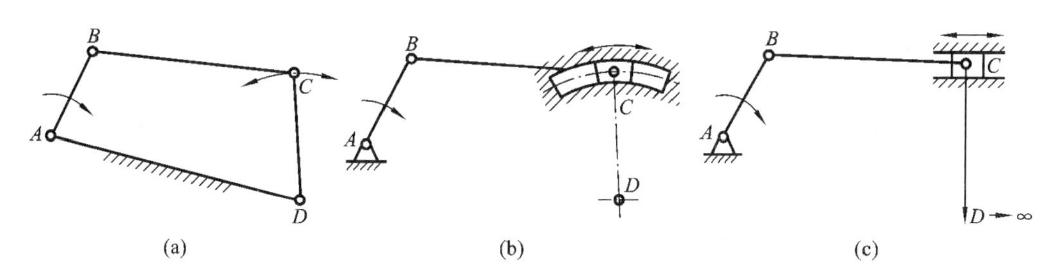

图 15-19　回转副转化为移动副

曲柄中心 A 至滑块中心线的垂直距离称为偏心距，用 e 表示。如果 $e=0$，称为对心曲柄滑块机构(见图 15-20(a))；如果 $e\neq 0$，称为偏心曲柄滑块机构(见图 15-20(b))。当 $e\neq 0$ 时，机构具有急回特性。

曲柄滑块机构广泛地应用于各种机械中。以曲柄为主动件、滑块为从动件的机械有冲床、空气压缩机等;以滑块为主动件、曲柄为从动件的机械有内燃机、蒸汽机等。

图 15-21 为一搓丝机机构示意图,曲柄经连杆带动滑块(活动牙板)做往复运动,毛坯在牙板间产生塑性变形,螺纹即被搓出来。

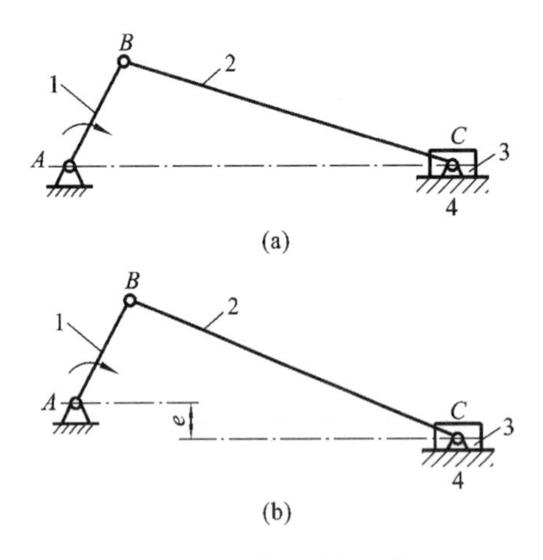

图 15-20　曲柄滑块机构

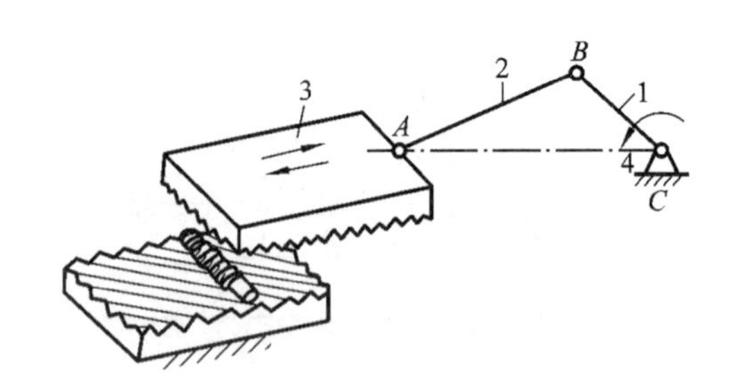

图 15-21　搓丝机机构

2. 改变构件的形状

在工程中,由于某些工艺因素,需要在机构基本形式的基础上改变其中某些构件的结构。例如要求利用曲柄滑块机构来实现滑块的微小位移(如行程为几厘米或几毫米),则必须把曲柄做得很短,但是要制造几厘米甚至几毫米的曲柄是很困难的,这就要改变曲柄的结构。

如果将连接曲柄与连杆的铰销 B 扩大,使之大于曲柄本身的长度,就变成了图 15-22 所示的偏心轮。这种演化后的机构称为偏心轮机构。图 15-22 所示的偏心轮机构和图 15-20 所示的曲柄滑块机构是等效的。

图 15-23(a)所示的偏心轮机构与图 15-23(b)所示的曲柄摇杆机构等效。其中杆 1 为圆盘,其几何中心为 B 点。运动时圆盘 1 绕偏心 A 转动,故称为偏心轮。A 点和 B 点之间的距离称为偏心距。偏心轮 1 转动时通过杆 2 使杆 3 摆动,其效果与曲柄摇杆机构相同。

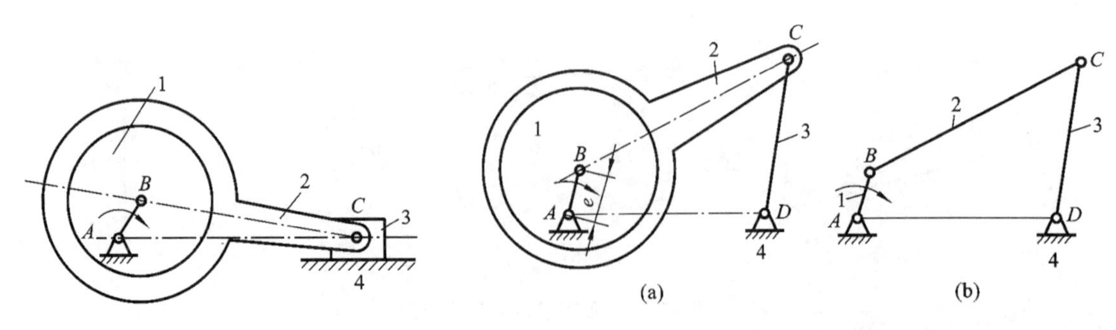

图 15-22　偏心轮机构　　图 15-23　改变构件形状

3. 变换机架

以图 15-24(a)所示的曲柄滑块机构为例,若将曲柄 AB 选为机架,则演变为如图 15-24(b)

所示的导杆机构。滑块 3 相对于导杆 4 滑动，并跟随杆 4 绕 A 点转动。通常取杆 2 为原动件，当 $l_2 > l_1$ 时，导杆做整周回转，称为回转导杆机构；当 $l_2 < l_1$ 时，导杆做往复摆动，称为摆动导杆机构。导杆机构中滑块对导杆的作用力方向始终垂直于导杆，传力性能良好。

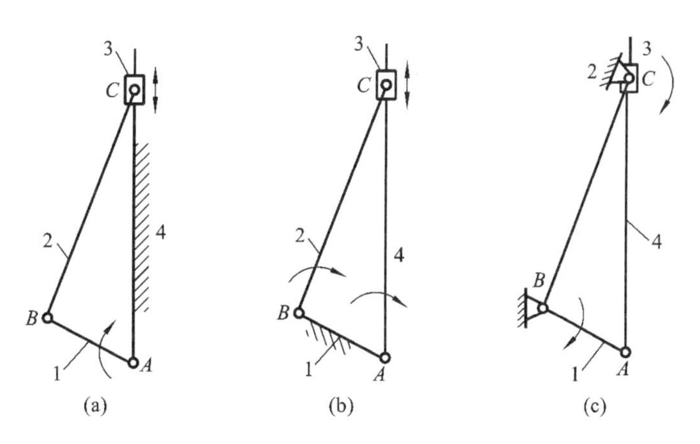

图 15-24　曲柄滑块机构演化

若将图 15-24(a)中的 BC 作为机架，则演化为图 15-24(c)所示机构，称为摇块机构或摆块机构。

摇块机构广泛应用在液压、气压驱动机构中。在摇块机构中一般取杆 1 或杆 4 为原动件，当杆 1 做转动或摆动时，杆 4 相对于滑块 3 滑动，并一起绕 C 点摆动，件 3 即摇块。

卡车车厢自动卸料机构即为摇块机构的应用实例(见图 15-18)。杆 1(车厢)可绕车架 2 上的 B 点摆动，杆 4 是活塞杆，杆 3 是可绕车架上 C 点摆动的液压油缸。当液压油缸中压力油推动活塞杆 4 运动时，杆 1 绕 B 点转动，当达到一定角度时，物料就自动卸下。

图 15-25 为牛头刨床示意图，其中 O_1AO_3B 这一部分就是导杆机构，即摆动导杆机构。图中构件 O_1A 做整周回转，导杆 O_3B 做往复摆动，经连杆 BC 带动滑枕做往复运动。

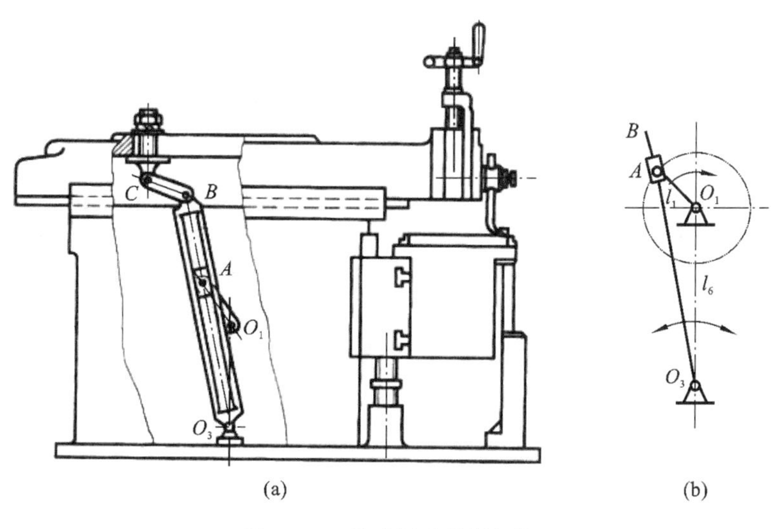

图 15-25　牛头刨床导杆机构

15.4　平面四杆机构的设计简介

平面连杆机构在工程实际中应用广泛，对其的要求也是多种多样的，给定条件也各不相同，所以设计平面连杆机构时的实际问题也多种多样，但一般遇到的常是下面两类问题：

(1) 按照给定从动件的位置设计机构，称为位置设计。

(2) 按照给定点的轨迹设计机构，称为轨迹设计。

设计机构的方法主要有解析法、几何法和实验法三种。设计时采用哪种方法，取决于给定的条件和机构实际工作的要求。本节仅介绍几何法和实验法。这两种方法比较直观、简便，目前一般设计中也常采用。

1. 按给定连杆位置设计四杆机构

加热炉炉门启闭机构如图 15-26 所示。炉门为机构的连杆，给定炉门的关闭位置和开启位置应互相垂直，即 $B_1C_1 \perp B_2C_2$，并要求固定铰链 A 与 D 位于同一条铅垂线上。试设计该四杆机构。

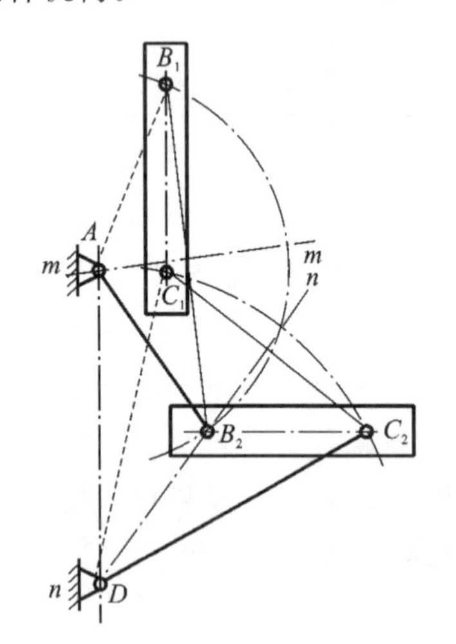

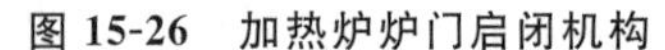
图 15-26　加热炉炉门启闭机构

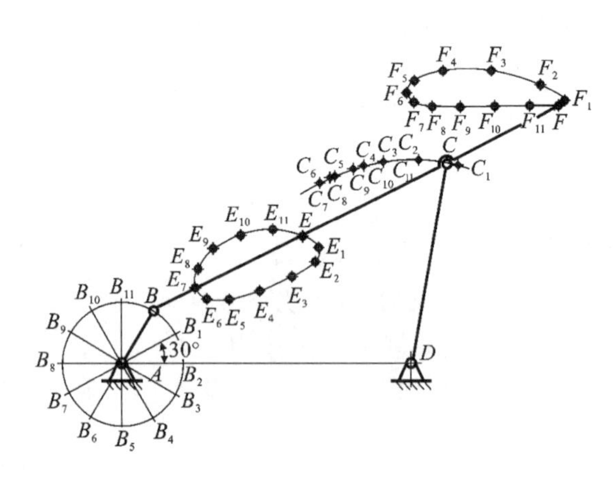

图 15-27　实验法设计四杆机构

分析：应用作图法比较方便，其实质在于确定连架杆和机架组成的转动副中心 A、D 的位置。连杆自 B_1C_1 到达 B_2C_2，其 B 点沿以点 A 为圆心的圆弧运动，所以铰链 A 应在 B_1B_2 的垂直平分线 mm 上。同理，固定铰链 D 应在 C_1C_2 的垂直平分线 nn 上。

作图：任取 B_1C_1 及 B_2C_2 作为连杆的两位置，且使 $B_1C_1 = B_2C_2$；分别作 B_1B_2 和 C_1C_2 的垂直平分线 mm 和 nn，在适当位置作铅垂线交 mm 和 nn 于 A 点及 D 点，A、D 点即为四杆机构的固定铰链位置，进而可确定机构的尺寸。

根据连杆的两个位置来设计机构具有无穷多解，设计时往往要引入其他辅助条件，例如曲柄存在条件等加以限制。上述例子中要求 A、D 两点在同一铅垂线上，也是一种辅助条件。

2. 实验法设计四杆机构

四杆机构在运动时，其连杆做平面运动，连杆上任一点的运动轨迹通常为封闭曲线，这些曲线称为连杆曲线。连杆曲线的形状将随连杆上点的位置和各构件的相对尺寸不同而变化，所以这些曲线是因点而异、多种多样的。图 15-27 所示为用计算机绘制的同一连杆机构的连杆上不同点的连杆曲线。图中 C、C_1、C_2、…，E、E_1、E_2、…，F、F_1、F_2、…分别为曲柄顺时针转角每增加 30°时连杆(BC)上 C、E、F 各点的运动轨迹,即连杆曲线。可以看出这些连杆曲线的形状是和点在杆上的位置有关的。

思考与练习

第16章　工程设计中的凸轮机构

本章学习目标

1. 培养认识凸轮机构在工程中的应用的能力。
2. 培养选择或设计工程需要的从动件运动规律及凸轮廓线的能力。

本章知识要点

1. 凸轮机构的应用、类型和特点。
2. 凸轮机构从动件的常用运动规律。
3. 凸轮轮廓线的图解设计方法。
4. 凸轮的常用材料及热处理方法。

实践教学研究

1. 观察发动机中的凸轮机构。
2. 观察周围工程中哪些设备应用了凸轮机构。

关键词

凸轮　发动机　机构

16.1　概　　述

凸轮是具有特定曲线轮廓或沟槽的构件，凸轮通常作为主动件，与凸轮接触并被直接推动的构件称为从动件。凸轮机构是由凸轮、从动件和机架组成的一种高副机构，如图16-1所示。凸轮转动时，通过其曲线轮廓或沟槽推动从动件实现预期的运动规律。凸轮机构广泛应用于各种机械，特别是自动机械、自动控制装置和装配生产线中，是工程实际中实现机械化和自动化的一种常用机构。

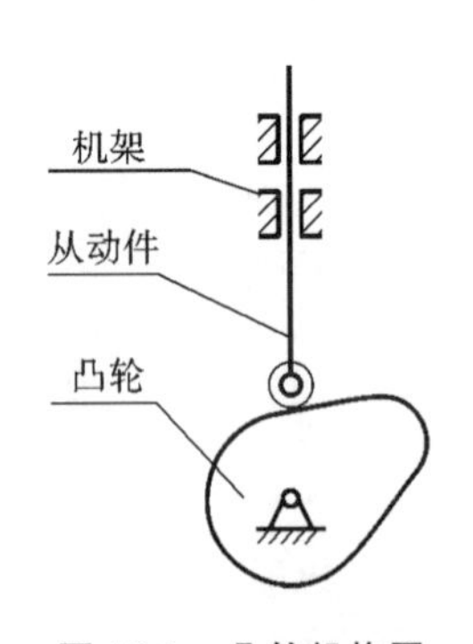

图16-1　凸轮机构图

16.1.1　凸轮机构的应用

在各种机械中，为了实现复杂的运动要求，例如当从动件的位移、速度以及加速度必须严格按照预定规律变化时，常采用凸轮机构。

图16-2所示为一内燃机的配气机构。当凸轮回转时，凸轮轮廓借助于弹簧的压紧作用，迫使从动件(阀瓣)做往复移动，从而使气阀开启或关闭，以控制可燃物进入气缸或将废气排出。至于气阀开闭时间的长短及运动速度的变化规律，则取决于凸轮轮廓曲线的形状，图中构

件为箱体。

图 16-3 所示为运用凸轮机构车削手柄的示意图。图中凸轮作为靠模被固定在床身上，从动件(滚子)在弹簧作用下与凸轮轮廓紧密接触，当拖板沿水平方向移动时，凸轮的曲线轮廓促使滚子从动件带动刀架沿被加工工件的径向进退，从而切出手柄的外形。

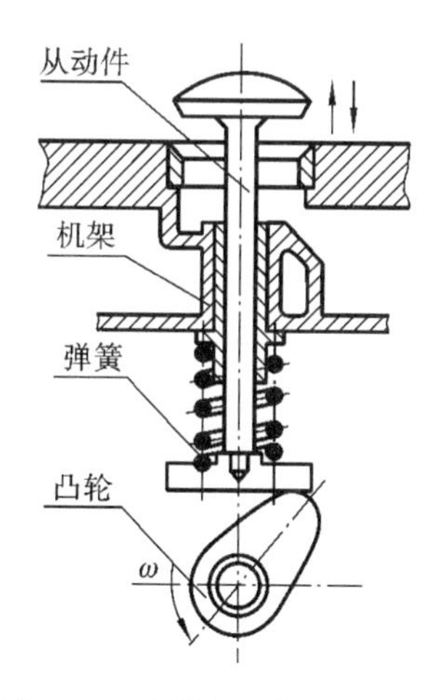

图 16-2　内燃机配气凸轮机构

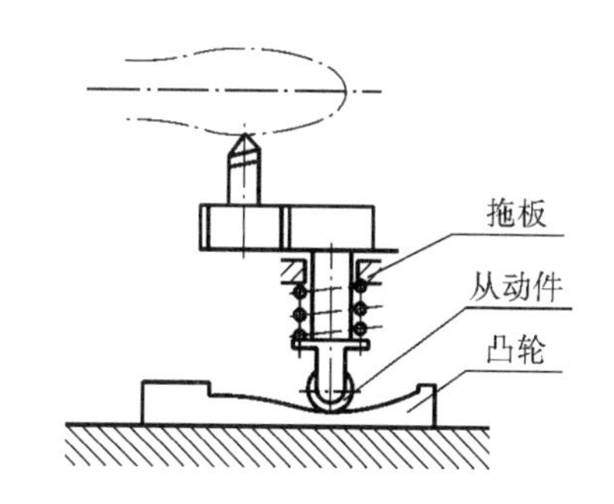

图 16-3　用凸轮机构车削手柄示意图

图 16-4 所示为缝纫机的挑线凸轮机构。当圆柱凸轮转动时，凸轮轮廓(凹槽)侧面迫使置于槽中的从动件(滚子)连同挑线杆绕轴往复摆动，使穿过穿线孔的针线被拉紧并不断向前输送。

从以上三个例子可见，凸轮机构可将凸轮的转动或移动转化为从动件的连续或间歇的移动或摆动。凸轮与从动件之间的接触可以依靠弹簧力、重力、气体压力或几何封闭等方法来实现。

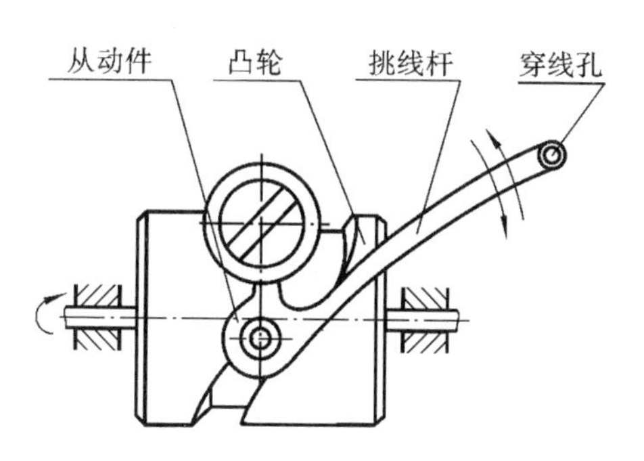

图 16-4　缝纫机的挑线凸轮机构

16.1.2　凸轮机构的类型

凸轮机构的类型很多，常按下述方法进行分类。

1. 按凸轮的形状分类

(1) 盘形凸轮(见图 16-2)　又称平板凸轮，是一个具有变曲率半径的盘形构件。

(2) 移动凸轮(见图 16-3)　可看作轴线在无穷远处的盘形凸轮。

(3) 圆柱凸轮(见图 16-4)　凸轮是圆柱体，从动件的运动平面与凸轮轴线平行。圆柱凸轮可看作将移动凸轮卷在圆柱体上而得。

由于圆柱凸轮可展开成移动凸轮，而移动凸轮又是盘形凸轮的特例，因此盘形凸轮是凸轮的基本形式。

2. 按从动件的结构形式分类

凸轮机构从动件按结构形式通常分为尖顶从动件、滚子从动件、平底从动件和曲面从动件。它们各自的特点和应用见表 16-1。

表 16-1　凸轮机构从动件的形式、特点和应用

从动件结构形式	从动件运动形式		主要特点及应用
	移动	摆动	
尖顶从动件			结构简单，且尖顶能与各种形状的凸轮轮廓保持接触，可实现任意的运动规律。但尖顶易磨损，故只适用于低速、轻载的凸轮机构
滚子从动件			滚子与凸轮为滚动摩擦，磨损小，承载能力较大，但运动滚子有一定限制，且滚子与转轴之间有间隙，故不适用于高速的凸轮机构
平底从动件			结构紧凑、润滑性能和动力性能好、效率高，适用于高速运动。但凸轮轮廓线不能呈凹形，因此运动规律受到较大限制
曲面从动件			介于滚子从动件和平底从动件之间

3. 按从动件的运动形式分类

无论凸轮与从动件的形状如何，从动件的运动形式只有两种：

(1) 移动从动件(见图 16-2、图 16-3)　从动件往复移动。移动从动件凸轮机构又可根据从动件轴线与凸轮轴心的相对位置，进一步分成对心的和偏置的两种。

(2) 摆动从动件(见图 16-4)　从动件往复摆动。

4. 按凸轮与从动件维持高副接触的方法分类

由于凸轮是一种高副机构，凸轮轮廓与从动件之间形成的高副是一种单面约束的开式运动副，因此存在着如何维持凸轮轮廓与从动件始终保持接触而不脱开的问题。根据维持高副接触的方法不同，凸轮机构又可以分为以下两类：

(1) 力封闭型凸轮机构　指利用重力、弹簧力或其他外力使从动件与凸轮轮廓始终保持接触，如图 16-2 和图 16-3 所示。

(2) 形封闭型凸轮机构　指利用高副元素本身的几何形状使从动件与凸轮轮廓始终保持接触。常用的形封闭型凸轮机构有槽凸轮机构、等宽凸轮机构、等径凸轮机构及共轭凸轮机构，如图 16-5 所示。

16.1.3　凸轮机构的特点

凸轮机构只具有很少几个活动构件，并且占据的空间很小，是一种结构简单、紧凑的机构。凸轮机构的主要优点是：只要正确设计出凸轮轮廓曲线就可以使从动件实现预期的运动规律。几乎对于任意要求的从动件的运动规律，都可以设计出合适的凸轮轮廓线来实现。

凸轮机构的缺点在于：凸轮廓线与从动件之间是点接触或线接触，易磨损，因此，凸轮机构

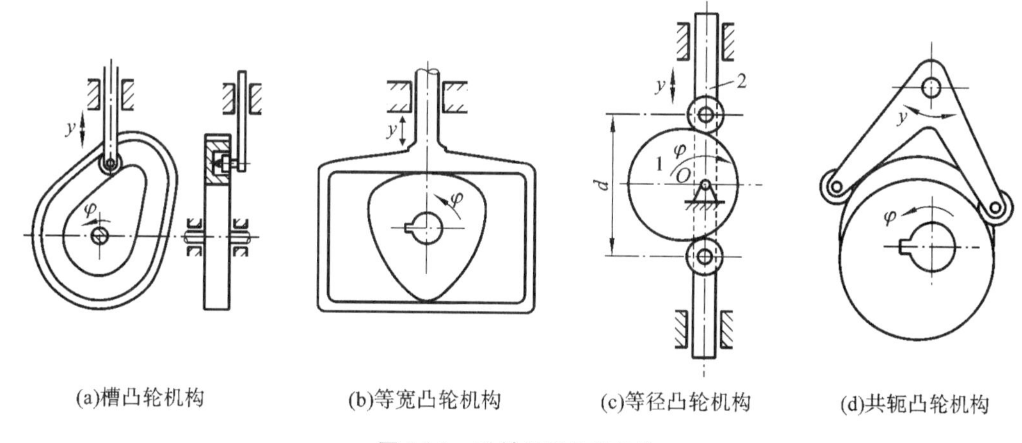

图 16-5　形封闭型凸轮机构

多用作传递动力不大的控制机构和调节机构。

16.2　从动件常用运动规律

在凸轮机构中，通常凸轮是主动件，以匀角速度转动，通过其轮廓曲线来推动与它接触的从动件移动或摆动。图 16-6(a)所示为从动件尖顶做直线运动的盘形凸轮机构。在图示位置，尖顶与凸轮轮廓上的 A 点接触，此时是从动件上升的起始位置，当凸轮以 ω 等速沿逆时针方向回转角度 ϕ_0（ϕ_0 称为升程角）时，从动件尖顶被凸轮轮廓推动，以一定的运动规律由距凸轮回转中心最近的位置 A 上升到最远的位置 B，这个过程称为推程（或升程）。在推程中，尖顶所走过的距离 h 称为从动件的升程或行程。当凸轮继续回转角度 ϕ_s（ϕ_s 称为远休止角）时，以回转中心为圆心的圆弧 BC 与尖顶作用，从动件在最远位置停留不动。凸轮继续回转角度 ϕ_h（ϕ_h 称为回程角）时，从动件以一定的运动规律回到起始位置，这个过程称为回程。凸轮继续回转角度 ϕ_s'（ϕ_s'称为近休止角），从动件在最近位置停留不动。凸轮继续回转，从动件重复上述运动。

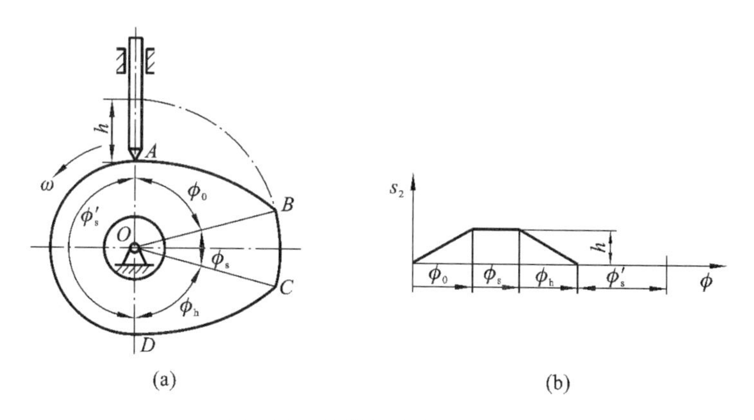

图 16-6　凸轮机构运动示意图

图 16-6(b)是凸轮转动一周对应从动件的位移线图。横坐标代表凸轮转角 ϕ，纵坐标代表从动件的位移 s_2 。

所谓从动件的运动规律，是指从动件的位移 s 、速度 v 、加速度 a 以及加速度的变化率 j 随

转角 ϕ 或者时间 t 的变化规律，它们全面反映了从动件的运动特性及其变化的规律性。其中，位移 s、速度 v、加速度 a 与转角 ϕ 的关系可表示为

$$s=f(\phi),\quad v=f'(\phi),\quad a=f''(\phi)$$

通常，把从动件的 s、v、a 以及 j 随转角 ϕ 或者时间 t 变化的曲线称为从动件的运动线图。由上述可知，从动件的运动规律取决于凸轮轮廓曲线的形状，从动件的运动规律要求不同，则设计出的凸轮轮廓曲线也不同。所以在设计凸轮时，首先根据工作要求和条件，选择从动件的运动规律。

由于凸轮工作要求是多种多样的，因此从动件的运动规律也是各种各样的。本书主要讨论推程的运动规律，回程的讨论与推程相似，由读者自己完成。

几种从动件常用运动规律及适用场合的比较见表 16-2。

表 16-2　从动件常用运动规律及适用场合的比较

运动规律	运动方程	推程运动线图	说明
等速运动	$s=\dfrac{h}{\phi_0}\phi$ $v=\dfrac{h}{\phi_0}\omega$ $a=0$	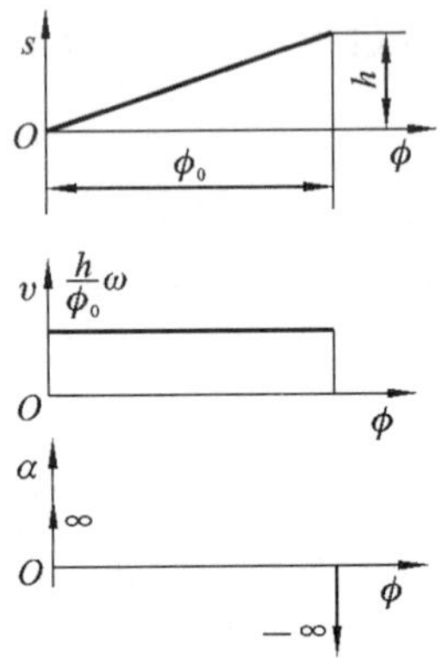	当从动件的速度为常数时，称为等速运动规律，这种运动规律在行程的起始和终止位置速度有突变，此时加速度在理论上由零变为无穷大，从而使从动件突然产生理论上为无穷大的惯性力。虽然实际上由于材料具有弹性，加速度和惯性力都不至于达到无穷大，但仍会使机构产生强烈的冲击，这种冲击称为刚性冲击。故等速运动规律只适用于低速的凸轮机构
等加速等减速运动规律（抛物线运动规律）	等加速 $(0^\circ\leqslant\phi\leqslant\dfrac{\phi_0}{2})$ $s=\dfrac{2h}{\phi_0^2}\phi^2$ $v=\dfrac{4h\omega}{\phi_0^2}\phi$ $a=\dfrac{4h}{\phi_0^2}\omega^2=$ 常数 等减速 $(\dfrac{\phi_0}{2}\leqslant\phi\leqslant\phi_0)$ $s=h-\dfrac{2h}{\phi_0^2}(\phi_0-\phi)^2$ $v=\dfrac{4h\omega}{\phi_0^2}(\phi_0-\phi)$ $a=-\dfrac{4h}{\phi_0^2}\omega^2=$ 常数	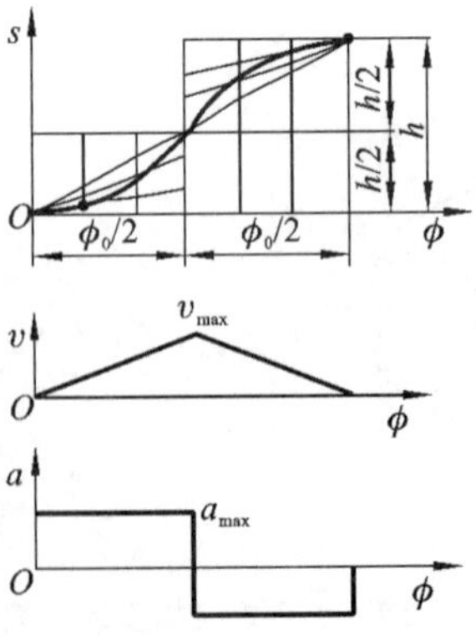	采用这种运动规律时，通常取推杆的前半个升程 $\dfrac{h}{2}$ 为等加速运动，后半个升程 $\dfrac{h}{2}$ 为等减速运动。速度曲线连续，故不会产生刚性冲击，但其加速度曲线在运动的起始、中间和终止位置不连续，有突变，虽然变化为有限值，但加速度的变化率在这些位置为无穷大。这表明惯性力的变化率极大，即加速度所产生的有限惯性力在一瞬间突然加到从动件上，从而引起冲击，这种冲击称为柔性冲击

续表

运动规律	运动方程	推程运动线图	说明
简谐运动规律（余弦加速度运动规律）	$s=\frac{h}{2}\left[1-\cos\left(\frac{\pi}{\phi_0}\phi\right)\right]$ $v=\frac{\pi h\omega}{2\phi_0}\sin\left(\frac{\pi}{\phi_0}\phi\right)$ $a=\frac{\pi^2 h\omega^2}{2\phi_0^2}\cos\left(\frac{\pi}{\phi_0}\phi\right)$		当质点在圆周上做匀速运动时，其在该圆直径线上的投影所构成的运动称为简谐运动，速度曲线连续，故不会产生刚性冲击。但在运动的起始和终止位置，加速度曲线不连续，产生有限突变，因此也有柔性冲击。当从动件做无停歇的升-降-升连续往复运动时，加速度曲线变为连续曲线（如图中虚线所示），从而可避免柔性冲击
摆线运动规律	$s=h\left[\frac{\phi}{\phi_0}-\frac{1}{2\pi}\sin\left(\frac{2\pi}{\phi_0}\phi\right)\right]$ $v=\frac{h\omega}{\phi_0}\left[1-\cos\left(\frac{2\pi}{\phi_0}\phi\right)\right]$ $a=\frac{2\pi h\omega^2}{\phi_0^2}\sin\left(\frac{2\pi}{\phi_0}\phi\right)$		设有一半径为 $R=h/(2\pi)$ 的圆（周长为 h），当其沿纵坐标做纯滚动时，滚圆上的某点 A 在纵坐标轴上的投影点的运动规律称为摆线运动规律。摆线运动的速度曲线和加速度曲线均连续而无突变，故既无刚性冲击又无柔性冲击

16.3 凸轮轮廓线设计

根据适用场合和工作要求选定凸轮机构的类型和从动件运动规律后，即可设计凸轮的轮廓曲线。凸轮廓线的设计方法有图解法和解析法，两种方法依据的基本原理相同。由于图解法简单易行，而且直观，在精度要求不很高时，一般可以满足使用要求，所以本书仅介绍图解法。

图解法设计凸轮廓线采用相对运动的基本原理。凸轮机构工作时，凸轮和从动件都在运动。为了在图样上绘制出凸轮的轮廓曲线，可以假定凸轮固定不动，而使从动件连同导路（即机架）一起反转，则从动件与凸轮每个瞬时接触点形成的轨迹即为凸轮的轮廓曲线，这种方法又称为反转法。

图 16-7(a)所示的对心尖顶移动从动件盘形凸轮机构，其凸轮以角速度 ω 逆时针转动，推动从动件在导路中上、下往复移动。例如，凸轮转动一个角度 ϕ_1，从动件推杆在导路中移动的距离为 s_1。为了获得凸轮的轮廓曲线，假定凸轮固定不动，根据相对运动的关系，推杆连同与

导路一体的机架一起以角速度 ω 顺时针转动，如图 16-7(b)所示。推杆转动 ϕ_1 角度，推杆在导路中移动的距离仍为 s_1，类似地，推杆转动角度为 ϕ_2、ϕ_3 等时，推杆在导路中移动的距离为 s_2、s_3 等。若已知从动件推杆的运动规律，则可以很方便地获得推杆在各转动角度的位置，而推杆尖顶的轨迹就是凸轮的轮廓曲线。

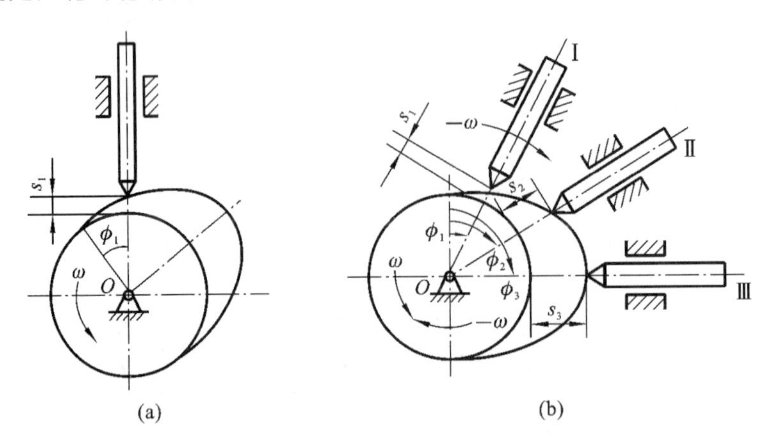

图 16-7　凸轮轮廓线设计基本原理

现举例说明利用图解法设计凸轮轮廓线的方法。

已知一对心尖顶移动从动件盘形凸轮机构，从动件推杆升程和回程均采用等速运动规律，升程 $h=10$ mm，升程角 $\phi_0=135°$，远休止角 $\phi_s=75°$，回程角 $\phi_h=60°$，近休止角 $\phi_s'=90°$，凸轮以匀角速度 ω 逆时针转动，凸轮基圆半径 $r_b=20$ mm。试设计该凸轮机构的凸轮廓线。

作图步骤：

(1) 选取适当的比例尺作 s-ϕ 曲线，图中长度比例尺 $\mu_1=1$ mm/mm，角度比例尺 $\mu_\phi=6°$/mm，如图 16-8(a)所示。

(2) 将位移曲线的升程角和回程角分成若干等份(等份数越多，则设计出的凸轮轮廓越精确)，这里将升程角分成 6 等份，每等份 22.5°，回程角分成 2 等份，每等份 30°，得分点 1，2，…，9 和对应位移 11′，22′，…，99′，如图 16-8(b)所示。

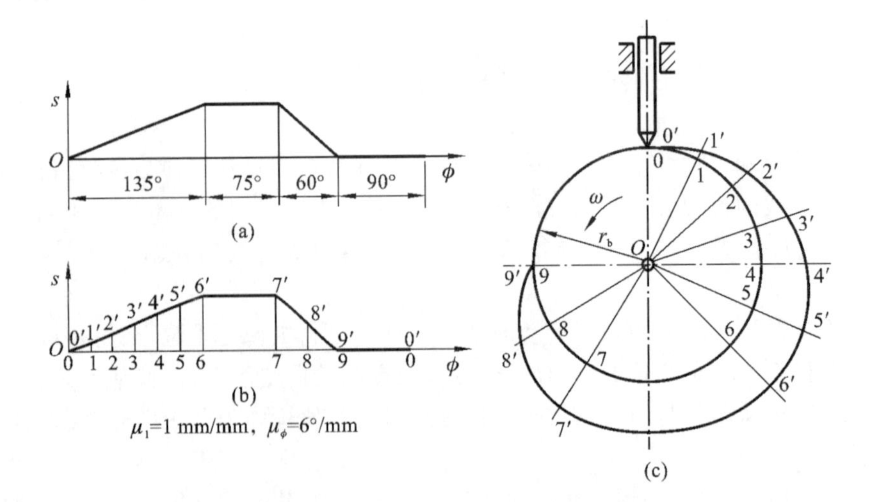

图 16-8　对心尖顶移动从动件盘形凸轮廓线设计

(3) 以 $r_b=20$ mm 为半径画基圆，然后顺时针从 0 点起，按 s-ϕ 曲线上划分的角度，顺次作出凸轮相应运动角时的径向线01、02、…、09；并在各径向线上分别量取与s-ϕ曲线中对应位移相等的11′、22′、…、99′；光滑连接0′、1′、2′、…、6′获得升程段曲线，光滑连接7′、8′、9′获得回程段曲线，作圆弧光滑连接6′7′获得远休止段轮廓线，作圆弧光滑连接9′0′获得近休止段轮廓线。由各段曲线围成的封闭图形，即为所设计的凸轮廓线，如图16-8(c)所示。

16.4　凸轮的材料和热处理

凸轮机构工作时，凸轮工作表面与从动件之间为点接触或线接触，且往往有冲击，很容易磨损，因此，要求凸轮工作表面有高的硬度和耐磨性。表16-3列出了凸轮的常用材料和热处理方法，供设计时参考。滚子从动件的滚子直径小，旋转次数多，较凸轮更易磨损，但容易制造和更换，一般选用和凸轮相同的材料和热处理方法，也常直接选用标准微型滚动轴承作为滚子使用。

表16-3　凸轮常用材料和热处理方法

凸轮工作条件	材料	热处理方法
低速、轻载凸轮	40钢、45钢	调质，220～260 HBS
中速、轻载凸轮	45钢、40Cr	表面淬火，48～52 HRC
中速、中载凸轮	20钢、20Cr	表面渗碳(0.8～1.2 mm)、淬火，56～62 HRC
高速、重载凸轮	GCr15	表面渗碳，62～68 HRC
	38CrMoAlA	

对于向径在300～500 mm的盘形凸轮，其主要的尺寸公差、形位公差和表面粗糙度要求可参考表16-4确定。

表16-4　盘形凸轮的尺寸公差、形位公差及表面粗糙度

凸轮精度	向径偏差/mm	轴孔公差带	轴孔圆度公差	基准端面对轴孔垂直度	两端面平行度	轮廓表面粗糙度 $Ra/\mu m$
低	±(0.2～0.5)	H9	9级	8级	8级	3.2
较低	±(0.1～0.2)	H8、H9	8、9级	7、8级	7、8级	1.6～3.2
中	±(0.05～0.1)	H7、H8	7、8级	6、7级	6、7级	0.8～1.6
高	±(0.01～0.05)	H6、H7	6、7级	5、6级	5、6级	0.4～0.8

思考与练习

第 6 篇　课程设计指导

第 17 章　饮水机设计

本章学习目标

培养机器设备的系统设计思想。

本章知识要点

1. 饮水机的装配关系。
2. 饮水机的工作原理。
3. 饮水机零件的制造工艺。
4. 饮水机零件的构型特征。

实践教学研究

1. 参观实践教学基地，分析饮水机的结构及零件特征，分析零件的结构和制造工艺。
2. 参观实践教学基地，分析饮水机的结构及零件特征，分析现有的设备存在哪些方面的设计缺陷。

关键词

饮水机　聪明座　虚拟样机

17.1　测绘工具

饮水机属于民用工程机电一体化简单机器，其零件数量少，质量轻。与发动机相比，饮水机设备结构简单，在短学时内可以熟悉设备结构。

实体拆装饮水机，进行结构分析和零件测绘实践，在此基础上进行结构设计和创新改进，培养学生的工程实践能力和设计能力；学习结构材料，培养学生的工艺与设计理念；建立虚拟样机和虚拟拆装，培养学生的工程软件应用能力和工程设备系统的设计思维，提高学生研究和解决实际问题的能力。

测绘工具常用的有钢板尺、三角板、游标卡尺、内卡钳、外卡钳等，如图 17-1 所示。

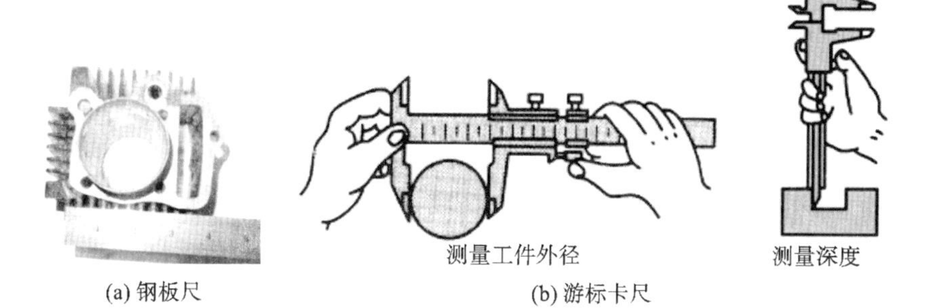

(a) 钢板尺　　(b) 游标卡尺

图 17-1　测绘工具

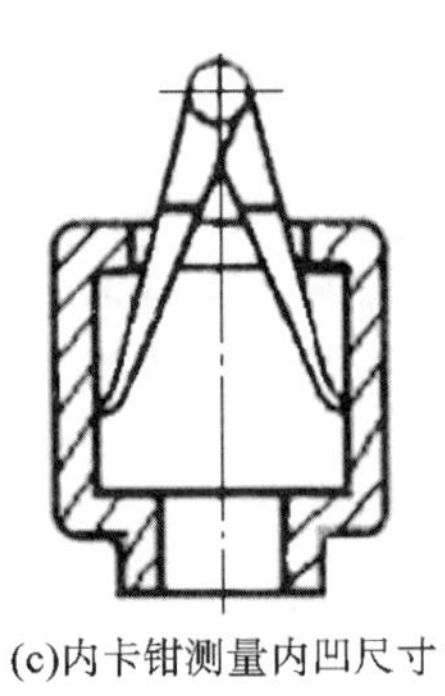
(c)内卡钳测量内凹尺寸

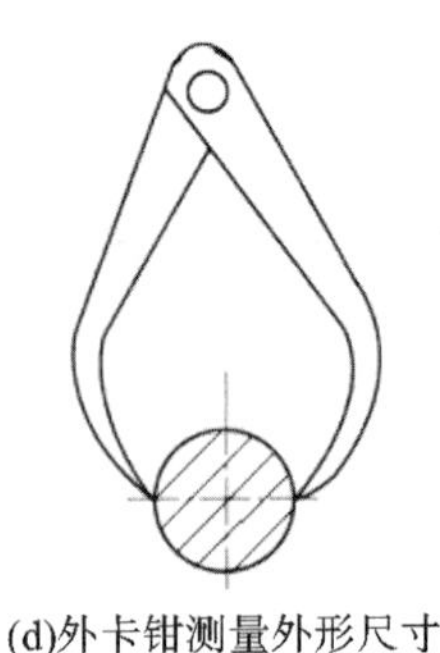
(d)外卡钳测量外形尺寸

续图 17-1

17.2 饮水机的结构与原理

17.2.1 饮水机工作原理

1. 饮水机的功能

普通制热型饮水机具有加热功能。制冷制热型饮水机利用电能，通过内部的制冷、制热系统及净化、消毒等系统来达到制备冷、热水功能，并且安全、快捷、健康。智能饮水机除具有上述功能外，还具有杀菌消毒、水活化功能以及自清洗功能。

2. 制热原理

制热系统分为内热式和外热式。内热式是将不锈钢电加热管直接置于热罐中对水进行加热，外热式是加热器在热罐外部通电加热，通过热罐的不锈钢进行热能传递来加热热罐内的水，外部有保温层以减少热量损失。内部加热的热效率高、加热快、耗电量小，但加热管容易结垢，不易清洗；外部加热的热损失大，加热较慢，但结垢少没有噪声。

3. 制冷原理

压缩机制冷原理：压缩机制冷系统主要包括压缩机、冷凝器、毛细管和蒸发器四个部件，它们之间用管道连接，形成一个封闭系统，制冷剂在系统内循环流动，不断地发生状态变化，并与外界进行能量交换，从而达到制冷的目的。

4. 出水原理

饮水机内部的水循环是通过负压来实现的，水瓶底部密封，插入饮水机时，其内部的压力小于外界的大气压力，保证了瓶内的水不会流淌出来。当用户接水时，储水罐内水位下降，空气由下面进入瓶内，使得瓶内的水进入储水罐。

若水瓶破裂或出现缝隙，外面的空气进入水瓶内，使得瓶内压力增大，破坏了压力平衡，致使储水罐水面上升，将出现聪明座溢水现象。

17.2.2 饮水机结构

饮水机内部结构如图 17-2 至图 17-4 所示。

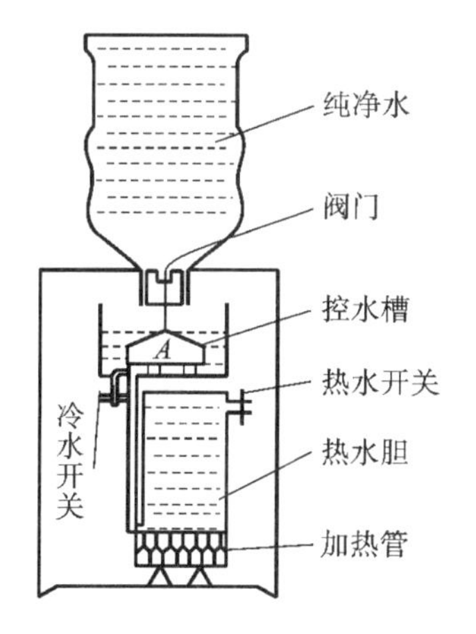

图 17-2　制热饮水机的工作原理简图

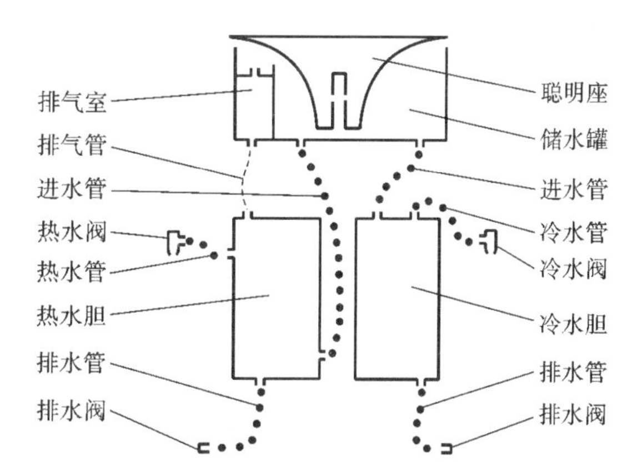

图 17-3　制热制冷饮水机的工作原理简图

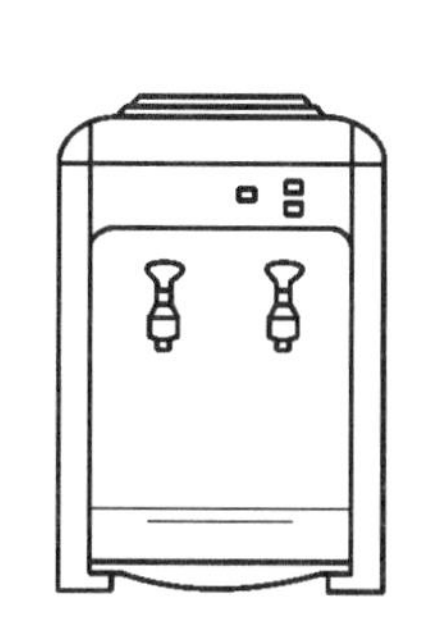

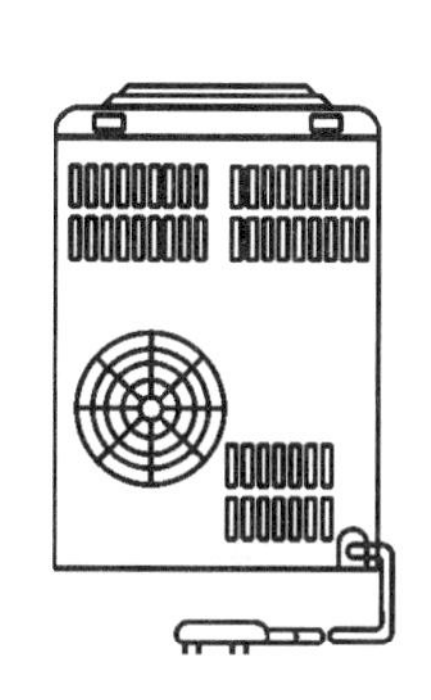

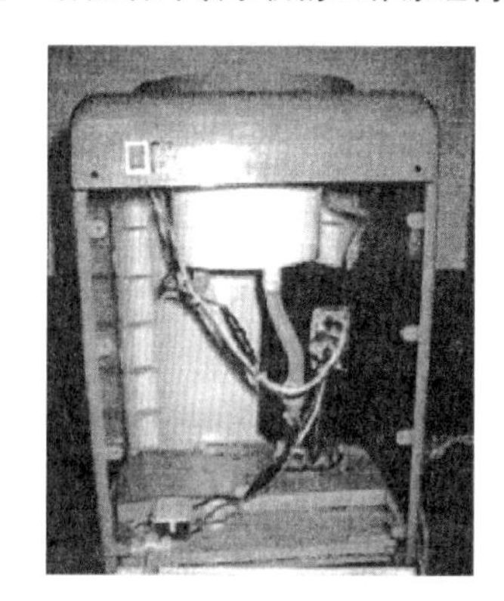

图 17-4　制热饮水机结构简图

17.3　功能材料与工艺

分析饮水机工作原理后，对每个零件的结构、功能、材料与工艺进行系统分析，见表 17-1。

表 17-1　制造工艺与材料分析

名称	构型设计与绘图	功能	材料	制造工艺	备注
聪明座		聪明座俗称漏斗，位于盛桶装水的桶和放置桶的机体之间，构造比较简单，多数近似圆柱体。水通过聪明座流入储水罐	ABS	注射成型	结构可以自行设计
储水罐		储存水并使水分流成两股水流	ABS	吹塑成型	结构可以自行设计

续表

名称	构型设计与绘图	功能	材料	制造工艺	备注
接水盒		从水龙头渗漏的水储存在此处	ABS	注射成型	结构可以自行设计
热水胆		储存沸腾水，具有保温功能	不锈钢	焊接成型	结构可以自行设计

随着人们生活水平的提高，饮水机不断演绎着人类的饮水革命。随着技术的不断进步，饮水机的功能已经大大超出了其发明的初衷，更加多样化和人性化。

17.4 零件设计

1. 改型设计

根据零件的功能，在简化工艺的情况下进行零件的改型设计，如图 17-5 所示的储水罐设计：由结构(a)改为结构(b)。

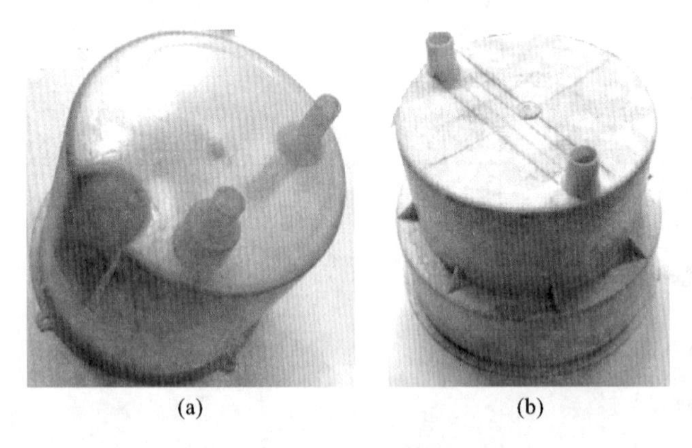

(a) (b)

图 17-5 储水罐

2. 接水盒

从水龙头渗漏的水储存在接水盒，测绘设计的零件结构简图如图 17-6 所示。

3. 饮水机底座

饮水机底座图样如图 17-7 所示。

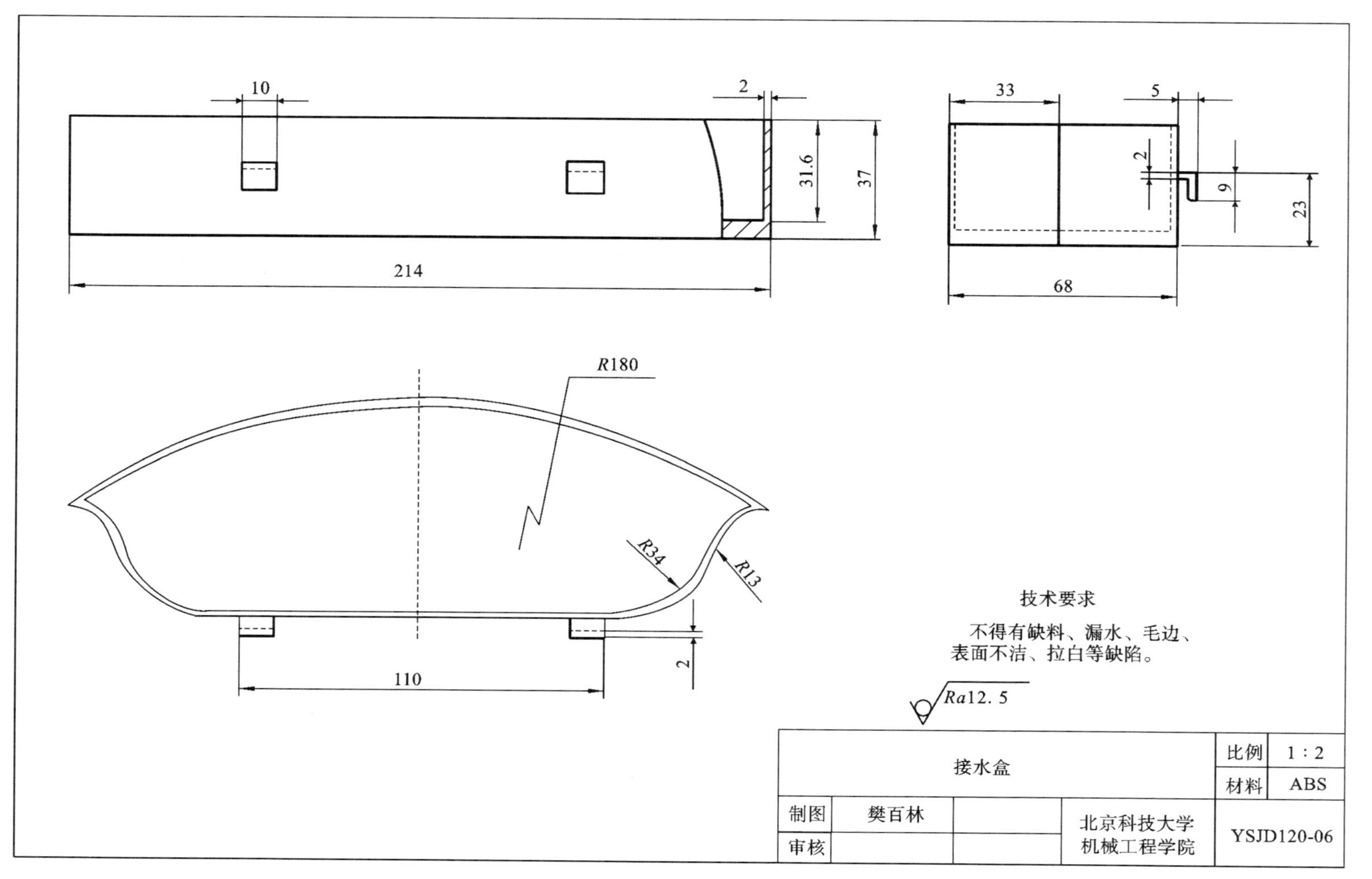

图 17-6　接水盒结构简图

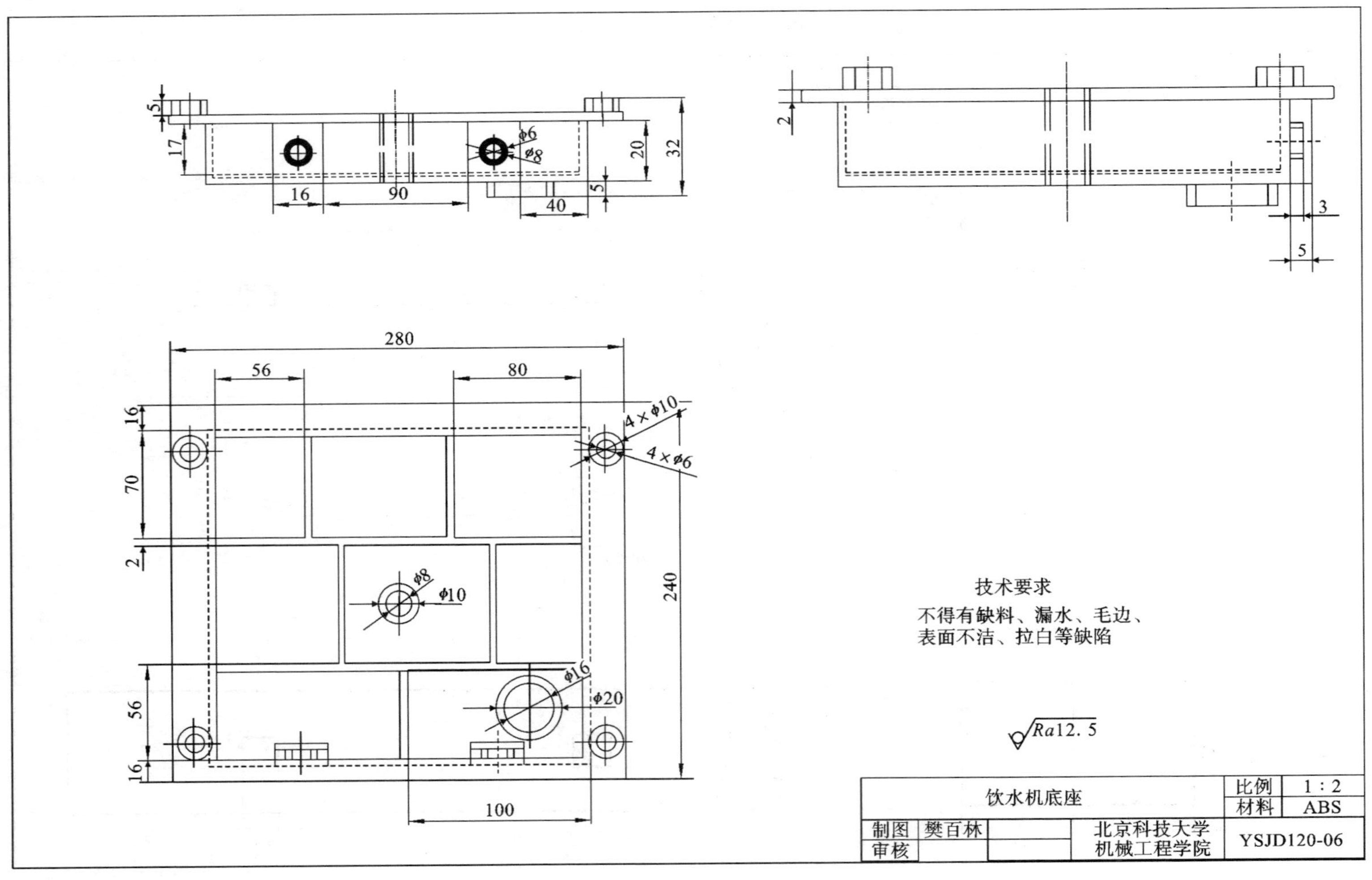
技术要求
不得有缺料、漏水、毛边、
表面不洁、拉白等缺陷
Ra12.5
饮水机底座
比例 1:2
材料 ABS
制图 樊百林
审核
北京科技大学
机械工程学院
YSJD120-06
4×φ10
4×φ6
φ20
φ16
φ10
φ8
φ6
280
240
100
90
80
70
56
40
32
20
17
16
5
3
2

图 17-7　饮水机底座

17.5　虚拟样机装配

利用三维造型软件进行设计与三维虚拟样机装配，如图 17-8 和图 17-9 所示。

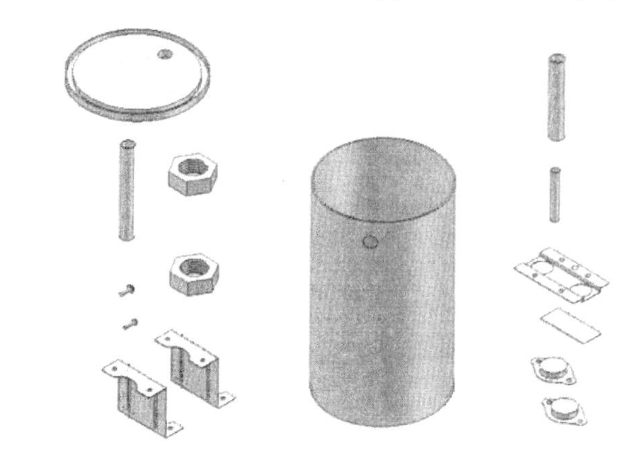

图 17-8　热水胆装配爆炸图

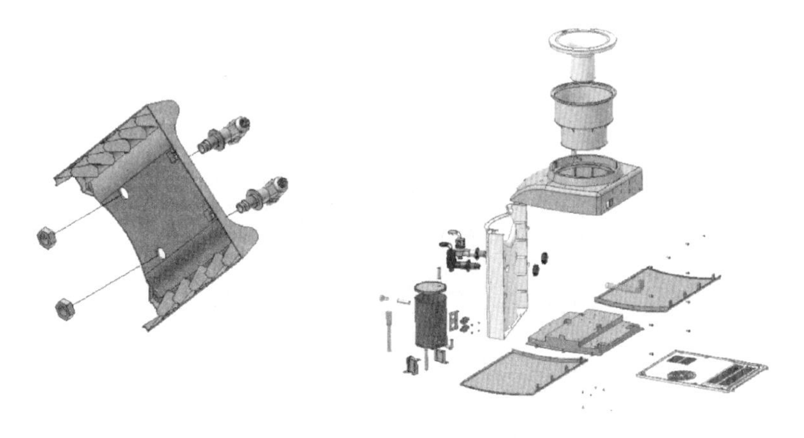

图 17-9　三维虚拟样机爆炸图

思考与练习

第 18 章　电弧炼钢炉设计

18.1　概　　述

电弧炼钢是一种以废钢作为主要炉料，用电弧产生的高温作为热源进行熔化和冶炼的工艺过程。电弧炼钢广泛应用于机械制造工厂和钢铁冶金企业中，是生产过程中的一个重要环节。图 18-1 所示为电弧炼钢生产场所。

图 18-1　电炉工作场所

18.2　电炉倾动机构的结构特点

国内现有的电炉有两种形式，分别为 HGK 型电炉和 HGX 型电炉。

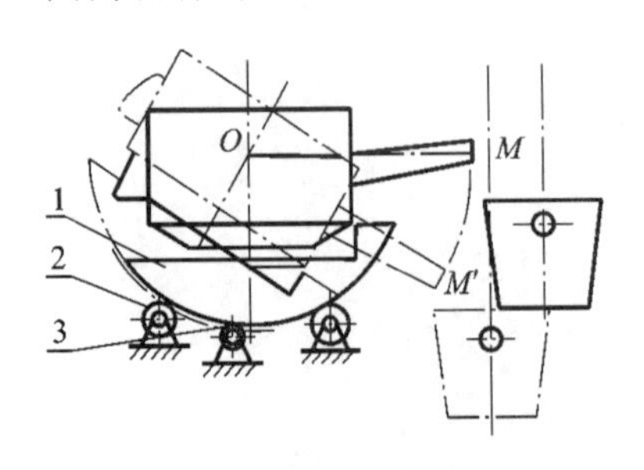

图 18-2　HGK 型电炉

1—单圆弧摇架；2—托轮；3—齿轮传动组

1. HGK 型电炉

HGK 型电炉，它的倾动机构由单圆弧摇架 1、托轮 2 和齿轮传动组 3 组成，如图 18-2 所示。

电炉倾动时，电炉围绕旋转中心 O 点转动，出钢时，电炉向前倾转 40°～45°，排渣时，电炉向后倾转 10°～18°。电炉出钢槽口 M 点绕 O 点做圆弧线运动的电炉倾动机构，简称为圆弧线倾动机构。该机构具有结构简单、重心稳定、传动可靠等优点，但有下面两个固有的缺点：

(1) 电炉出钢槽口的轨迹是圆弧，这种轨迹要求行车悬吊着盛钢桶随着出钢槽口的运动，同时做向下和向前的动作接兑钢液，操作困难。出钢时钢液眩目、焰气腾起且有较大的环境噪声等，更增加了行车操作的难度。

(2) 电炉在车间内作横向布置时，要求过跨出钢，为此，电炉的位置尽量向浇注跨前移，以便在电炉倾动，出钢接口向下、向后回缩运动（圆弧转动轨迹）时浇注跨行车能够顺利地接到钢液。然而，电炉向浇注跨前移使得熔炼跨行车吊换电极困难。特别在国内为数甚多的 5 t 电炉设备中，普遍存在着这个问题。实践证明，几乎各种解决吊换电极问题的附加措施或装置，都会带来新的设备问题，加重维修的负担，并不能从根本上解决上述矛盾。

2. HGX 型电炉

HGX 型电炉的倾动机构由单圆弧摇架（带有齿形）1、支承齿条 2 及液压缸传动系统 3 组成，如图 18-3 所示。

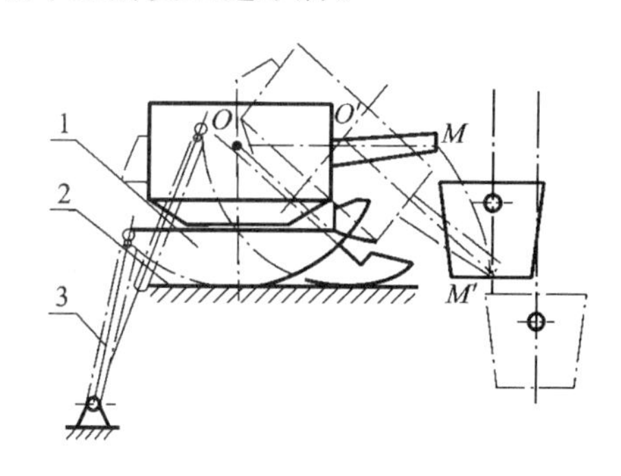

图 18-3　HGX 型电炉

1—单圆弧摇架；2—支承齿条；3—液压缸传动系统

该机构能使电炉出钢槽口做“前爬”的摆线运动，可称作摆线倾动机构。随着倾动机构的变化，电炉的结构相应地改型为具有固定炉体、旋转炉盖及液压传动机构等。

摆线倾动机构缓解了电炉布置中“出钢”和“吊电极”的矛盾，结构较为简单，传动也集中。所以新建铸钢车间常选用这种电炉形式。但是，该类电炉仍存在以下问题：

(1) 出钢槽口的摆线运动轨迹仍然要求行车同时做两个方向的操作，操作上的困难并未解决。

(2) 电炉摇架在齿条上是一点支承。尽管设计要求重心始终落在摆架与齿条接触点的后面，但由于炉体重心计算的近似性、炉料装入量的变化以及操作上可能的失误，电炉在倾动时存在着倾覆的潜在危险。

(3) 在电炉炼钢过程的恶劣环境下，液压元件的质量会引起土建、维修和操作上新的问题，不如机械传动（如齿轮传动）可靠。

(4) 摆线倾动机构与圆弧线倾动机构在结构上的差别很大，不能作为圆弧线倾动机构的改造方案。

18.3　直线倾动机构的构成原理

一种新的电炉倾动机构，出钢槽口不做“回缩”的圆弧运动，也不做“前爬”的摆线运动，而是实现铅垂的直线运动轨迹，既简化了行车接兑钢水的操作，又兼顾“出钢”和“吊电极”时行车极限起吊位置的要求，能解决现有电炉倾动机构存在的问题。如果仍旧采用两个托轮支承和齿轮传动的结构，那么，既保留了圆弧线倾动机构重心稳定及传动可靠的优点，又兼顾了旧式电炉设备制造的实际要求，也能使新旧电炉设备的功能同时得到改善和提高。

上述要求限定了直线倾动机构设计的特定条件。下面用图解法说明构成直线倾动机构的原理，如图 18-4 所示。

1. 直线倾动机构的原理

(1) 在圆弧线倾动机构的形状、尺寸及结构的基础上，保持托轮中心 A 的位置不变，改变托轮中心 B 的位置，以保证炉体倾动、前移时重心的稳定。

(2) 要求出钢槽口 M 点沿铅垂方向直线下降，同时要求电炉中心 O 点沿水平方向直线平

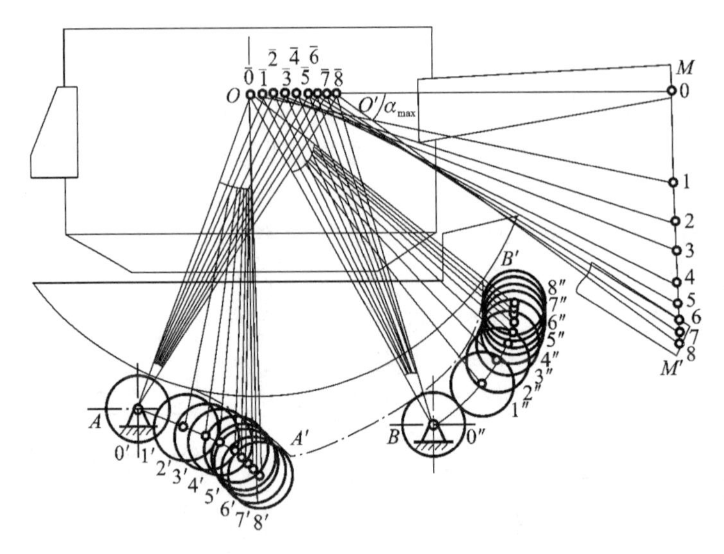

图 18-4　直线倾动机构

移，作这两条直线 $\overline{OO'}$、$\overline{MM'}$。

(3) 作图确定 $\overline{OM}$ 线段的最终位置 $\overline{O'M'}$，线段 $\overline{OO'}$ 和 $\overline{MM'}$ 的长度可以用以下关系式求得：

$$\overline{OO'}=\overline{OM}(1-\cos\alpha_{\max})$$

$$\overline{MM'}=\overline{OM}\sin\alpha_{\max}$$

式中：$\alpha_{\max}$ ——向前倾动的最大角度。

(4) 保持 $\angle AO'M'$ 和 $\angle BO'M'$ 不变，并保持长度 $\overline{O'A}$、$\overline{O'B}$、$\overline{O'M}$ 不变，将线束 $O'-ABM$ 用反转法转到使 $\overline{O'M'}$ 与 $\overline{OM}$ 重合的位置，得到摇架廓线上两个中心点 A'、B'，以这两点为圆心，以托轮半径为半径作圆，待定的摇架廓线必须与两圆相切。

(5) 将 $\overline{OO'}$ 线段均匀分成 n 段，得到分点 $\overline{0}$、$\overline{1}$、$\overline{2}$…，每一分点均按步骤(3)(4)作图，获得中心点 0′、1′、2′…和 0″、1″、2″…以及两列圆。

(6) 作两列圆的包络曲线，即求得直线倾动机构的摇架廓线形状。

(7) 如果改变 A 点和 B 点的位置，即可得到一系列摇架廓线，并且可以看出两族曲线是相互独立的。这样就有多种摇架廓线形状，可以与原有的单圆弧摇架廓线进行比较和选择。

2. 曲线段 AA' 和 BB' 上各点坐标的计算式

若取 O 点为坐标原点，则有 A、B 两点的初始坐标 $A(x_A, y_A)$、$B(x_B, y_B)$，倾动时，电炉中心点 O 的任意位置 O' 点偏离 O 点的距离为 t，有关系式：

$$t=\frac{i}{n}\overline{OM}(1-\cos\alpha)$$

式中：n——预定的均匀分割 $\overline{OO'}$ 的点数(如 12 等分)；

i——所求点的序数(如第 6 点)；

α——相应的电弧倾动角。

将 A、B 两点沿 $\overline{OO'}$ 水平向左移动一个距离 t，然后再将平移后的两点绕 O 点逆时针方向转动一个角度 α，即可得到 A、B 两点的新坐标 $A_i(x_{Ai}, y_{Ai})$、$B_i(x_{Bi}, y_{Bi})$，这两点的坐标就是曲线 AA'、BB' 上相应点的坐标，它们的计算式为：

$$\boldsymbol{A}_i = \boldsymbol{P} \cdot \boldsymbol{T} \cdot \boldsymbol{A} \text{ 或 } \begin{bmatrix} x_{Ai} \\ y_{Ai} \\ 1 \end{bmatrix} = \begin{bmatrix} \cos\alpha & -\sin\alpha & 0 \\ \sin\alpha & \cos\alpha & 0 \\ 0 & 0 & 1 \end{bmatrix} \begin{bmatrix} 1 & 0 & -i \\ 0 & 1 & 0 \\ 0 & 0 & 1 \end{bmatrix} \begin{bmatrix} x_A \\ y_A \\ 1 \end{bmatrix}$$

$$\boldsymbol{B}_i = \boldsymbol{P} \cdot \boldsymbol{T} \cdot \boldsymbol{B} \text{ 或 } \begin{bmatrix} x_{Bi} \\ y_{Bi} \\ 1 \end{bmatrix} = \begin{bmatrix} \cos\alpha & -\sin\alpha & 0 \\ \sin\alpha & \cos\alpha & 0 \\ 0 & 0 & 1 \end{bmatrix} \begin{bmatrix} 1 & 0 & -i \\ 0 & 1 & 0 \\ 0 & 0 & 1 \end{bmatrix} \begin{bmatrix} x_B \\ y_B \\ 1 \end{bmatrix}$$

式中：$\boldsymbol{P}$——旋转矩阵；

$\boldsymbol{T}$——平移矩阵。

在计算机上，按预定的位移间隔和分点数，逐一求得 A_i、B_i 点的坐标，并以这些点为圆心，以托轮半径作圆，即得直线倾动机构的廓线。

如果改变 $A(x_A, y_A)$、$B(x_B, y_B)$ 的坐标即可获得新的廓线。

从结果看，这种直线倾动机构的摇架廓线由两段非圆曲线组成，它能够保证出钢槽口做严格的直线运动。但是这种摇架廓线的制造比较困难，同时最终传动必须用非圆齿轮啮合传动，制造也较麻烦，因此必须对该机构进行简化，以求得这种机构的变形结构。

18.4　新型倾动机构

为了方便制造和取得较好的经济效果，将已构成的直线倾动机构按照以下方法简化，如图 18-5 所示。

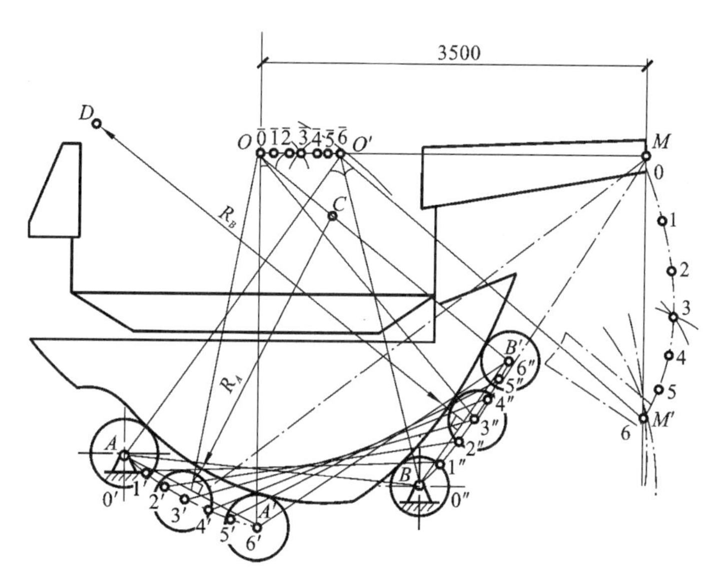

图 18-5　新型倾动机构

1. 直线机构的简化方法

(1) 根据单圆弧摇架廓线选定两段曲线的摇架廓线；

(2) 在已选定的两段廓线上，确定起始接触时托轮中心点 A、B 和终止接触时托轮中心点 A'、B' 的位置；

(3) 连接 $\overline{AA'}$ 和 $\overline{BB'}$，并作它们的垂直平分线，在垂直平分线上分别选取圆心 C 点、D 点和半径 R_A、R_B；

(4) 用两段圆弧 AA' 和 BB' 代替两段曲线，构成双圆弧形摇架，两段圆弧的半径根据结构要求决定。

可以断言，这种变形结构肯定会使出钢槽口的运动发生变化，必须对它的运动轨迹进行检验。

2. 图解法求运动轨迹

用图解法作变形结构出钢槽口和电炉中心的运动轨迹。

(1) 取圆弧段 AA' 的均匀分点 $0',1',2'\cdots$，以各分点为圆心，以固定长度 $\overline{AB}$（直线段长度）为半径作圆弧，与圆弧段 BB' 相交，在圆弧段 BB' 上求得各相应的点 $0'',1'',2''\cdots$。

(2) 将线束 $O-A'B'M$ 中 A'、B' 两点进行平面一般运动，到达与 A、B 两点相重合的位置，这时线束 $O-ABM'$ 中 O' 点和 M' 点分别是待求轨迹上的点。具体作图方法是以 A、B 为圆心，分别以 $\overline{OA'}$、$\overline{OB'}$ 为半径，画圆求得交点 O'；同样，以 A、B 为圆心，分别以 $\overline{A'M}$、$\overline{B'M}$ 为半径，求得交点 M'。其中，O' 点是电炉中心轨迹上的一点，M' 点是出钢槽口轨迹上的一点。

(3) 用上述方法求得点 $\overline{0},\overline{1},\overline{2}\cdots$ 和点 $0,1,2\cdots$，连成光滑曲线，即得欲求的轨迹。

轨迹的作图亦可以通过计算机绘图实现。

各种不同的变形结构有不同的运动轨迹，但轨迹总的趋向是：

(1) 电炉中心 O 点的轨迹，其始末两点仍在同一水平线上，轨迹中间略微凸起，是一段与水平线极其接近的曲线。

(2) 出钢槽口 M 点的轨迹，其始末两点仍在同一铅垂线上，轨迹中间不同程度地向外凸出，形成弓形曲线。

在实际的出钢操作中这种运动轨迹完全能够满足原定的各种要求，暂称它为新型倾动机构。

3. 新型倾动机构的综合分析

为了使这种新型倾动机构真正地成为电炉改型的定型产品，还需要对这种直线倾动机构的变形结构进行综合分析。

1) 倾动机构的能动度分析

为了确定新型倾动机构是否有唯一确定的运动，首先应当计算该机构的活动度。

新型倾动机构的主要部分是高副机构，用低副机构替换，如图 18-6 所示。托轮中心点 A 与摇架圆弧的圆心 D 转化为一个杆件 $\overline{AD}$；同理 $\overline{BC}$ 形成另外一个转化杆件，连杆 $\overline{CD}$ 及刚体 CDM 代表炉体，主动体小齿轮与 A 同心，驱动大齿圈。大齿圈固定在炉体 CDM 上，机构的活动度 W 为

$$W=3\times p-2\times n-m=3\times 4-2\times 5-1=1$$

式中：p——活动构件数量；

n——低副运动副数量；

m——高副运动副数量。

该倾动机构的活动度为 1，即机构可能有唯一确定的运动。再经过杆件尺寸分析及受力分析，即可肯定机构有唯一确定的运动（从略）。

2) 倾动机构传动系统的配置

在配置新型倾动机构传动系统时，特别应当注意以下几个问题。

(1) 最终传动的配置。

小齿轮的轴线必须与托轮 A（或者托轮 B）的为同一轴线，大齿圈的圆心必须与摇架廓线

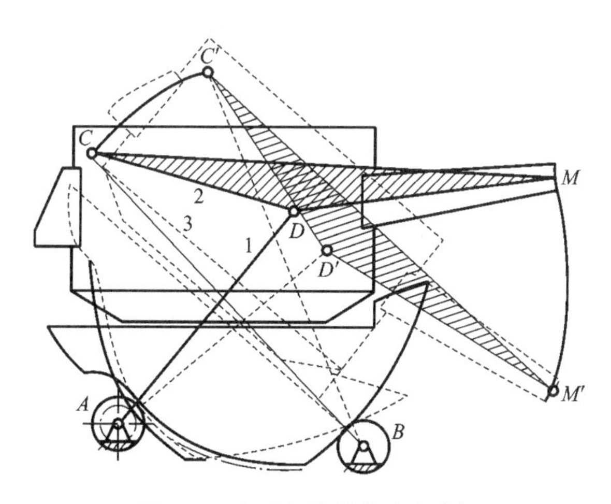

图 18-6 倾动机构的能动度分析

的圆心同心；小齿轮与大齿圈的中心距离必须等于托轮与摇架廓线的中心距离。这样才能使两对传动副运动协调一致，否则将导致传动的失败。

（2）传动比的计算。

大齿圈除了绕圆心自转外，其圆心还绕小齿轮中心公转，因此最终传动属于周转轮系，其传动比 i_{12} 按下列计算式确定：

$$i_{12}^{H}=(-1)^{m}\frac{z_2}{z_1}=\frac{n_2-n_H}{n_1-n_H}=\frac{\alpha_2-\alpha_H}{\alpha_1-\alpha_H}$$

$$i_{12}=\frac{n_1}{n_2}$$

式中：α_1 ——齿轮的转角；

α_2 ——炉体、齿圈的转角；

α_H、n_H——齿圈公转的转角和转速；

z_1、n_1 ——齿轮的齿数和转速；

z_2、n_2 ——齿圈的齿数和转速；

i_{12}^{H}——转化运动比；

m——外啮合齿轮对数。

（3）伸出轴的位置。

传动系统中，从摇架底部位置延伸至摇架侧面时，伸出轴轴线位置的配置必须先作图确定摇架运动时所占的区域，伸出轴1不得进入摇架2运动区域之内，防止伸出轴与摇架发生干涉，如图18-7所示。

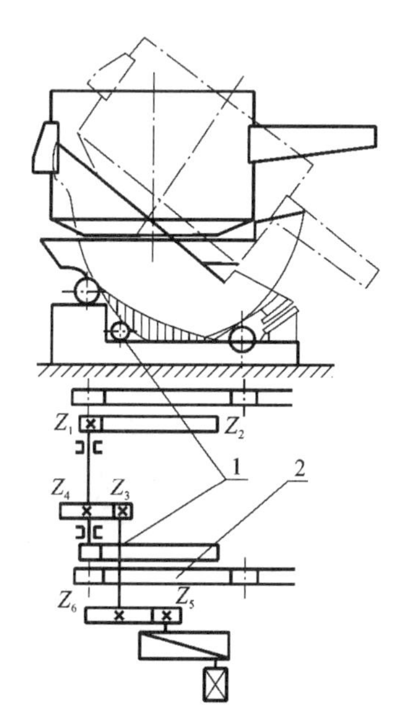

图 18-7 传动系统伸出轴位置

1—伸出轴；2—摇架

3）电炉近似回转中心和偏移范围的确定

新型倾动机构使电炉倾动时做刚体的平面一般运动，其近似回转中心位置及偏移范围是设计排烟除尘系统的一个重要依据。

电炉转角 α 在 $-15°\sim+45°$ 范围内变化时，电炉做平面运动。电炉在各个转角的瞬时转动中心是变化的，不存在固定的回转中心。为了寻求近似的回转中心，先假设倾动机构中电炉中心 O 点的轨迹 $O'O''$ 和出钢槽口 M 点的轨迹 $M'M''$ 是圆弧，连接 $\overline{O'O''}$ 和 $\overline{M'M''}$，作两条直线段的垂直平分线，得到它们的交点 P'，作为炉体上集烟管的中心。然后使 P' 点随电炉一起做平面运动，在固定座表面上求得 P' 点的轨迹 $P'P''$，取轨迹 $P'P''$ 的中点 P 作为固定排烟套管的中心。$P'P$ 或 PP'' 为回转中心的最小直径增量，提供固定排烟套管的位置和最小直径(见图 18-8)。

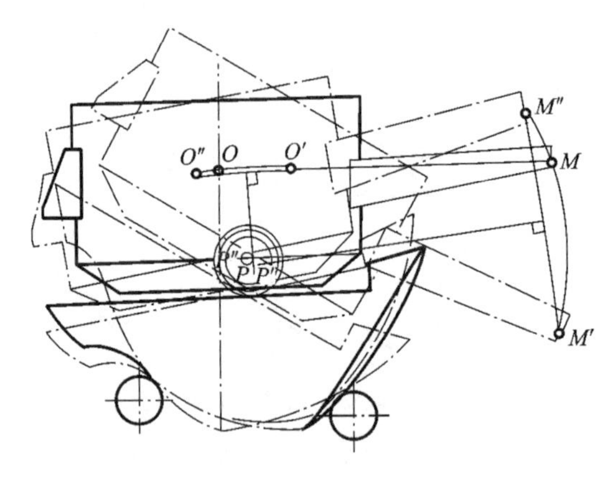

图 18-8　电炉回转中心

4) 电炉稳定性分析

新型电炉倾动机构使整个电炉同时做转动和移动的复合运动。随着倾动角度的变化，电炉重心相对于托轮 A、B 的位置亦发生变化，同时炉内钢液的倾出亦会使炉内钢液的重量和重心发生变化。二者都使总体的重心发生变化。因此，必须尽可能精确地确定电炉的重心位置，并分别作出每个倾动角度的重心偏移，检验电炉的稳定性(见图 18-9)。

上述各项综合分析都是针对倾动机构的变化而发生的特殊问题及其解决方法，对于一般的问题，诸如功率的计算、载荷的分析、强度的验算等，均不作赘述。

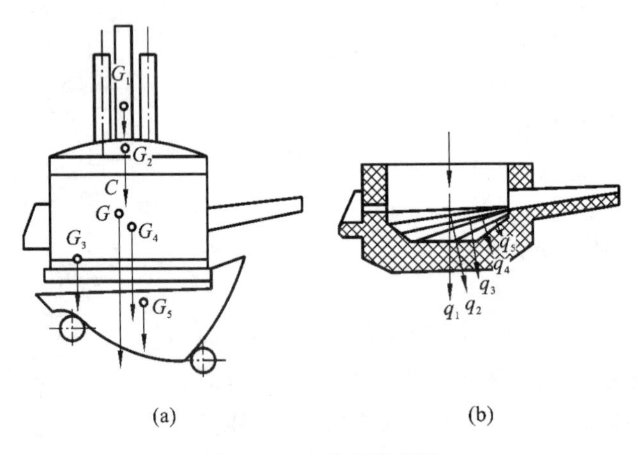

图 18-9　电炉的稳定性

18.5　电炉倾动机构的改造

按照新型电炉倾动机构改造旧式圆弧线倾动机构时，需做下列工作：

(1) 根据旧式电炉倾动机构的结构和尺寸，按照电炉中心的前移量，初步确定托轮 B 的位置。

(2) 确定双圆弧形摇架廓线形状。其中 A 段圆弧应根据原有最终齿轮传动的中心距和托轮半径计算确定，使其满足关系式：

$$R_1 + R_2 = \frac{1}{2}(d'_1 + d'_2)$$

式中：R_1 ——托轮半径；

R_2 ——摇架 A 段廓线半径；

d'_1、d'_2 ——小齿轮和大齿圈的节圆直径。

B 段圆弧则考虑摇架焊补及加固工艺的方便，作图确定半径和圆心位置。

(3) 作图检验出钢槽口的运动轨迹，必要时，修改托轮 B 的位置，以求得较佳的廓线形状。

(4) 拟订摇架廓线形状改造的工艺方案，力求经过焊补、切割和加固，形成双圆弧形摇架。

(5) 改造原有的传动系统，尽量使原有零部件得到充分利用。

(6) 进行一系列必要的验算，包括重心位置、倾动速度、结构强度、传动功率等方面的计算，以保证设备的承载能力和设备的操作安全。

注：根据电炉倾动机构的研究结果，新型电炉倾动机构的制造和旧式电炉倾动机构的改造，已在原水利电力部富春江水工机械厂（现浙江富春江水电设备股份有限公司）取得成功。

电炉倾动系统传动部分零件强度计算及安全系数见表 18-1。

表 18-1　几何尺寸及啮合参数

序号	名称	符号	公式及数值
1	齿数	z_5、z_6	$z_5=11\quad z_6=160$
2	模数/mm	m	$m=32$
3	齿面宽度/mm	b	$b=200$
4	分度圆直径/mm	d_5 d_6	$d_5=mz_5=32\times11=352$ $d_6=mz_6=32\times160=5120$
5	变位系数	x_5、x_6	$x_5=+0.5\quad x_6=-0.5$
6	中心距/mm	a	正变位传动 $a=\frac{1}{2}(z_5+z_6)m=\frac{1}{2}(11+160)\times32=2736$
7	基圆直径/mm	d_b	$d_b=d\cos\alpha$ $d_{b5}=d_5\cos\alpha=352\times\cos15°=340$ $d_{b6}=d_6\cos\alpha=5120\times\cos15°=4945.54$
8	齿顶圆直径/mm	d_a	$d_a=(z+h'+2x)m$ $d_{a5}=(11+2+2\times0.5)\times32=448$ $d_{a6}=(160+2-2\times0.5)\times32=5152$

思考与练习

第 19 章　搬运电动车设计

19.1　概　　述

电动拖车通常可以分为三大类:平衡重式电动拖车、仓储电动拖车和前移式电动拖车。

1. 平衡重式电动拖车

平衡重式电动拖车以电动机为动力,蓄电池为能源,承载能力为 1.0～4.8 t,作业通道宽度一般为 3.5～5.0 m,没有污染、噪声小。

2. 仓储电动拖车

仓储电动拖车主要是为仓库内货物搬运而设计的拖车。除了少数仓储电动拖车(如手动托盘拖车)是采用人力驱动的,其他都是以电动机驱动的。仓储电动拖车因车体紧凑、移动灵活、自重轻和环保性能好而在仓储业得到普遍应用。在多班作业时,电动机驱动的仓储拖车需要有备用电池。

3. 前移式电动拖车

前移式电动拖车承载能力为 1.0～2.5 t,门架可以整体前移或缩回,缩回时作业通道宽度一般为 2.7～3.2 m,提升高度最高可达 11 m 左右,常用于仓库内中等高度的堆垛、取货作业。

前移式电动拖车常用的有下列六种。

1) 电动托盘搬运拖车

电动托盘搬运拖车的承载能力为 1.6～3.0 t,作业通道宽度一般为 2.3～2.8 m,货叉提升高度一般在 210 mm 左右,主要用于仓库内的水平搬运及货物装卸。一般有步行式和站驾式两种操作方式。

2) 电动托盘堆垛拖车

电动托盘堆垛拖车承载能力为 1.0～1.6 t,作业通道宽度一般为 2.3～2.8 m,在结构上比电动托盘搬运拖车多了门架,货叉提升高度一般在 4.8 m 内,主要用于仓库内的货物堆垛及装卸。

3) 电动拣选拖车

在某些工况下(如超市的配送中心),不需要整托盘出货,而是按照订单拣选多个品种的货物组成一个托盘,此环节称为拣选。按照拣选货物的高度,电动拣选拖车可分为低位拣选拖车(2.5 m 内)和中高位拣选拖车(最高可达 10 m),其承载能力分别为 2.0～2.5 t(低位)、1.0～1.2 t(中高位,带驾驶室提升)。

4) 低位驾驶三向堆垛拖车

该类拖车通常配备一个三向堆垛头,拖车不需要转向,货叉旋转就可以实现两侧的货物堆垛和取货,通道宽度为 1.5～2.0 m,提升高度可达 12 m。拖车的驾驶室始终在地面而不能提升,考虑到操作视野的限制,该类拖车主要用于提升高度低于 6 m 的工况。

5) 高位驾驶三向堆垛拖车

与低位驾驶三向堆垛拖车类似,高位驾驶三向堆垛拖车也配有一个三向堆垛头,通道宽度为 1.5～2.0 m,提升高度可达 12.5 m。其驾驶室可以提升,驾驶员可以清楚地观察到任何高度的货物,也可以进行拣选作业。

6) 电动牵引车

电动牵引车采用电动机驱动,利用其牵引能力(3.0～25 t),后面可拉动几个装载货物的小车。电动牵引车经常用于车间内或车间之间大批货物的运输。

19.2　纯电动搬运车的动力总成

根据资料可知,电动搬运车动力总成有很多种形式,主要有单电动机驱动方式、双电动机驱动方式等几种类型,其各有一定的应用范围,可以方便地进行选择。不同类型的动力总成对应的传动系统结构也是不同的。图 19-1、图 19-2 所示的分别是单电动机驱动与轮毂电动机驱动两种方式。

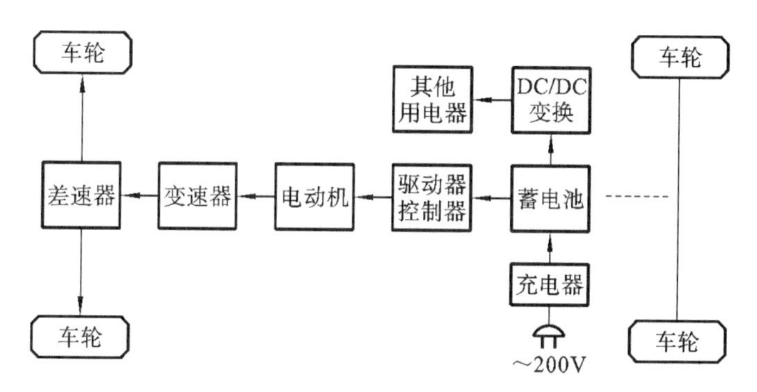

图 19-1　单电动机驱动方式

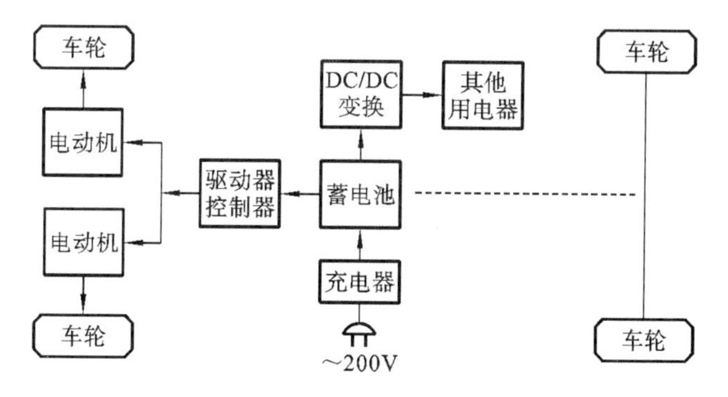

图 19-2　轮毂电动机驱动方式

19.3　实验室电动搬运车设计

1. 设计目的

(1) 实现重物位置的变换,有利于减轻实验室工作人员的负担、节省人力物力;同时又降低能耗，环保清洁，符合低碳生活和构建和谐社会的要求。专门服务于高校实验室，真正做到有针对性的服务，解放生产力。

（2）通过设计电动搬运车的过程，巩固所学工程设计知识，培养整车的设计能力，以及解决工程和生活中的实际问题的能力。

（3）通过自学和创新设计，培养自学能力和创新能力。

2. 设计要求

已知：提升重物 120 kg，提升高度 2 m，提升速度 0.2 m/s，行进车速 2.5 m/s，最大车重 300 kg，地面摩擦系数 0.3，电动机至工作机效率 90%，齿轮工况系数 $K_A=1$，电动机载荷平稳，每天工作 6～10 h，每小时启动次数不超过 7 次。

设计：实验室搬运电动车。

功能：可自动转向、自动行进和停车，能实现重物提升，同时兼顾灵活轻便、节省空间、环保节能的理念。

3. 设计方法

（1）联想法：联系蚂蚁搬重物的生活实际，总结规律，应用到该项目的研究上。

（2）资料搜集法：深入实验室，对实验室现状进行调查，同时搜集网络资料，找准问题所在，明确研究对象。

（3）文献法：广泛搜集整理文献资料，如经典书籍、名人格言以及课程标准推荐的书目，查阅具有时代性、创造性的相关教材。

（4）实验法：自己制作模型，进行模拟仿真，得出结论。

（5）行动研究法：制订个性研究方案，进行分析，再研究调整和重新进行实践，并将经验进行总结、记录，形成有价值的文字。

4. 设计步骤

分析功能，确定方案；设计机构，三维造型；校核计算，绘制最终装配图和零件图。

5. 设计过程

（1）电动机选择；

（2）传动系统的设计；

（3）转向系统的设计；

（4）制动功能的设计；

（5）车身的设计；

（6）电控部分的设计；

（7）对模型进行分析验证；

（8）人机工程分析；

（9）材料选择、CAD 零件图绘制；

（10）制造生产。

说明：

传动系统的设计，要求考虑减速器的设计、传动比的选择、齿轮的设计、轴的设计、轴承与轴承座的设计、螺栓的设计等；设计转向机构时，也要考虑转向轮的减速功能。

6. 三维造型产品展示

电动搬运车的三维造型和主要传动减速部分分别如图 19-3 和图 19-4 所示。

图 19-3　搬运车三维造型

图 19-4　主要传动减速部分

思考与练习

附录 A　连接与紧固

一、螺纹

表 A-1　普通螺纹基本尺寸(GB/T 196—2003 摘录)　　(单位:mm)

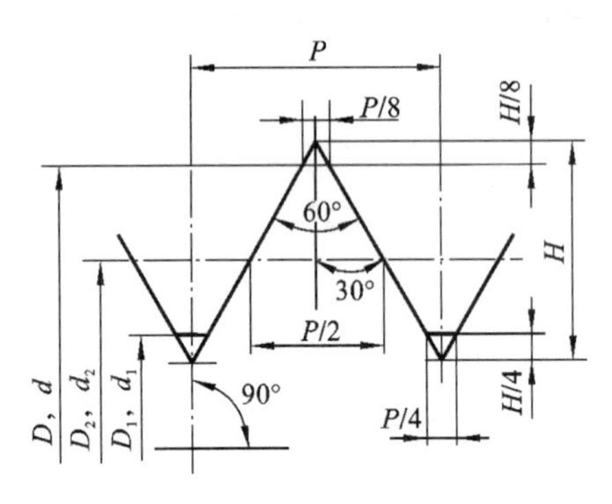

$H=0.866P$

$d_2=d-0.6495P$

$d_1=d-1.0825P$

D,d——内、外螺纹基本大径

D_2,d_2——内、外螺纹基本中径

D_1,d_1——内、外螺纹基本小径

P——螺距

标记示例(参考):

M20-6H(公称直径 20 mm,粗牙右旋内螺纹,中径和大径的公差带均为6H)

M20-6g(公称直径 20 mm,粗牙右旋外螺纹,中径和大径的公差带均为6g)

M20-6H/6g(上述规格化的螺纹副)

M20 × 2LH-5g6g-S(公称直径 20 mm,螺距 2 mm,细牙左旋外螺纹,中径、大径的公差带分别为 5g、6g,短旋合长度)

公称直径 D,d 第一系列	公称直径 D,d 第二系列	螺距 P	中径 D_2,d_2	小径 D_1,d_1
3		0.5	2.675	2.459
		0.35	2.773	2.621
	3.5	(0.6)	3.110	2.850
		0.35	3.273	3.121
4		0.7	3.545	3.242
		0.5	3.675	3.459
	4.5	(0.75)	4.013	3.688
		0.5	4.175	3.959
5		0.8	4.480	4.134
		0.5	4.675	4.459
6		1	5.350	4.917
		0.75	5.513	4.188
8		1.25	7.188	6.647
		1	7.350	6.917
		0.75	7.513	7.188
10		1.5	9.026	8.376
		1.25	9.188	8.647
		1	9.350	8.917
		0.75	9.513	9.188
12		1.75	10.863	10.106
		1.5	11.026	10.376
12		1.25	11.188	10.647
		1	11.350	10.917
	14	2	12.701	11.835
		1.5	13.026	12.376
		1	13.350	12.917
16		2	14.701	13.835
		1.5	15.026	14.376
		1	15.350	14.917
	18	2.5	16.376	15.294
		2	16.701	15.835
		1.5	17.026	16.376
		1	17.350	16.917

续表

公称直径 D,d		螺距 P	中径 D_2,d_2	小径 D_1,d_1
第一系列	第二系列			
20		2.5	18.376	17.294
		2	18.701	17.835
		1.5	19.026	18.376
		1	19.350	18.917
	22	2.5	20.376	19.294
		2	20.701	19.835
		1.5	21.026	20.376
		1	21.350	20.917
24		3	22.051	20.752
		2	22.701	21.835
		1.5	23.026	22.376
		1	23.350	22.917
	27	3	25.051	23.752
		2	25.701	24.835
		1.5	26.026	25.376
		1	26.350	25.917
30		3.5	27.727	26.211
		2	28.701	27.835
		1.5	29.026	28.376
		1	29.350	28.917

公称直径 D,d		螺距 P	中径 D_2,d_2	小径 D_1,d_1
第一系列	第二系列			
	33	3.5	30.727	29.211
		2	31.701	30.835
		1.5	32.026	31.376
36		4	33.402	31.670
		3	34.051	32.752
		2	34.701	33.835
		1.5	35.026	34.376
	39	4	36.402	34.670
		3	37.051	35.752
		2	37.701	36.835
		1.5	38.026	37.376
42		4.5	39.077	37.129
		3	40.051	38.752
		2	40.701	39.835
		1.5	41.026	40.376
	45	4.5	42.077	40.129
		3	43.051	41.752
		2	43.701	42.835
		1.5	44.026	43.376

公称直径 D,d		螺距 P	中径 D_2,d_2	小径 D_1,d_1
第一系列	第二系列			
48		5	44.752	42.587
		3	46.051	44.752
		2	46.701	45.835
		1.5	47.026	46.376
	52	5	48.752	46.587
		3	50.051	48.752
		2	50.701	49.835
		1.5	51.026	50.376
56		5.5	52.428	50.046
		4	53.402	51.671
		3	54.051	53.752
		2	54.701	53.835
		1.5	55.026	54.376
	60	(5.5)	56.728	54.046
		4	57.402	55.670
		3	58.051	56.752
		2	58.701	57.835
		1.5	59.026	58.376
64		6	60.103	57.505
		4	61.402	59.670
		3	62.051	60.752

注：1.“螺距 P”栏中第一个数值为粗牙螺距，其余为细牙螺距。

2.优先选用第一系列，其次是第二系列，第三系列（表中未列出）尽可能不用。

3.括号内尺寸尽可能不用。

二、螺栓、螺柱、螺钉

表 A-2 六角头螺栓——A 和 B 级(GB/T 5782—2016 摘录)、
六角头螺栓 全螺纹——A 和 B 级(GB/T 5783—2016 摘录) (单位:mm)

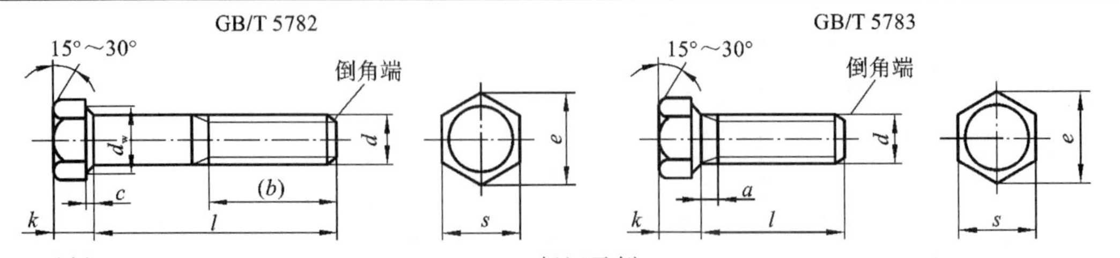

标记示例

螺纹规格 d=M12,公称长度 l=80 mm,性能等级为 9.8 级,表面氧化,A 级的六角头螺栓:

螺栓 GB/T 5782 M12×80

标记示例

螺纹规格 d=M12,公称长度 l=80 mm,性能等级为 9.8 级,表面氧化,全螺纹,A 级的六角头螺栓:

螺栓 GB/T 5783 M12×80

螺纹规格 d			M3	M4	M5	M6	M8	M10	M12	M16	M20	M24	M30	M36
b 参考	l≤125		12	14	16	18	22	26	30	38	46	54	66	78
	125<l≤200		—	—	—	—	28	32	36	44	52	60	72	84
	l>200		—	—	—	—	—	—	—	57	65	73	85	97
a	max		1.5	2.1	2.4	3	3.75	4.5	5.25	6	7.5	9	10.5	12
c	max		0.4	0.4	0.5	0.5	0.6	0.6	0.6	0.8	0.8	0.8	0.8	0.8
d_w	min	A	4.57	5.88	6.88	8.88	11.63	14.63	16.63	22.49	28.19	33.61	—	—
		B	—	—	6.75	8.74	11.47	14.47	16.47	22	27.7	33.25	42.75	51.11
e	min	A	6.01	7.66	8.79	11.05	14.38	17.77	20.03	26.75	33.53	39.98	—	—
		B	5.88	7.50	8.63	10.89	14.20	17.59	19.85	26.17	32.95	39.55	50.85	60.79
k	公称		2	2.8	3.5	4	5.3	6.4	7.5	10	12.5	15	18.7	22.5
r	min		0.1	0.2	0.2	0.25	0.4	0.4	0.6	0.6	0.8	0.8	1	1
s	公称		5.5	7	8	10	12	16	18	24	30	36	46	55
l 范围(GB/T 5782)			20～30	25～40	25～50	30～60	35～80	40～100	45～120	55～160	65～200	80～240	90～300	110～360
l 范围(全螺纹)(GB/T 5783 A 级)			6～30	8～40	10～50	12～60	16～80	20～100	25～100	35～100	40～100	40～100	40～100	
l 系列			6,8,10,12,16,20～70(5 进位),80～160(10 进位),180～360(20 进位)											

技术条件	材料	力学性能等级	螺纹公差	公差产品等级	表面处理
	钢	5.6,8.8,9.8,10.9	6g	A 级用于 d≤24 和 l≤10d 或 l≤150 B 级用于 d>24 和 l>10d 或 l>150	氧化
	不锈钢	A2-70、A4-70			简单处理
	有色金属	Cu2、Cu3、Al4 等			简单处理

注:1. A、B 为产品等级,C 级产品螺纹公差为 8g,规格为 M5～M64,性能等级为 3.6、4.6 和 4.8 级,详见 GB/T 5780—2016,GB/T 5781—2016。

2. 非优选的螺纹规格未列入。

3. 表面处理中,电镀按 GB/T 5267.1—2002,非电解锌粉覆盖层按 ISO 10683,其他按协议。

表 A-3　六角头铰制孔用螺栓——A 和 B 级(GB/T 27—2013 摘录)　　(单位:mm)

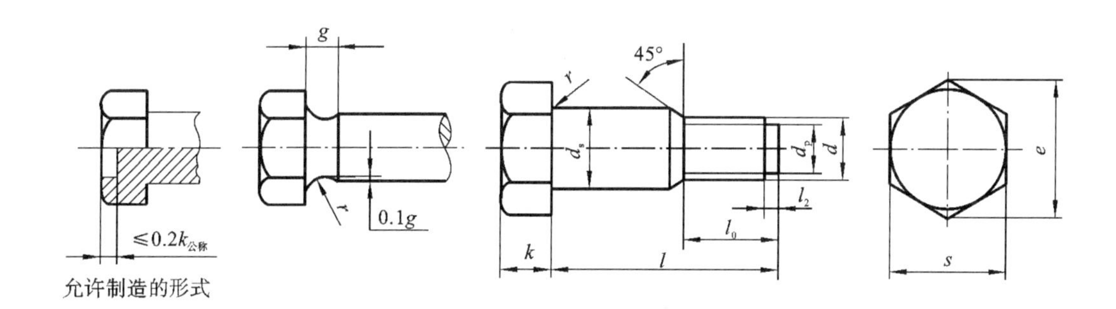

标记示例

螺纹规格 d=M12,d_s尺寸按表规定,公称长度 l=80 mm,性能等级为 8.8 级,表面氧化处理,A 级的六角头铰制孔用螺栓:螺栓　GB/T 27　M12×80

当 d_s按 m6 制造时应标记为:螺栓　GB/T 27　M12×m6×80

螺纹规格 d		M6	M8	M10	M12	(M14)	M16	(M18)	M20	(M22)	M24	(M27)	M30	M36
d_s(h9)	max	7	9	11	13	14	17	19	21	23	25	28	31	38
s	max	10	13	16	18	21	24	27	30	34	36	41	46	55
k	公称	4	5	6	7	8	9	10	11	12	13	15	17	20
r	min	0.25	0.4	0.4	0.6	0.6	0.6	0.6	0.8	0.8	0.8	1	1	1
d_p		4	5.5	7	8.5	10	12	13	15	17	18	21	23	28
l_2		1.5		2		3			4			5		6
e_{min}	A	11.05	14.38	17.77	20.03	23.35	26.75	30.14	33.53	37.72	39.98	—	—	—
	B	10.89	14.20	17.59	19.85	22.78	26.17	29.56	32.95	37.29	39.55	45.2	50.85	60.79
g		2.5				3.5					5			
l_0		12	15	18	22	25	28	30	32	35	38	42	50	55
l范围		25～65	25～80	30～120	35～180	40～180	45～200	50～200	55～200	60～200	65～200	75～200	80～230	90～300
l系列		25,(28),30,(32),35,(38),40,45,50,(55),60,(65),70,(75),80,85,90,(95),100～260(10进位),280,300												

注:括号内为非优选的螺纹规格,尽可能不采用。

表 A-4　十字槽盘头螺钉（GB/T 818—2016 摘录）、
十字槽沉头螺钉（GB/T 819.1—2016 摘录）　　（单位：mm）

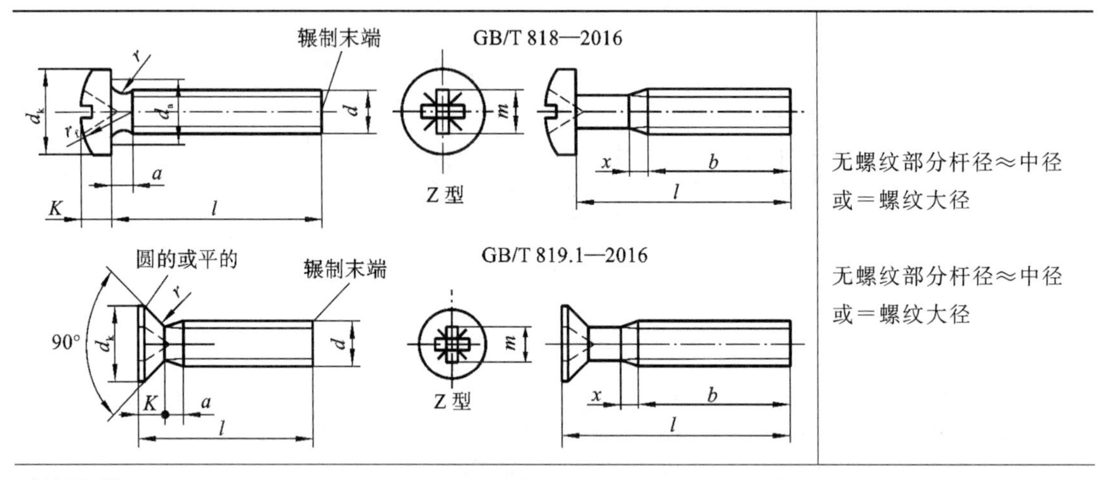

标记示例

螺纹规格 d＝M5，公称长度 l＝20 mm，性能等级为 4.8 级，不经表面处理的十字槽盘头螺钉（或十字槽沉头螺钉）：螺钉　GB/T 818　M5×20（或 GB/T 819.1　M5×20）

螺纹规格 d			M1.6	M2	M2.5	M3	M4	M5	M6	M8	M10
螺距 P			0.35	0.4	0.45	0.5	0.7	0.8	1	1.25	1.5
a		max	0.7	0.8	0.9	1	1.4	1.6	2	2.5	3
b		min	25	25	25	25	38	38	38	38	37
x		max	0.9	1	1.1	1.25	1.75	2	2.5	3.2	3.8
十字槽盘头螺钉	d_a	max	2.1	2.6	3.1	3.6	4.7	5.7	6.8	9.2	11.2
	d_k	max	3.2	4	5	5.6	8	9.5	12	16	20
	K	max	1.3	1.6	2.1	2.4	3.1	3.7	4.6	6	7.5
	r	min	0.1	0.1	0.1	0.1	0.2	0.2	0.25	0.4	0.4
	r_f	≈	2.5	3.2	4	5	6.5	8	10	13	16
	m	参考	1.7	1.9	2.6	2.9	4.4	4.6	6.8	8.8	10
	l 商品规格范围		3～16	3～20	3～25	4～30	5～40	6～45	8～60	10～60	12～60
十字槽沉头螺钉	d_k	max	3	3.8	4.7	5.5	8.4	9.3	11.3	15.8	18.3
	K	max	1	1.2	1.5	1.65	2.7	2.7	3.3	4.65	5
	r	max	0.4	0.5	0.6	0.8	1	1.3	1.5	2	2.5
	m	参考	1.8	2	3	3.2	4.6	5.1	6.8	9	10
	l 商品规格范围		3～16	3～20	3～25	4～30	5～40	6～50	8～60	10～60	12～60
公称长度 l 的系列			3,4,5,6,8,10,12,(14),16,20～60(5 进位)								

技术条件	材料	力学性能等级	螺纹公差	公差产品等级	表面处理
	钢	4.8	6g	A	不经处理、电镀或协议

注：1. 括号内非优选的螺纹规格尽可能不采用。

2. 对十字槽盘头螺钉，d≤M3、l≤25 mm 或 d>M4、l≤40 mm 时，制出全螺纹（$b=l-a$）；

对十字槽沉头螺钉，d≤M3、l≤30 mm 或 d≤M4、l≥45 mm 时，制出全螺纹[$b=l-(K+a)$]。

3. GB/T 818 材料可选不锈钢或有色金属。

三、螺母、垫圈

表 A-5　1 型六角螺母(GB/T 6170—2015 摘录)、六角薄螺母(GB/T 6172.1—2016 摘录)

(单位:mm)

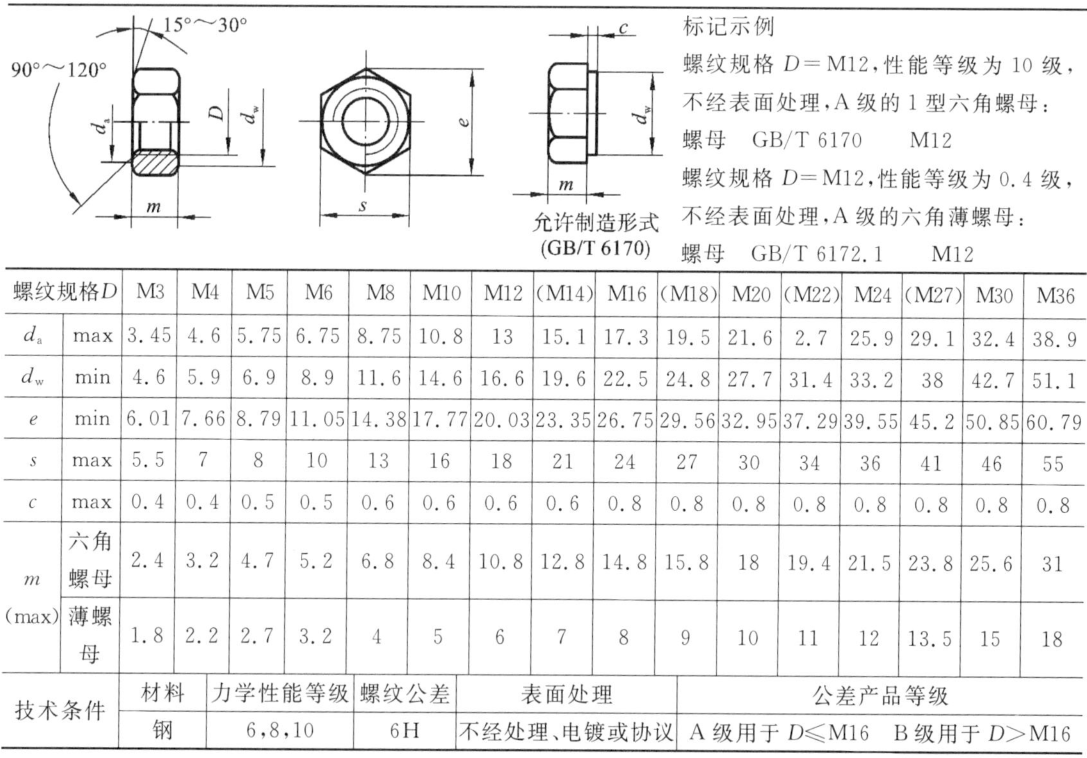

标记示例

螺纹规格 D=M12,性能等级为 10 级,不经表面处理,A 级的 1 型六角螺母:

螺母　GB/T 6170　M12

螺纹规格 D=M12,性能等级为 0.4 级,不经表面处理,A 级的六角薄螺母:

螺母　GB/T 6172.1　M12

螺纹规格 D		M3	M4	M5	M6	M8	M10	M12	(M14)	M16	(M18)	M20	(M22)	M24	(M27)	M30	M36
d_a	max	3.45	4.6	5.75	6.75	8.75	10.8	13	15.1	17.3	19.5	21.6	2.7	25.9	29.1	32.4	38.9
d_w	min	4.6	5.9	6.9	8.9	11.6	14.6	16.6	19.6	22.5	24.8	27.7	31.4	33.2	38	42.7	51.1
e	min	6.01	7.66	8.79	11.05	14.38	17.77	20.03	23.35	26.75	29.56	32.95	37.29	39.55	45.2	50.85	60.79
s	max	5.5	7	8	10	13	16	18	21	24	27	30	34	36	41	46	55
c	max	0.4	0.4	0.5	0.5	0.6	0.6	0.6	0.6	0.8	0.8	0.8	0.8	0.8	0.8	0.8	0.8
m (max)	六角螺母	2.4	3.2	4.7	5.2	6.8	8.4	10.8	12.8	14.8	15.8	18	19.4	21.5	23.8	25.6	31
	薄螺母	1.8	2.2	2.7	3.2	4	5	6	7	8	9	10	11	12	13.5	15	18

技术条件	材料	力学性能等级	螺纹公差	表面处理	公差产品等级
	钢	6,8,10	6H	不经处理、电镀或协议	A 级用于 $D \leqslant$ M16　B 级用于 $D>$M16

注:括号内为非优选规格,尽可能不采用。

表 A-6　小垫圈 A 级(GB/T 848—2002 摘录)、平垫圈 A 级(GB/T 97.1—2002 摘录)、平垫圈 倒角型 A 级(GB/T 97.2—2002 摘录)

(单位:mm)

去毛刺　Ra3.2　h　d_1　d_2　Ra3.2　30°～45°　去毛刺　Ra3.2　c　h　d_1　d_2　c=(0.25～0.5)h

小系列(或标准系列),公称尺寸 d=8 mm,性能等级为 140 HV 级(200 HV 级标记中可缺省),不经表面处理的小垫圈(或平垫圈,或倒角型平垫圈)的标记示例:垫圈　GB/T 848　8　140HV(或 GB/T 97.1　8　140HV,或 GB/T 97.2　8　140HV)

公称规格(优选尺寸)(螺纹大径 d)		1.6	2	2.5	3	4	5	6	8	10	12	14	16	20	24	30	36
d_1	GB/T 848	1.7	2.2	2.7	3.2	4.3	5.3	6.4	8.4	10.5	13	15	17	21	25	31	37
	GB/T 97.1																
	GB/T 97.2	—	—	—	—	—											
d_2	GB/T 848	3.5	4.5	5	6	8	9	11	15	18	20	24	28	34	39	50	60
	GB/T 97.1	4	5	6	7	9	10	12	16	20	24	28	30	37	44	56	66
	GB/T 97.2	—	—	—	—	—											
h	GB/T 848	0.3	0.3	0.5	0.5	0.5	1	1.6	1.6	1.6	2	2.5	2.5	3	4	4	5
	GB/T 97.1					0.8				2	2.5		3				
	GB/T 97.2	—	—	—	—	—											

四、键、花键

表 A-7 平键键槽的剖面尺寸(GB/T 1095—2003 摘录)、普通型平键(GB/T 1096—2003 摘录) (单位:mm)

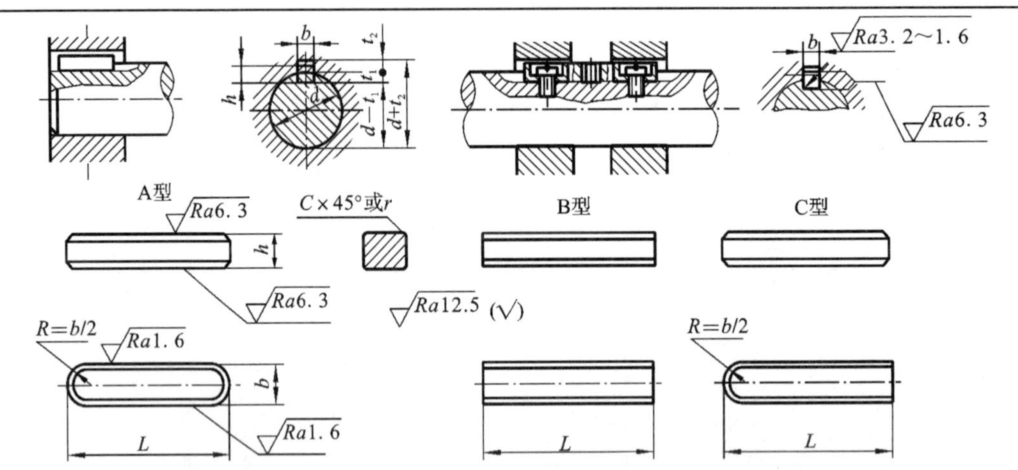

标记示例:GB/T 1096 键 16×10×100 [圆头普通平键(A 型),b=16 mm,h=10 mm,L=100 mm]

GB/T 1096 键 B16×10×100 [平头普通平键(B 型),b=16 mm,h=10 mm,L=100 mm]

GB/T 1096 键 C16×10×100 [单圆头普通平键(C 型),b=16 mm,h=10 mm,L=100 mm]

<table>
<tr><th rowspan="4">轴参考公称直径 d</th><th rowspan="4">键
尺寸 $b\times h$</th><th colspan="12">键槽</th></tr>
<tr><th colspan="6">宽度 b</th><th colspan="4">深度</th><th rowspan="2" colspan="2">半径 r</th></tr>
<tr><th rowspan="2">公称尺寸 b</th><th colspan="5">极限偏差</th><th colspan="2">轴 t_1</th><th colspan="2">毂 t_2</th></tr>
<tr><th>松连接 轴 H9</th><th>松连接 毂 D10</th><th>正常连接 轴 N9</th><th>正常连接 毂 JS9</th><th>紧密连接 轴和毂 P9</th><th>公称尺寸</th><th>极限偏差</th><th>公称尺寸</th><th>极限偏差</th><th>最小</th><th>最大</th></tr>
<tr><td>自 6~8</td><td>2×2</td><td>2</td><td rowspan="2">+0.025
0</td><td rowspan="2">+0.060
+0.020</td><td rowspan="2">−0.004
−0.029</td><td rowspan="2">±0.0125</td><td rowspan="2">−0.006
−0.031</td><td>1.2</td><td rowspan="6">+0.1
0</td><td>1</td><td rowspan="6">+0.1
0</td><td rowspan="3">0.08</td><td rowspan="3">0.16</td></tr>
<tr><td>>8~10</td><td>3×3</td><td>3</td><td>1.8</td><td>1.4</td></tr>
<tr><td>>10~12</td><td>4×4</td><td>4</td><td rowspan="3">+0.030
0</td><td rowspan="3">+0.078
+0.030</td><td rowspan="3">0
−0.030</td><td rowspan="3">±0.015</td><td rowspan="3">−0.012
−0.042</td><td>2.5</td><td>1.8</td></tr>
<tr><td>>12~17</td><td>5×5</td><td>5</td><td>3.0</td><td>2.3</td><td rowspan="3">0.16</td><td rowspan="3">0.25</td></tr>
<tr><td>>17~22</td><td>6×6</td><td>6</td><td>3.5</td><td>2.8</td></tr>
<tr><td>>22~30</td><td>8×7</td><td>8</td><td rowspan="2">+0.036
0</td><td rowspan="2">+0.098
+0.040</td><td rowspan="2">0
−0.036</td><td rowspan="2">±0.018</td><td rowspan="2">−0.015
−0.051</td><td>4.0</td><td>3.3</td></tr>
<tr><td>>30~38</td><td>10×8</td><td>10</td><td>5.0</td><td rowspan="9">+0.2
0</td><td>3.3</td><td rowspan="9">+0.2
0</td><td rowspan="5">0.25</td><td rowspan="5">0.40</td></tr>
<tr><td>>38~44</td><td>12×8</td><td>12</td><td rowspan="4">+0.043
0</td><td rowspan="4">+0.120
+0.050</td><td rowspan="4">0
−0.043</td><td rowspan="4">±0.0215</td><td rowspan="4">−0.018
−0.061</td><td>5.0</td><td>3.3</td></tr>
<tr><td>>44~50</td><td>14×9</td><td>14</td><td>5.5</td><td>3.8</td></tr>
<tr><td>>50~58</td><td>16×10</td><td>16</td><td>6.0</td><td>4.3</td></tr>
<tr><td>>58~65</td><td>18×11</td><td>18</td><td>7.0</td><td>4.4</td></tr>
<tr><td>>65~75</td><td>20×12</td><td>20</td><td rowspan="4">+0.052
0</td><td rowspan="4">+0.149
+0.065</td><td rowspan="4">0
−0.052</td><td rowspan="4">±0.026</td><td rowspan="4">−0.022
−0.074</td><td>7.5</td><td>4.9</td><td rowspan="4">0.40</td><td rowspan="4">0.60</td></tr>
<tr><td>>75~85</td><td>22×14</td><td>22</td><td>9.0</td><td>5.4</td></tr>
<tr><td>>85~95</td><td>24×14</td><td>25</td><td>9.0</td><td>5.4</td></tr>
<tr><td>>95~110</td><td>28×16</td><td>28</td><td>10.0</td><td>6.4</td></tr>
<tr><td>键的长度系列</td><td colspan="13">6,8,10,12,14,16,18,20,22,25,28,32,36,40,45,50,56,63,70,80,90,100,110,125,140,160,180,200,220,250,280,320,360</td></tr>
</table>

注:1. 在工作图中,轴槽深用 t_1 或 $d-t_1$ 标注,轮毂槽深用 $d+t_2$ 标注。

2. $d-t_1$ 和 $d+t_2$ 两组组合尺寸的极限偏差按相应的 t_1 和 t_2 极限偏差选取,但 $d-t_1$ 极限偏差值应取负号。

3. 键尺寸的极限偏差:b 为 h8,h 为 h11,L 为 h14。

附录 B　常用滚动轴承

一、深沟球轴承(GB/T 276—2013 摘录)

60000 型

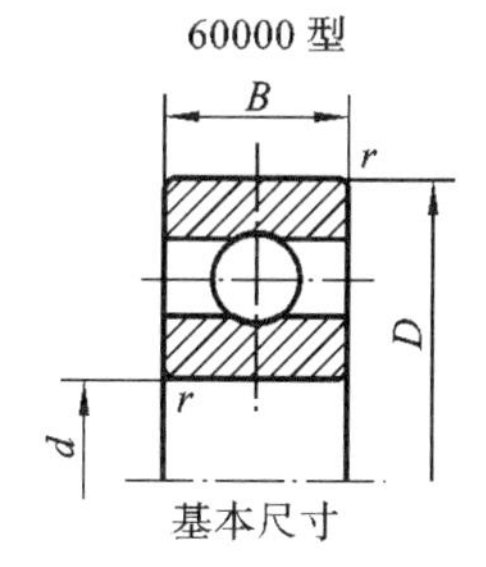

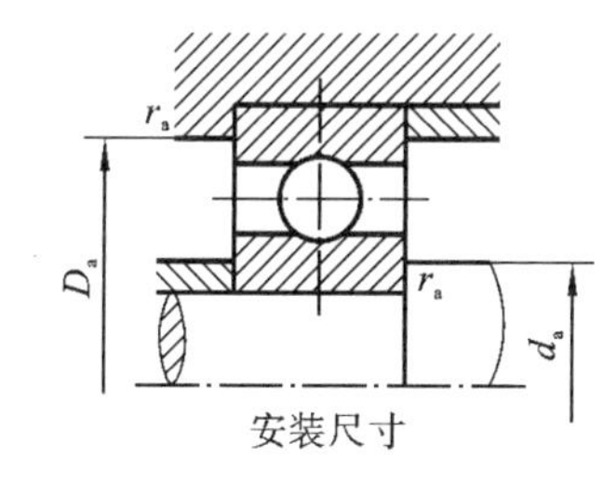

标记示例

内径 d=20 mm 的 60000 型深沟球轴承，尺寸系列为(0)2，组合代号为 62：

滚动轴承　5204　GB/T 276

表 B-1　深沟球轴承尺寸

轴承代号	基本尺寸/mm				安装尺寸/mm		
	d	D	B	r(min)	d_a(min)	D_a(max)	r_a(max)
(0)1 尺寸系列							
6000	10	26	8	0.3	12.4	23.6	0.3
6001	12	28	8	0.3	14.4	25.6	0.3
6002	15	32	9	0.3	17.4	29.6	0.3
6003	17	35	10	0.3	19.4	32.6	0.3
6004	20	42	12	0.6	25	37	0.6
6005	25	47	12	0.6	30	42	0.6
6006	30	55	13	1	36	49	1
6007	35	62	14	1	41	56	1
6008	40	68	15	1	46	62	1
6009	45	75	16	1	51	69	1
6010	50	80	16	1	56	74	1
6011	55	90	18	1.1	62	83	1
6012	60	95	18	1.1	67	88	1
6013	65	100	18	1.1	72	93	1
6014	70	110	20	1.1	77	103	1
6015	75	115	20	1.1	82	108	1
6016	80	125	22	1.1	87	118	1
6017	85	130	22	1.1	92	123	1
6018	90	140	24	1.5	99	131	1.5
6019	95	145	24	1.5	104	136	1.5
6020	100	150	24	1.5	109	141	1.5

二、圆锥滚子轴承(GB/T 297—2015 摘录)

30000 型

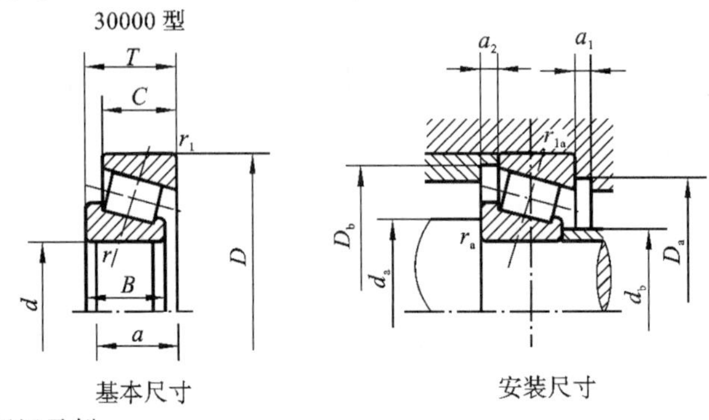

基本尺寸　　安装尺寸

标记示例

内径 d=20 mm,尺寸系列代号为 02 的圆锥滚子轴承:

滚动轴承　30204　GB/T 297

表 B-2　圆锥滚子轴承尺寸

轴承代号	基本尺寸/mm								安装尺寸/mm								
	d	D	T	B	C	r min	r_1 min	a ≈	d_a min	d_b max	D_a min	D_a max	D_b min	a_1 min	a_2 min	r_a max	r_{1a} max
02 尺寸系列																	
30203	17	40	13.25	12	11	1	1	9.9	23	23	34	34	37	2	2.5	1	1
30204	20	47	15.25	14	12	1	1	11.2	26	27	40	41	43	2	3.5	1	1
30205	25	52	16.25	15	13	1	1	12.5	31	31	44	46	48	2	3.5	1	1
30206	30	62	17.25	16	14	1	1	13.8	36	37	53	59	58	2	3.5	1	1
30207	35	72	18.25	17	15	1.5	1.5	15.3	42	44	62	65	67	3	3.5	1.5	1.5
30208	40	80	19.75	18	16	1.5	1.5	16.9	47	49	69	73	75	3	4	1.5	1.5
30209	45	85	20.75	19	16	1.5	1.5	18.6	52	53	74	78	80	3	5	1.5	1.5
30210	50	90	21.75	20	17	1.5	1.5	20	57	58	79	83	86	3	5	1.5	1.5
30211	55	100	22.75	21	18	2	1.5	21	64	64	88	91	95	4	5	2	1.5
30212	60	110	23.75	22	19	2	1.5	22.3	69	69	96	101	103	4	5	2	1.5
30213	65	120	24.75	23	20	2	1.5	23.8	74	77	106	111	114	4	5	2	1.5
30214	70	125	26.25	24	21	2	1.5	25.8	79	81	110	116	119	4	5.5	2	1.5
30215	75	130	27.25	25	22	2	1.5	27.4	84	85	115	121	125	4	5.5	2	1.5
30216	80	140	28.25	26	22	2.5	2	28.1	90	90	124	130	133	4	6	2.1	2
30217	85	150	30.5	28	24	2.5	2	30.3	95	96	132	140	142	5	6.5	2.1	2
30218	90	160	32.5	30	26	2.5	2	32.3	100	102	140	150	151	5	6.5	2.1	2
30219	95	170	34.5	32	27	3	2.5	34.2	107	108	149	158	160	5	7.5	2.5	2.1
30220	100	180	37	34	29	3	2.5	36.4	112	114	157	168	169	5	8	2.5	2.1

三、推力球轴承(GB/T 301—2015 摘录)

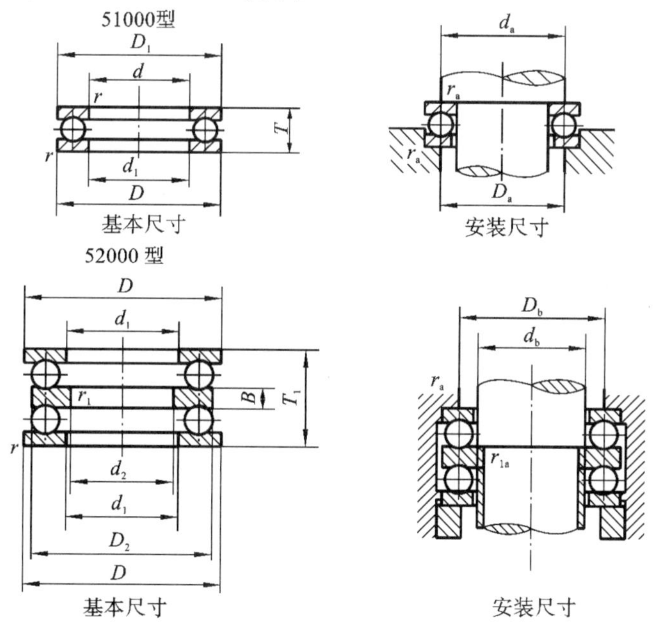

标记示例

内径 d=20 mm,51000 型推力球轴承,12 尺寸系列:

滚动轴承　51204　GB/T 301

表 B-3　推力球轴承尺寸

轴承代号		基本尺寸/mm											安装尺寸/mm					
		d	d_2	D	T	T_1	d_1 min	D_1 max	D_2 max	B	r min	r_1 min	d_a min	D_a max	D_b min	d_b max	r_a max	r_{1a} max
12(51000 型)、22(52000 型)尺寸系列																		
51200	—	10	—	26	11	—	12	26	—	—	0.6	—	20	16		—	0.6	—
51201	—	12	—	28	—	14	28	—	—	0.6	—	22	18	—		—	0.6	—
51202	52202	15	10	32	22	17	32	32	5	0.6	0.3	25	22	15		15	0.6	0.3
51203	—	17	—	35	—	19	35	—	—	0.6	—	28	24	—		—	0.6	—
51204	52204	20	15	40	26	22	40	40	6	0.6	0.3	32	28	20		20	0.6	0.3
51205	52205	25	20	47	15	28	27	47	47	7	0.6	0.3	38	34		25	0.6	0.3
51206	52206	30	25	52	16	29	32	52	52	7	0.6	0.3	43	39		30	0.6	0.3
51207	52207	35	30	62	18	34	37	62	62	8	1	0.3	51	46		35	1	0.3
51208	52208	40	30	68	19	36	42	68	68	9	1	0.6	57	51		40	1	0.6
51209	52209	45	35	73	20	37	47	73	73	9	1	0.6	62	56		45	1	0.6
51210	52210	50	40	78	22	39	52	78	78	9	1	0.6	67	61		50	1	0.6
51211	52211	55	45	90	25	45	57	90	90	10	1	0.6	76	69		55	1	0.6
51212	52212	60	50	95	26	46	62	95	95	10	1	0.6	81	74		60	1	0.6
51213	52213	65	55	100	27	47	67	100		10	1	0.6	86	79	79	65	1	0.6
51214	52214	70	55	105	27	47	72	105		10	1	1	91	84	84	70	1	1
51215	52215	75	60	110	27	47	77	110		10	1	1	96	89	89	75	1	1
51216	52216	80	65	115	28	48	82	115		10	1	1	101	94	94	80	1	1

参考文献

[1] 樊百林.论实践教学[J].中国科教创新导刊,2011(4):35-36.

[2] 王大康.机械设计基础[M].北京:中国铁道出版社,2015.

[3] 张宏.工程机械设计基础[M].北京:机械工业出版社,2012.

[4] 樊百林,李晓武,李大龙,等.现代工程设计制图实践教程(上册)[M].北京:中国铁道出版社,2017.

[5] 曹彤,和丽.机械设计制图(下册)[M].4版.北京:高等教育出版社,2011.

[6] 樊百林.发动机原理与拆装实践教程——现代工程实践教学[M].北京:人民邮电出版社,2011.

[7] 朱龙根.简明机械零件设计手册[M].北京:机械工业出版社,2006.

[8] 邱宣怀,郭可谦,吴宗泽,等.机械设计[M].4版.北京:高等教育出版社,1997.

[9] 吴宗泽,吴鹿鸣.机械设计[M].4版.北京:中国铁道出版社,2016.

[10] 樊百林.从空中回来[M].北京:时代文化出版社,2014.

[11] 樊百林,陈华,李晓武,等.工艺和设计理念的制图实践教学研究[J].科技创新导报,2011(13):156-157.

[12] 蒋克铸.5T电弧炼钢炉倾动系统传动装置强度校核计算说明书[M].杭州:浙江大学出版社,1986.

与本书配套的二维码资源使用说明

本书部分课程资源以二维码链接的形式呈现。利用手机微信扫码成功后提示微信登录,授权后进入注册页面,填写注册信息。按照提示输入手机号码,点击获取手机验证码,稍等片刻收到4位数的验证码短信,在提示位置输入验证码成功,再设置密码,选择相应专业,点击"立即注册",注册成功。(若手机已经注册,则在"注册"页面底部选择"已有账号?立即注册",进入"账号绑定"页面,直接输入手机号和密码登录。)接着提示输入学习码,需刮开教材封面防伪涂层,输入13位学习码(正版图书拥有的一次性使用学习码),输入正确后提示绑定成功,即可查看二维码数字资源。手机第一次登录查看资源成功以后,再次使用二维码资源时,只需在微信端扫码即可登录进入查看。

PPT